T0184525

Studien zur theoretischen und empirischen Forschung in der Mathematikdidaktik

Reihe herausgegeben von

Gilbert Greefrath, Münster, Deutschland

Stanislaw Schukajlow, Münster, Deutschland

Hans-Stefan Siller, Würzburg, Deutschland

In der Reihe werden theoretische und empirische Arbeiten zu aktuellen didaktischen Ansätzen zum Lehren und Lernen von Mathematik – von der vorschulischen Bildung bis zur Hochschule – publiziert. Dabei kann eine Vernetzung innerhalb der Mathematikdidaktik sowie mit den Bezugsdisziplinen einschließlich der Bildungsforschung durch eine integrative Forschungsmethodik zum Ausdruck gebracht werden. Die Reihe leistet so einen Beitrag zur theoretischen, strukturellen und empirischen Fundierung der Mathematikdidaktik im Zusammenhang mit der Qualifizierung von wissenschaftlichem Nachwuchs.

Ilja Ay

Soziale Herkunft und mathematisches Modellieren

Modellierungsprozesse sozial benachteiligter und begünstigter Schüler:innen

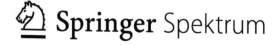

Ilja Ay
Münster, Deutschland

Dissertation am Institut für Didaktik der Mathematik und der Informatik der Westfälischen Wilhelms-Universität Münster, 2022
Tag der mündlichen Prüfung: 11.10.2022
Erstgutachter: Prof. Dr. Gilbert Greefrath
Zweitgutachter: Prof. Dr. Nils Buchholtz

ISSN 2523-8604   ISSN 2523-8612 (electronic)
Studien zur theoretischen und empirischen Forschung in der Mathematikdidaktik
ISBN 978-3-658-41090-2   ISBN 978-3-658-41091-9 (eBook)
https://doi.org/10.1007/978-3-658-41091-9

Die Deutsche Nationalbibliothek verzeichnet diese Publikation in der Deutschen Nationalbibliografie; detaillierte bibliografische Daten sind im Internet über http://dnb.d-nb.de abrufbar.

Planung/Lektorat: Marija Kojic
Springer Spektrum ist ein Imprint der eingetragenen Gesellschaft Springer Fachmedien Wiesbaden GmbH und ist ein Teil von Springer Nature.
Die Anschrift der Gesellschaft ist: Abraham-Lincoln-Str. 46, 65189 Wiesbaden, Germany

Geleitwort

Im Rahmen dieser Forschungsarbeit hat sich Ilja Ay mit dem Themenfeld der sozialen Herkunft in der Mathematikdidaktik beschäftigt und detaillierte Analysen bezogen auf Modellierungsprozesse von Schülerinnen und Schülern vorgelegt. Er widmet sich damit einer Forschungslücke, die von großem Interesse für die Wissenschaft und die Praxis ist.

Ilja Ay macht die Verpflichtung deutlich, Bildungsgerechtigkeit zu erreichen. Eine Annäherung an dieses Ziel scheint aktuell jedoch noch in weiter Ferne. Dabei ist die Analyse der Ursachen komplex und erfordert eine theoretische Aufarbeitung. Hier setzt die Arbeit mit den Theorien von Pierre Bourdieu an und kann so einen wichtigen Beitrag zu dieser Diskussion liefern. Dazu wählt Ilja Ay den Bereich des mathematischen Modellierens und verfolgt das Ziel, Herausforderungen und Potenziale für einen sozial gerechteren Unterricht zu diskutieren.

Die Arbeit beschäftigt sich konsequenterweise mit Theorien sozialer Ungleichheit. Hier wird unter anderem die Habitustheorie von Pierre Bourdieu genutzt. Es ist davon auszugehen, dass gerade für die Analyse von Modellierungsprozessen auf Konzeptionen des Habitus und des Spiel-Sinns zurückgegriffen werden kann, um systematische Unterschiede bei den Bearbeitungen der Schülerinnen und Schüler erklären zu können.

Im Mittelpunkt der Untersuchung steht die Frage, inwiefern sich Gemeinsamkeiten und Unterschiede in den Modellierungsprozessen von Lernenden mit ihrer sozialen Herkunft in Verbindung bringen und erklären lassen.

Die Ergebnisse werden zunächst durch ausgewählte Fallbeschreibungen strukturiert und nach Aufgaben dargestellt. Dazu wird jeweils eine sehr übersichtliche Codeline abgebildet. Sorgfältig ausgewählte Transkriptauszüge veranschaulichen die Fälle sehr gut.

Die Diskussion greift die Ergebnisse in geeigneter Weise auf und orientiert sich in der Struktur an den entwickelten Kategorien zum mathematischen Modellieren. Die Verbindung von Modellierungsaktivitäten zur sozialen Herkunft erfordert intensive Diskussionen. Dabei werden durch Zusammenschau aller Befunde sehr interessante Hypothesen entwickelt. Diese können für weitere Studien zu diesem Themenfeld eine wertvolle Grundlage sein.

Besonders beachtenswert ist die Zusammenfassung der Ergebnisse und der Hypothesen. In diesem Abschnitt werden die Ergebnisse noch einmal unter neuen Gesichtspunkten dargestellt und so in herkunftsübergreifende Hypothesen, modellierungsprozessspezifische, modellierungsaufgabenspezifische sowie herkunftsbezogene Hypothesen unterteilt. Dies gibt sehr interessante Anhaltspunkte für weiterführende Untersuchungen in den jeweiligen Bereichen.

Münster   Gilbert Greefrath
im November 2022

Danksagung

Beinahe vier Jahre begleitete mich diese Dissertation am Institut für die Didaktik der Mathematik und der Informatik der Westfälischen Wilhelms-Universität Münster. Und als solches Projekt war es mehr als die Leistung einer einzelnen Person. An der Planung, Entwicklung und Fertigstellung waren eine Vielzahl an Unterstützer:innen tätig, ohne die dieses Werk nicht Zustände hätte kommen können.

Ein besonderer Dank geht an meinen Doktorvater Prof. Dr. Gilbert Greefrath, der mich darin unterstützte, ein Thema zu finden und durchzuführen, welches mir persönlich bedeutsam ist. Mit seiner stets offenen Tür und wertschätzenden sowie konstruktiv-kritischen Art konnte ich meine Arbeit in zahlreichen Gesprächen weiterentwickeln und auf nationalen sowie internationalen Konferenzen diskutieren. Die Atmosphäre, die er in der Arbeitsgruppe erzeugte, trug dazu bei, dass auch die Doktorand:innen des Instituts in einen regelmäßigen Austausch untereinander gelangten. Hier möchte ich allen Kolleg:innen der Arbeitsgruppen Gilbert Greefrath und Stanislaw Schukajlow und im Speziellen Maxim Brnic, Dr. Lena Frenken, Dr. Katharina Kirsten, Dr. Ronja Kürten und Dr. Raphael Wess für die offenen Ohren und die kritischen Blicke auf meine Arbeit und den Entstehungsprozess danken. Danken möchte ich auch Prof. Dr. Nils Buchholtz, der sich mit Freude bereiterklärt hat, die Zweiprüfung dieser Arbeit zu übernehmen. Bereits zu Beginn meiner Doktorandenzeit hat er reges Interesse an meinem Forschungsgebiet gezeigt und mir viele hilfreiche Anregungspunkte aufzeigen können.

Meinen herzlichsten Dank widme ich meiner Frau Jana, ohne die ich diese Arbeit so nicht hätte abschließen können. Die unzähligen Wochen der bedingungslosen Unterstützung, die Wertschätzung und die konstruktive Kritik, sind mehr, als ich mir hätte wünschen können. Auch unserer Tochter Levia danke ich dafür, dass sie mich dazu animierte meine Zeitpläne einzuhalten. Meinen Eltern, meinen Geschwistern und meiner ganzen Familie danke ich für das Interesse an meiner Arbeit, die facettenreiche Unterstützung und den starken Zuspruch eine akademische Laufbahn einzuschlagen.

Inhaltsverzeichnis

Abkürzungsverzeichnis

APA	American Psychological Association
BMBF	Bundesministerium für Bildung und Forschung
CCSSO	Council of Chief State School Officers
DEMAT 9	Deutscher Mathematiktest für neunte Klassen
DiMo	Diversity in Modelling
EGP	Erikson-Goldthorpe-Portocarero
ESCS	Index of Economical, Social and Cultural Status
HISEI	höchster ISEI beider Eltern
HOMEPOS	Index for Home Possessions
i. O.	im Original
IGLU	Internationale Grundschul-Lese-Untersuchung
ILO	International Labour Organization
INT	Interview
IQB	Institut zur Qualitätsentwicklung im Bildungswesen
ISCED	International Standard Classification of Education
ISEI	International Socio-Economic Index of Occupational Status
KMK	Kultusministerkonferenz
Mod 1	Hauptkategorie Verstehen
Mod 2	Hauptkategorie Vereinfachen/Strukturieren
Mod 2.1	Subkategorie Vereinfachen
Mod 2.2	Subkategorie Organisieren
Mod 2.3	Subkategorie Annahmen Treffen
Mod 2.4	Subkategorie Intention Explizieren
Mod 3	Hauptkategorien Mathematisieren
Mod 3.1	Subkategorie Operationalisieren
Mod 3.2	Subkategorie Visualisieren

Mod 4	Hauptkategorie mathematisch Arbeiten
Mod 5	Hauptkategorie Interpretieren
Mod 5.1	Subkategorie Übersetzen
Mod 5.2	Subkategorie Vermuten
Mod 6	Hauptkategorien Validieren
Mod 6.1	Subkategorie Überprüfen
Mod 6.2	Subkategorie Bewerten
MSB NRW	Ministerium für Schule und Bildung des Landes NRW
MSJK NRW	Ministerium für Schule, Jugend und Kinder des Landes NRW
NGA Center	National Governors Association Center for Best Practices
NRW	Nordrhein-Westfalen
OECD	Organisation für wirtschaftliche Zusammenarbeit und Entwicklung
OTL	Opportunity to Learn
PARED	Index for highest parental education in years of schooling
PISA	Programme for International Student Assessment
SR	stimulated recall
TIMSS	Trends in International Mathematics and Science Study
UNESCO	United Nations Educational, Scientific and Cultural Organization
VERA	Vergleichsarbeiten
VL	Versuchsleitung

Abbildungsverzeichnis

Tabellenverzeichnis

Einleitung 1

Jeder junge Mensch hat ohne Rücksicht auf seine wirtschaftliche Lage und Herkunft und sein Geschlecht ein Recht auf schulische Bildung, Erziehung und individuelle Förderung. (Schulgesetz für das Land Nordrhein-Westfalen, 2021, § 1 Abs. 1)

Damit verpflichtet sich das System Schule dazu Bildungsgerechtigkeit anzustreben. Das bedeutet nicht, dass alle Schüler:innen die gleichen Leistungen und Abschlüsse erzielen sollen, sondern, dass ebendiese in keinem Zusammenhang mit der sozialen Herkunft der Schüler:innen stehen sollen (OECD, 2018, S. 22). Die realen Verhältnisse zeichnen jedoch ein anderes Bild des deutschen Schulsystems: Eine Zusammenführung von Ergebnissen zahlreicher Vergleichsstudien zeigt, dass soziale Ungleichheit im Bildungswesen in allen erfassten Jahrgangsstufen besteht, fächerübergreifend existiert und in Deutschland häufig über dem internationalen Durchschnitt liegt. Abbildung 1.1 veranschaulicht diesen Sachverhalt.

Darüber hinaus zeigt ein längsschnittlicher Vergleich der Daten aus Vergleichsstudien, dass soziale Ungleichheit in Deutschland über die Jahre hinweg zeitlich stabil bleibt. Das deutsche Bildungssystem scheint kaum dazu in der Lage, soziale Ungleichheit auszugleichen (Rutter, 2021).

Dabei ist davon auszugehen, dass die Stabilität sozialer Ungleichheit im Bildungswesen von einem Komplex aus wechselwirkenden Einflüssen getragen wird (Becker & Lauterbach, 2007). Eine Vielzahl an empirischen Arbeiten sucht solche Einflüsse aufzudecken. So tragen unterschiedlichste soziale Akteur:innen dazu bei, soziale Ungleichheit zu produzieren, zu reproduzieren und zu manifestieren. Dazu gehören u. a. die Eltern (u. a. Gniewosz & Walper, 2017), die Lehrer:innen (u. a. Lange-Vester et al., 2019), die Mitschüler:innen (u. a. Oswald & Krappmann, 2004), die Peers (u. a. Helsper et al., 2014), die Kinder selbst (u. a. Calarco, 2014) und das Beziehungsgeflecht unter ihnen (u. a. Hill et al.,

© Der/die Autor(en), exklusiv lizenziert an Springer Fachmedien Wiesbaden GmbH, ein Teil von Springer Nature 2023
I. Ay, *Soziale Herkunft und mathematisches Modellieren*, Studien zur theoretischen und empirischen Forschung in der Mathematikdidaktik, https://doi.org/10.1007/978-3-658-41091-0_1

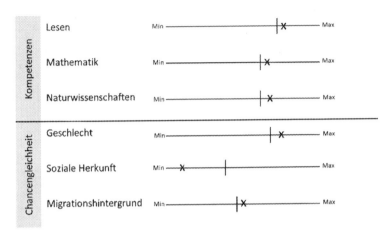

Abbildung 1.1 Kompetenzen und Chancengleichheit in Deutschland (X) im Vergleich zum OECD-Durchschnitt (I) anhand der PISA-2018-Daten[1]

2004; Lareau, 2002). Zahlreiche Untersuchungen legen nahe, dass das System Schule mit allen daran Beteiligten dazu tendiert, die außerschulischen Handlungspraktiken sozial benachteiligter Personen als defizitärer einzustufen (Grundmann et al., 2006; Kramer & Helsper, 2010). Edelstein (2006) beispielsweise begründet dies darüber, dass sozial benachteiligte Schüler:innen häufiger über einen Habitus verfügen, den Lehrpersonen – die selbst tendenziell aus sozial begünstigten Haushalten stammen – nicht von einem Mangel an kognitiven Fähigkeit und Motivation zu unterscheiden wissen.

Die Analyse von Ursachen sozialer Ungleichheit erweist sich insgesamt als schwieriges Unterfangen, da eine Vielzahl an Variablen und Merkmalen von Bedeutung sind, diese oft eng miteinander verknüpft sind und die Wirkrichtung der Variablen letztlich nur schwer aufzudecken ist. Eine Möglichkeit, Erklärungen für soziale Ungleichheit zu untersuchen, liefern bildungssoziologische Ansätze, die die Verfügbarkeit von Ressourcen und die häusliche Sozialisation ins Zentrum der Analysen rücken (Ufer et al., 2013). Doch empirische Erkenntnisse

---

[1] Die Abkürzung PISA steht für das *Programme for International Student Assessment* und ist die größte internationale Schulleistungsstudie. Nicht Faktenwissen, sondern Schlüsselkompetenzen, wie das Anwenden von Wissen und das Verknüpfen von Informationen, stehen im Mittelpunkt der Erhebung (http://www.oecd.org/berlin/themen/pisa-studie/). Einen Überblick über Kompetenzen und Chancengleichheit in verschiedenen Ländern anhand der PISA-2018-Daten liefert die OECD unter https://www2.compareyourcountry.org/pisa/?lg=de.

alleine können Zusammenhänge zwischen der sozialen Herkunft und schulischen Leistungen noch nicht erklären. Erst Theorien ermöglichen es, empirische Erkenntnisse in größere Sachzusammenhänge einzuordnen. Theoretische Überlegungen dazu, inwiefern die soziokulturellen Hintergründe von Individuen auf ihre Lebenschancen wirken, liefert u. a. der Soziologe Pierre Bourdieu. Anhand seiner Konzeption des *Habitus* als Bindeglied zwischen Individuum und Gesellschaft, versucht er zu erklären, wie die Positionen von Individuen im sozialen Raum auf ihre Werthaltungen, Einstellungen, Praktiken, etc. wirken (Bourdieu, 1982/1989, S. 25). So kann erklärt werden, wie soziale Ungleichheit entsteht, sich verankert und sich reproduziert (Scherr, 2016).

Mathematikunterricht setzt sich zum Ziel, dass Schüler:innen ihr Wissen und ihre Fähigkeiten in kontextbezogenen Situationen anwenden, um natürliche, soziale und kulturelle Erscheinungen aus mathematischer Perspektive betrachten zu können (KMK, 2004, 2022). Unter anderem anhand von alltagsnahen Situationen und Bezügen zur Lebenswirklichkeit der Schüler:innen leistet der Mathematikunterricht einen Beitrag zur Entwicklung mündiger und sozial verantwortlicher Bürger:innen (MSB NRW, 2019). Gerade dort, wo an außerschulische Praktiken und Situationen angeknüpft wird, scheint die soziale Herkunft von besonderer Bedeutung zu sein. Damit rückt insbesondere auch realitätsbezogene Mathematik in den Fokus der Ungleichheitsforschung. Der Einfluss der sozialen Herkunft für die Bearbeitung realitätsbezogener Mathematikaufgaben wird dabei kontrovers diskutiert (u. a. B. Cooper & Dunne, 2000; Schuchart et al., 2015). Uneindeutige und lückenhafte Erkenntnisse ergeben sich im Speziellen auch bei der Betrachtung von Modellierungsaufgaben (u. a. Ay et al., 2021; Leufer, 2016; Lubienski, 2000), d. h. von realitätsbezogenen Mathematikaufgaben mit authentischen und offenen Fragestellungen (Greefrath et al., 2013; Maaß, 2005). Nicht unumstritten ist auch die Rolle mathematischen Modellierens für einen sozial gerechten Mathematikunterricht (u. a. Boaler, 2009; Civil, 2007; Jablonka & Gellert, 2011). Diese Forschungsarbeit will einen Beitrag zu diesem Diskurs leisten.

1.1   Zielsetzung

Ziel dieser Untersuchung ist es umfassender zu verstehen, inwiefern sich beim mathematischen Modellieren Unterschiede und Gemeinsamkeiten zwischen Schüler:innen verschiedener sozialer Herkunft identifizieren lassen. Die Untersuchung ist angegliedert an das Forschungsprojekt *Diversity in Modelling* (DiMo) der

Universität Münster. Anhand dessen soll die Rolle mathematischen Modellierens im Kontext sozialer Ungleichheit und sozialer Gerechtigkeit diskutiert
werden. In dieser Studie werden Bearbeitungsprozesse von sozial begünstigten
und sozial benachteiligten Schüler:innen anhand von Teilschritten mathematischen Modellierens (Blum & Leiss, 2007) analysiert und miteinander verglichen.
Die methodische Grundlage bildet ein verstehend-interpretativer qualitativer Forschungsansatz, mit dem Bestreben ein möglichst detailliertes Bild eines zu
erschließenden Wirklichkeitsausschnittes zu erhalten (Kardorff, 1995). Daraus
sollen anschließend Hypothesen in Form von generalisierten Aussagen entwickelt
werden (Lamnek & Krell, 2016, S. 477; Mayring, 2010, S. 22). Den theoretischen
Unterbau bilden die Werke des französischen Soziologen Pierre Bourdieu. Seinem
Konzept vom Habitus zufolge wohnt Individuen ein Bündel von Weltauffassungen und Grundhaltungen inne. Der Habitus prägt das praktische Handeln von
Individuen und wird über Sozialisation erworben. Je ähnlicher sich Individuen
in ihrer sozialen Herkunft sind, desto wahrscheinlicher weisen sie auch ähnliche Dispositionen auf. Individuen derselben sozialen Gruppe stimmen in ihren
praktischen Handlungen tendenziell stärker überein als Individuen aus unterschiedlichen sozialen Gruppen (Bourdieu, 1972/2015, S. 186–187). Der Habitus
ermöglicht es von individuellen Handlungspraktiken auf gesellschaftliche, überindividuelle Strukturen zu schließen (Bourdieu, 1979/1982, S. 730). Dieser zentrale
Gedanke liegt der vorliegenden Arbeit zugrunde.

Methodisch wird die soziale Herkunft der Teilnehmenden mithilfe des *International Socio-Economic Index of Occupational Status* (ISEI) und des *Index for
highest parental education in years of schooling* (PARED) erfasst. Berücksichtigt
werden die Bildungsniveaus der Eltern, ihre beruflichen Stellungen und damit
einhergehend die nötige Expertise und das Einkommen (Ganzeboom & Treiman,
2003; ILO, 2016; OECD et al., 2015). Die Maße können als zeitgemäß zur Erfassung von ökonomischem und kulturellem Kapital verstanden werden und gelten
als valide und theoretisch umfassende Konstrukte der sozialen Herkunft (vgl.
Ehmke & Siegle, 2005). Um besonders relevante Auffälligkeiten erfassen zu können, werden für diese Studie Paare von Schüler:innen untersucht, die bezüglich
ihrer operationalisierten sozialen Herkunft möglichst weit auseinanderliegen. Verglichen werden daher sozial begünstigte Paare möglichst hohen Status mit sozial
benachteiligten Paaren möglichst niedrigen Status, da sich bei solchen sozialen
Gruppen eine besonders starke Prägekraft ihrer sozialen Herkunft zeigt (Stein,
2005). Insgesamt soll damit ein Beitrag dazu geleistet werden, Herausforderungen und Potentiale mathematischen Modellierens für einen sozial gerechteren
Unterricht zu diskutieren.

1.2 Aufbau der Arbeit

Diese Arbeit ist in zwei Teile gegliedert, einen theoretischen Teil und einen empirischen Teil. Der theoretische Rahmen beginnt mit einer Einführung in Theorien sozialer Ungleichheit (Kapitel 2). Dargelegt werden theoretische Erklärungsansätze für die Manifestierung sozialer Ungleichheit anhand von Karl Marx' Klassentheorie und Pierre Bourdieus Habitustheorie. Anhand von Bourdieus Konzepten des Habitus, des sozialen Raums, des Spiels, der sozialen Klassen und des Geschmacks werden Freiheiten und Grenzen von Individuen innerhalb eines gesellschaftlichen Rahmens thematisiert. Im Anschluss daran (Kapitel 3) wird in das mathematische Modellieren als allgemeine Kompetenz der Bildungsstandards (KMK, 2004) eingeführt, indem u. a. auf die gesellschaftliche Bedeutung mathematischen Modellierens, auf die Eigenschaften von Modellierungsaufgaben und auf beim Modellieren auftretende Hürden und Lösungsstrategien eingegangen wird. Aufbauend auf den theoretischen Grundlagen Bourdieus und den Befunden zum Modellieren, werden in Kapitel 4 empirische Erkenntnisse aus der Ungleichheitsforschung dargestellt. Hier werden neben statistischen Zusammenhängen zwischen der sozialen Herkunft und schulischen Leistungen auch vertiefte Blicke in familiäre und schulische Praktiken geworfen. Den Abschluss des Kapitels bilden mathematikdidaktische Untersuchungen, die die Bedeutung sozialer Ungleichheit für einen realitätsbezogenen Mathematikunterricht beleuchten und eine Zusammenführung der Forschungsstränge darstellen. Die theoretische Rahmung endet mit Forschungsziel- und frage (Kapitel 5). Der empirische Teil beginnt mit der Darlegung der Erhebungsmethode der Untersuchung (Kapitel 6). Dazu gehört eine Begründung des qualitativen Forschungszugangs sowie eine Charakterisierung und Begründungen der Teilnehmendenauswahl, der eingesetzten Instrumente und der erhobenen Merkmale. Daran knüpft die Beschreibung der qualitativen Inhaltsanalyse als Auswertungsmethode dieser Untersuchung an (Kapitel 7). Den Kern dieses Abschnitts bildet die Entwicklung und Anwendung des verwendeten Kategoriensystems mit den Teilschritten mathematischen Modellierens, z. B. *Mathematisieren*, als deduktive Kategorien. Ergänzt werden diese um induktiv ausgearbeitete Subkategorien, z. B. *Visualisieren*. Auf die methodische Rahmung folgt die Darlegung der Ergebnisse. Die transkribierten und codierten Prozesse der einzelnen Proband:innen werden interpretativ beschrieben und anschließend kategoriengeleitet miteinander verglichen (Kapitel 8). Im Sinne der Abstrahierungsabsicht wird die Nähe zum Fall im Laufe des Ergebnisteils schrittweise abgebaut und die Verdichtung der Ergebnisse gesteigert. Daraus mündet die Diskussion der Ergebnisse unter Bezugnahme bisheriger empirischer Befunde und theoretischer Konzepte aus der einschlägigen Literatur (Abschnitt 9.1). Die Erkenntnisse werden in generalisierten Hypothesen zusammengefasst. Daran anschließend werden die Grenzen der Studie aufgezeigt und Implikationen für die Forschung thematisiert. Darüber hinaus werden unterrichtspraktische Maßnahmen formuliert, die in der Ungleichheitsforschung nach wie vor zu wenig existieren (vgl. U. Bauer & Vester, 2015). Anhand der aufgestellten Hypothesen, Grenzen und Implikationen soll ein differenziertes Bild der Herausforderungen und Potentiale mathematischen Modellierens für einen sozialisationssensiblen Mathematikunterricht diskutiert werden. Damit kommt diese Studie der Forderung nach, dass sich Untersuchungen in der Ungleichheitsforschung nicht bloß auf das Beschreiben von Unterschieden zwischen verschiedenen sozialen Gruppen beschränken, sondern auch Maßnahmen finden sollten, die geeignet erscheinen soziale Gerechtigkeit anzustreben (Buchholtz, Stuart & Frønes, 2020).

Teil I
Theoretischer Rahmen

Theorien sozialer Ungleichheit

Menschen leben meist nicht isoliert voneinander. Stattdessen schließen sie sich in relativ stabilen Gebilden zusammen, wie etwa in Familien, Vereinen, Glaubensgemeinschaften oder Unternehmen. Innerhalb dieser sozialen Gebilde nehmen sie unterschiedliche soziale Positionen ein. Durch soziale Positionen ergeben sich bestimmte soziale Unterschiede und soziale Gemeinsamkeiten zwischen Menschen. Weil mit ebendiesen häufig unterschiedliche Lebensumstände einhergehen, wird aus der Verschiedenartigkeit schnell besser- oder schlechtergestellt, begünstigt oder benachteiligt (Hradil, 2005, S. 15). Ebendies bildet den Grundstock sozialer Ungleichheit.

Hradil (2005, S. 30) zufolge liegt soziale Ungleichheit dann vor, „wenn Menschen aufgrund ihrer Stellung in sozialen Beziehungsgefügen von den „wertvollen Gütern" einer Gesellschaft regelmäßig mehr als andere erhalten." Welche Güter als wertvoll gelten hängt dabei von den gesellschaftlich zum aktuellen Zeitpunkt vorherrschenden Werten und Zielvorstellungen ab. Auch in der Definition des Lexikons zur Soziologie (Krause, 2007) findet sich dieser Aspekt wieder. Demnach umfasst soziale Ungleichheit jede Art verschiedener Möglichkeiten über gesellschaftlich relevante Ressourcen zu verfügen. Güter können gesellschaftlich relevant und damit wertvoll beispielsweise in ökonomischer Hinsicht, in Form von materiellem Besitz, in kultureller Hinsicht, etwa in Form hoher Bildungsabschlüsse, und in sozialer Hinsicht, etwa in Form von Beziehungsgeflechten, sein (Bourdieu, 1983). Die ungleiche Verteilung von Ressourcen beeinflusst die Realisierung von Lebenszielen und stellt objektive Barrieren und Grenzen der Möglichkeiten dar (Steinkamp, 1993). Daraus ergibt sich, dass aufgrund von Positionen in gesellschaftlichen Beziehungsgefügen gewisse Lebensbedingungen als gesellschaftlich vorteilhaft oder nachteilig erlebt werden (Hradil, 2016). Aus einem horizontalen Gefüge des Nebeneinanders wird so ein vertikales Gefüge

© Der/die Autor(en), exklusiv lizenziert an Springer Fachmedien Wiesbaden GmbH, ein Teil von Springer Nature 2023
I. Ay, *Soziale Herkunft und mathematisches Modellieren*, Studien zur theoretischen und empirischen Forschung in der Mathematikdidaktik, https://doi.org/10.1007/978-3-658-41091-9_2

des Über- bzw. Untereinanders. Unterschiedliches *Haben* wird zu unterschiedlichem *Sein*. So entstehen gesellschaftlich gemachte und anerkannte Lebensstile
und Persönlichkeitsmerkmale, die beispielsweise als besonders exklusiv oder vor-
nehm gelten (H.-P. Müller, 1992, S. 286). Soziologische Forschung im Bereich
sozialer Ungleichheit richtet sein Interesse unter anderem auf die Untersuchung
von ...

- Begünstigung und Benachteiligung sozialer Gruppen bei der Verteilung erstre-
  benswerter sozialer Güter und Positionen,
- gesellschaftlichen Ursachen sozialer Ungleichheit und
- Auswirkungen ungleicher Lebensbedingungen auf die Lebensführung (Hormel & Scherr, 2016, S. 299).

Mit diesen Aspekten werden sich die Kapitel 2 und 4 aus theoretischer sowie
empirischer Perspektive vertieft auseinandersetzen. In diesem Kapitel werden die
Ursachen sozialer Ungleichheit aus einer soziologisch-theoretischen Perspektive
betrachtet. Erst Theorien ermöglichen es, die Ursachen sozialer Ungleichheit
aufzuspüren (Hradil, 2005, S. 36). Rein empirisch erwiesene Zusammenhänge
beispielsweise zwischen dem Bildungsniveau der Eltern und den schulischen
Leistungen der Kinder können noch nicht erklären, warum dieser Zusammenhang
besteht. „Allein das Vorhandensein von vielen „Büchern im Haushalt" gewährleistet noch keinen positiven Effekt auf die Lesefähigkeit eines Kindes, sondern
stellt nur eine Ressource dar, die je nach Nutzung unterschiedlich wirksam werden kann" (Ditton, 2013, S. 185). Die Mechanismen, die hier wirken, bleiben
zunächst verborgen. In diesem Kapitel wird insbesondere Pierre Bourdieus Habitustheorie skizziert. Auch Autoren wie Émile Durkheim, Max Weber und Karl
Marx bilden mit ihren Werken eine zentrale Rolle bei der Erklärung sozialer
Ungleichheit. Ihr Einfluss spiegelt sich auch in Bourdieus Arbeiten wieder (Bongaerts, 2014; Papilloud, 2003; Saalmann, 2014). Auf die umfangreichen Einflüsse
anderer Soziologen und Philosophen auf Bourdieus Theorien soll in dieser Arbeit
nicht vertieft eingegangen werden. Beispielhaft werden grundlegende Konzepte
von Karl Marx angeführt und ihr Wirken auf Bourdieu.

Soziale Ungleichheit gibt es schon seit Menschengedenken, wohingegen die
Erforschung ebendieser einen relativ jungen Ansatz darstellt. Bereits Aristoteles (384 v. Chr. – 322 v. Chr.) schreibt über die Natur von Ungleichheit im
antiken Griechenland. Seiner Ansicht nach gibt es stets Höhere und Geringere,
solche, die regieren und jene, die regiert werden. Und, dass es sowohl freie Menschen als auch Sklaven gibt, das ist naturgegeben und somit auch gerecht und
zuträglich (Aristoteles, ca. 330 v. Chr./2006), woraus die direkte Legitimierung

für Ungleichheit gezogen werden kann. Auch in Kastengesellschaften findet sich Ungleichheit per Geburt. Demnach werden Menschen in eine soziale Lebens-, Berufs- und Heiratsgemeinschaft hineingeboren, wodurch ihnen eine Identität und damit einhergehend Handlungsmöglichkeiten zugeschrieben werden (Jürgenmeyer & Rösel, 2009). Ebenso könnten viele weitere Beispiele genannt werden, wie das im frühen Mittelalter entstandene System der feudalen Ständegesellschaft, welches erst im späten 18. und frühen 19. Jahrhundert abgeschafft wird. In moderneren Gesellschaften kommt es schließlich zu einer Abschaffung einer gott- oder naturgegebenen Legitimierung von Ungleichheit.

2.1 Karl Marx' Klassentheorie

Karl Marx (1818–1883) sieht Ungleichheit damit jedoch nicht abgeschafft, sondern lediglich in einem neuen Deckmantel. Im Manifest der kommunistischen Partei schreibt er: „Die aus dem Untergang der feudalen Gesellschaft hervorgegangene moderne bürgerliche Gesellschaft hat die Klassengegensätze nicht aufgehoben. Sie hat nur neue Klassen, neue Bedingungen der Unterdrückung [...] an die Stelle der alten gesetzt." (Marx & Engels, 1848/1953, S. 526) Seine Theorie stellt das Grundmodell einer soziologischen Ungleichheitsforschung dar, welche sich mit den gesellschaftsordnungsbedingten Ursachen und Bedingungen auseinandersetzt (Hormel & Scherr, 2016). Marx zufolge gibt es in der bürgerlichen Gesellschaft im Wesentlichen zwei große, sich feindlich gesinnte, einander direkt gegenüberstehende Klassen. Die Bourgeoisie, die besitzende Klasse, die die Produktionsmittel zentralisiert und das Eigentum in wenigen Händen konzentriert auf der einen Seite und das Proletariat auf der anderen Seite, welches die Arbeiter darstellt, „die nur so lange leben, als sie Arbeit finden, und die nur so lange Arbeit finden, als ihre Arbeit das Kapital vermehrt." (Marx & Engels, 1848/1953, S. 532) Der Arbeiter – als Ware, als bloßes Zubehör der Maschine – im Sinne von Marx und Engels weist dabei erstaunliche Parallelen zu der, über 2000 Jahre zuvor formulierten, Aristotelischen Bedeutung des Sklaven als „beseelter Besitz" (Aristoteles, ca. 330 v. Chr./2006, S. 14) auf. Der Besitz bzw. Nicht-Besitz von Produktionsmitteln ist bestimmend für die Zugehörigkeit zu einer Klasse, für die soziale Lage und für die Machtverhältnisse in der Gesellschaft (Burzan, 2007, S. 15–17). Marx zufolge bildet das Privateigentum (an Produktionsmitteln) die zentrale Ursache sozialer Ungleichheit. Dabei fußt die Ungleichheit auf ökonomischen Ursachen, aber erstreckt sich deutlich weiter:

Auf den verschiedenen Formen des Eigentums, auf den sozialen Existenzbedingungen erhebt sich ein ganzer Überbau verschiedener und eigentümlich gestalteter
Empfindungen, Illusionen, Denkweisen und Lebensanschauungen. Die ganze Klasse
schafft und gestaltet sie aus ihren materiellen Grundlagen heraus und aus den entsprechenden gesellschaftlichen Verhältnissen. (Marx, 1852/1953, S. 42)

Mit seinen Ideen zur Klassengesellschaft leistet Marx einen bedeutenden Beitrag
für die frühe Ungleichheitsforschung zur Zeit der beginnenden Industrialisie-
rung. Und nach wie vor stellt der Besitz von finanziellen Mitteln einen Faktor
bei der Erklärung sozialer Ungleichheit dar. Darüber hinaus finden Marx' Vorstellungen auch in moderneren soziologischen Theorien Beachtung (Parsons,
1949/1964), auch, wenn seine Prognose von der „klassenlosen Gesellschaft"
(Marx, 1852/1963, S. 508) nicht realisiert worden ist (vgl. Parsons, 1949/1964).
Dennoch können Marx' Theorien gesellschaftliche Entwicklungen und Ungleichheit von Wohlstand, Ansehen, Macht und Bildung nicht mehr hinreichend
erklären (Beer & Bittlingmayer, 2014; Geiger, 1949, S. 58–59; Hradil, 2005,
S. 56–57). Insgesamt spielen die Marxschen Vorstellungen und Auffassun-
gen von Klassenstrukturen eine bedeutende Rolle für Entwicklung modernerer
soziologischer Theorien. Es bedarf allerdings Modifikationen in Form von neueren Theorien, um auch aktuellere „dynamische Faktoren im sozialen Prozeß"
(Parsons, 1949/1964, S. 220), gesellschaftlichen Wandel und die Rolle des
Individuums erklären zu können.

2.2   Pierre Bourdieus Habitustheorie

Neuere Theorien greifen bestehende Konzepte wie die von Marx auf und versuchen dabei u. a. die benannten Kritikpunkte zu berücksichtigen. Während
ältere Theorien als eher abstrakt gelten und gleichzeitig sehr viele Erschei-
nungsformen sozialer Ungleichheit anhand allgemeiner Ursachenzusammenhänge
erklären wollen, versuchen neuere Theorien Bestimmungsgründen und Verur-
sachungsprozessen genauer nachzugehen. Sie setzen sich aber dafür mit *nur*
wenigen Bestandteilen sozialer Ungleichheit auseinander (Hradil, 2005, S. 64).
Bourdieu gehört laut Hradil (2005) zu den neueren Theorien, die die Ursache
sozialer Ungleichheit in soziokulturellen Hintergründen vermuten. Der Franzose
Pierre Bourdieu (1930 – 2002) gilt als bedeutender Soziologe des zwanzigs-
ten Jahrhunderts. Mit seinen Beiträgen versucht er zu erklären, wie soziale
Ungleichheit entsteht, sich verankert und sich reproduziert (Scherr, 2016). Ihm

zufolge haben Menschen typische Werthaltungen, Einstellungen und Handlungsmuster, welche für die ungleichen Lebensbedingungen mitverantwortlich sind. Bourdieu nimmt dabei auch deutlich Bezug zu Marx. Beide stehen für eine herrschaftskritische Analyse von Gesellschaften und untersuchen im weiteren Sinne Klassenkonflikte (Beer & Bittlingmayer, 2014). Im Gegensatz zu Marx jedoch sieht Bourdieu soziokulturelle Erscheinungen nicht lediglich unter dem Deckmantel des materiellen Besitzes, sondern als relativ eigenständige Konstrukte, die soziale Ungleichheit mitbestimmen. Klassenkämpfe werden Bourdieu zufolge nicht länger als Eigentumskämpfe zwischen Bourgeoise und Proletariat ausgetragen, sondern finden sich in der Sphäre der Kultur und der Symbolik (U. Bauer et al., 2014). Gerade in der Bildungsforschung, in der auch individuelle Prozesse von Schüler:innen im Blick stehen, erscheint es sinnvoll, Konzepte aufzugreifen, die den Fokus auf soziokulturell bedingte Handlungsmuster von Individuen richten können. Zudem umfasst das System Schule eine Fülle von symbolischen und kulturellen Strukturen und Praktiken, die nicht hinreichend mit dem (Nicht-)Vorhandensein an Produktionsmitteln erklärt werden können. Darüber hinaus scheinen Bourdieus Konzeptionen geeignet, zu erklären, warum der schulische Leistungswettbewerb moderner Gesellschaften nicht so fair ist, wie der Anschein erwecken lässt. Der Idee einer modernen, meritokratischen Leistungsgesellschaft liegt das Prinzip zugrunde, dass Status, Einkommen, Macht und andere Begünstigungen entsprechend der individuellen Leistungen von Individuen und nicht entsprechend der sozialen Herkunft verteilt werden (Aulenbacher et al., 2017; Becker & Hadjar, 2017). Bourdieu (2001, S. 40) stellt fest, dass gerade Individuen kulturell begünstigter Klassen dazu geneigt sind, ihre Qualitäten als mühselig erworben zu erachten und damit dem meritokratischen Leistungsprinzip zu folgen. Dieses Konzept eines scheinbar fairen Leistungswettbewerbes steht der Realität sozialer Ungleichheit und ihrer Reproduktion deutlich entgegen (Becker & Hadjar, 2017). Anhand der folgenden Ausführungen (Abschnitt 2.2) und der empirischen Befunde aus Kapitel 4 wird offengelegt, dass Bourdieus Konzeptionen geeignet erscheinen, die Rolle des Systems Schule als Reproduzenten sozialer Ungleichheit zu diskutieren und dass sie für empirisch-bildungswissenschaftliche Untersuchungen in der Ungleichheitsforschung fruchtbar anwendbar sind. Bourdieu selbst fasst seine eigene Unternehmung folgendermaßen zusammen:

> Mein Versuch geht dahin zu zeigen, daß zwischen der Position, die der einzelne innerhalb eines gesellschaftlichen Raums einnimmt, und seinem Lebensstil ein Zusammenhang besteht. Aber dieser Zusammenhang ist kein mechanischer, diese Beziehung ist nicht direkt in dem Sinne, daß jemand, der weiß, wo ein anderer steht, auch bereits

dessen Geschmack kennt. Als Vermittlungsglied zwischen der Position […] innerhalb
des sozialen Raums und spezifischen Praktiken, Vorlieben, usw. fungiert das, was ich
Habitus nenne, d.h. eine allgemeine Grundhaltung, eine Disposition gegenüber der
Welt, die zu systematischen Stellungnahmen führt […]. Es gibt mit anderen Worten
tatsächlich, und das ist meiner Meinung nach überraschend genug, einen Zusammenhang zwischen höchst disparaten Dingen: wie einer spricht, tanzt, lacht, liest,
was er liest, was er mag, welche Bekannte und Freunde er hat usw. All das ist eng
miteinander verknüpft. (Bourdieu, 1982/1989, S. 25)

Dieser Auszug liefert bereits einen Einblick in seine Konzeption und den Zweck
des Habitus als Bindeglied zwischen der Position eines Individuums und den
individuellen Lebensstilen und es enthält in verdichteter Weise eine Fülle von
Bourdieus Gedankengut und Terminologie. Um die Tragweite von Begriffen wie
Habitus, sozialen Raum und Geschmack nachvollziehen zu können, werden diese
aus der Bourdieuschen Perspektive im Folgenden näher beleuchtet.

2.2.1   Habitus und Spiel-Sinn

Von zentraler Tragweite für Bourdieu ist sein Konzept vom *Habitus*. Der Habitus
ist ein Bündel von dauerhaften Dispositionen – von Grundhaltungen des Denkens
und der Weltauffassung insgesamt (Fuchs-Heinritz & König, 2014, S. 92; Kocyba,
2002, S. 211). Er wirkt als Wahrnehmungs- und Klassifikationsschema (Bourdieu, 1994/1998, S. 21) und äußert sich beispielsweise in Geschmacksrichtungen,
ästhetischen Maßstäben und Wertvorstellungen. Durch gewisse Denkschemata
wird so die Wahrnehmung von der sozialen Wirklichkeit geordnet und interpretiert (Fuchs-Heinritz & König, 2014, S. 90–92). Erworben wird der Habitus über
die Sozialisation und ist so stark inkorporiert, dass er von der Persönlichkeit der
Individuen nicht mehr zu trennen ist (Bourdieu, 1980/1993, S. 127). Es vollzieht
sich eine Einverleibung der sozialen Strukturen (Bourdieu, 1972/2015, S. 189).
Damit werden die Akteur:innen des sozialen Raumes füreinander erkennbar und
voraussehbar (Papilloud, 2003, S. 42), ohne, dass sie diese bewusst wahrnehmen brauchen. Die meisten Handlungen von Menschen haben nicht die Intention
zum Prinzip. Individuen handeln stattdessen gemäß ihren erworbenen, einver-
leibten Dispositionen, „die dafür verantwortlich sind, daß man das Handeln als
zweckgerichtet interpretieren kann und muß, ohne deshalb von einer bewußten
Zweckgerichtetheit […] ausgehen zu können." (Bourdieu, 1994/1998, S. 167–
168) So kann ein bestimmtes Verhalten oder eine bestimmte Strategie auf Ziele
gerichtet sein und mit den objektiven Interessen eines Individuums übereinstim-
men, ohne von diesen Zielen geleitet zu werden und ohne bewusst auf sie hin

orientiert zu sein (Bourdieu, 1987/1992, S. 28, 1980/1993, S. 113). So wirkt sich der Habitus als *unbewusstes* Klassifikationsschema auf das Handeln von Individuen aus (Kocyba, 2002, S. 211). Bourdieu benutzt das Bild eines Spiels, um dies darzulegen. Das Konzept des Spiels ist geeignet die konkrete Praxis im sozialen Raum zu analysieren und soziale Handlungslogiken von Individuen im sozialen Raum zu charakterisieren (Roslon, 2016, 2017, S. 171). Bei einem Spiel nimmt eine gewisse Anzahl an Personen an einer Tätigkeit teil, die gewissen Regeln folgt (Bourdieu, 1987/1992, S. 85). Gute Spielende haben die Regeln (im Sinne von Regelmäßigkeiten) des Spiels so tief verinnerlicht, dass sie wissen was zu tun ist, ohne sich die Regeln, nach denen sie handeln, explizit bewusst machen zu müssen (Bourdieu, 1994/1998, S. 168). Sie verfügen über einen ausgeprägten Spiel-Sinn. Dieser ist ein spielerisches Gespür und versteht sich als „der gekonnte praktische Umgang mit der immanenten Logik des Spiels, die praktische Beherrschung der ihm innewohnenden Notwendigkeit – und dieser »Sinn« wird durch Spielerfahrung erworben und funktioniert jenseits des Bewußtseins" (Bourdieu, 1987/1992, S. 81). So kann sich ein Spiel-Sinn tief einprägen – sich habitualisieren.

Der Habitus als »Spiel-Sinn« ist das zur zweiten Natur gewordene, inkorporierte soziale Spiel. Nichts ist zugleich freier und zwanghafter als das Handeln des guten Spielers. Gleichsam natürlich steht er genau dort, wo der Ball hinkommt, so als führte ihn der Ball – dabei führt er den Ball! (Bourdieu, 1987/1992, S. 84)

So ermöglicht ein Gespür die immanenten Tendenzen der Welt intuitiv zu antizipieren und entsprechend zu agieren und zu reagieren (Wacquant, 1996, S. 42). Wer über einen Spiel-Sinn verfügt, der kann Handlungsmuster praktisch absehen und angemessene Anschlusshandlungen vorbereiten. Damit stehen Spielende in einem spontanen und kreativen Prozess zwischen Wiederholung und Neuschöpfung (Roslon, 2017, S. 171). Der Habitus ermöglicht Individuen sich anhand dieses Sinns im sozialen Raum angemessen und findig bewegen zu können (Fuchs-Heinritz & König, 2014, S. 93).

Gleichzeitig sorgt die relative Homogenität der Existenzbedingungen innerhalb einer sozialen Klasse dafür, dass Praktiken ohne bewusste Bezugnahme auf eine Norm oder Regel aneinander angepasst werden (Bourdieu, 1980/1987, S. 109). Es bilden sich relativ „autonome Sphären, in denen nach jeweils besonderen Regeln »gespielt« wird." (Bourdieu, 1987/1992, S. 187) Die Individuen derselben sozialen Klasse stimmen somit in ihren praktischen Handlungen stärker überein, als sie es wissen oder wollen (Bourdieu, 1972/2015, S. 177). Denn die Dispositionen der entsprechenden sozialen Klasse erzeugen gerade die objektiven Strukturen, nach denen die Mitglieder handeln (Bourdieu, 1980/1987, S. 108–109). Damit wirkt der Habitus als Klassifikationsschema und Erzeugungsprinzip auf individuelle und kollektive Praktiken (Bourdieu, 1979/1982, S. 277; Kocyba, 2002, S. 211). Individuelles und Kollektives sind demnach nicht als Gegensätze zu verstehen. Stattdessen kommen sie im Habitus zusammen (Bremer & Teiweis-Kügler, 2013).

Ungeklärt bleibt bislang, wie es zur Inkorporation (Einverleibung) sozialer Strukturen kommen kann. Im familiären Umfeld beginnt bereits in frühster Kindheit soziales Lernen und die Vermittlung eines Habitus (Abels & König, 2016; Bourdieu, 1979/1982). Von Geburt an werden Kinder in soziale Zusammenhänge und Interaktionen einbezogen (Krais & Gebauer, 2014, S. 61) und lernen dadurch in ihrem sozialen Raum handlungssicher zu agieren (Abels & König, 2016, S. 187). „Geleitet von Sympathien und Antipathien, Zuneigung und Abneigung, Gefallen und Missfallen, schafft man sich eine Umgebung, in der man sich»zu Hause« fühlt" (Bourdieu, 1997/2001, S. 192). Was Individuen für gut und schlecht befinden wird in frühster Kindheit von den Dispositionen des Umfeldes geleitet. Diese Verinnerlichung vollzieht sich auch physisch, sodass Bourdieu von Einverleibung spricht.

> In allen Gesellschaften zeigen die Kinder für die Gesten [...], die in ihren Augen den richtigen Erwachsenen ausmachen, außerordentliche Aufmerksamkeit: also für ein bestimmtes Gehen, eine spezifische Kopfhaltung, ein Verziehen des Gesichts, für die jeweiligen Arten, sich zu setzen, mit Instrumenten umzugehen, dies alles in Verbindung mit einem jeweiligen Ton der Stimme, einer Redeweise und – wie könnte es anders sein? – mit einem spezifischen Bewußtseinsinhalt. (Bourdieu, 1972/2015, S. 190)

Damit macht Bourdieu deutlich, dass hinter der Einverleibung mehr steckt, als äußerliche Merkmale. Das Äußere wird Teil des Inneren und das Bewusstsein entspringt dem sozialen Umfeld. Weltauffassungen, Vorlieben und letztlich auch das Bewusstsein sind im Körper verankert. So kann Bourdieu statistisch signifikante Zusammenhänge feststellen zwischen Charakteristika der Dispositionen der Individuen und Gegenständen und Personen mit denen sie sich umgeben (Bourdieu, 1997/2001, S. 192). Die Grundhaltungen des Denkens und persönliche und materielle Präferenzen hängen zusammen. Ebendies ist auch der Grund, warum der Habitus pädagogisch oft an Kleinigkeiten (wie Höflichkeitsregeln, Vorschriften von Körperhaltungen, Benutzung von Esswerkzeugen) festgemacht werden kann, aber mit weiter reichenden Glaubensgehalten verknüpft ist (Fuchs-Heinritz & König, 2014, S. 106).

2.2.2   Das Individuum – frei innerhalb von Grenzen

Wenn der Habitus unbewusst klassifizierend und bewertend wirkt, dann stellt sich die Frage, ob Individuen überhaupt frei sein können in ihren Handlungen. Sind wir selbstbestimmte Individuen, die die Welt als schöpferische Subjekte konstruieren oder werden wir von einer äußeren Struktur geleitet, welche unser Handeln vorherbestimmt? Im Geiste von Bourdieus Konzept ist diese Frage am ehesten mit einem *weder noch* zu beantworten.

> Wer den Habitus einer Person kennt, der spürt oder weiß intuitiv, welches Verhalten dieser Person versperrt ist. Wer z. B. über einen kleinbürgerlichen Habitus verfügt, der hat eben auch, wie Marx einmal sagt: Grenzen seines Hirns, die er nicht überschreiten kann. Deshalb sind für ihn bestimmte Dinge einfach undenkbar, unmöglich, gibt es Sachen, die ihn aufbringen oder schockieren. Aber innerhalb dieser seiner Grenzen ist er durchaus erfinderisch, sind seine Reaktionen keineswegs vorhersehbar. [...] wir alle sind frei innerhalb von Grenzen. (Bourdieu, 1982/1989, S. 26–27)

Wer den Habitus einer Person kennt, der weiß eben nicht, was diese Person tut, sondern der kann die Grenzen ihrer Handlungsmöglichkeiten vermuten und daraus auf wahrscheinlichere Verhaltensweisen schließen. Innerhalb dieser (so scheint es zunächst mechanischen) Grenzen sind wir freie, schöpferische Subjekte.

Den in den Sozialwissenschaften aufgeworfenen Gegensatz zwischen Subjektivismus und Objektivismus bezeichnet Bourdieu als künstliche Spaltung und erhebt damit schwerwiegende Kritik am ‚*entweder* schöpferisches Subjekt *oder* Träger von Strukturen' (Bourdieu, 1980/1987, S. 49). Während beim Subjektivismus die soziale Welt von den sozialen Akteur:innen konstruiert wird, stehen beim Objektivismus äußere Systeme, Strukturen und Gesetzen im Vordergrund (Schwingel, 1995, S. 41). Der Objektivismus „ersetzt das »schöpferische Subjekt« des Subjektivismus schlicht durch einen Automaten" (Bourdieu, 1980/1987, S. 78), der den Gesetzen des sozialen Raumes wie physikalische Teilchen gehorchen muss. Damit stellt der Objektivismus die soziale Welt wie ein Theaterstück dar, bei dem die Individuen wie erwartet ihren Rollenanweisungen folgen. Der Subjektivismus wiederum reduziert die Strukturen tendenziell auf die Interaktionen zwischen Akteur:innen (Bourdieu, 1987/1992, S. 141) und kann damit nicht erklären, warum die soziale Welt notwendig sein muss (Bourdieu, 1980/1987, S. 98).

Bourdieu wird häufig mit dem Vorwurf des Determinismus konfrontiert, der Individualität nicht hinreichend miteinbeziehe (Abels & König, 2016, S. 190; Burzan, 2007, S. 138; Fröhlich et al., 2014; Gebesmair, 2004; Liebsch, 2016). Die Frage nach der Entwicklung und Transformation des individuellen Habitus bleibt so ungeklärt (Fuchs-Heinritz & König, 2014, S. 282; Helsper, 2018, 2019). Bourdieus Theorien können eher Kontinuität von Strukturen als gesellschaftlichen Wandel erklären (vgl. Burzan, 2007; Certeau, 1980/1988, S. 126–127; Liebsch, 2016). Bourdieu (u. a. in Bourdieu & Wacquant, 1996, S. 169–170) selbst wehrt sich gegen den Vorwurf. Individuen seien innerhalb eines sozialen Rahmens kreativ und erfinderisch. Zudem ist der Habitus zwar stabil, aber nicht unveränderlich. Bourdieu selbst unterbreitet auch Vorschläge in Bezug auf ein dynamisches und wandlungsfähiges Habituskonzept (Kramer, 2014). El-Mafaalani (2012) beschreibt beispielsweise, dass es auch zu grundlegenden und umfassenden Habitustransformationen kommen kann.

So unterliegen soziale Akteur:innen ebenso äußeren Zwängen, wie sie in ihren sozialen Gefügen kreativ und erfinderisch sind (Engler, 2013). Ihr Handeln kann somit weder rein deterministisch noch individualistisch erklärt werden. Dazu ein Beispiel: Wir sind zwar frei zu entscheiden, wen wir heiraten wollen, doch stimmen Ehepartner:innen erstaunlich häufig in ihren Ausbildungsniveaus, ihrer sozialer Herkunft und der Milieuzugehörigkeit überein (Heidenreich, 1998). In diesem Spannungsverhältnis sind Individuen sowohl Subjekt als auch Objekt, sie stehen also zwischen Subjektivismus und Objektivismus, zwischen Individuum und Gesellschaft. Bourdieus benutzt den Habitus, um dazwischen zu vermitteln.

> Die soziale Realität existiert sozusagen zweimal, in den Sachen und in den Köpfen, in den Feldern und in den Habitus, innerhalb und außerhalb der Akteure. [...] um mich verständlich zu machen [...]: Ich bin in der Welt enthalten, aber sie ist auch in mir enthalten, *weil* ich in ihr enthalten bin; weil sie mich produziert hat und weil sie die Kategorien produziert hat, die ich auf sie anwende, scheint sie mir selbstverständlich, *evident*. [...] Der Akteur [...] und die soziale Welt [...] sind [...] in einem regelrechten ontologischen Einverständnis vereint. (Bourdieu & Wacquant, 1996, S. 161)

Damit wird die Bedeutung des Individuums hervorgehoben, welches Realität innerhalb gewisser Grenzen mitkonstruiert. Das Individuum ist Produkt des sozialen Umfeldes und das soziale Umfeld ist Produkt des Individuums. Anders ausgedrückt bringt jedes Individuum seine individuelle Sichtweise der sozialen Welt hervor, aber tut dies anhand von Schemata, die es nicht selbst erfunden hat, sondern anhand von Schemata, die bereits im Individuum enthalten sind (Engler, 2013, S. 250).

Der Habitus ist [...] ein Produkt von Konditionierungen, das die objektive Logik
der Konditionierung tendenziell reproduziert, sie dabei aber einer Veränderung unter-
wirft; er ist eine Transformationsmaschine, die dafür sorgt, daß wir die sozialen
Bedingungen unserer eigenen Produktion »reproduzieren«, aber auf eine relativ
unvorhersehbare Art, auf eine Art, daß man nicht einfach mechanisch von Kenntnis der Produktionsbedingungen zur Kenntnis der Produkte gelangt. (Bourdieu,
1980/1993, S. 128)

In einer Welt, in der die Individuen das soziale Feld mitkonstruieren, wird auch
der Habitus ständig von neuen Erfahrungen beeinflusst. Er ist dauerhaft und
dennoch nicht unveränderlich (Bourdieu & Wacquant, 1996, S. 167–168). Der
Habitus bezieht sich also stets auf etwas Historisches, das mit der individuellen Geschichte verbunden ist (Bourdieu, 1980/1993, S. 127). Bourdieu relativiert
seine Äußerungen zur unvorhersehbaren Transformation jedoch. Der Habitus rea-
lisiere zwar unentwegt eine Anpassung an die Welt, doch selten geschieht dabei
eine radikale Veränderung (Bourdieu, 1980/1993, S. 129; vgl. Bourdieu & Wacquant, 1996, S. 168). „Wir alle sind frei innerhalb von Grenzen." (Bourdieu,
1982/1989, S. 27)

2.2.3   Sozialer Raum

Dort wo es Grenzen gibt, da muss es auch einen Ort geben, in dem man sich
bewegen kann. Mit dem Konzept vom sozialen Raum zeigt Bourdieu, dass sich
der Habitus nicht in einem Vakuum bewegt. Ohne ein dahinterliegendes Konstrukt
in Form eines sozialen Raumes kommt der Habitus nicht aus. Es bedarf eines
gesellschaftlichen Kosmos (Engler, 2013). Dem sozialen Raum wohnt eine Struktur inne, die vom Kapital der Individuen bestimmt wird und strukturelle Zwänge
erzeugt (Bourdieu, 1983, 1987/1992, S. 144). Mit diesen äußeren Zwängen geht
auch die Verteilung von Erfolgschancen einher. Im Gegensatz zu Marx, umfasst
Kapital nach Bourdieu weit mehr als Produktionsmittel, da auch unverkäufliche
Dinge einen Wert haben (Bourdieu, 1983). Kapital ist soziale Energie (Bourdieu,
1979/1982, S. 194). Bourdieu unterscheidet das ökonomische Kapital, welches
sich durch materiellen Besitz auszeichnet und mithilfe von Geld getauscht werden
kann, das kulturelle Kapital, das sich beispielsweise in Bildungstiteln ausdrückt
und das soziale Kapital, welches unter anderem das Beziehungsgeflecht umfasst
(Bourdieu, 1983). Abhängig von äußeren Bedingungen, lassen sich die Kapitalien
besser oder schlechter ineinander umwandeln.

Bourdieu (1983) führt das Konstrukt des *kulturellen Kapitals* ein, um die Ungleichheit schulischer Leistungen von Kindern aus verschiedenen sozialen Klassen begreifen zu können. Das kulturelle Kapital kann (1) verinnerlicht, (2) objektiviert und (3) institutionalisiert auftreten. Das (1) inkorporierte Kulturkapital legt nahe, dass ein Großteil der Kultur durch einen Verinnerlichungsprozess an den Körper in Form dauerhafter Dispositionen gebunden wird. Zu nennen sind zum Beispiel eine bestimmte Art zu Sprechen oder eine Programmiersprache zu beherrschen. Inkorporiertes Kulturkapital wird fester Bestandteil des individuellen Habitus und kann nicht unmittelbar vererbt werden. Aufgrund des Seltenheitswerts (z. B. das Beherrschen einer Programmiersprache) erhalten bestimmte Kapitalien einen symbolischen Wert in der Gesellschaft, welche sich beispielsweise in ökonomisches Kapital transformieren lassen. Der Seltenheitswert kann auch dazu führen, dass Träger:innen solchen Kapitals die Spielregeln des sozialen Raums mitbestimmen. Dadurch entsteht Macht. Das (2) objektivierte Kulturkapital äußert sich in Form von kulturellen Gegenständen, wie Bildern, Büchern, Instrumenten und Maschinen. Im Gegensatz zu inkorporiertem Kulturkapital lässt sich objektiviertes Kulturkapital übertragen – mit einer bedeutenden Einschränkung: Unmittelbar übertragen lässt sich nur der Gegenstand, nicht die dahinterstehende kulturelle Fähigkeit. Die Verfügung über die kulturelle Fähigkeit, die die Wertschätzung oder den Genuss eines Kunstwerkes ermöglicht, setzt inkorporiertes Kulturkapital voraus. Die Übertragung von objektiviertem Kulturkapital im materiellen *und* symbolischen Sinne erfordert eine entsprechende Sozialisation. Das (3) institutionalisierte Kulturkapital äußert sich in Form von Bildungstiteln, ist gesellschaftlich anerkanntes Zeugnis kultureller Kompetenz und macht die Träger:innen von Titeln vergleichbar. Das *soziale Kapital* äußert sich in Form von Beziehungen des Kennens, Gekanntwerdens und Anerkennens. Dieses Potential an Ressourcen verleiht Personen eine Art symbolische Kreditwürdigkeit, im Sinne des ‚für jemanden die Hand ins Feuer halten‘ oder ‚wissen, wen man um Rat fragen kann‘. Auch in institutionalisierter Form kann es auftreten, durch Zugehörigkeit zu einer bestimmten Partei, einer Familie, einer elitären Schule, usw. Das Beziehungsnetz ist ein Produkt von Investitionsstrategien, die früher oder später einen Nutzen versprechen.

Anerkennung finden Kapitalien erst dann (wie das Beispiel über Programmiersprachen zeigt), wenn sie einen symbolischen Wert erhalten. Dabei tendiert jede Kapitalart dazu als symbolischen Wert zu funktionieren, um aktuell oder potentiell als Macht verwendet werden zu können (Bourdieu, 1997/2001, S. 311). Damit kann Kapital Macht innewohnen, das je nach Anerkennungen, genutzt werden kann.

Bourdieus sozialer Raum lässt sich anhand eines Koordinatensystems darstellen, in dem nach ökonomischem und kulturellem Kapital unterschieden wird (Abbildung 2.1).[1] Je näher sich zwei Individuen im sozialen Raum sind, desto mehr Gemeinsamkeiten weisen sie auf (Bourdieu, 1994/1998, S. 18).

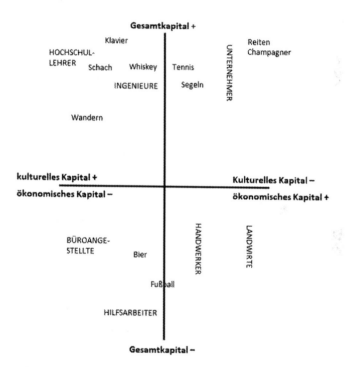

Abbildung 2.1   Sozialer Raum in Anlehnung an Bourdieu (1994/1998, S. 19)

Die y-Achse beschreibt das Gesamtvolumen an ökonomischem und kulturellem Kapital und die x-Achse beschreibt das Verhältnis zwischen den beiden Kapitalsorten. Mithilfe von Korrespondenzanalysen ermittelt Bourdieu Bündel an ähnlichen Dispositionen und trägt sie in das Koordinatensystem ein (Bourdieu &

---

[1] Das soziale Kapital vernachlässigt Bourdieu in dieser Visualisierung. Zum einen hält Bourdieu (1994/1998, S. 18) ökonomisches und kulturelles Kapital für besonders relevant. Zum anderen liefert Janning (1991, S. 47) den Erklärungsansatz, dass sich soziales Kapital schwieriger messen lässt und Fuchs-Heinritz und König (2014, S. 141) vermuten, dass Bourdieu das Modell damit zu entlasten versucht.

Wacquant, 1996, S. 125–126; Suderland, 2009). In dieses Modell integriert er soziale Positionen und Lebensstile (Bourdieu, 1979/1982, S. 212–213). So stellen die ersten beiden Quadranten den Teil des sozialen Raumes dar, der sich durch ein hohes Gesamtkapital auszeichnet. Der erste Quadrant zeichnet sich dabei dadurch aus, dass das kulturelle Kapital eine *niedrigere* Stellung einnimmt als das ökonomische Kapital. Hier befindet sich beispielsweise die Berufsgruppe der Unternehmer:innen, aber auch Champagner-Trinken. Im zweiten Quadranten nimmt das kulturelle Kapital eine *höhere* Stellung ein als das ökonomische Kapital. Hier finden sich beispielsweise Berufsgruppen von Lehrpersonen, aber auch Opernbesuche und Schachspielen. So zeigt sich der „*Einfluß* des *Habitus* deutlich, wenn denselben Einkünften verschiedene Konsumgewohnheiten entsprechen" (Bourdieu, 1979/1982, S. 590). Es sei nicht unerwähnt, dass die Klassifizierungen der Berufsgruppen und Lebensstile auf empirischen Daten der 1960er Jahre beruhen und daher die heutigen Verhältnisse nicht zeitgemäß wiedergeben können. So sind Reisen, Whiskeytrinken und Tennisspielen keine so expliziten Lebensstile wohlhabender Klassen mehr, wie es noch vor 60 Jahren der Fall war. Doch ging es Bourdieu nicht nur darum empirische Zusammenhänge zwischen gelebter Praxis und gesellschaftlicher Position darzustellen, sondern es gelingt ihm die Wahrnehmung von der sozialen Welt und ihre wissenschaftliche Analyse zu vereinen (Suderland, 2009). „Der soziale Raum [...] präsentiert sich in Form von Akteuren mit unterschiedlichen und systemisch untereinander verknüpften Eigenschaften" (Bourdieu, 1987/1992, S. 146). Die Wahrscheinlichkeit (mit Blick auf die 1960er), dass ein Champagner-Trinker reiten oder jagen geht ist höher als bei Bier-Trinkern. Damit funktioniert der soziale Raum als symbolischer Raum unterschiedlicher Statusgruppen. „Das Modell bezeichnet also die Distanzen, aus denen sich Begegnungen, Affinitäten, Sympathien oder selbst Wünsche *vorhersagen* lassen" (Bourdieu, 1994/1998, S. 24). Deswegen sind statistisch festgestellte Systeme von Bedürfnissen letztlich nur kohärente Entscheidungen eines bestimmten Habitus (Bourdieu, 1979/1982, S. 589).

Bourdieu folgert, dass Position und individueller Lebenslauf nicht unabhängig voneinander sind (Bourdieu, 1979/1982). Nicht alle Startpositionen führen mit derselben Wahrscheinlichkeit zu allen Endpositionen. Typische Laufbahnen und Klassenzugehörigkeit hängen demnach zusammen (vgl. Groh-Samberg & Hertel, 2011). Personen innerhalb eines Feldes – damit ist ein Unterraum[2] im sozialen Raum gemeint (Bourdieu, 1989/1991, S. 70) – zeichnen sich unter anderem durch

---

[2] Manchmal werden Feld und Raum bei Bourdieu auch gleichgesetzt. Rehbein und Saalmann (2014) kritisieren, dass Bourdieu das Verhältnis von Feld und Raum nicht hinreichend erläutert.

spezifische Interessen aus, die für andere Felder keine charakteristischen Interessen darstellen (Bourdieu, 1980/1993, S. 107). So gibt es ein künstlerisches Feld, ein ökonomisches Feld, ein bürokratisches Feld, ein religiöses Feld, usw. „Alle, die sich in einem Feld betätigen, haben bestimmte Grundinteressen gemeinsam." (Bourdieu, 1980/1993, S. 109) Damit ein Feld funktionieren kann, muss es Personen geben, die über den entsprechenden Habitus verfügen. Die in dem Feld verankerten Gesetze müssen verinnerlicht worden sein (Bourdieu, 1980/1993, S. 108). Der Habitus von Lehrer:innen beispielsweise ist gleichzeitig ein Beruf, ein Kapital an Fachtechniken und -wissen, ein Komplex von Überzeugungen, usw.

Bourdieu versteht den sozialen Raum als ein Netz von Relationen zwischen unterschiedlichen Positionen, und zwar nicht im Sinne von Interaktionen, sondern als „objektive Relationen, die »unabhängig vom Bewußtsein und Willen der Individuen bestehen«, wie Marx gesagt hat." (Bourdieu & Wacquant, 1996, S. 127) Die Kapitalsorten – und damit auch das Ausmaß an symbolischer Macht – legen die Position im Raum objektiv fest. Der Besitz von Kapital entscheidet über den Zugang zu Profiten und damit auch über Relationen wie herrschend und abhängig. Damit ist nicht gemeint, dass soziale Subjekte wie Teilchen im Raum von äußeren Kräften mechanisch bewegt werden. „Vielmehr sind sie Kapitalbesitzer und haben entsprechend ihrem Lebenslauf und der Position, die sie im Feld aufgrund ihres Kapitalbesitzes (Volumen und Struktur) einnehmen, eine Neigung, aktiv auf den Erhalt oder eben den Umsturz der Kapitaldistribution hinzuarbeiten." (Bourdieu & Wacquant, 1996, S. 140) Die Position im sozialen Raum bestimmt darüber, welche Vorstellungen man vom sozialen Raum hat und welche Stellung man in Kämpfen um dessen Erhalt oder Veränderung einnimmt (Bourdieu, 1994/1998, S. 26). Den Akteur:innen im sozialen Raum erscheinen die Bewertungskriterien, die sie auf die Welt anwenden, selbstverständlich, teilweise wie Naturgesetze zu existieren. Ebensolche Bewertungskriterien legitimieren eine soziale Schichtung in höhere und tiefere, bessere und schlechtere Lebensweisen. Welche Lebensweisen, welche Dispositionen als höher oder tiefer gelten, das entsteht in einem historischen Prozess (Bourdieu, 1980/1993, S. 108). Die Akteur:innen nutzen die in der Vergangenheit angeeignete Macht, um bestimmtes Kapital als besonders wertvoll oder wertlos zu bezeichnen (vgl. Bourdieu, 1987/1992, S. 149). So stellt ein hoher Bildungsgrad heute universell anerkanntes symbolisches Kapital dar (vgl. Bourdieu, 1979/1982, S. 500, 1987/1992, S. 150; Krais, 1983). Damit zielt die Legitimierung und Reproduktion sozialer Ungleichheit auf die im sozialen Raum hervorgebrachten positiv oder negativ privilegierten Lebensbedingungen von Individuen, die durch die vergangenen

Machtkämpfe entstehen und in ihrer Gänze die Lebens- und Handlungschancen von Einzelnen bestimmen (vgl. Hillebrandt, 1999). Der soziale Raum liefert also einen Rahmen gemeinsamer oder unterschiedlicher Vorlieben, Geschmäcker, Erfahrungen und Lebensstile; und er stellt eine symbolische Ordnung her, die sich durch klassenspezifische Unterschiede auszeichnet. Durch die unbewusst wirkenden Wahrnehmungs- und Bewertungskriterien des individuellen Habitus klassifizieren Individuen andere Personen, Objekte, etc. und letztlich auch sich selbst. Dadurch lässt sich soziale Ungleichheit legitimieren und reproduzieren.

2.2.4 Soziale Klassen und Geschmack

Nach Bourdieu lassen sich moderne Gesellschaften – wie bei Marx – als Klassengesellschaften beschreiben (vgl. Krais & Gebauer, 2014, S. 35; Rehbein et al., 2014). Im Gegensatz zu Marx jedoch, der Klassen als real existent darlegt, beschreibt Bourdieu vielmehr theoretische Klassen[3] (Bourdieu, 1994/1998, S. 25). Es sind, so Bourdieu, die Distanzen im sozialen Raum, die Klassen ausmachen. Theoretische Klassen beschreiben Gruppen von Individuen mit möglichst homogenen Lebensbedingungen und ähnlichen Möglichkeitsräumen (Bourdieu, 1994/1998, S. 23; Rehbein et al., 2014, S. 141). Ebenjene bringen durch Sozialisation ein System ähnlicher praktischer Handlungsmuster hervor (Bourdieu, 1979/1982, S. 175). Auch, wenn klar ist, dass Mitglieder einer bestimmten Klasse nicht alle dieselben Erfahrungen machen, so ist ebenso sicher, „daß jedes Mitglied derselben Klasse sich mit einer größeren Wahrscheinlichkeit als jedes Mitglied einer anderen Klasse [...] den für die Mitglieder dieser Klasse häufigsten Situationen konfrontiert sieht." (Bourdieu, 1972/2015, S. 187) Nach Bourdieu handelt es sich hierbei um Wahrscheinlichkeiten. Er grenzt sich somit von Marx' Determinismus ab (Rehbein et al., 2014, S. 142). „Es existieren keine [real existierenden] sozialen Klassen [...]. Was existiert, ist ein sozialer Raum, ein Raum von Unterschieden, in denen die Klassen gewissermaßen virtuell existieren, unterschwellig, nicht als gegebene, sondern als *herzustellende*." (Bourdieu, 1994/1998, S. 26) Es ist gerade der Habitus mit seinen Bewertungs- und Handlungsschemata, der

---

[3] Bourdieu nennt diese unter anderem auch objektive Klassen, konstruierte Klassen, wahrscheinliche Klasse und Klassen auf dem Papier. Ist im Folgenden von Klasse die Rede, sind theoretische Klassen gemeint.

gewisse Lebensstile in der Praxis sichtbar macht, und damit auch soziale Unterschiede und Zugehörigkeiten zu einer Klasse. Soziale Klasse[4] ist somit mehr als die Summe von Individuen oder Merkmalen (Bourdieu, 1979/1982, S. 182, 1972/2015, S. 187), sondern eng mit dem Habitus verknüpft. Der Habitus ist ein Resultat von mit der sozialen Klasse verbundener stummer Konditionierung und er drückt sich in angepassten Wahrnehmungen und Handlungen aus (Kramer & Pallesen, 2019). Bourdieu spricht diesbezüglich von einem „Klassenhabitus als System von Dispositionen, die allen Produkten der gleichen Strukturen (partiell) gemeinsam sind." (Bourdieu, 1972/2015, S. 187) Individuen derselben Klasse haben also zentrale Elemente ihres Habitus gemeinsam (Krais & Gebauer, 2014, S. 37), sodass soziale Klassen und Habitus aufgrund ähnlicher Konditionierungen nicht voneinander zu trennen sind (vgl. Bourdieu, 1980/1987, S. 111–112).

Ein Klassenhabitus kann sich in bestimmter Körperlichkeit, Moralvorstellung, ästhetischem Empfinden, Umgang mit Kultur, etc. äußern – insgesamt also in einem bestimmten Geschmack (Krais & Gebauer, 2014, S. 37). Unter Geschmack versteht Bourdieu dabei nicht eine natürliche Erscheinung, sondern eine zentrale Eigenschaft sozialer Klassen (Bourdieu, 1979/1982, S. 18). Durch ihn wird Praxisformen ein wahrnehmbarer Wert zugeschrieben, der von Individuen verschiedener sozialer Klassen unterschiedlich beurteilt werden kann.

> Genauer gesagt […], ein Unterschied, ein Unterscheidungsmerkmal, […] Golf oder Fußball, Klavier oder Akkordeon, […] wird nur dann zum sichtbaren, wahrnehmbaren, nicht indifferenten, sozial *relevanten* Unterschied, wenn es von jemandem wahrgenommen wird, der in der Lage ist, *einen Unterschied zu machen*, […] weil er über die Wahrnehmungskategorien verfügt, die Klassifikationsschemata, den *Geschmack*, die es ihm erlauben, Unterschiede zu machen (Bourdieu, 1994/1998, S. 22).

Aufgrund äußerer Bedingungen des sozialen Raums manifestieren sich im Laufe der Zeit in sozialen Klassen gewisse Geschmäcker, die den Individuen dieser Klasse Güter als gut oder schlecht erscheinen lassen. Der Geschmack spiegelt letztlich kohärente Entscheidungen des Habitus wieder. Die Nähe zum Habitus zeigt sich u. a. darin, dass Geschmack „die Grundlage alles dessen [ist], was man hat […], was man für die anderen ist, dessen, womit man sich selbst einordnet und von den anderen eingeordnet wird." (Bourdieu, 1979/1982, S. 104) Bourdieu nutzt den Geschmack, um Unterschiede zwischen sozialen Klassen herauszuheben u. a. in der Sprache, in Gestiken, in Sportpraktiken, im Genuss von

---

[4] Soziale Klassen fungieren bei Bourdieu als theoretische Klassen. Er *konstruiert* soziale Klassen unter anderem unter Berücksichtigung von beruflichen Stellungen, von Ausbildungsniveaus und vom Umfang an Kapitalsorten.

Lebensmitteln und Gütern, im Verhältnis zum eigenen Körper, im Verhältnis zu Bildungseinrichtungen, etc. Der Geschmack ist dabei an den Umfang und die Struktur des Kapitals angepasst: „Der Geschmack bewirkt, daß man hat, was man mag, weil man mag, was man hat, nämlich die Eigenschaften und Merkmale, die einem […] zugewiesen werden." (Bourdieu, 1979/1982, S. 285–286) Damit wirkt Geschmack unabwendbar differenzierend (Bourdieu, 1979/1982, S. 105). Als zentralen Gegensatz stellt Bourdieu den Unterschied zwischen dem Geschmack jener mit niedrigem Kapitalvolumen und jener mit hohem Kapitalvolumen heraus. Unteren sozialen Klassen schreibt er einen Geschmack der Notwendigkeit zu mit einem Habitus, der Quantität, Materie und Substanz fokussiert. Den herrschenden Geschmack oberer sozialer Klassen beschreibt er demgegenüber mit einem qualität- und formfokussierenden Habitus (vgl. Bourdieu, 1979/1982, S. 288). Einschränkend sei erwähnt, dass Bourdieu eine Simplifizierung und Komplexitätsreduktion in Kauf nimmt, wenn er seine Erklärungsansätze auf das Gesamtvolumen an Kapital stützt und im Wesentlichen eine Dreiteilung der Gesellschaft vornimmt in herrschende Klasse, Mittelklasse und beherrschte Klasse (vgl. Fröhlich et al., 2014; Fuchs-Heinritz & König, 2014, S. 142).

Der *herrschende Geschmack* zeichnet sich durch einen distinguierten Konsum und die Wertschätzung von Seltenheit aus. Auch funktionslose Praktiken und Gegenstände bzw. solche, die keinen unmittelbaren praktischen Nutzen aufweisen, haben einen Wert. Der bescheidene Geschmack vermag aktuelles Verlangen hinter künftige Befriedigungen zurückzustellen. Bedürfnisaufschübe und die Distanz zur Notwendigkeit gewinnen dadurch an Bedeutung.[5] Essen beispielsweise ist weit mehr als ein Akt zur Befriedung des Bedürfnisses Hunger. Es kann als gemeinsames Mahl eine zelebrierte, distinguierte Tätigkeit darstellen (Bourdieu, 1979/1982; zusammenfassend Jünger, 2008, S. 86). Dies zeigt sich auch darin, wenn Werke unabhängig von ihrem Inhalt gewürdigt werden können. Sie können rein ästhetischer Natur sein – ökonomisch und praktisch zweckfrei und funktionslos (Bourdieu, 1979/1982, S. 100–101). So bildet sich eine ästhetische Einstellung als allgemeine Fähigkeit aus, die sich in Welt-Erfahrungen ausdrückt, die von Dringlichkeit befreit ist, und in Tätigkeiten, „die ihren Zweck in sich selbst tragen (Schulübungen etwa oder das Betrachten von Kunstwerken)" (Bourdieu, 1979/1982, S. 101). Darin drückt sich nicht nur die Distanz zur Notwendigkeit aus, sondern auch in höchstem Maße eine Leichtigkeit im

---

[5] Bourdieu (1979/1982, S. 447) unterscheidet im Wesentlichen zwei Varianten des herrschenden Geschmacks: Einen *asketischen Aristokratismus* derer, mit vergleichsweise viel kulturellem Kapital, und einen *Sinn für Luxus* derer, mit vergleichsweise viel ökonomischem Kapital. Beide Varianten haben ihren Sinn für Distinktion gemeinsam.

Umgang mit materiellem und symbolischem Konsum, der neben Wohlhaben-
heit auch Ungezwungenheit offenlegt (Bourdieu, 1979/1982, S. 103). Geschmack
manifestiert sich so in inkorporierten Klassenunterschieden.

Der Notwendigkeitsgeschmack sucht das Zweckmäßige, das Vernünftige, das
Nahrhafte, das Einfache und das Unverblümte. Er ergreift Chancen auf Bedürfnisbefriedigung unmittelbar und verfolgt einen spontanen Materialismus, da jemand
der/ die weniger von der Zukunft zu erwarten hat, günstige Augenblicke nutzt.[6]
Ein solcher Habitus entscheidet sich aus der Notwendigkeit heraus für die Funktion. Die Form wird der Funktion untergeordnet, sodass Dinge relevanter sind,
die einen Zusammenhang zum Leben aufweisen. Hinzu kommt eine Orientierung
an familiären und vertrauten Objekten, Situationen, Beziehungen, etc. (Bourdieu,
1979/1982; zusammenfassend Jünger, 2008, S. 86). Ein Habitus der Notwendigkeit wird Bourdieu zufolge nirgends so deutlich, wie in unteren sozialen Klassen,
sind und waren doch finanzielle Not und Mangel bei ihnen am gegenwärtigsten
(Bourdieu, 1979/1982, S. 585). Und auch, wenn der finanzielle Mangel vorüber
ist, kann der Geschmack eine lange Zeit (sogar ein ganzes Leben) eines Individuums überdauern. Bourdieu führt Beispiele von Menschen aus der Arbeiterklasse
an, die zu mehr finanziellen Mitteln gelangen. Diese wüssten oft nicht wohin
mit ihrem Geld und geben es eher für Güter mit materiellem als symbolischem
Wert aus. Es kann gezeigt werden, dass Personen aus unteren Klassen nicht
angemessen in der Lage sind ihr Kapitalvolumen im Bourdieu'schen Sinne zu
erhöhen. Das hängt damit zusammen, dass Mitglieder unterer sozialer Klassen
wenig effizient darin sind die Kapitalsorten ineinander zu überführen (Blasius &
Friedrichs, 2008). Damit stiege die Bedeutung von materiellen Gütern, da diese
sich unmittelbarer in ökonomisches Kapital umwandeln lassen. Daraus resultiert
ein Geschmack, der zu eher rationalen Entscheidungen rät (,das ist nichts für
uns' oder ,was halt sein muss'). Zeitliche und materielle Zwänge, wie sie in
unteren Klassen eher vorherrschen, führen zu einer Art pragmatischem und funk-
tionalistischem Denken, das experimentelle und rein ästhetische Intentionen als
sinnlos (,Firlefanz') ablehnt. Dies drückt sich auch in Ermahnungen aus (,so-
was ist nichts für uns') – aus denen das Konformitätsprinzip spricht – die neben
der Einhaltung vernünftiger Geschmacksentscheidungen auch davor warnen, sich
nicht durch Identifizierung mit anderen sozialen Klassen abheben zu wollen
(,für was hält die sich?'). Dadurch verhängen sich soziale Gruppen selbst eine
Geschlossenheit, was den Raum der Möglichkeiten erheblich einengt (Bourdieu,

---

[6] Bourdieu relativiert diese Aussage. Er weist darauf hin, dass der in der Not entstandene
Geschmack Bedürfnisaufschübe dahingehend bewertet, ob sie vernünftig sind, d. h., wie
wahrscheinlich es ist, dass der jetzige Aufschub der Bedürfnisse zu einer Steigerung der
Bedürfnisbefriedigung in der Zukunft führt.

1979/1982, S. 591–597). Es ist mit Blick auf Bourdieus empirischen Ergebnisse immer zu berücksichtigen, dass diese aus dem Frankreich der 1960er und 1970er Jahren stammen und damit nicht mehr zeitgemäß sein müssen. Nichtdestotrotz kann anhand der Sinus-Milieus[7] festgestellt werden, dass Personen aus der Unterschicht sich eher an Sicherheit, Ordnung, Stabilität und dem Notwendigen (Traditionelles Milieu) bzw. Spontanität und Materialismus (Hedonisten-Milieu) orientieren (Barth et al., 2018). Ebensolche Analysen untermauern die Beobachtungen von Bourdieu in Bezug auf den Geschmack der Notwendigkeit in Teilen auch für die heutige Zeit.

2.2.5 Kritik an Bourdieus Konzeptionen und Bedeutung für diese Arbeit

Für diese Arbeit wird Bourdieus Habitustheorie mit der dahinterliegenden vertikalen Struktur objektiver Klassen als theoretische Grundkonstruktion verwendet, da sich seine Konzepte bereits in zahlreichen empirischen Studien als fruchtbar herausgestellt haben (u. a. Bittlingmayer & Bauer, 2007; Büchner & Brake, 2007; Calarco, 2011; Edelstein, 2006; Evans et al., 2010; Jünger, 2008; Lange-Vester & Vester, 2018; McNeal, 1999; Piel & Schuchart, 2014; Rutter, 2021; Stubbe et al., 2020). Bourdieus methodisches und theoretisches Vorgehen ist wegweisend und innovativ für die Soziologie und die empirische Bildungswissenschaft. Seine umfassenden Theorien, Methoden und Begriffe stoßen dabei aber auch auf Kritik. In den vorangegangenen Kapiteln wurden bereits vereinzelt Kritikpunkte thematisiert. In diesem Abschnitt werden weitere Kritikpunkte aufgegriffen und ihre Bedeutung für diese Untersuchung thematisiert.

Bourdieu wird u. a. für die vermeintlich universelle Anwendbarkeit des Habitus kritisiert (Rademacher & Wernet, 2014). So entsteht der Eindruck, soziale Phänomene ließen sich stets mit dem Wirken eines Habitus erklären. Soziale Phänomene sind jedoch fluider als von Bourdieu dargestellt. Klassenspezifische Habitusunterschiede sind nicht so „unbewußt angeeignet, unausweichlich einstellungsprägend, zählebig beharrend, in allen Lebensbereichen verhaltensformend und für große Gruppen übereinstimmend" (Hradil, 2005, S. 91). Hradil hebt diese Elastizität der Habitustheorie aber gerade auch als positiven Faktor hervor, da

---

[7] Die Sinus-Milieus gelten als Gesellschaftsmodell, die kontinuierlich an soziokulturelle Veränderungen der Gesellschaft angepasst werden und damit ein zeitgemäßes Bild der Vielfalt der Gesellschaft liefern (https://www.sinus-institut.de/).

sie sich in zahlreichen bildungswissenschaftlichen Untersuchungen als fruchtbar erwiesen hat.

Hinzu kommt, dass Bourdieu eine Vermischung von Deskriptivität und Normativität vorgeworfen wird. Viele seiner Aussagen, die deskriptiv dargestellt oder als solche wahrgenommen werden, sind nur normativ (haltbar). Bourdieu macht nicht hinreichend deutlich, welche seiner Aussagen sich auf empirische Beobachtungen beziehen (Fröhlich et al., 2014). Darüber hinaus erfahren einige Begriffe und Theoreme Bourdieus Kritik als wenig operationalisierbar. Es wird kaum möglich sein, seine theoretischen Konstrukte in messbare Indikatoren zu übersetzen, ohne die Tragweite der theoretischen Konzepte zu verwässern (Janning, 1991, S. 40). Zu nennen sind u. a. der Habitus, der soziale Raum und die Dispositionen. Der Habitus beispielsweise stellt mehr dar als eine Summe von Merkmalen. Messbar sind jedoch immer nur einzelne Merkmale. Für diese Untersuchung folgt daraus, dass eben nicht von einem Habitus auf Handlungen von Individuen geschlossen werden kann. Stattdessen hinterlässt der Habitus in den Handlungen von Individuen eine bestimmte Handschrift (Bremer & Teiweis-Kügler, 2013). Er ist tief verinnerlicht in den Dispositionen der Individuen und codiert in ihren Praktiken. In den Erzählungen und Handlungspraktiken der Individuen kann der Habitus durch Interpretationsleistung zugänglich und beobachtbar gemacht werden (Bremer & Teiweis-Kügler, 2013). Daher wählt diese Forschungsarbeit einen qualitativen Forschungszugang. Dabei wird der Habitus nie gänzlich aufgedeckt. Jede Beobachtung und jede Befragung liefert nur abgeschwächte und verschwommene Einblicke in tief verwurzelte Haltungen (Bourdieu, 1979/1982, S. 790). Für diese Untersuchung liefert der Habitus ein theoretisches Konstrukt, das es ermöglicht, systematische Unterschiede und Gemeinsamkeiten in den Handlungen von Individuen als gesellschaftliche Strukturen zu interpretieren. Der Habitus schwebt als Denkwerkzeug über den empirischen Analysen. Neuere Studien knüpfen hieran an und widmen sich der Unternehmung Bourdieus theoretische Instrumente in empirischen Analysen fruchtbar einzusetzen (Brake et al., 2013). Eine empirische Untersuchung von Blasius und Friedrichs aus dem Jahr 2008 beispielsweise unterstützt die Existenz von Bourdieus Konzept eines Geschmacks am Notwendigen in Deutschland. Auch Bourdieu selbst betont, dass seine Konzepte ständiger Weiterentwicklung bedürfen und Begriffe wie Habitus als Denkwerkzeuge zu verstehen sind, um soziale Phänomene und ihre Wirkmechanismen in den Blick der empirischen Wissenschaft zu lenken (Brake et al., 2013). Eben als ein solches Denkwerkzeug werden Bourdieus Modelle von klassenspezifischen Habitusunterschieden in dieser Forschungsarbeit verstanden.

Es ist dabei nicht zu vernachlässigen, dass Bourdieus empirische Arbeiten[8] viele Jahrzehnte zurückliegen und damit gesellschaftliche Phänomene wie die Entwicklung der Bildungsexpansion und die Digitalisierung nicht hinreichend in den Blick nehmen können. Dennoch verwenden auch neuere Modelle, wie die Sinus-Milieus, Bourdieus theoretische Konzeptionen und betrachten sie unter Bezugnahme aktuellerer soziokultureller Veränderungen der Gesellschaft und spiegeln diese zeitgemäßer wieder (vgl. Barth et al., 2018). Neuere an Bourdieu anschließende Konzeptionen verwenden beispielsweise häufig auch Schicht- oder Milieumodelle (u. a. Lange-Vester, 2015). Neben den Unterschieden zwischen sozialen Klassen, Schichten und Milieus weisen solche Konzeptionen allesamt vertikale Strukturen sozioökonomischer Stellungen auf und enthalten gesellschaftliche Trennungen, die in gewisser Weise kulturelles und ökonomisches Kapital in den Blick nehmen.[9] Zudem ist ihnen die Prämisse gemein, dass bestimmte Lebensbedingungen mit bestimmten inneren Haltungen von Individuen einhergehen. So können zahlreiche empirische Studien nachweisen, dass die Dispositionen von Individuen und somit auch ihre Handlungsmuster, Geschmäcker und Strategien von ihren sozioökonomischen Stellungen geprägt sind (Kapitel 4). Die Position eines Individuums im sozialen Raum kann insgesamt mit Grenzen und Möglichkeiten des Handelns und daher auch mit Begünstigungen und Benachteiligungen einhergehen (Buchholtz, Stuart & Frønes, 2020). Diese Arbeit folgt diesem Ansatz, denn es kann angenommen werden, „dass die Vielzahl von Lebensbedingungen nicht eine je völlig unterschiedliche Wirksamkeit und Bedeutsamkeit für Menschen und ihre Lebensgestaltungsmöglichkeiten besitzen." (Jünger, 2008, S. 79) So ist letztlich davon auszugehen, dass die meisten praktischen Handlungen von Individuen als Ausdruck ihres Habitus zu verstehen

---

[8] Bourdieu entwickelte seine Analyseinstrumente in quantitativen und qualitativen, empirisch fundierten Untersuchungen. So liefert Bourdieu in *Die feinen Unterschiede* ausführlich Überlegungen zu seinem methodischen Vorgehen. Seine zwischen 1963 und 1968 durchgeführten Studien basieren auf Interviews und ethnographischen Beobachtungen von knapp 2000 Befragten. Erfasst und ermittelt wurden unter anderem Berufe, Ausbildungsniveaus, Einkommen, soziale Klassen, Besitztümer, Wohnungs- und Kleidungsstil, ästhetische Einstellungen, Urteile über Malerei und Musikstücke, praktizierte Tätigkeiten, Charaktereigenschaften, Essgewohnheiten, Wohnverhältnisse, Sprachstil, etc.

[9] Hradil (2005) erklärt, dass in Klassenmodellen das Kapital die entscheidende Determinante einnimmt. Schichtmodelle nehmen das mit der beruflichen Stellung einhergehende Einkommen, die Prestige und die Qualifikation in den Blick. Soziale Milieus sind Flaig und Barth (2018) zufolge Gruppen mit ähnlichen und relativ stabilen Grundwerten und Prinzipien. Auf die Unterschiede sei im Folgenden nicht mehr detailliert eingegangen, da die Gemeinsamkeiten der Begriffe im Vordergrund stehen.

sind. Daher können spezifische Unterschiede in den Handlungsmustern unterschiedlicher sozialer Gruppen beim mathematischen Modellieren nicht nur als zufällig auftretende Unterschiede diskutiert werden, sondern als systematischen Ausdruck eines Habitus. Darüber hinaus liegt die Stärke von Bourdieus Theorie darin, dass der Geschmack von Individuen als Ressource in strategischen Handlungen thematisiert werden kann (Gebesmair, 2004). Gerade bei der Analyse von Modellierungsprozessen, die eine Vielzahl an strategischen Handlungen beinhalten, vermag der Geschmack von Schüler:innen als Ausdruck ihres Habitus systematische Unterschiede in der Bearbeitung zu erklären. Gleichzeitig vermag seine Konzeption des Spiel-Sinns verwendet werden, um Anpassungen an sich verändernde Situationen zu erklären (Roslon, 2017).

Mathematisches Modellieren

3

Unter mathematischem Modellieren versteht man die Auseinandersetzung mit authentischen Problemen aus der Realität (Greefrath et al., 2013). Strukturen der Realität und Strukturen der Mathematik werden situationsangemessen in Beziehung zueinander gesetzt (Reusser & Stebler, 1997). Schüler:innen soll hierbei die Möglichkeiten gegeben werden Mathematik in realen und sinnhaften Kontexten aktiv zu betreiben (Siller, 2015), da Mathematik weitaus mehr umfasst als das Automatisieren von Rechenfertigkeiten. Mathematik muss erlebbar gemacht werden (Winter, 1995). Mathematisches Modellieren kann ein angewandtes Bild der Mathematik vermitteln, insbesondere dann, wenn sie zur Beantwortung wichtiger Fragen aus dem Bereich der Umwelt oder der Kultur eingesetzt wird (Buchholtz, Orey & Rosa, 2020).

Spätestens nach dem sogenannten *PISA-Schock*[1] (u. a. Reiss et al., 2020) zu Beginn des Jahrtausends und den als Folge beschlossenen nationalen Bildungsstandards (Klieme et al., 2003), rückt das mathematische Modellieren in Deutschland verstärkt in den Fokus von Curriculum, Unterricht und somit auch fachdidaktischer Forschung (Maaß, 2005). In den Bildungsstandards wird das mathematische Modellieren als eine der prozessbezogenen Kompetenzen beschrieben. Schüler:innen übersetzen reale Situationen in mathematische Strukturen und Relationen, arbeiten mathematisch in diesem Modell und interpretieren und prüfen anschließend daraus resultierende Ergebnisse (KMK, 2004, 2005, 2022). Im Grunde stehen demnach Übersetzungsprozesse zwischen der Realität und der Mathematik im Vordergrund (Abbildung 3.1).

---

[1] Der sogenannte PISA-Schock drückte sich u. a. in der unerwarteten Erkenntnis aus, dass die (mathematischen) Leistungen deutscher Schüler:innen signifikant unter dem internationalen Durchschnitt liegen.

© Der/die Autor(en), exklusiv lizenziert an Springer Fachmedien Wiesbaden GmbH, ein Teil von Springer Nature 2023
I. Ay, *Soziale Herkunft und mathematisches Modellieren*, Studien zur theoretischen und empirischen Forschung in der Mathematikdidaktik, https://doi.org/10.1007/978-3-658-41091-9_3

Abbildung 3.1 Die
Mathematik und der Rest
der Welt nach Niss et al.
(2007, S. 7)

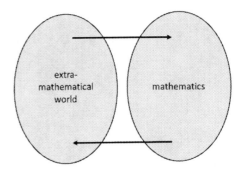

Der Abbildung lässt sich bereits die häufig idealisiert dargestellte Kreislauf-
struktur mathematischen Modellierens entnehmen.

3.1 Modellierungskreisläufe

Modellierungskreisläufe stellen Modelle des Modellierens dar (Greefrath, 2010;
Greefrath et al., 2013) und sind in der Modellierungsdiskussion weit verbreitete Instrumente zur Darstellung und Analyse von Modellierungsprozessen (u. a.
Blum, 1985; Blum & Leiss, 2007; Fischer & Malle, 1985; Maaß, 2005; Schupp,
1988; Verschaffel et al., 2000). Sie beschreiben wesentliche Schritte eines Prozesses, der mit einem realweltlichen Ausgangsproblem beginnt und in Form
einer Lösung wieder bei der realweltlichen Situation endet, ggf. nach mehr-
maliger Überarbeitung der verwendeten Modelle (Galbraith & Stillman, 2006).
Modellierungskreisläufe können unterschiedlichen Zwecken dienen und weisen
unterschiedliche Stärken und Schwächen auf (Blum, 2015), entsprechend der
unterschiedlichen Perspektiven auf das mathematische Modellieren (Kaiser et al.,
2015). Sie können beispielsweise Schüler:innen als Unterstützung beim Modellieren an die Hand gegeben werden oder sie dienen Lehrenden und Forschenden
als Instrument zur Begutachtung und Beschreibung von Modellierungsprozessen.
Für zahlreiche empirische Untersuchungen bilden die Kreisläufe die Grundlage
für die Analyse von Bearbeitungsprozessen (u. a. Borromeo Ferri, 2011; Krawitz, 2020; Schukajlow, 2011). Modellierungsprozesse laufen in der Praxis jedoch
selten nach der in den Kreisläufen dargestellten Schrittfolge ab (vgl. Borromeo
Ferri, 2011; Galbraith & Stillman, 2006), sodass auch von *idealisierten* Model-
lierungskreisläufen die Rede ist (Greefrath et al., 2013). Jeder Kreislauf setzt
dabei eigene Schwerpunkte im Hinblick auf idealtypische und somit bedeutsame

Schritte des mathematischen Modellierens. Ein Überblick über diverse Modell-bildungskreisläufe findet sich unter anderen bei Borromeo Ferri (2006), Greefrath (2010) sowie Perrenet und Zwaneveld (2012). Diese Forschungsarbeit orientiert sich am Modellierungskreislauf nach Blum & Leiss (2007) (Abbildung 3.2), da dieser kognitiv orientierte Kreislauf (Leiss et al., 2010) unter Gesichtspunkten der Psychologie, Linguistik und angewandten Mathematik entwickelt worden ist und somit zur Erforschung von kognitiven Prozessen – die in dieser Arbeit beleuchtet werden sollen – besonders geeignet erscheint (Blum, 2015). Auf die Teilschritte des Modellierens wird im Folgenden eingegangen (siehe auch Greefrath et al., 2013; Maaß, 2006).

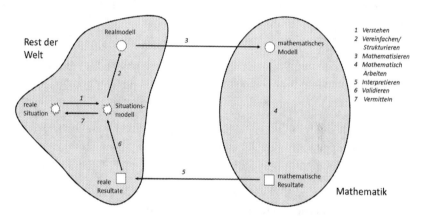

Abbildung 3.2 Siebenschrittiger Modellierungskreislauf nach Blum & Leiss (2007)

Verstehen: Ausgangssituation für eine Modellierung stellt eine *Realsituation* dar, in Form eines problemhaltigen Sachverhalts aus dem Alltag oder einer ande-ren fachlichen Disziplin (Blum, 1985). Indem der Sachverhalt und das dazugehö-rige Problem erfasst werden, werden erste Assoziationen zu und eine Vorstellung von der gegebenen Situation entwickelt. Dadurch wird ein mentales Modell gebil-det, das sogenannte *Situationsmodell* (Kaiser et al., 2015; Reusser, 1989, S. 135). Verstehen heißt, eine Handlungssituation innerlich nachzukonstruieren oder zu vergegenwärtigen. Folglich kommt der Konstruktion des Situationsmodells eine herausragende Rolle für das Verständnis einer Modellierungsaufgabe zu (Leiss et al., 2010).

Vereinfachen/Strukturieren: Im zweiten Schritt geht es darum, die Informa-tionen im Situationsmodell zu *vereinfachen* und zu *strukturieren*. Modellierende müssen die Vielzahl an möglichen Daten so handhabbar machen, dass das Problem anhand bekannter Hilfsmittel verarbeitet werden kann (English, 2006). Es gilt sich der Frage zu nähern und die Informationen für die nachfolgende mathematische Betrachtung aufzubereiten. Dazu kann es je nach Sachverhalt nötig sein die gegebenen Informationen zu ordnen, weitere Informationen zu recherchieren bzw. zu schätzen oder weitere Daten zu erheben, beispielsweise durch Messen (Blum, 1985). Das Situationsmodell wird dadurch sowohl präzisiert, erweitert als auch idealisiert, indem eigene Annahmen ergänzt werden und wiederum andere Informationen bewusst oder unbewusst aus der Modellierung ausgeblendet werden. Durch das Vereinfachen werden lösungsrelevante von irrelevanten Aspekten getrennt und durch das Strukturieren wiederum werden die lösungsrelevanten Aspekte in Beziehung zueinander gesetzt (Kaiser et al., 2015; Rellensmann, 2019, S. 10; Verschaffel et al., 2000, S. 131). Das Situationsmodell wird dadurch in ein *Realmodell* transformiert (Blum & Niss, 1991). Ebendies liegt in der Natur von *Modellen*, die „als vereinfachende Darstellungen der Realität […] gewisse, einigermaßen objektivierbare Teilaspekte berücksichtigen." (Henn, 2002, S. 5) Das Modell bereitet darauf vor, das Problem mit zur Verfügung stehenden mathematischen Hilfsmitteln, weiterzuverarbeiten (Leiss & Tropper, 2014, S. 55). Das Realmodell ist noch so differenziert, dass „es wesentliche Züge der Situation adäquat wiedergibt, zum anderen aber schon so weitgehend vereinfacht, strukturiert und schematisiert, daß es eine Erschließung mit – möglichst zugänglichen – mathematischen Mitteln zuläßt" (Blum, 1985, S. 202).

Mathematisieren: In diesem Schritt wird *mathematisiert*, d. h. die Informationen aus dem Realmodell werden in mathematische Begrifflichkeiten, Strukturen und Relationen, wie z. B. Variablen, Terme, Tabellen, Gleichungen oder innermathematische Skizzen, übersetzt. Modellierende betreten die Welt der Mathematik und entwickeln ein *mathematisches Modell*. Dieses stellt, wie auch das Situations- und das Realmodell, ein sukzessiv verkürztes Abbild der ursprünglichen Situation dar. Ein mathematisches Modell kann verstanden werden als „isolierte Darstellung der Welt, die vereinfacht worden ist, dem ursprünglichen Prototyp entspricht und zur Anwendung von Mathematik geeignet ist" (Greefrath, 2010, S. 43). Da sich die komplexe Realität in vielen Fällen nicht vollständig erfassen lässt, wird das außermathematische System durch ein innermathematisches ersetzt, weil es leichter beherrschbar ist. Das mathematische Modell wird nicht eindeutig von der Ausgangssituation vorherbestimmt, sodass abhängig von den verfolgten Wertungen und Zwecken verschiedene Modelle zur selben Fragestellung entstehen können (Blum, 1985, S. 203).

Mathematisch Arbeiten: Auf Grundlage des mathematischen Modells wird *mathematisch gearbeitet*. Mithilfe mathematischer Werkzeuge wird dadurch ein mathematisches Resultat erzeugt. Dieser Schritt spricht im Wesentlichen die prozessbezogenen Kompetenzen *mit mathematischen Objekten umgehen* und *mit Medien mathematisch arbeiten* (KMK, 2022) an. Daher wird das mathematische Arbeiten zwar als Teilschritt im Modellierungskreislauf benannt, jedoch im wissenschaftlichen Diskurs häufig nicht als Teilkompetenz des Modellierens ausgewiesen (u. a. Greefrath et al., 2017; Leiss & Blum, 2010; Wess, 2020, S. 17). Zu diesem Schritt gehören u. a. Lösungsverfahren mit den zuvor aufgestellten Variablen, Termen, Gleichungen und Tabellen auszuführen und den Taschenrechner sinnvoll und verständig einzusetzen (KMK, 2004).

Interpretieren: Die mathematischen Resultate werden in diesem Schritt von der Welt der Mathematik wieder zurückübersetzt in den Rest der Welt. Dadurch werden *reale Resultate* erzeugt. Die Interpretation erfordert eine Auseinandersetzung mit dem Sachkontext, damit die generierten realen Resultate zur gegebenen Situation passen. Beispielsweise kann es im Sachkontext erforderlich sein, die Resultate situationsabhängig zu Runden (Leiss, 2007, S. 33).

Validieren: In diesem Schritt wird die Angemessenheit der realen Resultate mit Bezug auf das Situationsmodell überprüft (Blum & Leiss, 2007; KMK, 2004). Die Modellierenden prüfen, ob die Resultate den ursprünglichen Zwecken entsprechen und die Fragestellung zufriedenstellend beantwortet wird (Blum, 1985). Hier können Widersprüchlichkeiten auftreten, wenn beispielsweise die Plausibilität der Resultate nach Abgleich mit einem Vergleichsobjekt zweifelhaft erscheint. Neben den Resultaten können auch Modellannahmen in ihrer Adäquatheit für die zu erfüllenden Zwecke beurteilt werden. Stoßen die Modellierenden auf Widersprüchlichkeiten oder sind mit den getroffenen Annahmen unzufrieden, können die realen sowie mathematischen Modelle modifiziert oder gänzlich neu entwickelt werden (Blum, 1985). Dadurch kann es vorkommen, dass der Modellierungskreislauf mehrfach durchlaufen wird, bevor ein zufriedenstellendes Resultat erzielt wird (Maaß, 2004, S. 33).

Vermitteln: Sind die Modellierenden mit den Resultaten und Modellen zufrieden, findet ein Rückbezug zur realen Situation statt. Die Ergebnisse werden durch eine Auswahl adäquater sprachlicher und grafischer Darstellungsformen mit Blick auf die eingegangen Modellannahmen dargelegt bzw. erklärt (Leiss, 2007, S. 33). Dies umfasst die Dokumentation des Lösungsprozesses (Verschaffel et al., 2000), welches simultan zur Aufgabebearbeitung erfolgen kann (Rellensmann, 2019, S. 11).

In der einschlägigen Literatur finden sich neben der Darstellung von Blum und Leiss (2007) eine Vielzahl weiterer Visualisierungen von Modellbildungsprozessen in Form von Kreisläufen (Blum, 1985; Kaiser & Stender, 2013; Maaß, 2005;

Schupp, 1988; Verschaffel et al., 2000). Dazu gehört unter anderem der Kreislauf
von Galbraith und Stillman (2006).

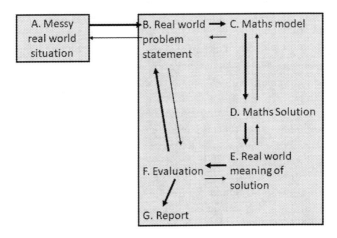

Abbildung 3.3 Modellbildungsprozess nach Galbraith und Stillman (2006, S. 144)

Dieser Kreislauf weist deutliche Parallelen zu dem von Blum und Leiss (2007)
auf, unterscheidet sich jedoch u. a. dadurch, dass in Abbildung 3.3 auch Rück-
wärtsverläufe hervorgehoben werden. Das Modell von Fischer und Malle (1985)
beispielsweise setzt sowohl in der Verlaufsstruktur als auch bei den Schritten
andere Schwerpunkte als der Kreislauf von Blum und Leiss (2007) oder von
Galbraith und Stillman (2006).

Insbesondere der Schritt der Modellverbesserung sticht in Abbildung 3.4 hervor, der an die Interpretation und Überprüfung der Ergebnisse anknüpft. Dieser
Knotenpunkt hebt das erneute Durchlaufen des gesamten Prozesses oder einzelner
Schritte hervor. Er signalisiert, dass die Modellbildung noch nicht abgeschlossen
ist und gilt als Gegenpol zum Beenden der Modellbildung. So wird deutlich,
dass im Prozess stets jeder Knotenpunkt erneut angelaufen werden kann. Zahlreiche Studien können vor diesem Hintergrund empirisch belegen, dass tatsächliche
Modellbildungen in der Praxis selten so verlaufen, wie in den idealisierten Kreisläufen dargestellt. Individuelle Verläufe sind deutlicher von Sprüngen zwischen
den Knotenpunkten durchzogen als idealisierte (Borromeo Ferri, 2011; Galbraith & Stillman, 2006; Sol et al., 2011). Fischer und Malle heben vor diesem

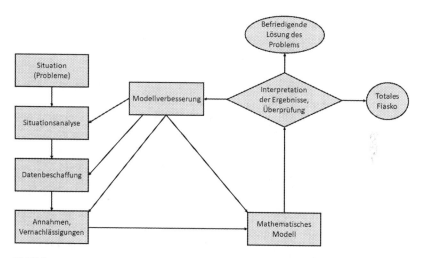

Abbildung 3.4 Modellbildungsprozess nach Fischer und Malle (1985, S. 101)

Hintergrund hervor, dass die angegebenen Schritte weder in der angegebenen Reihenfolge durchlaufen werden müssen noch, dass sie sich so scharf trennen lassen, wie Abbildung 3.4 suggeriert.

3.2 Ziele mathematischen Modellierens

Modellierungsaufgaben machen den Unterricht offener, anspruchsvoller und weniger vorhersehbar und ihre Produkte und Prozesse sind schwieriger zu beurteilen (Niss & Blum, 2020, S. 94). Dies sowie außer- und innermathematische Anforderungen machen mathematisches Modellieren kognitiv anspruchsvoll, sowohl hinsichtlich des Lehrens als auch des Lernens (Achmetli et al., 2015; Blum, 2015; Freudenthal & Hans, 1973, S. 73; Niss & Blum, 2020, S. 2; Pollak, 1979). Daraus ergibt sich die Frage, welchen Mehrgewinn die Behandlung mathematischen Modellierens beinhaltet. Dazu seien zunächst zwei Perspektiven mathematischer Bildung generell aufgezeigt. Als erstes kann mathematische Bildung Niss (1996) zufolge zur technologischen, sozio-ökonomischen, politischen und kulturellen Erhaltung und Entwicklung der Gesellschaft beitragen und Individuen Grundlagen mitgeben, damit sie in zahlreichen Lebensbereichen besser zurechtkommen können. Als zweites beschreibt Winter (1995, S. 37) drei unersetzliche Grunderfahrungen eines allgemeinbildenden Mathematikunterrichts. Angestrebt werden soll

- Erscheinungen der Welt um uns, die uns alle angehen oder angehen sollten, aus Natur, Gesellschaft und Kultur, in einer spezifischen Art wahrzunehmen und zu verstehen,
- mathematische Gegenstände und Sachverhalte, repräsentiert in Sprache, Symbolen, Bildern und Formeln, als geistige Schöpfung, als eine deduktiv geordnete Welt eigener Art kennen zu lernen und zu begreifen,
- in der Auseinandersetzung mit Aufgaben Problemlösefähigkeiten, die über die Mathematik hinausgehen, (heuristische Fähigkeiten) zu erwerben.

Ein Vergleich zeigt deutliche Parallelen zwischen diesen beiden grundlegenden Verständnissen von Mathematik. Im Mathematikunterricht gilt es relevante, realweltliche Erscheinungen ernst zu nehmen. Realitätsbezüge sind für einen zeitgemäßen und effektiven Mathematikunterricht also von zentraler Bedeutung (Büchter & Henn, 2015). Als eine der prozessbezogenen Kompetenzen knüpft mathematisches Modellieren hieran an, indem realitätsbezogene Situationen und Probleme mithilfe mathematischer Mittel verstanden, strukturiert und gelöst werden (Leiss & Blum, 2010). Blum (2015) formuliert zentrale Begründungen, warum Modellieren curricular und in die Unterrichtspraxis zu integrieren ist: Durch Modellieren kann ein umfassender Kompetenzaufbau gefördert werden. Anhand von realweltlicher Mathematik kann bei Schüler:innen die Motivation gesteigert werden, sich mit Mathematik auseinanderzusetzen, diese besser zu verstehen, zu strukturieren und somit längerfristig zu speichern. Zudem Bedarf es einer Auseinandersetzung mit der realen Welt, um Mathematik als Wissenschaft in ihrer Gänze adäquat wahrnehmen zu können. Schließlich können realweltliche Situationen nur verstanden und gemeistert werden, wenn entsprechend geeignete Anwendungen und Modellierungsbeispiele explizit behandelt werden. Ein Transfer dieser Fähigkeit aus innermathematischen Tätigkeiten heraus ohne explizite Behandlung von Modellierungen ist nicht zu erwarten. Greefrath und Vorhölter (2016, S. 15; siehe auch Verschaffel et al., 2000, S. 172–173) bauen auf solchen grundlegenden Verständnissen von Mathematikunterricht auf und entwickeln daraus Ziele des Modellierens auf einer inhaltsbezogenen, einer prozessorientierten und einer generellen Ebene.

- Es gehört zu den inhaltlichen Zielen des Modellierens, Schüler:innen in der Fähigkeit zu fördern, Phänomene der realen Welt wahrzunehmen und zu verstehen.

- Es gehört zu den prozessorientierten Zielen des Modellierens, Problemlöse-fähigkeiten und Kompetenzen des Kommunizierens und Argumentierens zu fördern sowie die Motivation und das Interesse an der Mathematik zu steigern.
- Es gehört zu den generellen Zielen des Modellierens, soziale Fähigkeiten zu fördern und Schüler:innen zu verantwortungsbewussten Mitgliedern der Gesellschaft zu erziehen, die in der Lage sind, Modelle aus dem täglichen Leben zu verwenden und kritisch zu beurteilen.

Damit stellen die Autor:innen dar, inwiefern mathematisches Modellieren leitide-enübergreifend an inhaltsbezogene Kompetenzen und prozessbezogene Kompetenzen anknüpft. Das generelle Ziel macht darüber hinaus deutlich, welche Bedeutung das Modellieren in der Grundbildung von Schüler:innen einnimmt, indem sie als mündigwerdende Bürger:innen Mathematik erleben „als Möglichkeit zur individuellen Selbstentfaltung und gesellschaftlichen Teilhabe" (MSJK NRW, 2004, S. 11). Mathematische Bildung sollte Schüler:innen die Möglichkeit bieten sich zu sozial verantwortungsbewussten Bürger:innen zu entwickeln (MSB NRW, 2022, S. 11), die in der Lage sind, mit mathematikbezogenen Problemen aus der Realität anhand von geeigneten mathematischen Mitteln kompetent und reflektiert umzugehen (Kaiser & Stender, 2013). Im internationalen Diskurs finden sich ähnliche Argumentationsweisen: „Modeling links classroom mathematics [...] to everyday life, work, and decision-making. [...] Quantities and their relationships in physical, economic, public policy, social, and everyday situations can be modeled using mathematical [...] methods." (NGA Center and CCSSO, 2010, S. 72) Mathematisches Modellieren legitimiert sich somit über verschiedene Ebenen und vermag es, den interdisziplinären Charakter des Faches Mathematik hervorzuheben.

Insgesamt geht mit mathematischem Modellieren die Erwartung einher neben kompetenzorientierten Zielen auch motivationale, soziale und kulturelle Fähigkeiten zu fördern in der Erwartung, dass dadurch die Mathematik multiperspektivisch wahrgenommen und somit Wissen und Fertigkeiten längerfristiger gespeichert werden. Trotz der curricularen Verankerung mathematischen Modellierens in den Bildungsstandards und der zahlreichen Forschungserkenntnisse zum Modellieren, bleibt diese Kompetenz in der Unterrichtspraxis häufig unterrepräsentiert (Blum & Borromeo Ferri, 2009; Reusser & Stebler, 1997). Eine qualitätsvolle Implementation von Modellierungsaktivitäten findet im Mathematikunterricht zu wenig statt (Borromeo Ferri & Blum, 2018, S. V).

Im Unterricht steht häufig das Wiedererkennen von Mathematik in Textaufgaben im Vordergrund (Buchholtz, 2018). Verschaffel et al. (2000, S. 58–60) sprechen von den Spielregeln von Textaufgaben. Wollen Schüler:innen erfolgreich sein, reicht es – so die Autoren – häufig die folgenden Regeln bzw. Logiken zu akzeptieren: Nimm an, dass realitätsbezogene Aufgaben

- lösbar und sinnvoll sind,
- eine exakte Lösung haben,
- gelöst werden können mit passenden mathematischen Formeln oder Operatoren – meist solche des aktuellen Unterrichtsinhalts,
- gelöst werden können, indem die Zahlen aus dem Text (meist alle) verwendet werden,
- nur Informationen enthalten, die zur Lösung gebraucht werden,
- ohne weiteres hinzutun von Informationen (Annahmen, Alltagserfahrungen, Schätzungen, Kontexterweiterungen, etc.) gelöst werden können und sollen und
- Personen, Objekte, Orte, Kontexte, etc. enthalten, die sich von solchen aus dem realen Leben unterscheiden.

Es handelt sich nicht um Regeln der Sachsituationen selbst, sondern um Regeln einer tief verankerten Logik der Schulmathematik. Solche Spielregeln gehören zu einem unausgesprochenen didaktischen Vertrag zwischen Schüler:innen und Lehrer:innen (Brousseau, 1980, 2002) und stellen Aspekte soziomathematischer Normen dar, die tief verwurzelt in Mikroprozessen des Mathematikunterrichts sind (Yackel & Cobb, 1996). Mathematisches Modellieren im hiesigen Sinne erfordert es stattdessen gewisse Regeln zu hinterfragen und zu bewerten, wie sich das Erfahrungswissen mit einer Aufgabensituation in Passung bringen lässt (Ladson-Billings, 1997). Zusammengenommen kann daraus eine weitere Begründung mathematischen Modellierens formuliert werden: Mathematisches Modellieren ermöglicht es soziomathematische Normen aufzuweichen und in Frage zu stellen.

3.3 Eigenschaften von Modellierungsaufgaben

In der mathematikdidaktischen Diskussion finden sich eine Vielzahl an Eigenschaften, die Modellierungsaufgaben erfüllen können und sollen. Verschiedene Modellierungsaufgaben können sich u. a. deutlich darin unterscheiden, wie authentisch, offen oder lebensweltnah sie sind. Das kann mit dem Sachkontext, mit der Problemstellung oder auch mit dem Aufgabensetting zusammenhängen.

Aufgaben, die in Testsituationen eingesetzt werden, können sich beispielsweise in Bezug auf die Offenheit der Lösungswege deutlich von Aufgaben aus Unterrichtssituationen unterscheiden. In dieser Arbeit werden mathematische Modellierungsaufgaben gemäß der Definition von Maaß (2005, S. 117) aufgefasst:

> Modellierungsprobleme sind komplexe, offene, realitätsbezogene und authentische Problemstellungen, zu deren Lösung problemlösendes, divergentes Denken erforderlich ist. Dabei können sowohl bekannte mathematische Verfahren und Inhalte verwendet werden als auch neue mathematische Erkenntnisse entdeckt werden. Die Sachkontexte müssen adressatengerecht ausgewählt werden.

Auf die einzelnen Aspekte dieser Definition wird im Folgenden näher eingegangen. Einige Begründungen zur Verwendung von Realitätsbezügen finden sich bereits im vorangehenden Kapitel. Zudem können *Realitätsbezüge* genutzt werden, um Modellbildung anzuregen und um zu veranschaulichen, dass Mathematik in der realen Welt einen Nutzen hat. Modellierungsaufgaben unterscheiden sich nach diesem Verständnis von sogenannten *eingekleideten Aufgaben* mit außermathematisch *pseudo-realistischen Situationen*, die keine inhaltliche Bedeutung für die Aufgabenbearbeitung haben und beliebig austauschbar sind (Greefrath et al., 2017). Der Situation ist bei eingekleideten Aufgaben kaum Beachtung zu schenken. Ihr Schwerpunkt liegt im Einüben und Anwenden von Rechenfertigkeiten und mathematischen Begriffen (Radatz & Schipper, 1983, S. 130), sodass sie nur bedingt darauf abzielen (können) mathematische Modellbildung anzuregen (Greefrath et al., 2013). Solch konstruierten Realitätsbezüge können jedoch die Auffassung von Schüler:innen verstärken, dass Mathematik für die reale Welt keinen Nutzen mit sich bringt (Boaler, 1994; Maaß, 2007, S. 11) und der gesunde Menschenverstand im ‚Matheland' ruhig ausgeschaltet werden könne (Wiliam, 1992, zitiert nach Boaler, 1994, S. 554).

Eng mit dem Realitätsbezug verknüpft ist die Forderung nach *Authentizität* als unverzichtbare Voraussetzung für Modellierungsprobleme (Greefrath, 2010, S. 91). Authentische Aufgaben haben einen realistischen, außerschulischen Ursprung und sind für Schüler:innen bezogen auf ihre Umwelt glaubwürdig (Greefrath, 2018, S. 92; Leuders, 2001, S. 100; Vos, 2015 aufbauend auf Vorüberlegungen des französischen Soziologen Émile Durkheim). Dabei weist der Begriff zwei Ausprägungen auf: Den *authentischen außermathematischen Kontext* und die *authentische Verwendung von Mathematik*. Gute Modellierungsaufgaben verwenden echte, außermathematische Kontexte, die nicht lediglich für den Mathematikunterricht konzipiert wurden. Eine gute Modellierungsaufgabe sollte

den verwendeten Kontext demnach ernst nehmen, um echte Modellbildung anregen zu können. Eine authentische Verwendung von Mathematik bedeutet, dass der
Einsatz von Mathematik in dieser Situation sinnvoll und realistisch erscheint. Die
Verwendung von Mathematik sollte keinen reinen Selbstzweck erfüllen. Authentizität umfasst also, dass Schüler:innen Situationen bearbeiten, die es tatsächlich
in der Realität gibt oder geben könnte, deren dazugehöriges Problem auch außerhalb der Mathematik eine Berechtigung hat und bei der die Verwendung von
Mathematik zweckmäßig erscheint (Greefrath, 2018, S. 93).[2] Modellierungsaufgaben können über die Authentizität hinaus auch *relevant* sein, wenn sich darin
ein Bedeutung für das gegenwärtige oder zukünftige Leben von Schüler:innen
erkennen lässt.[3] Ist eine gewisse Verbindung zur Lebenswelt der Schüler:innen
erkennbar, jedoch die Relevanz nicht unmittelbar gegeben, kann abgemildert von
Lebensweltnähe gesprochen werden (Greefrath, 2018, S. 93).

Offenheit wird häufig als Merkmal von (Modellierungs-)Aufgaben genannt
(u. a. Greefrath et al., 2017). Ihr Pendant stellen geschlossene Aufgaben dar. Aufgaben werden in der wissenschaftlichen Diskussion häufig klassifiziert nach der
Klarheit von Anfangs- und Zielzustand sowie der Klarheit der Transformation,
die den Anfangs- in den Zielzustand überführt (für einen Überblick siehe Greefrath, 2010). Bei geschlossenen Aufgaben sind Ausgangspunkt und Zielzustand
klar definiert und die Transformation, also der Lösungsweg, ergibt sich meistens
aus dem derzeitigen Inhaltsbereich des Mathematikunterrichts (Möwes-Butschko,
2010). Mit dem übermäßigen Einsatz von geschlossenen Aufgabentypen gehen
dabei einige Gefahren einher (Büchter & Leuders, 2005, S. 89):

- Bei den Schüler:innen festigt sich der Eindruck, im Mathematikunterricht gehe
  es lediglich um das Anwenden von Sätzen und Verfahren.
- Die Schüler:innen gewinnen den Eindruck, dass Situationen im Mathematik-
  unterricht so nur in der Schule existieren.
- Die Schüler:innen bearbeiten Aufgaben durch willkürliches und unreflektiertes
  Ausprobieren kurz zuvor geübter Verfahren.

Ein grundlegendes Verständnis von Mathematik scheint in einem Mathematikunterricht, der verstärkt auf eine Automatisierung von Fertigkeiten abzielt, nicht
entwickelt zu werden. Die Berechtigung eingekleideter, geschlossener Aufgaben

---

[2] Für einen Überblicksartikel zu Authentizität und deren Bedeutung für die Bearbeitung
angewandter Mathematikaufgaben siehe Palm (2007). Vertiefte Analysen zum Begriff
Authentizität finden sich bei Vos (2011).

[3] Für andere Autor:innen wie M. Neubrand et al. (2001) geht mit Authentizität immer auch
Relevanz einher.

liegt in der Anwendung und Einübung von Rechenfertigkeiten. Die benannten Gefahren werden insbesondere dann verstärkt, wenn den Schüler:innen diese Information vorenthalten wird. Im Gegensatz zu geschlossenen Aufgaben, sind offene Aufgaben so angelegt, dass sie verschiedene Lösungswege auf unterschiedlichen Niveaus und dadurch auch unterschiedliche Lösungen erlauben (Greefrath et al., 2017). Multiple Lösungen, wie sie Modellierungsaufgaben ermöglichen, können sich ergeben, wenn eine Aufgabe durch fehlende Angaben *realistische Annahmen* erforderlich macht, aber auch, wenn *unterschiedliche mathematische Herangehensweisen* möglich sind (Schukajlow & Krug, 2014; Tsamir et al., 2010). Damit geht für die Schüler:innen ein hohes „Maß an Freiheit und Divergenz" (Bruder et al., 2005, S. 141) einher. Zudem können sich multiple Lösungsmöglichkeiten von Mathematikaufgaben positiv auf das Verständnis einer Situation, auf die Verknüpfung verschiedener mathematischer Themengebiete, auf die Motivation und auf die Selbstregulation auswirken (Leikin & Levav-Waynberg, 2007; J. Neubrand & Neubrand, 1999; Schukajlow & Krug, 2013). Die Offenheit von Lösungswegen ergibt sich unter anderem dadurch, dass Modellierungsaufgaben häufig über- und/oder unterbestimmt sind – so wie reale Sachverhalte auch. Bei *überbestimmten Aufgaben* sind nur einige, ausgewählte Informationen zur Lösung der Aufgabe notwendig (Greefrath, 2010, S. 76). Je nach Aufgabe, kann sich die Auswahl der Informationen auf das mathematische Modell und somit den Lösungsweg auswirken. Bei *unterbestimmten Aufgaben* fehlen lösungsrelevante Informationen. Es ist erforderlich eigenständig Daten zu beschaffen, beispielsweise anhand von Alltagswissen, Schätzen oder Recherchieren.

Modellierungsaufgaben können somit u. U. Schätzungen erforderlich machen. In den Bildungsstandards ist das *Schätzen* als Kompetenz fest verankert (KMK, 2004, 2022). Schätzen meint „das Ermitteln einer relativ groben Größenangabe […] auf der Grundlage eines gedanklichen Vergleichs mit zweckgemäß gewählten Größen, die aus der Erfahrungswelt des jeweiligen Subjekts stammen." (Frenzel & Grund, 1991, S. 23) Damit grenzt sich das Schätzen vom *Raten* ab, bei dem Werte ohne gedanklichen Vergleich und ohne Stützpunktwissen mehr oder weniger frei erfunden werden (Franke & Ruwisch, 2010; Greefrath, 2010; Schipper, 2009, S. 174; Thompson, 1979). Eine weitere Möglichkeit der Datenbeschaffung liegt in der Entnahme von Informationen aus Abbildungen. Mathematikaufgaben können *sprachliche und bildliche Elemente* enthalten, die einander in der Vermittlung von Informationen ergänzen können. Beim mathematischen Modellieren können gerade Fotos von Interesse sein, da sie eng mit der Realität verbunden sind und die Realität präziser widerspiegeln als andere Arten von Abbildungen (Böckmann & Schukajlow, 2018). Diese können sich jedoch deutlich voneinander unterscheiden in Bezug auf die enthaltenen Informationen und ihre Nützlichkeit (Schnotz, 2002). Fotos können *dekorativ, repräsentativ* oder *essentiell* sein, je nachdem inwieweit sie aufgabenrelevante Informationen enthalten und für die Aufgabenbearbeitung notwendig sind (Böckmann & Schukajlow, 2018; Elia & Philippou, 2004). Dekorative Fotos scheinen Modellierungsprozesse nicht unterstützen zu können, da sie keine Informationen zur Lösung des Problems enthalten, wobei repräsentative und essentielle Fotos das Aufstellen von Modellen erleichtern (Böckmann & Schukajlow, 2018; Elia & Philippou, 2004). Bei Dewolf et al. (2014) hingegen haben repräsentative Abbildungen keinen positiven Einfluss auf die Bearbeitungsprozesse, wobei hier Zeichnungen anstatt Fotos verwendet werden.

Ein Aspekt der im Umgang mit Modellierungsaufgaben auch genannt wird ist der der *natürlichen Differenzierung.* Differenzierung im Allgemeinen

> bezeichnet das breite Spektrum schul- und unterrichtsorganisatorischer Maßnahmen, mit deren Hilfe die Schule den vielfältigen und sehr unterschiedlichen Fähigkeiten und Interessen der Lernenden einerseits und den mannigfaltigen Anforderungen der Gesellschaft andererseits gerecht zu werden versucht. (Winkeler, 1977, S. 8)

Eine Form der Differenzierung stellen natürlich differenzierende[4] Lernangebote dar. Modellierungsaufgaben werden in der Literatur häufig natürlich differenzierende Eigenschaften zugeschrieben (Büchter & Leuders, 2005; Maaß, 2004, 2007; Ostkirchen & Greefrath, 2022), wobei meist der Differenzierungsaspekt der Schwierigkeitsstufen im Vordergrund steht (Scherres, 2013). Die Ausführungen werden zeigen, dass natürliche Differenzierung weit mehr umfasst. Die folgenden Merkmale beziehen sich primär auf die Ausführungen von Krauthausen und Scherer (2016). Natürliche Differenzierung umfasst, dass Schüler:innen *am gleichen Material* arbeiten. Ein positiver Nebeneffekt liegt in der Materialökonomie, denn häufig reicht ein Arbeitsblatt für alle aus. Ein niedrigschwelliger Einstieg in das Lernangebot kann zudem den Zugang zur Sache erleichtern. Das Lernangebot ist außerdem hinreichend *komplex* (Krauthausen, 2018). Denn von einem anspruchsvollen Problem profitieren nicht nur leistungsstarke Schüler:innen. Komplexität ist in gewissem Maße hilfreich für das Verständnis, „weil

---

[4] S. Hußmann und Prediger (2007) sprechen auch von offener Differenzierung während beispielsweise Büchter und Leuders (2005) und Maaß (2004) von selbstdifferenzierenden Aufgaben sprechen. Wittmann (1990) sowie Herget et al. (2001) legen begrifflich ihren Schwerpunkt auf das *produktive Lernen und Üben*, bei dem die natürliche Differenzierung als Eigenschaft dessen aufgeführt wird. Hier sei fortan von natürlicher Differenzierung die Rede.

in der ganzen Struktur mehr Bedeutung, mehr Sinn, mehr Information für Lösungen enthalten ist als in isolierten Teilaufgaben." (Hengartner, 1992, S. 17) Zudem wird der Kontext *ganzheitlich* gedacht. Die Schüler:innen sollen gerade nicht vorgegeben kleinschrittig und gestuft arbeiten, sondern Hindernisse und Widerstände durch eigenständige Denkleistungen aus dem Weg räumen (Wittmann, 1990). Hinzu kommt, dass die Schüler:innen unter gewissen Rahmenbedingungen eigenständig über den Schwierigkeitsgrad ihrer Ansätze entscheiden (Krauthausen, 2018). Die Schüler:innen verfügen über ein gewisses Maß an *Freiheit*. Das Niveau wird nicht von der Lehrperson vorgegeben, sondern das Material enthält von sich aus Ansätze oder sogar Fragestellungen unterschiedlicher Komplexität (Krauthausen, 2018; J. Neubrand & Neubrand, 1999). Weiterhin umfasst natürliche Differenzierung *soziales Lernen* mit- und voneinander. Durch das Arbeiten am selben Lernangebot in beispielsweise Kleingruppen werden die Schüler:innen automatisch mit alternativen Zugangs- und Denkweisen, Lösungsansätzen und Barrieren konfrontiert.

Ein Vergleich von Eigenschaften von Modellierungs- und natürlich differenzierenden Aufgaben zeigt offenkundige Parallelen, insbesondere in Bezug auf die Komplexität, die Offenheit, die Freiheit, die Authentizität, die Ganzheitlichkeit, den Problemgehalt und die adressatengerechten Rahmenbedingungen. Zudem wird die Interaktion unter den Schüler:innen, die unter der natürlichen Differenzierung als soziales Lernen bezeichnet wird, im fachdidaktischen Diskurs auch häufig als relevanter Aspekt des Modellierens angesprochen (Greefrath & Vorhölter, 2016). Kaiser (2007) spricht von sozialen Kompetenzen und meint damit die Fähigkeit in Gruppen zu arbeiten und über sowie anhand von Mathematik zu kommunizieren. Die Ausführungen verdeutlichen aus theoretischer Sicht insgesamt, dass mathematische Modellierungsaufgaben natürlich differenzierend sein können.[5] Für diese Forschungsarbeit sei unter natürlich differenzierenden Modellierungsaufgaben Folgendes verstanden: Natürlich differenzierende Modellierungsaufgaben enthalten inner- sowie außermathematisch authentische, ganzheitliche Kontexte in didaktisch wohlüberlegten Lernumgebungen, aus denen sich komplexe Problemstellungen ergeben können, bei denen die Schüler:innen frei sind sowohl in der Wahl eines für sie angemessenen Niveauanspruchs als auch bei der Verwendung von (technologischen) Hilfsmitteln und Darstellungsweisen von Lösungswegen. Dabei werden die Schüler:innen niedrigschwellig an die Thematik herangeführt und es findet ein soziales Lernen statt,

---

[5] Empirische Forschungsbeiträge zur Analyse natürlicher Differenzierung von Modellierungsaufgaben bleiben bisweilen aus oder werden der Tragweite der natürlichen Differenzierung nicht gerecht, sodass es hierzu weiterer empirische Forschung Bedarf.

bei dem sie sich über ihre Ansätze austauschen oder diese gemeinsam entwickeln, wodurch sie mit alternativen Zugangs- und Denkweisen konfrontiert werden.

3.4 Hürden und Strategien beim mathematischen Modellieren

Mathematisches Modellieren ist kognitiv anspruchsvoll und kann Schüler:innen in jedem Teilschritt des Modellierungsprozesses vor Hürden stellen (u. a. Ay & Tobschall, 2022; Blum, 2015; Galbraith & Stillman, 2006; Krug & Schukajlow, 2015; Schukajlow, 2011; Stillman et al., 2010). Schüler:innen sind häufig nicht in der Lage ihr Wissen und ihre Fähigkeiten von bekannten Kontexten auf neue Kontexte zu übertragen (Blum, 2015). Darüber hinaus ist die Kompetenz Modellieren untrennbar verankert mit inhaltsbezogenen und anderen prozessbezogenen Kompetenzen (Blomhøj & Jensen, 2007; Niss & Blum, 2020): Das Lesen des Textes und die Entnahme von Informationen erfordert Kommunizieren. Problemlösen kommt zum Einsatz, wenn heuristische Hilfsmittel, Strategien und Prinzipien eigenständig zur Bearbeitung der Aufgabe ausgewählt werden müssen. Beim Erstellen von Tabellen und Skizzen wird zwischen Darstellungen gewechselt. Beim Begründen mit Alltagswissen, beim Erläutern von Zusammenhängen zwischen inner- und außermathematischen Strukturen sowie beim Einschätzen, Rechtfertigen und Prüfen von Lösungsverfahren wird mathematisch argumentiert. Beim Darlegen von Lösungswegen, dem Austausch über Fehler und dem Verwenden von Fachsprache wird mathematisch kommuniziert. Auf Hürden spezifischer Teilschritte wird im Folgenden eingegangen.

Bereits zu Beginn des Bearbeitungsprozesses beim Übergang von der Ausgangssituation zum Realmodell lassen sich mit Blick auf das Leseverstehen von Sachtexten und das Interpretieren von Bildern Hürden identifizieren (Schukajlow, 2011). Dazu gehören u. a. Hürden im Umgang mit unbekannten Begriffen und anderen sprachlichen Elementen, dem räumlichen Aufbau der Situation und dem Erkennen der Notwendigkeit, Informationen aus dem Text und dem Bild in Verbindung zu bringen. Auch die außermathematische Situation selbst kann Hürden für Schüler:innen darstellen, wenn sie mit dem Kontext nicht vertraut sind und dieser ebenfalls eine Belastung darstellt (Galbraith & Stillman, 2001). Im Mathematikunterricht arrangieren sich Schüler:innen häufig mit einem *unsichtbaren Curriculum* (i. O. hidden curriculum), nachdem Mathematikaufgaben in der Regel erfolgreich gelöst werden können, ohne aufmerksames Lesen und Verstehen des Textes und der Situation (Blum, 2015). Schüler:innen werden bei der Entwicklung von Fragestellungen und dem Aufstellen von Realmodellen häufig außenvorgelassen (Hodgson, 1997). So lässt sich beobachten, dass Schüler:innen die Bildung des Realmodells häufig nicht beschreiben und dass sie zu stark vereinfachende Annahmen treffen (Maaß, 2004, S. 160). Daraus ergeben sich Hürden beim mathematischen Modellieren, bei dem Text und Situation eine zentrale Rolle für die Modellbildung einnehmen. Bedeutungsbildung erfolgt demnach nicht über die außerschulische Realität, sondern die im Mathematikunterricht gemachten Erfahrungen (Christiansen, 2001). Eine weitere Hürde liegt darin, dass Schüler:innen davor zurückzuschrecken scheinen, eigenständige Annahmen zu treffen, zu schätzen und zu überschlagen (Blum, 2015; Dewolf et al., 2014; Möwes-Butschko, 2010, S. 27). Vorhandenes Vorwissen wird schlichtweg ignoriert (Christiansen, 2001). Stattdessen lassen sich Ersatzstrategien bei den Schüler:innen finden, nach denen beispielsweise Zahlen unreflektiert und ohne Bezug zum Kontext miteinander verarbeitet werden (Blum & Borromeo Ferri, 2009; Burrill, 1993). Auch zeigen sich Hürden beim Identifizieren und Sortieren relevanter und irrelevanter Aspekte (Galbraith & Stillman, 2001; Rellensmann, 2019), beim Aktivieren adäquaten Stützpunktwissens (Ay & Tobschall, 2022), beim Auffinden von Schlüsselvariablen (Kaiser-Meßmer, 1986, S. 143–144), beim Erkennen, dass Aufgaben unter- oder überbestimmt sein können (Galbraith & Stillman, 2001) und beim Verknüpfen der mit der Fragestellung einhergehenden impliziten strukturellen Zusammenhänge (Schukajlow, 2011). Dewolf et al. (2014) untersuchen, ob die Verwendung eines Warnhinweises dazu, dass es sich um unübliche Mathematikaufgaben handelt, einen Einfluss auf die Plausibilität der Resultate hat. Ein signifikant positiver Einfluss kann nicht festgestellt werden. Insgesamt können die hier benannten Hürden das Aufstellen eines Realmodells verhindern. Da das Problem darauf aufbauend mit mathematischen Mitteln weiterverarbeitet werden soll (Leiss & Tropper, 2014, S. 55), können sich Hürden beim Aufstellen eines Realmodells ungünstig auf den gesamten Modellierungsprozess auswirken. Stillman et al. (2010) betonen, dass Hürden in dieser sowie der folgenden Phase besonders robust sind.

Die folgende Phase bezieht sich auf den Übergang von der Realität in die Mathematik. Das eigenständige Übersetzen in die Welt der Mathematik und damit verbunden die Konstruktion eines mathematischen Modells kann Schüler:innen vor Hürden stellen (Buchholtz, 2018). Schwierigkeiten können darin liegen aus einer nicht-mathematischen Fragestellung die notwendige mathematische Fragestellung zu formulieren (Galbraith & Stillman, 2001) und mathematische Strukturen und Relationen zu identifizieren (Hasemann, 2005). Dazu gehört beispielsweise Pythagoras-Strukturen zu erkennen (Schukajlow, 2011) oder außermathematisch geprägte Begriffe wie *Größe* innermathematisch zu verwenden (Ay & Tobschall, 2022). Dabei stellt das Übertragen innermathematisch gelernter Inhalte auf außermathematische Situationen keine triviale Leistung dar (Kaiser-Meßmer, 1986, S. 143–144). Zudem fällt es Schüler:innen schwer über das Anwenden von Mathematik zu sprechen (Kaiser-Meßmer, 1986) und eine adäquate mathematische Notation zu verwenden (Maaß, 2004, S. 160). In einer Studie zur Bearbeitung einer Modellierungsaufgabe zum Thema Reisen kann festgestellt werden, dass ein auffälliger Teil der Schüler:innen keine mathematischen Ansätze verwendet, sondern anhand von persönlichen Erfahrungen argumentiert, z. B. auf Grundlage von Kriterien wie Bequemlichkeit und Vergnügen (Potari, 1993). Ein Anteil der Schüler:innen sah keine Notwendigkeit darin, die gegebene Situation zu mathematisieren oder war sich unsicher darüber, ob ein mathematischer Ansatz überhaupt sinnstiftend für den Umgang mit dem realistischen Problem ist.

Nachdem die Schüler:innen mathematisch Arbeiten, gilt es die mathematischen Resultate in reale Resultate zu übertragen und zu prüfen. Auch das Zurückübersetzen kann Schüler:innen vor Hürden stellen. Sie scheitern häufig daran, die mathematischen Resultate in Beziehung zu bringen zum realweltlichen Pendant (Galbraith & Stillman, 2006). Es kommt vor, dass Schüler:innen vergessen, welche Bedeutung die Resultate ihrer Rechnungen haben (Blum, 2011). Gibt es an dieser Stelle keine Auseinandersetzung mit der Fragestellung oder den aufgestellten Modellen, können unplausible und nicht zur Aufgabe passende Interpretationen entstehen. Interpretieren führt vor allem dann zu Hürden, wenn zur Lösung der Aufgabe ein mehrschrittiges Vorgehen notwendig ist und in den Lösungsprozess eine Vielzahl von Teilstrukturen einbezogen sind (Schukajlow, 2011). Die Validierung von Resultaten fällt Schüler:innen schwer und ist meist oberflächlich oder fehlt in Gänze (u. a. Blum, 2015; Burrill, 1993; Hodgson, 1997). Auch kann festgestellt werden, dass Schüler:innen Unzulänglichkeiten eines Modells zwar erkennen, dieses aber im Anschluss nicht verbessern (Maaß, 2004, S. 161). Nicht die Schüler:innen selbst, sondern die Lehrpersonen scheinen für die Korrektheit von Lösungen zuständig zu sein (Blum, 2015). Die Diskrepanz zwischen exakten, klar richtig oder falschen Ergebnissen sowie geschätzten Ergebnissen, deren Plausibilität auf Argumentation und Vorwissen beruht, stellt Schüler:innen und Lehrende vor besondere Schwierigkeiten (Burrill, 1993). Damit geht einher, dass Schüler:innen gegebene Daten, die Lösungen und Bearbeitungsschritte kaum hinterfragen (Blum, 2015; Burrill, 1993).

An allen Stellen beim mathematischen Modellieren können Hürden auftreten. Gerade Strategien[6] sind elementar, um Hürden während des Prozesses adäquat zu begegnen. Schüler:innen verfügen oft über keinen ausreichenden Fundus an Strategien, um mit Hürden in Modellierungsaufgaben umgehen zu können (Blum, 2015). Anhand einer Art mentaler Steuerungseinheit sind Strategien im Gedächtnissystem abgespeichert und können im Sinne von Handlungsplänen abgerufen werden (Krapp, 1993). Auf die für diese Arbeit relevanten Strategien und ihre Rolle beim Lösen mathematischer Modellierungsaufgaben sei im Folgenden näher eingegangen.

Weinstein und Mayer (1986) unterscheiden unter anderem Wiederholungs-, Organisations- und Elaborationsstrategien. Zu den *Wiederholungsstrategien* gehört das Selektieren von Informationen. Zu den *Organisationsstrategien* gehört das Ordnen und Strukturieren von Informationen. Auch das Identifizieren von Kernaspekten und unterstützenden Details gehört hierzu. Anhand von *Elaborationsstrategien* werden neue Informationen mit dem Vorwissen verknüpft. Beim mathematischen Modellieren können bei Schüler:innen vorwiegend Wiederholungs- und Organisationsstrategien beobachtet werden (Schukajlow, 2011). Dabei wird eingeräumt, dass Strategien vermutlich häufig unbewusst ablaufen und nur teilweise verbalisiert werden. Die folgenden Strategien können beim Bearbeiten von Modellierungsaufgaben beobachtet werden (u. a. Schukajlow, 2011; Schukajlow & Leiss, 2011):

- Selektives Lesen und Notieren von Angaben: Diese Wiederholungsstrategien können beim Aufbau von Situations- und Realmodell helfen und der Adäquatheit ebendieser nützlich sein. Beim Mathematisieren kann selektives Lesen genutzt werden, um die Konstruktion eines mathematischen Modells voranzubringen oder, um den Text nach Hinweisen zu mathematischen Strukturen (z. B. Dreiecksstruktur) zu erkunden. Auch beim Interpretieren kann erneutes, selektives Lesen nützlich sein.
- Zeichnen und Beschriften einer Skizze: Diese Organisationsstrategien erweisen sich in den Phasen von der Ausgangssituation hin zum Realmodell als besonders wirksam. Sie können dabei helfen, sich die beschriebenen Informationen genauer vorzustellen und bilden somit eine Grundlage für die Identifikation mathematischer Strukturen. Ebenso sind diese Strategien beim Zeichnen einer innermathematischen Skizze denkbar. Rellensmann (2019)

---

[6] Für eine Unterscheidung in kognitive Strategien, metakognitive Strategien und Strategien des Ressourcenmanagements sei verwiesen auf Werke wie Mandl und Friedrich (2006) und Pintrich (1999).

kommt in einer qualitativen Forschungsarbeit zum Satz des Pythagoras zu
dem Schluss, dass selbsterstellte Skizzen die Modellierungsteilschritte Verein-
fachen/Strukturieren, Mathematisieren, Interpretieren, Validieren und Darlegen
unterstützen können. Die Autorin vermutet, dass situative Skizzen insbesondere dem Vereinfachen/ Strukturieren und Interpretieren zugutekommen
und, dass mathematische Skizzen das Mathematisieren durch Erkennen von
mathematischen Objekten und Strukturen unterstützen. Darüber hinaus scheinen leistungsschwächere Schüler:innen eher zielgerichtete Skizzen als fertige
mathematische Objekte (z. B. ein rechtwinkliges Dreieck) zu konstruieren,
wohingegen leistungsstärkere Schüler:innen Skizzen eher zum zieloffenen
Entdecken von mathematischen Objekten und Strukturen nutzen.

- Suche nach einer geeigneten Repräsentation der mathematischen Lösungs-
  struktur: Bei dieser Organisationsstrategie werden die Angaben beispielsweise
  mithilfe einer Tabelle in eine formal-mathematische Repräsentation gebracht.
- Erinnern an Alltagserfahrungen: Bei dieser Elaborationsstrategie wird vermutet, dass sie einer externen Aktivierung bedarf, um von den Schüler:innen
  genutzt zu werden.
- Suchen einer Analogie: Diese Elaborationsstrategie zeichnet sich durch den
  Rückgriff auf bekannte mathematische Modelle und Lösungsverfahren aus.
- Kontrolle und Regulation: Diese metakognitiven Strategien werden meist erst
  dann aktiviert, wenn eine Abweichung zwischen einem erwarteten und einem
  tatsächlichen Ergebnis auftaucht. Die erwartete Lösung wird dabei vermutlich
  mithilfe von Erfahrungswissen antizipiert. Dazu gehört beispielsweise mehrfa-
  ches Überprüfen des Ausgangstextes, wenn nicht alle vorhandenen Angaben in
  das Modell eingeflossen sind. Kontrolle und Regulation können dabei helfen,
  Fehler wahrzunehmen und die eigene Modellbildung kritisch zu hinterfragen.
- Help-Seeking: Diese Ressourcenstrategie wird aktiviert, indem Schüler:innen
  sich gegenseitig oder der Lehrperson Fragen stellen.
- Think big: Diese Strategie zielt darauf ab, die eigenen Grenzen des Denkens zu
  überwinden (z. B. das aktuelle Unterrichtsthema) und stattdessen den Kontext
  allgemeiner zu betrachten (Stender, 2018).

Gewisse strategische Handlungen können als eher oberflächlich und andere wiederum als vertiefend verstanden werden. Oberflächliche Strategien können z. B.
beobachtet werden, wenn Schritte im Modellierungskreislauf übersprungen werden (Verschaffel et al., 2000, S. 13). Dazu gehört, wenn Schüler:innen die
gegebenen Informationen in ein mathematisches Modell übertragen, ohne sich
vorher ausführlicher mit dem Realmodell auseinanderzusetzen und, wenn Schü-
ler:innen mathematische Resultate als Endergebnisse berichten ohne sie mit dem

Sachkontext in Verbindung zu bringen. Oberflächliche Strategien zeigen sich auch dann, wenn Schüler:innen sich gehäuft wiederholend mit den Informationen im Text auseinanderzusetzen oder versuchen sich diese einzuprägen (Schukajlow et al., 2021). Anhand von vertieften Strategien hingegen können Informationen untereinander verknüpft, organisiert und mit Vorwissen verbunden werden. Elaborations- und Organisationsstrategien können als solche vertieften Strategien bezeichnet werden. Mathematisches Modellieren erfordert tiefergehendes Handeln, sodass oberflächliche Strategien nicht hinreichend sind.

Empirische Befunde zu sozialer Ungleichheit

Soziale Ungleichheit im Bildungswesen stellt eine wesentliche Herausforderung moderner Gesellschaften dar (OECD, 2016, S. 63). Es deutet – so Bourdieu (2001, S. 25) – „alles darauf hin, dass es [das Schulsystem] einer der wirksamsten Faktoren der Aufrechterhaltung der bestehenden Ordnung ist, indem es der sozialen Ungleichheit den Anschein von Legitimität verleiht und dem kulturellen Erbe […] seine Sanktion erteilt." Um die hier wirkenden Mechanismen auf gesamtgesellschaftlicher Ebene verstehen zu können, gilt es diesen Forschungsstrang aus theoretischer und empirischer sowie räumlich und zeitlich aktueller Perspektive zu betrachten (vgl. Bourdieu, 1994/1998, S. 14). Weder Theorie noch Empirie können dies alleine leisten. Nachdem Kapitel 2 einen Einblick in die Theorien sozialer Ungleichheit ermöglicht hat, werden in diesem Kapitel empirische Erkenntnisse zu sozialer Ungleichheit mit Blick auf Elternhaus und Schule dargelegt und mit theoretischen Befunden verknüpft.

Thematisiert werden in diesem Kapitel Bildungsungleichheit und Bildungsgerechtigkeit. Bildungsungleichheit umfasst „Unterschiede im Bildungsverhalten und in den erzielten Bildungsabschlüssen von Kindern, die in unterschiedlichen sozialen Bedingungen und familiären Kontexten aufwachsen." (W. Müller & Haun, 1997, S. 335). Bildungsgerechtigkeit im Gegensatz dazu beschreibt, dass alle Schüler:innen Lerngelegenheiten erhalten, die in keiner Weise in Zusammenhang stehen mit ihren wirtschaftlichen und sozialen Umständen, über die sie selbst keine Kontrolle haben können (OECD, 2018, S. 22). Der thematisierte Forschungsstand dieser Arbeit wird aus Lesbarkeitsgründen unter dem Begriff der sozialen Ungleichheit diskutiert und bezieht sich unmittelbar oder mittelbar auf den schulischen Kontext. Schüler:innen aus einem Elternhaus mit einer vergleichsweise hohen sozio-kulturellen und wirtschaftlichen Stellung werden als *sozial begünstigt* bzw. Schüler:innen *sozial begünstigter Herkunft* bezeichnet. Das

I. Ay, *Soziale Herkunft und mathematisches Modellieren*, Studien zur theoretischen und empirischen Forschung in der Mathematikdidaktik, https://doi.org/10.1007/978-3-658-41091-0_4

Pendant dazu stellen *sozial benachteiligte* Schüler:innen dar.[1] Diese Einordnung lehnt unter anderem an die objektiven Klassen- und Kapitalstrukturen Bourdieus an, indem die beruflichen Stellungen der Eltern und ihre Bildungsabschlüsse verglichen werden (Abschnitt 6.3.2).

Vorgestellt werden zunächst Forschungsergebnisse großangelegter Vergleichs-studien, die Zusammenhänge zwischen der sozialen Herkunft und schulischen Leistungen verschiedener Schulfächer messen (Abschnitt 4.1). Es folgt ein kur-zer Exkurs in Forschungsarbeiten zum Einfluss des Migrationshintergrunds und der Sprachkompetenz (Abschnitt 4.2). Darauffolgend werden Studien präsen-tiert, die die Rolle verschiedenster Akteur:innen und sozialer Prozesse für die Manifestierung und Reproduktion sozialer Ungleichheit in den Blick nehmen (Abschnitt 4.3). Hierbei werden mehrheitlich Studien aus den Erziehungs- und Bildungswissenschaften thematisiert, aber vereinzelt auch thematisch passende, mathematikdidaktische Erkenntnisse. Einen vertieften Blick auf mathematikdi-daktische Untersuchungen zu sozialer Ungleichheit richtet der abschließende Abschnitt 4.4.

4.1   Ergebnisse großangelegter Vergleichsstudien

83 von 100 Kindern von Akademiker:innen besuchen die gymnasiale Ober-stufe, während es bei Nicht-Akademiker:innen 46 von 100 Kindern sind (Kracke et al., 2018). Zahlreiche Forschungsstudien können signifikante Zusammenhänge zwischen sozialer Herkunft und schulischer Leistung nachweisen (u. a. Sirin, 2005) – unter anderem im vorschulischen und schulischen Bereich, in allen Jahr-gangsstufen und in zahlreichen Fächern und Domänen. Bereits bei Eintritt in die Primarstufe und zu Beginn der Grundschulzeit zeigen sich signifikante Unter-schiede in Wortschatz, Lese- und Mathematikleistung in Abhängigkeit von der sozialen Herkunft (Moser, 2005; Sektnan et al., 2010). Sogar im Vorschulalter scheint die kognitive Anregung von Kindern zu variieren (Moser et al., 2005).

Schon in frühster Kindheit gibt es einen Zusammenhang zwischen der Anzahl verschiedener Wörter, die Eltern und ihre Kinder verwenden. Bereits im Alter von drei Jahren haben Kinder mit einem hohen sozioökonomischen Status einen

---

[1] In diesem Kapitel finden sich auch Begriffe wie soziale Klassen, Schichten und Milieus. In vielen Fällen wird sich an der Terminologie der Originalquellen orientiert. Dies dient der Einordnung der Befunde und der Nachvollziehbarkeit der verwendeten Konstrukte. Sollen die Unterschiede der verwendeten Konstrukte hervorgehoben werden, werden diese an den entsprechenden Stellen thematisiert. Im Zentrum steht aber in der Regel die Gemeinsamkeit der Konstrukte als vertikale Strukturierung des sozialen Raums.

etwa doppelt so großen Wortschatz wie Kinder, deren Eltern Sozialhilfe erhalten und einen etwa 50 % größeren Wortschatz als Kinder der Arbeiterklasse (Hart & Risley, 2003). Außerdem können die Autoren nachweisen, dass der Wortschatz, der bis zum Alter von drei Jahren erworben wird, prädiktiv für die Sprach- und Lesefähigkeiten von Zehnjährigen ist. Darüber hinaus stellen sprachliche Fähigkeiten schon im Vorschulalter eine Voraussetzung zur Speicherung mathematischer Informationen dar (Viesel-Nordmeyer et al., 2020). Die Ausführungen veranschaulichen die prägende Rolle, die frühkindliche Erfahrungen ausmachen können. Denn Lernen beginnt bereits in frühster Kindheit im familiären Umfeld (Abels & König, 2016, S. 188–192; Bourdieu, 1979/1982, S. 120–121). Folglich steigt insgesamt die Bedeutung frühkindlicher Förderung für die Verringerung sozialer Ungleichheit (Kiemer et al., 2017).

In einer Längsschnittstudie untersuchen Ditton und Krüsken (2009) anhand von 1247 Schüler:innen aus 77 Schulklassen die Leistungsentwicklung vor dem Hintergrund der sozialen Herkunft. Jeweils am Ende der zweiten, dritten und vierten Jahrgangsstufe wurden anhand standardisierter Tests die Fachleistungen in Mathematik und Deutsch und die kognitiven Grundfähigkeiten erhoben. Hinzu kommen Hintergrundinformationen anhand schriftlicher Befragungen von Schüler:innen, Eltern und Lehrenden. Die soziale Herkunft wurde ermittelt über den höchsten erreichten Abschluss im Haushalt (in den drei Kategorien Hochschulreife, mittlerer Schulabschluss und nicht höher als Hauptschulabschluss), die berufliche Position der Eltern (gemessen über den *Highest International Socio-Economic Index of Occupational Status of both parents* (HISEI, Abschnitt 6.3.2)) und das Haushaltsnettoeinkommen. Der Bildungsabschluss der Eltern gefolgt vom HISEI erweisen sich als bedeutende Prädiktoren, während das Haushaltsnettoeinkommen in den meisten Fällen keine signifikanten Zusammenhänge aufklären kann. In allen Leistungsbereichen und zu allen Testzeitpunkten erzielen Schüler:innen mit einem höheren Status im Durchschnitt auch bessere Leistungen. Die Effekte der sozialen Herkunft finden sich auch unter Kontrolle der Vortestleistungen. Insgesamt werden die Herkunftseffekte über die Zeit nicht reduziert, sondern sie nehmen bei gleichen Eingangsleistungen sogar etwas zu (Ditton & Krüsken, 2009). Selbiges kann für die Wortschatzentwicklung von der ersten zur dritten Jahrgangsstufe gezeigt werden (Barthel, 2019). Diese Ergebnisse legen die Vermutung nahe, dass soziale Ungleichheit im Laufe der Schullaufbahn zunimmt.[2]

---

[2] Es finden sich auch Studien, die keine Zunahme sozialer Ungleichheit feststellen können. Einen Überblick liefern Maaz et al. (2009).

Die *Internationale Grundschul-Lese-Untersuchung* (IGLU) erfasst das Leseverständnis von Schüler:innen am Ende der vierten Jahrgangsstufe. In der Untersuchung wird u. a. die Koppelung zwischen der sozialen Herkunft von Schüler:innen und ihrer Lesekompetenz erfasst (A. Hußmann, Stubbe & Kasper, 2017). Vergleicht man Familien der oberen Dienstklasse[3] mit Familien von (Fach-)Arbeiter:innen, ergibt sich für das Jahr 2016 ein Leistungsvorsprung von etwa einem Lernjahr. Hinzu kommt, dass Deutschland im internationalen Vergleich eines von vier Ländern ist, in denen die soziale Ungleichheit seit 2001 signifikant angestiegen ist.

In der aktuellen *Trends in International Mathematics and Science Study* (TIMSS) werden die mathematischen und naturwissenschaftlichen Kompetenzen von Grundschulkindern verglichen (Schwippert et al., 2020). Ebenso wie andere großangelegte internationale Vergleichsstudien werden bei TIMSS die fachspezifischen Kompetenzen mit verschiedenen Indikatoren für die soziale Herkunft verglichen (Stubbe et al., 2020). In der aktuellen Studie TIMSS-2019 kann gezeigt werden, dass Kinder mit mehr als 100 Büchern zu Hause durchschnittlich 41 Punkte besser abschneiden als Kinder mit weniger als 100 Büchern. Dies entspricht einem Leistungsvorsprung von etwa einem Schuljahr (Wendt et al., 2016). In den Naturwissenschaften sind es sogar eineinhalb bis zwei Schuljahre Leistungsdifferenz. Ähnliche Werte zeigen sich, wenn Kinder aus armutsgefährdeten mit solchen aus nicht-armutsgefährdeten Haushalten verglichen werden. Diese gemessene Leistungsdifferenz unterscheidet sich nicht signifikant zu der Erhebung von 2007. Soziale Ungleichheit bleibt in Mathematik und Naturwissenschaften stabil bestehen, sowohl im Hinblick auf die Anzahl der Bücher als Indikator für die soziale Herkunft als auch bei Betrachtung des HISEI.

Anhand der PISA-2009-Daten untersucht Ehmke (2013) an einer repräsentativen Stichprobe (9461 Schüler:innen aus 373 Schulklassen) von Neuntklässler:innen soziale Ungleichheit im Lesen und in Mathematik. Als Indikator für das Vorwissen der Schüler:innen werden die kognitiven Grundfähigkeiten mithilfe eines kognitiven Fähigkeitstests ermittelt. Die soziale Herkunft wird über den HISEI gemessen. An allen Schulformen kann soziale Ungleichheit sowohl beim Lesen als auch in Mathematik festgestellt werden. Damit stuft Ehmke soziale Ungleichheit als weitgehend domänenübergreifend ein und formuliert die Annahme, dass Schüler:innen aus höheren Sozialschichten die effektivere Nutzung schulischer Lerngelegenheiten gelingt. Anhand der PISA-2012-Daten

---

[3] Nach den EGP-Klassen von Erikson et al. (1979) wird Angehörigen der Dienstklasse eine hohe sozioökonomische Stellung und Angehörigen der Arbeiterklasse eine niedrige sozioökonomische Stellung zugeschrieben.

setzen sich K. Müller und Ehmke (2013) mit sozialer Herkunft als Bedingung der Kompetenzentwicklung auseinander. Sie ermitteln, dass der HISEI, das Bildungsniveau der Eltern, die häuslichen Besitztümer, aber auch der Besuch eines Kindergartens von mehr als einem Jahr – unter Kontrolle der jeweils anderen Faktoren – eine bedeutende Vorhersagekraft für Mathematikkompetenz trägt. Nach PISA-2018 kann der sozioökonomische Status in Deutschland 18 % der Varianz in der Mathematikleistung erklären, 19 % der Varianz in der naturwissenschaftlichen Leistung (Mostafa & Schwabe, 2019) und 13 % der Varianz in der Leseleistung (Weis et al., 2019). Zudem ist die soziale Herkunft in Deutschland signifikant über dem OECD-Durchschnitt mit der Kompetenz verschiedener Domänen gekoppelt (u. a. Weis et al., 2019).

Das *Institut zur Qualitätsentwicklung im Bildungswesen* (IQB) führte in den Jahren 2012 und 2018 den Bildungstrend, vormals Ländervergleich, zum Abgleich mathematischer und naturwissenschaftlicher Fähigkeiten von Schüler:innen zum Ende der Sekundarstufe I mit den von der *Kultusministerkonferenz* (KMK) verfassten Kompetenzerwartungen durch (KMK, 2004, 2005; Pant et al., 2013; Stanat et al., 2019). 2018 nahmen an der Studie 44.941 Neuntklässler:innen aus insgesamt 1462 Schulen teil. Für die Jahre 2012 und 2018 weisen Schüler:innen begünstigter sozialer Herkunft im Vergleich zu jenen benachteiligter sozialer Herkunft durchschnittlich einen Leistungsvorsprung von etwa eineinhalb Schuljahren auf (Mahler & Kölm, 2019).[4] Insgesamt bleibt soziale Ungleichheit zwischen 2012 und 2018 nahezu stabil. Das kann neben Mathematik auch für Biologie, Chemie und Physik gezeigt werden. Dem Bildungstrend zufolge ist es überwiegend nicht gelungen, soziale Ungleichheit abzubauen.

Vergleicht man die Ergebnisse aus Vergleichsstudien der vergangenen zwei Jahrzehnte, ergibt sich ein zusammenhängendes Bild: Soziale Ungleichheit in der Schule besteht in allen erfassten Jahrgangsstufen, Domänen und Fächern. Sie liegt in Deutschland häufig über dem internationalen Durchschnitt und ist zeitlich relativ stabil. Jedoch ist nicht hinreichend erforscht, wodurch diese Zusammenhänge zustande kommen (Weis et al., 2019). Es ist anzunehmen, dass eine Vielzahl an Faktoren (wie z. B. Sprachgebrauch, Migrationshintergrund, Geschlecht, Sprachkompetenz, Motivation, Vorwissen, Schulstandort, Bildungsteilhabe der Eltern,

---

[4] Mahler und Kölm (2019) merken an, dass die Schätzung sozialer Ungleichheit stets mit gewissen Unsicherheiten verbunden ist. Das hängt damit zusammen, dass die Teilnahme an der Fragebogenerhebung in vielen Bundesländern nicht verpflichtend ist und darüber hinaus angenommen wird, dass das Fehlen von Fragebögen innerhalb der Grundgesamtheit nicht zufällig verteilt ist, sondern mit den Leistungen der Schüler:innen verknüpft ist. Damit würde eine verzerrte Schätzung sozialer Ungleichheit einhergehen.

häusliches Anregungsniveau, Betreuung in einer Tagesstätte vor Kindergarten-eintritt, Peerbeziehungen) den Zusammenhang zwischen sozialer Herkunft und Leistung vermitteln.[5] Damit rücken neben bildungsinternen auch bildungsex-terne Einflüsse, insbesondere der Familie und deren Umfeld, in den Fokus der Ungleichheitsforschung (Grundmann et al., 2006).

4.2   Migration und Sprache

Ein eng mit dem sozioökonomischen Hintergrund verbundenen Faktor stellt der Migrationshintergrund dar. In Deutschland ist die Hälfte der Schüler:innen mit einem Migrationshintergrund sozial benachteiligt (Mostafa & Schwabe, 2019). Bei den Schüler:innen ohne Migrationshintergrund ist es weniger als ein Viertel. Auch migrationsbezogene Ungleichheit kann in Mathematik, Naturwissenschaf-ten und Deutsch in der Primar- und Sekundarstufe gezeigt werden (Haag et al., 2016; Henschel et al., 2019; Rjosk et al., 2017). Dennoch ist ein positiver Trend zu verzeichnen. Der Status von Schüler:innen mit Migrationshintergrund steigt im Durchschnitt an (OECD, 2014, S. 83).

Ein in der Literatur vielbeforschter Faktor stellt der Zusammenhang zwischen mathematischen und sprachlichen Kompetenzen dar. Dabei kann häufig ein star-ker Zusammenhang festgestellt werden.[6] Laut Bourdieu (2001, S. 30–31) bildet Sprache einen zentralen Aspekt des kulturellen Erbes von Kindern. So bildet sich die Fähigkeit zum Handhaben komplexer, logischer und ästhetischer Strukturen über die Sprache. In allen schulischen Lagen wird die sprachliche Differenziert-heit, der Stil und der Ausdruck bewusst oder unbewusst bewertet, sodass Sprache auch unweigerlich für soziale Ungleichheit im Mathematikunterricht bedeutend sein muss.

Umstritten hingegen ist der Einfluss der sozialen Herkunft auf die Mathe-matikleistung unter Kontrolle von Sprachkompetenz und mathematischen Vor-testleistungen. Zum einen finden sich Studien, die den Einfluss der Anzahl der

---

[5] Andere Studien, wie Marks (2017), wiederum legen den Schluss nahe, dass die soziale Her-kunft deutlich an Bedeutung verliert, wenn die kognitiven Fähigkeiten und früheren Leistun-gen miteinbezogen werden. S. Thomson (2018) hingegen erklärt, dass insbesondere Ergeb-nisse großangelegter internationaler Studien einer solchen Argumentation zu widersprechen scheinen.

[6] Für eine vertiefte Auseinandersetzung sei auf Werke wie Becker-Mrotzek et al. (2013), Leiss et al. (2017) und Meyer und Tiedemann (2017) verwiesen.

Bücher im Haushalt[7] auf die Mathematikleistung unter Kontrolle der Sprachkompetenz als unbedeutend herausstellen (Prediger et al., 2015). Ebenso zeigt
sich bei Konstanthaltung der Vortestleistung, dass weder die soziale Herkunft
noch der Migrationshintergrund und der häusliche Sprachgebrauch eine wesentliche Bedeutung für das mathematische Kompetenzniveau einnehmen (Kiemer
et al., 2017; Ufer et al., 2013). Zum anderen finden sich Studien, die den Einfluss
der sozialen Herkunft (gemessen über HISEI) auf die Mathematikleistung auch
unter Kontrolle von kognitiven Grundfertigkeiten, von Sprachstand (Ufer et al.,
2013) und Vortestleistungen (Ditton & Krüsken, 2009) als signifikant bedeutend
herausstellen.

Die Suche nach Ursachen für soziale Ungleichheit erweist sich insgesamt
als schwierig, da Hintergrundvariablen häufig eng miteinander verknüpft sind.
Auf der einen Seite finden sich Forschungsansätze, die mangelnde sprachliche
Kompetenzen als zentralen Faktor für soziale Ungleichheit im Bildungssystem ansehen. Auf der anderen Seite werden bildungssoziologische Erklärungen
beforscht, die die Verfügbarkeit von Ressourcen und die häusliche Sozialisation in den Blick nehmen (Ufer et al., 2013). Es ist davon auszugehen, dass
sowohl auf der Ebene von Sprachkompetenzen als auch auf der Ebene sozia-
lisierter Prägungen deutliche Unterschiede zwischen Schüler:innen vorzufinden
sind (Deseniss, 2015, S. 3). Diese Forschungsarbeit betrachtet letztgenannte bildungssoziologische Erklärungen sozialer Ungleichheit. Dies erfordert, den Blick
auf die Sozialisation und damit auch auf den Habitus von Kindern zu richten.

4.3 Soziale Ungleichheit – Ein Blick in Elternhaus und Schule

Da in Deutschland vielfach bedeutende und stabile Zusammenhänge zwischen
der sozialen Herkunft und den Leistungen von Schüler:innen in unterschiedlichsten Fächern festgestellt werden können, liegt die Annahme nahe, dass
Schüler:innen sozial begünstigter Herkunft das System Schule im Allgemeinen
vertrauter ist und sie schulische Lerngelegenheiten generell besser zu nutzen wissen (vgl. Ehmke, 2013). Es genügt nicht, soziale Ungleichheit in der Schule
bloß festzustellen (Bourdieu, 2001, S. 25), sondern es gilt grundlegende Probleme, Fragen und Quellen der sozialen Ungleichheit zu verstehen (Nasir &
Cobb, 2007b). So können Untersuchungen zu Prozessen und Kontexten in Schule

---

[7] Die Anzahl der Bücher stellt ein simplifizierendes Maß zur Erfassung der sozialen Herkunft
dar.

und Familie Einblicke in die wirkenden Mechanismen zwischen schulischen Leistungen und sozialer Herkunft erlauben. Ein Komplex aus wechselwirkenden Einflüssen scheint für die Entstehung und Dauerhaftigkeit sozialer Ungleichheit verantwortlich zu sein (Becker & Lauterbach, 2007). So kann festgestellt werden, dass die Mathematikleistung aus einem komplexen Zusammenspiel aus der Vorjahresleistung, der häuslichen Umgebung, der Motivation, den Peergroups, dem sozial-psychologischen Umfeld, den Lernumgebungen, etc. beeinflusst wird (Reynolds & Walberg, 1992). Auf Grundlage theoretischer Konzeptionen, wie die von Bourdieu, untersuchten in den letzten Jahrzehnten eine Vielzahl an Studien solche Einflüsse. Im Bericht der PISA-Studie 2018 heißt es dazu zusammenfassend:

> Langjährige Forschungen zeigen, dass der zuverlässigste Indikator für den zukünftigen Schulerfolg eines Kindes […] seine Familie ist. Kinder aus einkommensschwachen und bildungsfernen Familien sehen sich für gewöhnlich mit vielen Barrieren in Bezug auf ihr Lernen konfrontiert. Weniger Haushaltsvermögen bedeutet oft auch weniger Bildungsressourcen wie Bücher, Spiele und interaktive Lernmaterialien im Haushalt. Eltern mit höherem sozioökonomischem Status sind von Anfang an eher imstande, ihren Kindern die finanzielle Unterstützung und die häuslichen Ressourcen für individuelles Lernen zur Verfügung zu stellen. (OECD, 2019, S. 50, übersetzt durch den Autor)

Eltern aus höheren sozialen Klassen verfügen eher über das *ökonomische Kapital*, um ihren Kindern einen größeren Umfang an materiellen Ressourcen zur Verfügung zu stellen. Ihr ausgeprägteres *soziales Kapital* ist hilfreich, um Informationen über entwicklungsfördernde Aktivitäten und Programme zu beschaffen und sie verfügen eher über das *kulturelle Kapital*, um zu wissen, wie sie die Talente ihres Kindes fördern und ihre Fähigkeiten weiterentwickeln können (Chin & Phillips, 2004). Coleman (1988) zufolge wirkt die soziale Herkunft auf die Leistung von Schüler:innen über mindestens drei Faktoren. Erstens ermöglicht materieller Besitz, wie ein Schreibtisch, Lernbücher oder finanzielle Unbesorgtheit, ein vorteilhaftes Lernsetting. Denn wo finanzielle Unbesorgtheit herrscht, da können problemlos Unterstützungssysteme wie Nachhilfe oder Lernsoftware aktiviert werden, die die Kinder beim Lernen unterstützen (Gniewosz & Walper, 2017). Zweitens bildet der elterliche Bildungsgrad ein hohes Potential an kognitiver Aktivierung. Drittens – das ist Coleman besonders wichtig – wirkt sich soziales Kapital positiv auf die intellektuelle Entwicklung von Kindern aus, da ihre sozialen Beziehungen das Agieren mit anderen Personen begünstigen. Ein erheblich größerer Teil von Menschen aus sozial begünstigten Familien als von sozial benachteiligten Familien kennt in seinem Bekanntenkreis Lehrpersonen oder Ärzte, die sie bei Bedarf kontaktieren können (Lareau, 2002). Diese Bekannten stellen wirkungsvolle Kontaktstellen dar, wenn es darum geht, sich schulische, berufliche oder private Begünstigungen zu verschaffen (vgl. Wegener, 1997). In diesem Kapitel wird dargelegt, wie verschiedene Faktoren und Akteur:innen auf die Manifestierung und Reproduktion sozialer Ungleichheit wirken.[8]

4.3.1 Die Familie

Die Familie ist weit mehr als eine Trägerin von (finanziellen) Ressourcen (Gniewosz & Walper, 2017). Sie stellt einen zentralen Bildungsort dar (Büchner & Brake, 2007) und einen bedeutenden Übertragungsmechanismus bei der Vermittlung bildungsrelevanter Handlungsdispositionen (Grundmann et al., 2006). Eltern nehmen vielleicht sogar den wichtigsten Faktor für eine erfolgreiche schulische Laufbahn des Kindes ein (Jordan & Plank, 1998). Rolff (1997, S. 34) begründet dies in seiner zentralen These anhand eines zirkelförmigen Verlaufs des Sozialisationsprozesses:

> Die Sozialisation durch den Beruf prägt in der Regel bei den Mitgliedern der sozialen Unterschicht andere Züge des Sozialcharakters als bei den Mitgliedern der Mittel- und Oberschicht; während der Sozialisation durch die Familie werden normalerweise die jeweils typischen Charakterzüge der Eltern an die Kinder weitervermittelt [...].
> Da die Sozialisation durch die Schule auf die Ausprägungen des Sozialcharakters der Mittel- und Oberschicht besser eingestellt ist als auf die der Unterschicht, haben es die Kinder aus der Unterschicht besonders schwer, einen guten Schulerfolg zu erreichen. Sie erlangen häufig nur Qualifikationen für die gleichen niederen Berufspositionen, die ihre Eltern bereits ausüben. Wenn sie in diese Berufspositionen eintreten, dann ist der Zirkel geschlossen.

Damit nimmt Familie die Rolle einer Ko-Produzentin von sozialen Positionen ein (Gniewosz & Walper, 2017). Habitualisierte Beziehungspraktiken und Formen der Anerkennung sind in milieuspezifischen Alltags- und Lebenserfahrungen verankert und manifestieren sich u. a. in elterlicher Bildungsaspiration, im Freizeit- und

---

[8] Ungleichheitsbefördernde Charakteristika des Bildungssystems, wie mangelnde Aufstiegsmöglichkeiten im dreigliedrigen Schulsystem, stellen ebenfalls einen zentralen Aspekt dar. An dieser Stelle wird diesbezüglich auf Werke wie Berger und Kahlert (2013), Edelstein (2006), El-Mafaalani (2012) oder Levin (2007) verwiesen. Informationen zu herkunftsspezifischen Bildungsentscheidungen und Bildungsaspiration finden sich u. a. bei Bittlingmayer und Bauer (2007), Ditton (2007) und Stocké (2010). Ausführungen zur Bedeutung von Peergroups bei der Reproduktion sozialer Ungleichheit werden u. a. in Helsper et al. (2014) thematisiert. Auf diese Aspekte wird in dieser Arbeit nicht weiter eingegangen.

Konsumverhalten, in sozialen Netzwerken, alltäglichen Tätigkeiten und Erziehungsvorstellungen (Grundmann et al., 2003). Die in der Familie stattfindenden Prozesse können so indirekt oder direkt schon in frühster Kindheit auf den Bildungsverlauf wirken. Altersgemäße Eltern-Kind-Aktivitäten beispielsweise haben einen nachhaltigen Einfluss auf die Entwicklung von Kindern und deren Bildungskarrieren (Biedinger & Klein, 2010). Vor allem in Elternhäusern mit viel kulturellem Kapital finden entwicklungsstimulierende Aktivitäten statt (Biedinger & Klein, 2010; Jünger, 2008). Es wird mehr gelesen, es kommt eher zu Museums- oder Theaterbesuchen und zur Teilnahme an Sportmannschaften und an Ferienlagern (Chin & Phillips, 2004).

Bevor die Kinder ein Alter erreichen, indem sie für ihre eigenen Erfahrungen in sozialen Gruppen oder externen Institutionen verantwortlich sein können, stammt alles, was sie lernen oder erfahren aus der Familie (Hart & Risley, 2003; vgl. Rolff, 1997, S. 77–78). Erklärungsansätze für soziale Ungleichheit können in einer akademischen Sozialisation (Hill & Tyson, 2009) bzw. einer Gelehrtenkultur (Evans et al., 2010) sozial begünstigter Familien gefunden werden. Hill und Tyson (2009) sehen darin den wichtigsten Aspekt der Bildungsbeteiligung zur Erklärung von Leistungsunterschieden. Ihnen zufolge umfasst eine akademische Sozialisation die Kommunikation über Leistungserwartungen und den Wert von Bildung, die Entwicklung und Förderung von Bildungs- und Berufsvorstellungen, das Besprechen von Lernstrategien und das Treffen von Plänen für die Zukunft. Es gibt Hinweise darauf, dass sozial begünstigte Eltern viel weiter gehen, wenn es darum geht, die notwendige Fürsorge und Führung zu liefern, die für eine erfolgreiche Schullaufbahn erforderlich ist (Jordan & Plank, 1998, S. 38). In einer Gelehrtenkultur wird kulturelles Kapital (Bourdieu, 1983) vermittelt, welches kognitive Prozesse anregt, die für ein problemorientiertes Denken und für den schulischen Erfolg insgesamt förderlich sein können (Evans et al., 2010). Bei Eltern oberer sozialer Klassen findet sich häufiger, dass sie ihre Kinder bei Problemen anhand von Fragen zur Struktur einer Gegebenheit begleiten, während Eltern der Arbeiterklasse tendenziell auf das direkte überwinden von Problemen fokussiert sind (Lubienski, 2007). In sozial begünstigten Elternhäusern werden Kinder eher mit Werkzeugen ausgestattet, die beim Lernen in der Schule unmittelbar nützlich sind, sei es der Wortschatz, die Auffassungsgabe, das Vorstellungsvermögen, das Verständnis für die Bedeutung von Belegen beim Argumentieren, etc. (Evans et al., 2010). Mitglieder solcher Haushalte können ihr kulturelles Kapital eher nutzen, um es in andere Kapitalsorten umzuwandeln (Abschnitt 2.2.3). Familien aus unteren sozialen Klassen hingegen gelingt dies weniger gut (Blasius & Friedrichs, 2008). Da damit die Bedeutung von materiellen Gütern steigt, die sich unmittelbarer in ökonomischem Kapital ausdrücken lassen, und die Bedeutung immaterieller Güter sinkt (wie die Fähigkeit Fremdsprachen zu beherrschen oder Kunstwerke zu genießen), kommt es zu einer Abgrenzung von Kapitalstrukturen unterer sozialer Klassen von denen oberer sozialer Klassen. Zudem hebt der Fokus auf das ökonomische Kapital pragmatische und funktionale Entscheidungen hervor, wie sie Bourdieu mit dem Geschmack am Notwendigen beschreibt (Abschnitt 2.2.4). Sind Mitglieder einer sozialen Gruppe tendenziell weniger gut in der Lage Kapitalstrukturen zu verändern, ergeben sich auch geringere Möglichkeiten signifikante Änderungen einer bestehenden sozioökonomischen Stellung herbeizuführen. Mit einer geringeren sozialen Mobilität geht die Manifestierung sozialer Ungleichheit einher (Blasius & Friedrichs, 2008). Ein Klassenhabitus begünstigter und benachteiligter sozialer Klassen kann somit weitreichende Bedeutungen für den Schulerfolg von Kindern haben. Solche Unterschiede in der Sozialisation der Kinder können Mechanismen darstellen, durch die familiäre Prozesse zu Bildungsungleichheit und Bildungsvererbung beitragen (Gniewosz & Walper, 2017).

Zudem kann gezeigt werden, dass die mathematischen Kompetenzen von Schüler:innen mit den mathematischen Kompetenzen ihrer Eltern zusammenhängen, welche wiederum mit der sozialen Lage der Familie verknüpft sind (Ehmke & Siegle, 2008). Schüler:innen, deren Eltern hohe mathematische Kompetenzen aufweisen, geben häufiger lernförderlichen Aktivitäten im häuslichen Umfeld an, mehr Lern- und Autonomieunterstützung, mehr lernrelevante und kulturelle Besitztümer und eine höhere mathematikbezogene Wertschätzung (Ehmke & Siegle, 2008). Die *Autorengruppe Bildungsberichterstattung* (2012, S. 49–50) stellt fest, dass eine starke Bildungsorientierung, lernförderliche Aktivitäten und eine hohe Leseorientierung gerade in Familien mit hohem Bildungsgrad und mit erwerbstätigen Eltern vorkommen. Bereits im Vorschulalter wirken sich mathematische Aktivitäten im Haus wie Würfel- oder Zahlenspiele (auch unter Kontrolle der Intelligenz) positiv auf die mathematischen Fähigkeiten von Kindern aus (Niklas & Schneider, 2012). Lernförderliche Prozesse tragen demnach dazu bei, den Zusammenhang zwischen Mathematikkompetenz von Kindern und Eltern zu vermitteln (Ehmke & Siegle, 2008). „So lässt sich der Zusammenhang zwischen sozialer Herkunft und Kompetenzentwicklung zumindest partiell durch den geringeren Anregungsgehalt in sozioökonomisch schlechter gestellten Familien erklären." (Walper & Wild, 2014, S. 369) Diese Ergebnisse liefern einen Hinweis darauf, dass lernförderliche Prozesse einen Mechanismus darstellen durch den Bildungsungleichheit manifestiert wird.

Auswirkungen der sozialen Herkunft werden besonders deutlich in den Sommerferien, da diese einen langen, schulisch nicht-strukturierten Zeitraum darstellen. Anhand einer Meta-Studie kann gezeigt werden, dass sich die Lesefähigkeit in den Sommerferien bei Kindern unterer sozialer Klassen verschlechtert, während sie sich bei Kindern der Mittelklasse sogar verbessert (H. Cooper et al., 1996). Kinder, die in ihren Sommerferien präferiert Videospiele spielen und fernsehen in Kombination mit Eltern, die diese Aktivitäten erlauben, verbringen ihre Zeit minimal entwicklungsstimulierend, wohingegen Kinder, die ihre sozialen und kreativen Ressourcen aktivieren in Kombination mit Eltern, die sie dabei unterstützen und sie dazu ermutigen, die Sommerferien maximal entwicklungsstimulierend verbringen. Die meisten Eltern aller sozialen Klassen streben es an, die Talente und Fähigkeiten ihrer Kinder weiterzuentwickeln und sie versuchen ihr bestes, um dies zu erreichen. In der tatsächlichen Umsetzung indes sind sozial begünstigte Eltern tendenziell erfolgreicher darin, die Sommerferien entwicklungsfördernd zu gestalten (Chin & Phillips, 2004).

Einen weiteren wichtigen Aspekt zur Erkundung sozialer Unterschiede stellen alltägliche, familiäre Prozesse dar. Zunächst kann festgestellt werden, dass Eltern unabhängig von ihrer sozialen Herkunft wichtig ist, dass ihre Kinder ehrlich, glücklich, rücksichtsvoll, aufmerksam und respektvoll sind (Kohn, 1977, S. 34). Als zentralen Unterschied zwischen sozial benachteiligten und begünstigten Gruppen kann anhand von Interviews und Beobachtungen festgestellt werden, dass Eltern aus der Mittelklasse häufiger Selbststeuerung (i. O. self-direction), Eigenständigkeit und Neugier ihrer Kinder hervorheben, während Eltern der Arbeiterklasse eher Konformität gegenüber Autoritäten bei der Erziehung betonen (Kohn, 1977; Weininger & Lareau, 2009) und ihre Kinder häufiger autoritär erziehen (Grundmann et al., 2003; Walper & Wild, 2014).[9] Besonders auffällig bei Eltern unterer sozialer Klassen ist das zahlreiche Beobachten von direkten Anweisungen (Weininger & Lareau, 2009). Diese Beobachtungen stehen in Einklang mit dem von Bourdieu formulierten Konformitätsprinzip unterer sozialer Klassen (Bourdieu, 1979/1982, S. 596–597; Kohn, 1977, S. 35). Spätere Studien können zeigen, dass Selbststeuerung bei Kleinkindern einen guten Prädiktor für spätere soziale Anpassung und Schulerfolg über kulturelle Kontexte hinweg darstellt (Sektnan et al., 2010; Størksen et al., 2015). Kinder, die bereits im vorschulischen Alter Fähigkeiten der Selbststeuerung, Verantwortungsbewusstsein, Eigenständigkeit und Kooperationsfähigkeit mitbringen, weisen später während der Schulzeit im Durchschnitt bedeutend höhere Mathematik- und Lesekompetenzen auf (McClelland et al., 2006). Darüber hinaus sind Diskussionen oder

---

[9] Walper und Wild (2014) zufolge sind autoritäre Erziehungsstile in den letzten Jahrzehnten deutlich rückläufig, finden sich aber nach wie vor häufiger in bildungsferneren Familien.

Verhandlungen zwischen Eltern und Kindern unterer Klassen verhältnismäßig selten vorzufinden (Lareau, 2002; vgl. Steinig, 2020; Weininger & Lareau, 2009). Stattdessen fügen sich Kinder unterer sozialer Klassen Regeln in Tendenz eher stillschweigend (Weininger & Lareau, 2009).

Die bisherigen Ausführungen legen nahe, dass die Eigenständigkeit von Kindern in sozial begünstigten Familien eine höhere Bedeutung einnimmt. Bei sozial benachteiligten Kindern zeigt sich eine andere Form der Eigenständigkeit: Viel selbstbestimmte freie Zeit für sich und seine Peers. In dieser elternfreien Zone gibt es viel Raum für Eigeninitiative und eigene Entscheidungen. Bei Kindern aus der Mittelklasse hingegen ist die Freizeit deutlich intensiver gefüllt mit organisierten Aktivitäten (Weininger & Lareau, 2009). Eltern der Mittelklasse strukturieren die Handlungsmöglichkeiten ihrer Kinder häufiger (Chin & Phillips, 2004) und üben dadurch indirekt Kontrolle über die Kinder aus (Weininger & Lareau, 2009). Es wird vermutet, dass diese indirekte Art der Kontrollausübung dem Zwecke dient den Kindern Selbststeuerung beizubringen. Ihre Eltern sehen sich eher verpflichtet in das Freizeitverhalten der Kinder einzugreifen, um ihre Talente zu fördern (Lareau, 2002). Die Autorin spricht von einer gezielten Kultivierung (i. O. concerted cultivation). Durch die Teilnahme an einer Vielzahl an altersgerechten Aktivitäten, sollen den Kindern bedeutende Fähigkeiten für das zukünftige Leben vermittelt werden. Dabei wird die Bedeutung des Sprachgebrauchs und des Argumentierens besonders hervorgehoben. Bei Eltern unterer Klassen hingegen zeichnet sich eine Erziehungsstrategie ab, die auf ein natürliches Wachstum der Kinder (i. O. accomplishment of natural growth) abzielt. Demzufolge erhalten die Kinder alles zum Aufwachsen Notwendige (wie Liebe, Essen und Sicherheit), aber werden in ihrer Freizeit eher sich selbst überlassen (Lareau, 2002). Demgegenüber kann gezeigt werden, dass sich ein Erziehungsstil, der sich durch Involviertheit und Festlegung von entwicklungsangemessenen Erwartungen ausdrückt, besonders positiv auf schulische Leistungen auswirkt (Schellhas et al., 2012; Steinberg, 2001). So ein Erziehungsstil ist eher in sozial begünstigten Familien zu finden (Schellhas et al., 2012) und befördert nicht nur die Schulleistungen, sondern auch Selbstbewusstsein, Selbständigkeit und die Überzeugung der Kinder, dass positive Erlebnisse nicht nur dem Zufall oder anderen (mächtigeren) Personen geschuldet sind, sondern auch den eigenen Fähigkeiten angerechnet werden können (Schellhas et al., 2012; Steinberg, 2001).

Unter Berücksichtigung der in diesem Kapitel dargelegten Forschungsergebnisse, lässt sich festhalten, dass die folgenden vier Aspekte in ausgeprägter Form in sozial begünstigten Familien vorzufinden sind:

- Ein nicht-autoritäres Familienklima, in dem Selbständigkeit und Eigeninitiative eine hohe Stellung einnehmen,
- das Fehlen von starren Rollenverhältnissen unter den Familienmitgliedern,
- eine familiäre Kommunikation, in der Diskussionen und ein reflexiver Sprachgebrauch von Bedeutung sind, und
- die Förderung von Neugier.

Diese Aspekte benennt Rolff (1997, S. 98) als vorteilhafte Voraussetzungen für die Entstehung intrinsischer Motivation. Zusammengenommen scheint es, als seien sozial begünstigte Familien besser in der Lage, ein Klima zu schaffen, das intrinsische Motivation fördert, welche wiederum positiv auf schulische Leistungen wirken kann. Insgesamt heben Weininger und Lareau (2009) jedoch hervor, dass die Verknüpfung zwischen Wertvorstellungen und Handlungen komplex ist und paradoxe Verläufe mit sich bringen kann. In Anlehnung an Bourdieus Habitus wird deutlich, dass es keinen prädeterminierten Weg gibt, den Individuen abschreiten. Viel eher handeln die Akteur:innen frei und konstruieren ihre Welt mit, jedoch unter bestimmten Rahmenbedingungen. Die hier dargelegten Studien leisten einen wichtigen Beitrag dahingehend, wie soziostrukturelle Unterschiede familiärer Prozesse zur Manifestierung sozialer Ungleichheit beitragen können.

4.3.2 Beziehungsgeflecht zwischen Eltern und Schule

Auch das Beziehungsgeflecht zwischen Eltern und Schule scheint je nach Stellung im sozialen Raum zu variieren. Hill et al. (2004) stellen fest, dass bei Kindern aus bildungsnäheren Elternhäusern ein positiver Zusammenhang besteht zwischen elterlicher Bildungsbeteiligung (i. O. parent academic involvement) und einem geringeren Maß an schulischen Verhaltensproblemen, was wiederum mit sprachlichen und mathematischen Leistungen und den Bildungserwartungen der Kinder in Relation steht. Bei Kindern aus bildungsferneren Elternhäusern zeigt sich ein etwas anderes Bild. Zwar hat auch bei diesen Kindern die elterliche Bildungsbeteiligung einen positiven Einfluss auf die Erwartungen der Kinder im Hinblick auf den eigenen Bildungsabschluss und den Beruf, den sie in Zukunft ausüben möchten. Jedoch hat die elterliche Bildungsbeteiligung in bildungsferneren Schichten keinen nachweisbaren Einfluss auf das schulische Verhalten der Kinder oder ihre Leistungen. Eine höhere Beteiligung der Eltern geht in diesen Familien also mit höheren Erwartungen der Kinder einher, ohne die Bedingungen zu erfüllen, die für das Erreichen dieser Ziele notwendig sind. Die schulische Beteiligung der Eltern scheint abhängig von der sozialen Herkunft unterschiedlich interpretiert zu werden und verschiedenen Zwecken zu dienen. Auch McNeal (1999) kommt zum ähnlichen Schluss, dass soziales Kapital in Form von Lehrenden-Eltern-Beziehungen, von elterlichen Kontrollmechanismen und von Gesprächen zwischen Eltern und Kindern über die Schule, einen positiven Einfluss auf Leistung haben. Sie scheinen jedoch für sozial benachteiligte Kinder weniger effektiv zu sein. In bildungsnäheren Familien scheinen andere Kontrollmechanismen und andere Organisations- und Gesprächsstrukturen zu wirken, denn „die positive Wirkung der elterlichen Beteiligung auf die Steigerung der Leistung und die Verringerung von problematischem Verhalten scheint vor allem für Angehörige des mittleren und oberen sozioökonomischen Standes eine gültige Annahme zu sein." (McNeal, 1999, S. 134, übersetzt durch den Autor) In Kontrast dazu finden sich auch Forschungsergebnisse, die zu dem Schluss kommen, dass durch elterliche Bildungsbeteiligung (wie Hausaufgabenkontrolle und schulisch-ehrenamtliche Tätigkeiten) Verhaltensprobleme, insbesondere von Kindern einkommensschwacher Familien, vorgebeugt werden können (Domina, 2005).

Darüber hinaus lassen sich je nach sozialer Herkunft auch unterschiedliche Arten von Kommunikation zwischen den Familien und sozialen Einrichtungen erkennen. Bei schulischen Schwierigkeiten der Kinder beispielsweise zeigt sich bei sozial begünstigten Eltern ein durchsetzungsfähigerer Fundus an kommunikativen Ressourcen, um im Sinne des eigenen Kindes Einfluss auf Erwachsene aus sozialen Einrichtungen auszuüben (Lareau, 2002). Diese Eltern liegen in Bezug auf Bildungsniveau und beruflichem Prestige häufiger auf oder über dem Niveau von Lehrpersonen. Damit sehen sie sich in Gesprächen mit Lehrpersonen eher auf Augenhöhe (Lareau, 1987). Eltern unterer Klassen dagegen zeigen sich häufiger eingeschüchtert, verwirrt, unterlegen oder machtlos, wenn das Kind von schulischen Problemen betroffen ist (Lareau, 1987, 2002). Sie stellen zudem Noten deutlich weniger in Frage und glauben eher an die Neutralität und Objektivität der Institution Schule, da sie u. U. nicht realisieren, was eine (un)angemessene Bewertung ausmacht und weil ihnen Handlungsstrategien fehlen, um aufkommende Zweifel zielführend zu kommunizieren (Bittlingmayer & Bauer, 2007; Jünger, 2008, S. 479). Edelstein (2006, S. 121) geht noch weiter und formuliert:

Armen Eltern armer Schüler fehlt das Wissen, der Wille, die Kraft und die Entschiedenheit, sich den geltenden Standards und ihren scheinbar sachlich gerechtfertigten Empfehlungen zu widersetzen. Sie fügen sich, weil sie es nicht anders wissen und können; weil sie selber den Armutshabitus angenommen haben, den sie an ihre Kinder weitergeben.

Hinzu kommt, dass Schulangestellte allen Teilhabenden anspruchsvolle Basis-
kompetenzen unterstellen (Edelstein, 2006), wie etwa selbstbestimmtes Lernen, Aufnahmebereitschaft, Disziplin und Kommunikationsfähigkeit (Grundmann
et al., 2003). Schüler:innen aus bildungsfernen Familien verfügen häufig nicht im
geforderten Maße über solche oder gleichwertig akzeptierte Kompetenzen (Edelstein, 2006). Sie erleben häufiger, dass ihre Kompetenzen und Orientierungen
in den Augen der Schule wenig wert sind (Kramer & Helsper, 2010). Damit
werden sie in ihren Alltagspraktiken, ihrem Habitus und ihren Handlungslogiken
vom System Schule eher als defizitär abgewertet (Bittlingmayer & Bauer, 2007;
Grundmann et al., 2006). Eltern bildungsfernerer Familien gelingt es weniger gut,
ihre außerschulischen Bildungspraktiken und schulische Bildungsnormen in Einklang zu bringen (Grundmann et al., 2003). Die Logiken von Schule und Familie
scheinen in solchen sozialen Gruppen grundlegend inkompatibel zu sein. Darüber hinaus geht diese fehlende Anerkennung der eigenen Bildungskultur noch
mit einer wahrgenommenen Distanz und Fremdheit einer sowie mit dem Gefühl,
sich der schulischen, fremden Bildungskultur anpassen zu müssen (Lange-Vester,
2015). Sozial begünstigte Eltern dagegen sehen sich eher im Recht und in der
Überzeugung, Lehrpersonen zu überwachen und zu kritisieren (Lareau, 1987).
Schon dadurch nehmen sie Einfluss auf die Bewertung des Kindes (Jünger, 2008,
S. 479). Insgesamt verfügen sie tendenziell über mehr Wissen über die Funkti-
onsweise des Schulsystems, sind besser mit anderen Eltern vernetzt und verfügen
über mehr soziale und kulturelle Ressourcen, um in die schulischen Belange
des Kindes zu investieren (Lareau, 1987). Damit verfügen diejenigen mit einer
gelehrten Kultur insgesamt über Wahrnehmungs-, Sprach-, Denk- und Bewer-
tungssysteme, die sich von denen notwendigkeitsorientierter Klassen abheben
(Bourdieu, 2001, S. 101). In Oberklassen-Milieus werden gewisse Vorstellungen
von Kultur und Bildung gepflegt, die schulische und familiäre Bildungsstrategien
in einen hohen Einklang miteinander bringen (Grundmann et al., 2003). Damit
stimmen sie eher mit dem überein, was Schulen unter einer guten Beziehung zu
Eltern verstehen (Lareau, 1987).

4.3.3 Die Lehrperson und der Unterricht

Mit dem Lernort Schule rückt auch die Rolle der Lehrperson in den Fokus,
wobei deren Bedeutung für die Reproduktionen sozialer Ungleichheit umstritten ist. So kann anhand einer repräsentativen Stichprobe für die Sekundarschule
gezeigt werden, dass die soziale Herkunft von Lehrpersonen in keinem systematischen Zusammenhang mit ihren berufsbezogenen Wertvorstellungen von

schulischen Erziehungszielen (traditionell oder progressiv) steht (Kampa et al., 2011). Dennoch können sich Habitusmuster von Lehrpersonen im Schulalltag bemerkbar machen (Lange-Vester, 2015). Die Vorstellungen und Ziele, die Lehrpersonen mit ihrem Beruf verbinden, stimmen tendenziell mit ihren eigenen milieuspezifischen Schemata überein und das Verständnis für andere Haltungen ist unter Umständen gering (Lange-Vester, 2015). „Wie sollten sie [die Lehrpersonen] da [...] die Werte ihres Herkunfts- oder Zugehörigkeitsmilieus nicht in ihre Art der Beurteilung und des Unterrichtens einbringen?" (Bourdieu, 2001, S. 40) Die Wahrscheinlichkeit für Schüler:innen sozial begünstigter Herkunft, auf eine Lehrperson zu treffen, die einem ähnlichen Milieu entspricht, ist höher als bei sozial benachteiligten Schüler:innen. Folglich werden sozial benachteiligte Schüler:innen meist mit Lehrpersonen konfrontiert, die andere Habitusmuster aufweisen als sie selbst (Lange-Vester, 2015).[10] Schüler:innen aus ärmeren Haushalten[11] verfügen eher über „einen *Habitus*, den Lehrkräfte, die selber aus der gymnasial geprägten Mittelschicht stammen, von kognitiver und/oder motivationaler Bedürftigkeit nicht zu unterscheiden wissen." (Edelstein, 2006, S. 120) Es besteht die Gefahr, dass Lehrpersonen die Folgen, die aus Bedürftigkeit entstehen, mit mangelnder Intelligenz verwechseln. Dabei kommt es in der Regel nicht bewusst zu einer unterschiedlichen Behandlung von Schüler:innen. Orientiert an den Klassifikationen und Haltungen eines Habitus, entziehen sich die meisten Handlungen dem Bewusstsein und der Reflexion (Lange-Vester et al., 2019). Es gibt Hinweise darauf, dass gewisse Werte, die Lehrpersonen von hoher Bedeutung sind, im Unterricht nicht hinreichend vermittelt werden, insbesondere nicht den sozial benachteiligten Schüler:innen (Rist, 1970). Wenn Lehrpersonen Anforderungen stellen und Werte voraussetzen, die sozial begünstigte Schüler:innen eher erkennen und erfüllen können, dann führt das dazu, dass sozial benachteiligte Schüler:innen mit eingeschränkteren Bildungsmöglichkeiten konfrontiert werden (BMBF, 2016, S. 5). Dies muss der Lehrperson nicht bewusst sein. Ein Beispiel dafür können kommunikative Anforderungen darstellen: Die Schüler:innen innerhalb einer Klasse bringen von zu Hause unterschiedliche Arten der Kommunikation mit in die Schule. (Lehr)personen präferieren gewisse Arten der Kommunikation. Schüler:innen erkennen über Lob und Mahnung, welche Kommunikation höhergeschätzt wird als andere. Diese können gewisse Schüler:innen

---

[10] Vertiefte Auseinandersetzungen mit dem Lehrerhabitus finden sich bei Kramer und Pallesen (2019).

[11] In der Literatur ist auch von der Armutsfalle die Rede. Der Aspekt der Armut steht dem ökonomischen Kapital konzeptionell nahe und empirische Studien wie die von Stubbe et al. (2020) belegen einen engen Zusammenhang zwischen Armut und anderen Indikatoren der sozialen Herkunft.

besser beherrschen und heben sich dadurch ab. Auch wenn keineswegs von der Lehrperson intendiert, kann es dadurch im Kosmos der Schulklasse zu einer institutionell zugelassen Trennung in Höher- und Tiefergestellte kommen. Lehrpersonen scheinen mehr Unterrichtszeit mit sozial begünstigten Schüler:innen zu verbringen, mehr Interesse an ihnen zu zeigen, weniger Kontrolle auf sie auszuüben und sie als Verhaltensvorbilder für die Schulklasse zu betrachten (Rist, 1970). Dadurch kann es bei den Schüler:innen auch zu selbsterfüllenden Prophezeiungen kommen. Empirisch können kleine Effekte selbsterfüllender Prophezeiungen nachgewiesen werden (Jussim & Harber, 2005). Einen deutlich stärkeren Effekt haben sie auf Schüler:innen sozial benachteiligter Herkunft, im Vergleich zu ihren wohlsituierteren Klassenmitgliedern (Jussim et al., 1996).

Im Bereich der mathematikdidaktischen Forschung wird anhand von Daten der PISA-2012-Erhebung die Bedeutung von Lerngelegenheiten im Mathematikunterricht im Zusammenhang mit der sozialen Herkunft analysiert (W. H. Schmidt et al., 2015). Lerngelegenheiten umfassen u. a. die von den Schüler:innen erfahrene unterrichtliche Abdeckung fundamentaler mathematischer Fähigkeiten, Möglichkeiten problemlösenden Lernens (OECD, 2013, S. 186–187), das Verhalten der Lehrperson und die Qualität von Unterstützung, Klassenführung und kognitiver Aktivierung (Mang et al., 2018). Es kann gezeigt werden, dass sozial begünstigte Schüler:innen im Durchschnitt umfangreichere Lerngelegenheiten erhalten (W. H. Schmidt et al., 2015). Über Ländergrenzen hinweg erhalten sie mehr Möglichkeiten, wichtige Mathematik zu lernen. Damit wird dem unterrichtlichen Umfeld eine bedeutende Stellung bei der Erklärung sozialer Ungleichheit beigefügt.

Anyon (1981) vergleicht Schulen unterschiedlicher sozialer Standorttypen anhand von Unterrichtsbeobachtungen, Interviews und Leistungsmessungen. Den Untersuchungen zufolge neigen Lehrpersonen dazu, einer sozial benachteiligten Schülerschaft[12] mechanisches Verhalten und prozedurales Wissen in Form von kleinschrittigen Routineaufgaben beizubringen (‚Do it this way‘). Aufgaben aus dem Mathematikbuch mit höherem Anforderungsbereich werden der Untersuchung zufolge von den Lehrpersonen kaum genutzt. Hinzu kommt, dass ein Großteil der Verfahren, die im beobachteten Mathematikunterricht durchgeführt werden, in ihren Zwecken intransparent bleiben. Die Autorin beobachtet für wohlhabendere Schülerschaften häufiger die Förderung in Selbsttätigkeit, Kreativität, Problemlösen und Argumentieren. Ihre Lehrpersonen betonen das eigenständige

---

[12] Damit ist gemeint, dass jeweils ein überwiegender Anteil der Schülerschaft einer bestimmten sozialen Klasse zuzuordnen ist.

Erkunden von Phänomenen und das Eingliedern neuen Wissens in größere Sachzusammenhänge (‚I want them to think for themselves'). Dieser Unterschied könnte sich bis in das Arbeitsleben der Schüler:innen hineinziehen und eine Unterscheidung reproduzieren zwischen beruflichen Tätigkeiten des Führens, Planens und Organisierens einerseits und solchen des Folgens und routinierten Durchführens andererseits (Anyon, 1981). So tragen insgesamt auch Lehrpersonen – wenn auch oft unbewusst – zur Reproduktion sozialer Ungleichheit bei, allein dadurch, dass sie in den inkorporierten Mustern der Gesellschaft denken und handeln (Lange-Vester, 2015).

4.3.4   Die Schüler:innen

Kinder sind aktive Gestaltende ihrer Umwelt und ihrer Bildungsbiographien (Chin & Phillips, 2004; H.-H. Krüger & Pfaff, 2008). Sie sind nicht nur Empfänger:innen von Vor- und Nachteilen, die von Schule und Elternhaus ausgehen (Calarco, 2014). Die bislang dargestellten Aspekte können sich in gewisser Hinsicht in Habitusmustern von Kindern ausdrücken, die sie dann in die Schule, die Klasse und den Unterricht hineintragen. Damit nehmen sie selbst eine zentrale Bedeutung in der Weitergabe von sozialer Ungleichheit ein (Calarco, 2014). Kindern scheinen durch die häusliche Sozialisation gewisse Ressourcen mitgegeben zu werden, die ihnen in unterschiedlichem Maße ermöglichen, mit Fachleuten und Erwachsenen außerhalb des Hauses (z. B. Lehrpersonen) angemessen zu interagieren. Es zeigt sich die Tendenz, dass Kinder unterer Klassen nicht dieselben Vorteile aktivieren und nicht dieselbe Anspruchshaltung (i. O. sense of entitlement) entfalten wie Kinder oberer sozialer Klassen (Lareau, 2002). Eine Anspruchshaltung umfasst eine selbstbewusste Haltung von Schüler:innen gegenüber Schule und Lehrenden sowie die Grundannahme, dass Schule den Wünschen, Bedürfnissen und Erwartungen der Schüler:innen entsprechen sollte (Jünger, 2008, S. 55). Bei Kindern sozial benachteiligter Haushalte zeigt sich eher die Entwicklung einer Restriktionshaltung (i. O. sense of constraint) (Lareau, 2002). Damit hebt Lareau bedeutende Unterschiede in den Erziehungsstrategien hervor, die zu sozialer Ungleichheit führen können, wie Abbildung 4.1 zusammenfasst. Dargestellt sind Erkenntnisse aus den vorherigen Kapiteln und in ihrer Konsequenz das Wirken auf die Haltung von Schüler:innen.

Erziehungsansatz der gezielten Kultivierung	Erziehungsansatz des natürlichen Wachstums

- Multiple Freizeitaktivitäten organisiert durch Eltern
- Ausgedehnte Aushandlungsprozesse in der Familie
- Schwächer ausgeprägte familiäre Bindung
- Ausübung von Kritik an Schule und Lehrern

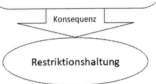

- Zeit für Verwandtschaft
- Akzeptanz von Anweisungen
- Stärker ausgeprägte familiäre Bindung
- Kritik- und machtlosere Haltung gegenüber Schule und Lehrern

Konsequenz   Konsequenz

Anspruchshaltung   Restriktionshaltung

Abbildung 4.1 Erziehungsansätze und ihre Konsequenzen nach Lareau (2002, S. 753)

Neben gesamtgesellschaftlicher sozialer Ungleichheit entstehen in Schulen und Klassenzimmern ebenfalls Systeme sozialer Ungleichheit. So kann anhand regressionsanalytischer Modelle gezeigt werden, dass sozial begünstigte Schüler:innen von ihren Mitschüler:innen im Durchschnitt sozial präferiert werden und als im Klassenverband einflussreicher eingeschätzt werden. Sie werden als fairer, hilfreicher und höflicher eingestuft (Oswald & Krappmann, 2004). Darüber hinaus können Unterschiede festgestellt werden in Bezug auf ein ‚voneinander Lernen'. Im Rahmen von Interviews ist festzustellen, dass Schüler:innen sozial benachteiligter Herkunft (Falsch-)Aussagen ihrer Klassenkammerad:innen seltener berichtigen oder ergänzen (Jünger, 2008, S. 486). Sozial begünstigte Schüler:innen hingegen profitierten in Gruppendiskussionen stärker voneinander, indem sie zu Aussagen eher Stellung nehmen und sich gegenseitig korrigieren. Solche Verhaltensweisen gelten zudem als Indikatoren guter Mitarbeit in Unterrichtsgesprächen, sodass sich auch Auswirkungen auf die – von der Lehrperson wahrgenommene – Qualität der Beteiligung vermuten lassen. Kinder schaffen sich so ihre eigenen Vor- und Nachteile und tragen somit zu sozialer Ungleichheit im Klassenverband bei (Calarco, 2011).

Anhand von Unterrichtsbeobachtungen kann festgestellt werden, dass Schüler:innen unterschiedlichen sozialen Hintergrundes bei Problemen andere Strategien aktivieren (Calarco, 2011, 2014). Kinder der Mittelklasse[13] scheinen sich bei Schwierigkeiten eher aktiv an die Lehrperson zu wenden – auch unaufgefordert – und bei Rückfragen nachzuhaken. Da Lehrpersonen diese fragende Haltung von guten Schüler:innen verlangen können (vgl. Patrick et al., 2001), erfüllen diese Kinder die Erwartungen der Lehrpersonen besser. Folglich erhalten sie tendenziell mehr Unterstützung durch die Lehrperson und verbringen weniger Zeit wartend. Dadurch sind sie besser in der Lage, Aufträge zu erledigen und sie erhalten ein tieferes Verständnis vom Lernstoff. Calarcos Beobachtungen zufolge wollen Schüler:innen der Arbeiterklasse Probleme eher stillschweigend überwinden. Sie scheuen sich tendenziell davor, Fragen zu stellen und Hürden offenzulegen. So unterwerfen sie sich letztlich den herrschenden Verhältnissen der Schule kritiklos und setzen sich nicht aktiv für ihre Bedürfnisse ein, woraus schließlich folgt, dass ihre Bedürfnisse nicht gehört werden und auch nicht berücksichtigt werden können (Jünger, 2008, S. 481). Ähnlich wie Lareau deuten auch Calarco und Jünger eine begrenzte Anspruchshaltung an – ein Gefühl, dass diese Schüler:innen keinen Anspruch auf Unterstützung durch die Lehrperson haben. Folglich brauchen sie länger, um ihre Aufträge zu erledigen, und sie bearbeiten sie eher falsch oder unvollständig (Calarco, 2014). Eine mangelnde Anspruchshaltung erschwert den Lehrpersonen zudem zu erkennen, wann und welche Hürden auftreten (Calarco, 2011). Die Lehrperson könnte das Verhalten der Schüler:innen stattdessen als Unkonzentriertheit oder Widerwilligkeit auffassen und die Kinder entsprechend dafür tadeln (Calarco, 2014).

> Insgesamt verhindert die kritiklose Haltung eine eigenaktive, initiative Haltung der Kinder und der Eltern der Schule gegenüber. Dies führt dazu, dass eigene Bedürfnisse, welche für angemessene Lernfortschritte erfüllt sein sollten, nicht angebracht werden und die Umwelt keine Rückmeldungen erhält, aufgrund derer sie auf die Kinder eingehen und sich ihnen anpassen könnte. Das Nichteingestehen von Schwierigkeiten beliebiger Art verhindert damit hilfreiche Unterstützungen und nötige Veränderungen. (Jünger, 2008, S. 482)

---

[13] Unter Kindern der Mittelklasse fasst Calarco solche, bei denen zumindest ein Elternteil einen universitären Abschluss besitzen und zusätzlich in einem Beruf arbeiten, der Professionswissen erfordert. Unter der Arbeiterklasse fasst sie Familien, in denen die Eltern in einem wenig angesehenen Beruf arbeiten und einen niedrigen Bildungsabschluss besitzen. Nicht betrachtet in ihrer Studie werden Familien aus Armutsverhältnissen. Die Darlegung der Operationalisierung bleibt aus.

Eltern der Mittelklasse ermutigen ihre Kinder eher dahingehend, Hürden mit allen Mitteln zu überwinden. Dazu gehört es auch, Unterstützung von der Lehrperson aktiv einzufordern. Kinder der Arbeiterklasse hingegen wird angeraten keine Ausreden für Probleme suchen zu wollen und die Autorität der Lehrperson zu respektieren. Sie sehen eher die Gefahr, dass die Lehrperson Fragen als respektlos, verantwortungslos oder störend empfindet (Calarco, 2014). Die Autorin nennt es ironisch, dass Kinder der Arbeiterklasse vermutlich am meisten von Hilfe profitieren würden, aber aufgrund ihres geringeren kulturellen Kapitals nur bedingt Zugang zu dieser Ressource haben (Calarco, 2011).

Auch ein Geschmack der Notwendigkeit (Bourdieu, 1979/1982) kann mit ungünstigen Auswirkungen auf das schulische Lernen einhergehen (Jünger, 2008, S. 484). Ein notwendigkeitsorientierter Habitus fokussiert einen spontanen und praktischen Materialismus, der die Möglichkeit einer Bedürfnisbefriedigung unmittelbar nutzt anstatt sie künftigen Wünschen zu opfern (Bourdieu, 1979/1982, S. 296–297). Auch andere Autor:innen können dies feststellen. So scheinen Bestrebungen ärmerer Kinder kurzfristigerer Natur zu sein (Bruner, 1975). Zudem kann beobachtet werden, dass sie bei Problemlöseaufgaben schneller frustriert sind und aufgeben, wenn es zu Hürden kommt, während Kinder oberer sozialer Klassen häufiger versuchen Hürden eigenständig zu überwinden (Lubienski, 2000). Dadurch, dass sozial benachteiligten Kindern tendenziell weniger lernförderliche Techniken und Strategien zur Verfügung stehen, wird auch das Reflektieren über das eigene Lernen erschwert (Jünger, 2008, S. 484). Es ist zu vermuten, dass dies auch auf eine unmittelbare Bedürfnisbefriedigung zurückzuführen ist, da das Denken über die Optimierung von Lernprozessen (wie die Aneignung kognitiver Strategien) eine Investition darstellen, deren Nutzen auf fernere Ziele gerichtet ist. In Anlehnung an die herkunftsabhängige Fähigkeit Kapitalsorten ineinander umzuwandeln (Blasius & Friedrichs, 2008), kann davon ausgegangen werden, dass es für sozial benachteiligte Schüler:innen ferner liegt beispielsweise in den Erwerb kognitiver Strategien zu investieren, wenn sich dieses Gut nur mittelbar in ökonomisches Kapital transformieren lässt. Negative Auswirkungen einer bedürfnisbefriedigenden Haltung ergeben sich beispielsweise, wenn der Klassenraum nach Beendigung der letzten Schulstunde rasch verlassen wird, anstatt in Ruhe den Rucksack zu packen. Damit kann auch einhergehen, dass Hausaufgaben nicht ordentlich notiert werden, benötigte Unterschriften vergessen werden, Material zur Bearbeitung eines Plakates nicht vorliegen, nicht längerfristig vor einem Test gelernt wird, usw. Da vor allem freie und eigenständige Arbeitsphasen im Unterricht ein hohes Maß an Bedürfnisaufschub erfordern („jetzt konzentrierter arbeiten, um später weniger zu tun zu haben'), ist davon auszugehen, dass sozial benachteiligten Kindern solche Arbeitsformen besonders schwerfallen (Jünger, 2008, S. 477). Weitergedacht kann sich aus dem zweckorientierten Geschmack sogar eine gewisse funktionale Einstellung zum Lernen im Allgemeinen ergeben, bei der die Bedeutung von Lerninhalten für das (zukünftige) Leben im Vordergrund stehen soll. Diese Einstellung kann das Lernen behindern, denn nicht für jeden (mathematischen) Inhalt lässt sich eine direkte Anwendung in der Lebenswelt der Schüler:innen finden: „Durch die funktionale Ästhetik, bei der Wissen für etwas Bestimmtes gebraucht werden können muss, verliert das Lernen in Bereichen, die nicht direkt anwendbar sind, den Sinn." (Jünger, 2008, S. 487) Dabei stellt ‚zweckfreie' Bildung eine implizite Erfolgsbedingung für höhere schulische Laufbahnen dar (Bourdieu, 2001, S. 30).

In Deutschland kann im Bildungssystem soziale Ungleichheit fächer- und jahrgangsstufenübergreifend stabil festgestellt werden. Anhand umfangreicher empirischer Forschung konnte offengelegt werden, wie u. a. Eltern, Lehrpersonen, Schüler:innen und die Beziehungsgeflechte unter ihnen auf die Reproduktion und Manifestierung sozialer Ungleichheit wirken können. Die wirkenden Mechanismen lassen sich dabei anhand der Verteilung von Kapitalstrukturen und der Zugehörigkeit zu sozialen Gruppierungen erklären. Tief verwurzelt im Habitus wirken Weltsichten und Einstellungen (Krais & Gebauer, 2014, S. 42), die sich nicht grundsätzlich ablegen lassen (Prinz, 2014) und die sich auf die individuellen Handlungsmuster auswirken können. Studien der vergangenen Jahrzehnte können so darlegen, wie der Habitus eine wahrnehmbare Distinktion zwischen sozial begünstigten und benachteiligten Schüler:innen mit sich bringen kann und wie es dem Schulsystem nur bedingt gelingt, gesellschaftlich produzierte Ungleichwertigkeit aufzufangen.

Indem Schule es unterlässt […] allen das zu vermitteln, was einige ihrem familialen Milieu verdanken, sanktioniert sie die Ungleichheit, die alleine sie verringern könnte. Alleine eine Institution, deren spezifische Funktion es ist […] Einstellungen und Fähigkeiten zu vermitteln, die den Gebildeten ausmachen, könnte […] die Nachteile derjenigen kompensieren, die in ihrem familialen Milieu keine Anregung zur kulturellen Praxis finden. (Bourdieu, 2001, S. 48)

4.4 Soziale Ungleichheit im mathematikdidaktischen Diskurs

Die dargelegten Studien geben bereits deutliche Hinweise darauf, dass Schüler:innen abhängig von ihrer sozialen Herkunft mit bestimmten Werkzeugen und Techniken ausgestattet werden, um erfolgreich im Unterricht zu sein. Speziell auch für die Mathematikleistung konnten statistische Zusammenhänge zur sozialen Herkunft offengelegt werden. In diesem Kapitel werden anhand empirischer Studien Praktiken und Aufgaben aus der mathematischen Schulbildung aus einer soziokulturellen Perspektive betrachtet. Die in Abschnitt 4.3 allgemein dargestellten Reproduktions- und Manifestationsmechanismen sozialer Ungleichheit sollen im Folgenden mit einem vertieften Blick auf die Schulmathematik und in diesem Kontext besonders auf die realitätsbezogene Mathematik thematisiert werden. Ziel ist es anhand der einschlägigen Literatur zu identifizieren, inwiefern sich die Dispositionen der Schüler:innen auch in der mathematischen Bildung widerspiegeln und welche Rolle dabei Modellierungsaufgaben einnehmen können.

Seit der curricular verstärkten Fokussierung von Realitätsbezügen im Mathematikunterricht beschäftigen sich vermehrt soziologisch geprägte Studien mit der Bedeutung der sozialen Herkunft für die Bearbeitung realitätsbezogener Mathematikaufgaben. Anhand von Daten aus einem nationalen Leistungstest in England vergleichen B. Cooper und Dunne (2000) die Lösungsquoten von realitätsbezogenen und innermathematischen Aufgaben von zehn- und elfjährigen.[14] Der Studie zufolge weisen Kinder der Dienstklasse im Durchschnitt eine höhere Lösungsrate auf als Kinder der Arbeiterklasse. Das gilt sowohl für innermathematische als auch realitätsbezogene Aufgaben. Damit kann soziale Ungleichheit für beide Aufgabentypen festgestellt werden. Hinzu kommt, dass im Durchschnitt die realitätsbezogenen Aufgaben eine niedrigere Lösungsrate aufweisen als die innermathematischen Aufgaben. Dieser Zusammenhang lässt sich sowohl insgesamt als auch innerhalb der einzelnen sozialen Klassen feststellen. Somit scheinen realitätsbezogene Aufgaben schwieriger zu sein als innermathematische. Darüber hinaus können die Autor:innen beim Vergleich der Aufgabentypen feststellen, dass das Verhältnis aus der Lösungsrate von realitätsbezogenen und innermathematischen Aufgaben bei Kindern der Arbeiterklasse signifikant niedriger ist als bei Kindern der Dienstklasse. Die Ergebnisse liefern einen Hinweis darauf, dass Kindern aller sozialer Klassen realitätsbezogene Aufgaben schwerer als innermathematische Aufgaben fallen, doch dass diese Kluft bei Kindern

---

[14] Als realitätsbezogen bezeichnen die Autor:innen Aufgaben, wenn sie nicht-mathematische Objekte aus einem alltäglichen Setting enthalten.

der Arbeiterklasse am stärksten ausgeprägt ist. Diese Kinder haben im Durchschnitt größere Schwierigkeiten mit realitätsbezogenen Aufgaben als Kinder der Dienstklasse. Piel und Schuchart (2014) führen eine ähnliche Untersuchung auf Grundlage der deutschen Daten von Viertklässler:innen aus TIMSS-2007 durch. Diese Studie kommt zu weniger eindeutigen Ergebnissen. Es kann zwar bestätigt werden, dass ein kleinerer Anteil der innermathematischen Aufgaben signifikante Klassenunterschiede aufweist als realitätsbezogene Aufgaben. Da jedoch für die Hälfte der realitätsbezogenen Aufgaben keine signifikanten Klassenunterschiede gefunden werden können, erscheint es den Autorinnen fragwürdig die sozialen Klassen als Erklärung für den gefundenen Unterschied zu verwenden. Es stellt sich die Frage, ob andere, bislang nicht berücksichtigte Faktoren existieren, die den Unterschied erklären können. Die Einbeziehung der Charakteristika Schwierigkeitsgrad, Wortlastigkeit, Anforderungsbereich und Inhaltsfeld in die Analysen liefert keine weitere Erklärungskraft für die Unterschiede. Die Studien von B. Cooper und Dunne ebenso wie Piel und Schuchart vergleichen dabei ein Set von innermathematischen Aufgaben mit einem inhaltlich anderen Set von realitätsbezogenen Aufgaben. Das heißt, es gibt keine Paare von Aufgaben, die sich nur hinsichtlich ihres Realitätsbezugs unterscheiden. Die Kritik aufgreifend, verwenden Schuchart et al. (2015) ein Design, bei dem die Testitems lediglich in Bezug auf ihren Realitätsbezug variieren. Im Rahmen der Studie mit 833 Grundschüler:innen können keine systematischen Zusammenhänge von Kindern der Arbeiterklasse und der Dienstklasse mit dem Realitätsbezug der Aufgaben festgestellt werden. Es lässt sich nicht bestätigen, dass Klassenunterschiede bei realitätsbezogenen Aufgaben höher ausfallen als bei innermathematischen Aufgaben. Damit steht diese Erkenntnis den Ergebnissen von Piel und Schuchart (2014) sowie B. Cooper und Dunne (2000) eher entgegen.

Ay et al. (2021) untersuchen diesen Zusammenhang anhand von Daten des IQB-Ländervergleichs. An einer repräsentativen Stichprobe der neunten Jahrgangsstufe stellen sie fest, dass der sozioökonomische Status von Schüler:innen sehr schwach *stärker* mit der Lösungsrate von realitätsbezogenen Aufgaben zusammenhängt als mit der Lösungsrate von innermathematischen Aufgaben. Ein kaum prägnanter Zusammenhang, wie in der Grundschule (Piel & Schuchart, 2014), offenbart sich auch in dieser Studie. Es liegt die Vermutung nahe, dass ein ähnlicher Zusammenhang ebenso unter Betrachtung von Modellierungsaufgaben gefunden werden kann, da sie sich den realitätsbezogenen Aufgaben zuordnen lassen. Dazu vergleichen Ay et al. (2021) innerhalb derselben Studie vertiefend Modellierungsleistung und Nicht-Modellierungsleistung der Schüler:innen vor dem Hintergrund ihrer sozialen Herkunft. Als zusätzliche Kontrollvariablen dienen der Migrationshintergrund, der häusliche Sprachgebrauch und die Sprachleistung anhand eines C-Tests. Sowohl für die Modellierungsleistung als auch die Nicht-Modellierungsleistung können signifikante Zusammenhänge zu jeder der familiären Hintergrundvariablen festgestellt werden. Die Herkunftseffekte sind jedoch beim Modellieren signifikant *geringer* als bei den restlichen Aufgaben. Es scheint, als enthielten Modellierungsaufgaben Charakteristika, die für die verringerten Herkunftseffekte verantwortlich sind. Die geringeren Herkunftseffekte beim Modellieren sind dabei nicht zurückzuführen auf den Realitätsbezug der Aufgaben, ihr Antwortformat oder ihren Schwierigkeitsgrad.

Insgesamt bleibt unklar, ob Herkunftseffekte stärker ausgeprägt sind bei realitätsbezogenen Aufgaben als bei innermathematischen Aufgaben. Piel und Schuchart (2014) weisen darauf hin, dass die Fähigkeit aus einem lokalen erfahrungsbasierten Kontext einen abstrakten (mathematischen) Kontext zu abstrahieren als kulturelle Kompetenz angesehen werden kann. Demnach wären die Fähigkeiten der Abstrahierung mit dem kulturellen Kapital verknüpft, welches zur Erklärung der sozialen Unterschiede herangezogen werden kann. Beim Modellieren scheinen Herkunftseffekte geringer ausgeprägt zu sein als bei anderen Aufgabentypen (Ay et al., 2021). Nichtsdestotrotz bleibt ungeklärt, welche inhärenten Charakteristika von Modellierungsaufgaben für den Unterschied verantwortlich sein könnten.

Die folgenden Studien setzen sich vertieft mit Prozessen beim Umgang mit realitätsbezogenen Aufgaben unter Betrachtung sozialer Unterschiede auseinander. Es kann gezeigt werden, dass Schüler:innen aus der Arbeiter- oder Mittelklasse eher als Kinder aus der Dienstklasse dazu geneigt sind, bei der Beantwortung von mathematischen Testaufgaben zunächst ihr Alltagswissen einzusetzen (B. Cooper & Dunne, 1998). Anstatt sich auf die Datenlage zu stützen, beziehen sie häufiger alltägliche Erfahrungen und Geschichten in ihre Argumentation mit ein (Lubienski, 2000). Wenden die Schüler:innen in Folge dessen ihr mathematisches Wissen nicht an, kann es seitens der Lehrperson zu einer Unterschätzung der tatsächlichen Fähigkeiten der Schüler:innen kommen (B. Cooper & Dunne, 1998; Schuchart et al., 2015). Kinder unterer sozialer Klassen scheinen weniger gut in der Lage zu sein, die Anforderungen, die hinter Aufgaben liegen, zu erkennen und entsprechend zu handeln (B. Cooper & Dunne, 1998; Morais et al., 1992). Die Intentionen einer aufgabenentwickelnden Person (z. B. der Mathematiklehrkraft) scheinen von Schüler:innen der Arbeiterklasse weniger gut herausgefiltert werden zu können (B. Cooper, 2007). Weitere Ausführungen legen nahe, dass Kinder, die sich auf ihr Alltags- und Erfahrungswissen beziehen, explizitere Anweisungen brauchen könnten, um zu den intendierten Lösungen zu gelangen (B. Cooper & Dunne, 1998, S. 130; Morais et al., 1992).

Lubienski (2000) untersucht das Verhalten von Schüler:innen bei offenen Problemlöseaufgaben. Ihrer Beobachtung zufolge wünschen sich sozial benachteiligte Schüler:innen klarere Anweisungen und eine direktivere Lehrperson, die sagt, was richtig/ falsch ist und wie (Schritt für Schritt) bei einer Aufgabe vorzugehen ist. Durch die Lehrperson angeleitet zu werden, scheint für diese Schüler:innen überaus bedeutsam zu sein. Sozial begünstigte Schüler:innen hingegen scheinen eine unterstützende Lehrperson zu bevorzugen (siehe auch Abschnitt 4.3.3). Im Wortlaut der Taxonomie von Zech (2002) scheint es, als präferierten sozial benachteiligte Schüler:innen inhaltliche Hilfen und sozial begünstigte Schüler:innen geben sich eher mit Motivations- und Rückmeldungshilfen zufrieden. Audioaufnahmen können darüber hinaus aufdecken, dass tendenziell Kinder unterer sozialer Klassen daran interessiert sind, Probleme schnell zu lösen (Lubienski, 2000). Dabei scheint es, als wollten sie nicht den Eindruck erwecken fertig zu sein, vor Angst, wieder in eine Reflexion über den Lösungsweg gedrängt zu werden. Sie (insbesondere die Leistungsstarken unter ihnen) scheinen eher um den Rechenweg bemüht, der die Aufgabe löst, als um die dahinterliegenden mathematischen Sachzusammenhänge. Anhand einer lebensweltnahen Problematik erkennt die Autorin darüber hinaus, dass sich gerade Schüler:innen sozial benachteiligter Herkunft persönlichen Baustellen widmen, anstatt sich mit den mathematischen Konzepten der Aufgabe auseinanderzusetzen. Die Argumentationsweise von Kindern aus höheren sozialen Klassen ist dabei nicht unbedingt richtiger, jedoch ist sie entpersonalisierter und fokussierter auf die Mathematik. Sozial benachteiligte Schüler:innen verwenden verhältnismäßig viel kontextnahe Ansätze, sozial begünstigte Schüler:innen verhältnismäßig häufig abstraktere Ansätze. Kinder, die häufiger einen kontextnahen Ansatz wählen, könnten die relevanten mathematischen Konzepte einer Aufgabe übersehen (Lubienski, 2000). Ähnliche Erkenntnisse lassen sich aus einer Studie von Holland (1981) ziehen. Achtjährigen Kindern werden 24 unterschiedliche Bilder vorgelegt, auf denen Lebensmittel dargestellt sind. Dazu erhalten sie den Auftrag die Bilder so zu gruppieren, dass sie gut zusammenpassen. Die Autorin stellt fest, dass Kinder der Arbeiterklasse die Bilder häufiger nach alltagsorientierten Kriterien sortieren, wie ‚schmeckt gut' oder ‚das gibt es bei uns am Sonntag'. Sozial begünstigtere Kinder hingegen sortieren die Bilder eher nach abstrakteren, kontextunabhängigen Kriterien wie ‚Gemüse' oder ‚die findet man im Meer'. Die Formulierungen der sozial benachteiligten Kinder können eher als spezifisch, lokal und kontextabhängig verstanden werden und die sozial begünstigter Kinder eher als universell, weniger lokal und kontextunabhängiger (Bernstein, 2005). Eine erfahrungsbasierte Kommunikation ist jedoch nicht per se als defizitär zu betrachten, sondern kann als ökonomisch, aufwandsarm und an den Alltag angepasst interpretiert werden (Sertl & Leufer, 2012). Auch zum mathematischen Modellieren zeigen sich Parallelen zu dieser Einteilung. Ein Realmodell ist nah am lokalen Kontext und alltäglichen Erfahrungen, während ein mathematisches Modell abstrakter ist und über den lokalen Kontext hinausgeht. Beim mathematischen Modellieren sollen sowohl Realmodell als auch mathematisches Modell aktiviert werden.

Die bisherigen Studien legen nahe, dass sich sozial benachteiligte Schüler:innen bei der Bearbeitung realitätsbezogener Aufgaben eher übermäßig auf ihre Alltagserfahrungen stützen. Bei Leufer (2016) zeigen sich andere Tendenzen. In ihrer Interviewstudie untersucht sie bildungserfolgreiche Jugendliche sozial benachteiligter Herkunft. Ausschlaggebend für die Wahl der ‚Brennpunktschule' ist der hohe Anteil an Schüler:innen mit Migrationshintergrund und ein Einzugsgebiet, das „auf ein mehrheitlich nicht-privilegiertes Herkunftsmilieu der Schülerschaft schließen" (S. 67) lässt. Eine Betrachtung sozial begünstigter Schüler:innen findet nicht statt. Ihrer Studie lässt sich entnehmen, dass die Schüler:innen bei offenen, realitätsbezogenen Aufgaben zu formal mathematischen Ansätzen tendieren. Eine verstärkte Fokussierung auf alltägliche Erfahrungen kann bei den Gymnasiast:innen der zehnten Jahrgangsstufe nicht beobachtet werden. Sozial benachteiligte Schüler:innen scheinen die Mathematik in der Aufgabe überzubetonen. „Dabei neigen sie nicht selten zu der Annahme, dass es ein – ihnen unbekanntes – „präzises" mathematisches Verfahren gäbe, mit welchem die Aufgabe zu lösen sei." (Leufer, 2016, S. 245) Unsicherheiten im Mathematikunterricht scheinen von sozial benachteiligten Schüler:innen für gewöhnlich durch offizielle Verfahren, wie beispielsweise eine Formel, (versucht) beseitigt zu werden. Es scheint insgesamt, als würden sozial benachteiligte Schüler:innen ihren eigenen Ansätzen eher misstrauen (Leufer, 2016), während sich sozial begünstigte Schüler:innen eher kreativ an Aufgabenbearbeitungen heranwagen und der Überzeugung zu sein scheinen, dass ihre Ansätze vernünftig und zielführend sind (Lubienski, 2000). Diese Beobachtungen scheinen in Einklang zu denen von Lareau (2002) zu stehen, wenn sie gerade sozial benachteiligten Kindern eine Restriktionshaltung anstatt einer Anspruchshaltung zuschreibt (vgl. Abschnitt 4.3.4).

Einige dargelegte Studien lassen Zweifel daran äußern, ob realitätsbezogene Problemlöseaufgaben geeignete Mittel darstellen, um sozial benachteiligte ebenso wie begünstigte Schüler:innen in ihren mathematischen Fähigkeiten zu fördern (Ball, 1995; Leufer, 2016; Lubienski, 2000). Am Beispiel des Problemlösens konstatiert Lubienski (2007, S. 21)

> Researchers and educators should not assume that learning mathematics through pro-
> blem solving and discussion is equally „natural" for all students. Instead, we need
> to uncover the cultural assumptions of these particular discourses. Only then can we
> identify and seek to address the difficulties that some underserved children could face
> [...].

Somit gelte es auch im Umgang mit Modellierungsproblemen die soziokulturellen Bedingungen aufzudecken, die sozial benachteiligten Schüler:innen die Teilnahme am Mathematikunterricht erschweren. Jablonka und Gellert (2011) heben heraus, dass die Unterrichtspraxis mit ihren Kommunikations- und Arbeitsformen noch weit davon entfernt ist, Bedingungen zu schaffen, damit alle Schüler:innen von mathematischem Modellieren profitieren können.

Andere Studien hingegen heben das Potential realistischer Sachverhalte zur Förderung auch von sozial benachteiligten Schüler:innen gerade hervor. Sozial benachteiligte Schüler:innen können Mathematik erforschen und deren Sinn erschließen, anhand von Problemen, die multiple Interpretationen und Strategien erlauben (Silver et al., 1995). Nach einer mehr als vierjährigen Studie mit über 700 Schüler:innen kommt Boaler (2009, S. 138) zu einem ähnlichen Schluss: „I found that one approach contributed to the promotion of equity through the use of mathematics problems that could be viewed and answered in different ways, combined with a teaching approach that valued the contribution of different and varied student perspectives." So wird Gerechtigkeit angestrebt, indem die Schüler:innen lernen unterschiedlichste Ansätze und Perspektiven wertzuschätzen und zu diskutieren. Auch in einem Sammelband zu Diversität und Gerechtigkeit im Mathematikunterricht von Nasir und Cobb (2007a) werden Beiträge vorgestellt, nach denen es gerade problemhaltige, kommunikative und lebensweltrelevante Auseinandersetzungen mit Mathematik sein könnten, die es Schüler:innen unterschiedlicher sozialer Herkunft ermöglichen, ihren Erfahrungen und Fähigkeiten entsprechend im Unterricht zu partizipieren. Es kann gezeigt werden, dass auch sozial benachteiligte Schüler:innen von einem Unterricht profitieren können, der kooperative, diskursive, ergebnisoffene und problemlösende Lehrmethoden beinhaltet, bei dem multiple Lösungen anerkannt und Hürden und Missverständnisse als Chance begriffen werden (Wright et al., 2021). Die Schüler:innen in dieser Studie begründen ihr hohes Maß an Freude in solchen Unterrichtssettings darüber, dass sie die Möglichkeiten haben gemeinsam mit anderen anspruchsvolle mathematische Probleme zu bearbeiten. Transparenz bezüglich der Erwartungen kann die Schüler:innen dabei unterstützen, die erforderlichen Spielregeln eines solchen Unterrichts entschlüsseln zu können. Civil (2007) liefert Beispiele dafür, dass Schulen auch auf die Erfahrungen und das spezifische Wissen von Schüler:innen,

Eltern und sozialen Gruppen der Arbeiterklasse aufbauen können. Finden die Erfahrungen sozial benachteiligter sozialer Gruppen ihren Weg in schulinterne Curricula, können möglicherweise alle Eltern und Schüler:innen als intellektuelle Ressource verstanden werden. „We seek to learn from the community and to build our mathematics instruction on the adults' knowledge and experiences as well as on their forms of knowledge." (Civil, 2007, S. 117) Daher gilt es die Erfahrungen und Handlungsweisen von Kindern unterschiedlicher sozialer Gruppen in den Blick zu nehmen. Über den Wissensfundus der Schüler:innen können Kultur und Erfahrungen aller Schüler:innen wahrgenommen und damit ein breiteres Spektrum an Lernmöglichkeiten im Unterricht geschaffen werden (Wagner et al., 2012).

[…] mathematical modelling is seen as an approach that promotes inclusion of all students, as it allows them to study a problem at the level of mathematics that they are comfortable with. The history of the discourse of mathematical modelling as a solution for many quality and equity problems in mathematics education has yet to be written. (Jablonka & Gellert, 2011, S. 223)

Diese Forschungsdiskussion soll mit der vorliegenden Arbeit ein Stück weit fortgeführt werden, um die Lücken im Mathematikunterricht zwischen sozial benachteiligten und begünstigten Schüler:innen verstehen und angehen zu können (Lubienski, 2007). Die Forschungslage zu sozialer Ungleichheit in Bezug auf das mathematische Modellieren zeichnet sich gegenwärtig durch kontroverse Befunde und Diskussionen aus. In Kapitel 4 wurde ein Überblick über zentrale Forschungserkenntnisse zur Manifestierung und Reproduktion sozialer Ungleichheit mit Blick auf Elternhaus und Schule gegeben. Dabei wurden vor allem solche Studien vorgestellt, anhand derer über die Verteilung von Kapitalstrukturen und den Habitus – als Bindeglied zwischen individuellen Handlungen und gesellschaftlichen Strukturen – soziale Ungleichheit beleuchtet werden kann. Daraus ergeben sich multiperspektivische Erklärungsversuche für soziale Ungleichheit in der Schule. Hinzu kommen insbesondere Studien, die auch erwarten lassen, dass sie für soziale Ungleichheit im Mathematikunterricht bedeutend sein können. Während einige Untersuchungen darlegen, dass sozial benachteiligte Schüler:innen größere Schwierigkeiten im Umgang mit realitätsbezogenen Mathematikaufgaben haben als sozial begünstigte Schüler:innen (u. a. B. Cooper & Dunne, 2000), können andere Studien keine systematischen Herkunftseffekte aufdecken (u. a. Schuchart et al., 2015) oder sogar verhältnismäßig geringere Herkunftseffekte unter Betrachtung von Modellierungsaufgaben attestieren (Ay et al., 2021). Einige qualitative Untersuchungen in diesem Forschungsbereich können systematische

© Der/die Autor(en), exklusiv lizenziert an Springer Fachmedien Wiesbaden GmbH, ein Teil von Springer Nature 2023
I. Ay, *Soziale Herkunft und mathematisches Modellieren*, Studien zur theoretischen und empirischen Forschung in der Mathematikdidaktik,

Hürden gerade sozial benachteiligter Schüler:innen während einer Aufgaben-
bearbeitung feststellen, da bei diesen Schüler:innen teilweise ein übermäßiger
Fokus auf alltägliche Erfahrungen und Nützlichkeit oder aber auf mathematische Anwendungen, Algorithmen und zügiges Durcharbeiten beobachtet werden
kann (vgl. u. a. Leufer, 2016; Lubienski, 2000). In Anlehnung an Bourdieus
Geschmack der Notwendigkeit unterer sozialer Klassen (Bourdieu, 1979/1982,
S. 103) scheint es in solchen Studien, als fokussierten sozial benachteiligte
Schüler:innen eher das unmittelbar Nützliche und Zweckdienliche. Andere bil-
dungswissenschaftliche und mathematikdidaktische Untersuchungen wiederum
heben hervor, dass gerade lebensweltnaher oder problemhaltiger Unterricht, der
die Diversität und Alltagspraktiken aller Schüler:innen in den Blick nimmt, einen
Beitrag dazu leisten kann, soziale Ungleichheit abzubauen (Boaler, 2009; Civil,
2007; Jünger, 2008). Der uneindeutige Forschungsstand ergibt sich auch daraus, dass die Studien unterschiedliche Fokusse legen bei der Betrachtung dessen,
welche Bedeutung sie realen Aufgabenkontexten beimessen, sowie auch bei der
Festlegung der Untersuchungsschwerpunkte. Forschungslücken zeigen sich dort,
wo mathematische Modellierungsprozesse von Schüler:innen und der systematische Vergleich dieser Prozesse unterschiedlicher sozialer Gruppen im Vordergrund stehen. Der ko¡ntroverse und teilweise lückenhafte Forschungsbereich soll
mit dieser Arbeit weiter beleuchtet werden, indem Modellierungsprozesse sozial
benachteiligter und sozial begünstigter Schüler:innen im Fokus liegen. Dabei
werden verbalisierte und verschriftlichte Prozesse von Schüler:innen untersucht,
da diese Daten wertvolle Einblicke in die Denkweisen und die Entwicklung,
Erprobung, Überprüfung und Weiterentwicklung der Modellbildungen der Schü-
ler:innen erlauben (English, 2006). Die folgende Forschungsfrage steht dabei im
Zentrum:

*Inwiefern lassen sich beim mathematischen Modellieren Gemeinsamkeiten und
Unterschiede der Bearbeitungsprozesse von Schüler:innenpaaren mit ihrer sozialen
Herkunft in Verbindung bringen und erklären?*

Empirische und theoretische Studien aus den Bildungswissenschaften und der
Soziologie setzen sich mit Erklärungsansätzen sozialer Ungleichheit auseinander und können auch als Einflussfaktoren auf das mathematische Modellieren
diskutiert werden. Häuslich geförderte Aspekte wie Neugierde, Eigenständigkeit, Selbststeuerung (Weininger & Lareau, 2009) und Diskussionen (Lareau,
2002) können sich auf das Modellieren auswirken: Komplexe Modellierungsaufgaben erfordern per Definition problemlösendes Denken; Die Offenheit von
Modellierungsaufgaben verlangt selbstgesteuertes Arbeiten; Die authentischen

Sachkontexte erfordern ein gewisses Interesse bzw. eine gewisse Neugier sich auf die Situation einzulassen; Evidenzbasiertes Argumentieren und angeregte Diskussionen unterstützen diesen Prozess. Gerade sozial begünstigten Familien werden solche Eigenschaften als bedeutsam für die Erziehung der Kinder zugeschrieben (Evans et al., 2010; Lareau, 2002). In solchen Haushalten wird eher kulturelles Kapital vermittelt, welches kognitive Prozesse anregt (Evans et al., 2010). Sozial benachteiligten Schüler:innen hingegen scheint es häufig an kulturellem Kapital (Bourdieu, 1983) zu fehlen.

Andererseits werden Modellierungsaufgaben Eigenschaften zugeschrieben, die es Schüler:innen ermöglichen, entsprechend ihres eigenen Niveauanspruchs Ansätze und Darstellungsweisen zur Bearbeitung der Aufgabe zu wählen (u. a. Maaß, 2004; Ostkirchen & Greefrath, 2022). Zudem können Modellierungsaufgaben gerade an die Erfahrungswelt auch sozial benachteiligter Schüler:innen anknüpfen. Jünger (2008) betont, dass sozial benachteiligte Schüler:innen vordergründig die Bedeutsamkeit und Anwendbarkeit von Lerninhalten für das aktuelle und zukünftige Leben im Blick halten. Damit liefern solche Studien Anzeichen dafür, dass gerade lebensweltnahe, problemhaltige Realitätsbezüge Herkunftseffekte verringern und somit auf soziale Gerechtigkeit abzielen können. Es zeigt sich hier bereits, dass ein vielseitiger Blick auf das mathematische Modellieren vor dem Hintergrund der sozialen Herkunft geworfen werden kann.

Bei dem in dieser Arbeit vorgestellten Gruppenvergleich sollen sowohl Gemeinsamkeiten als auch Unterschiede im Modellierungsprozess von Schüler:innenpaaren unterschiedlicher sozialer Herkunft identifiziert werden. Es gilt anschließend zu klären, worauf sich Systematiken zurückführen lassen könnten, um darauf aufbauend die Bedeutung der sozialen Herkunft für die Bearbeitung von Modellierungsaufgaben zu diskutieren sowie die Bedeutung von Modellierungsaufgaben für einen sozialisationssensiblen Mathematikunterricht herauszustellen. Dazu wird in dieser Arbeit ein qualitativer Forschungsansatz gewählt. Anhand eines verstehend-interpretativen Zugangs werden zunächst die Bearbeitungen der Einzelfälle detailliert beschrieben. Hierauf aufbauend werden die Modellierungsprozesse im Rahmen von Fallvergleichen einer feingliedrigen Analyse auf Grundlage von Teilschritten des Modellierens (vgl. Abschnitt 3.1) unterzogen. Denn mit ihrer Unterteilung in Prozesse der Mathematik, der Realität und in Übergangsprozesse kann an bisherige Befunde aus der Ungleichheitsforschung angeknüpft werden. Zudem können diese Kategorienebenen weiter ausdifferenziert werden, um die feinen Unterschiede herauszuheben, die sich tief im Habitus von Schüler:innen verankert haben können. So ermöglichen die Analysen individuelle Handlungspraktiken von Schüler:innen als Ausdruck der sie

umgebenden soziokulturellen, überindividuellen Strukturen und Werte zu interpretieren (Bourdieu, 1979/1982, S. 730; Mayntz et al., 1974, S. 151). Damit ist
die Analyse von Modellierungsprozessen auch eine Diskussion sozialer Bedingungen in denen Schüler:innen leben. Diese Arbeit leistet einen Beitrag für die
Modellierungs- und Ungleichheitsforschung, indem

- die soziale Herkunft der Schüler:innen differenziert und theoriegestützt opera-
  tionalisiert wird,
- mathematische Modellierungsprozesse im Fokus der Analyse liegen,
- ein systematischer Vergleich sozial benachteiligter und sozial begünstigter
  Schüler:innen unter Kontrolle der mathematischen Leistung vorgenommen
  wird,
- eine kategorienbasierte Methode zur systematischen, regelgeleiteten Analyse
  qualitativer Daten verwendet wird und
- die Offenheit der Aufgaben als Chance und Herausforderung diskutiert wird.

In Summe ist es das Ziel dieser Untersuchung Potentiale und Herausforderungen
mathematischen Modellierens für die mathematische Schulbildung vor dem Hintergrund sozialer Ungleichheit und Gerechtigkeit zu diskutieren. Systematiken
in den Fallvergleichen werden zu generalisierten Hypothesen verdichtet. Daraus lassen sich sodann entsprechende Anhaltspunkte für Maßnahmen sowohl im
Hinblick auf die Aufgabenentwicklung als auch auf geeignete Unterstützungsmöglichkeiten ableiten.

Teil II
Methodischer Rahmen

Erhebungsmethode

„One's choice of methodology should be guided by the goals one has for research"
(Schoenfeld, 1985, S. 176)

In diesem Kapitel werden die methodischen Entscheidungen dieser empirischen Arbeit dargelegt, mit dem Ziel, dass die dadurch geschaffene Transparenz die Einordnung und das Nachvollziehen der Forschungsergebnisse erleichtert. Dazu gehören die Begründung für die Wahl des qualitativen Zugangs (6.1), die Beschreibung der Pilotierungsstudien (6.2), die Beschreibung und Begründung der Erhebungsinstrumente (6.3), Informationen über die Stichprobe (6.3.4), die Entwicklung und Auswahl der Modellierungsaufgaben (6.4) und die Erhebung und Aufbereitung der Daten (6.5 und 6.6).

6.1 Begründung des qualitativen Forschungszugangs

Ausgangspunkt qualitativer Forschung ist ein verstehend-interpretativer Ansatz, mit dem Ziel sich in Zusammenhänge und Prozesse hineinzuversetzen, sie zu rekonstruieren und zu deuten (Döring & Bortz, 2016, S. 63; Mayring, 2010, S. 19). Angestrebt wird ein möglichst detailliertes Bild des zu erschließenden Wirklichkeitsausschnittes (Kardorff, 1995). Zur Analyse von Prozessen erweisen sich qualitative Untersuchungen als besonders nützlich, denn

Ergänzende Information Die elektronische Version dieses Kapitels enthält Zusatzmaterial, auf das über folgenden Link zugegriffen werden kann
https://doi.org/10.1007/978-3-658-41091-9_6.

I. Ay, *Soziale Herkunft und mathematisches Modellieren*, Studien zur theoretischen und empirischen Forschung in der Mathematikdidaktik,

(1) depicting processes requires detailed descriptions of how people engage with
    each other,
(2) the experience of process typically varies for different people so their experiences
    need to be captured in their own words,
(3) process is fluid and dynamic [...], and
(4) participants' perceptions are a key process consideration. (Patton, 2002, S. 159)

Die Beschreibung und Interpretation einzelner Fälle steht dabei im Zentrum
qualitativer Analysen. Der Bezug zu den Einzelfällen verleiht qualitativer Forschung dabei eine spezifische Aussagekraft (Flick, 2007, S. 522). Diese Nähe zum
Einzelfall wird anschließend schrittweise reduziert und es kommt zu einer kategoriengeleiteten Verdichtung der Informationen. Daraus lassen sich die gefundenen
Konzepte und Zusammenhänge über den Kontext hinaus generalisieren und ver-
allgemeinern (Flick, 2007, S. 522). So können Prozessanalysen genutzt werden,
um relevante Aspekte und Zusammenhänge aufzudecken. Aus den vorhandenen Daten lassen sich dadurch generalisierte Hypothesen entwickeln (Lamnek &
Krell, 2016, S. 477; Mayring, 2010, S. 22). Damit strebt auch qualitative Forschung in gewisser Weise Verallgemeinerung und Übertragbarkeit an (Flick,
2009, S. 26). Generalisierung meint hier nicht die Verteilung von bestimmten Merkmalen in Grundgesamtheiten zu erfassen, sondern typische Muster des
untersuchten Gegenstandes zu bestimmen und dadurch eine Übertragbarkeit auf
ähnliche Forschungsgebiete zu gewährleisten (Merkens, 2005).

Anhand eines qualitativen Forschungszugangs können im Material sichtbar werdende Schemata als überindividuelle soziale Strukturen (Bourdieu,
1979/1982, S. 730) entschlüsselt werden (Bremer & Teiweis-Kügler, 2013).
Soziale Phänomene zu untersuchen heißt aus dieser Perspektive immer auch,
die Besonderheiten der beteiligten Individuen zu betrachten (Döring & Bortz,
2016, S. 64–65). Damit geht einher, dass Prozessbetrachtungen offen sein müssen
(Lamnek & Krell, 2016, S. 477; Mayring, 2016). Offenheit meint, dass Freiräume
bestehen müssen, um auf eventuelle Besonderheiten und Unerwartbarkeiten eingehen zu können. Offenheit ist nicht mit Beliebigkeit zu verwechseln, bei der
ohne methodologische Rahmung vorgegangen wird. Das Verfahren der qualitativen Inhaltsanalyse, das sich mit dieser Rahmung verstärkt auseinandersetzt, wird
in Kapitel 7 thematisiert. Ausgangspunkt dieser Arbeit ist die Annahme, dass
die Handlungen und Praktiken von Individuen von ihren Dispositionen geprägt
sind und sie gleichzeitig ihre Umwelt mitgestalten. Der Habitus hinterlässt in den
Praktiken von Individuen eine bestimmte Handschrift (Bremer & Teiweis-Kügler,
2013). Durch Interpretation verbaler und non-verbaler Daten können gesellschaftliche Strukturen und Dispositionen von Individuen offengelegt werden.

Diese Zielsetzung der hiesigen Studie sowie der lückenhafte und uneindeutige Forschungsstand legen somit insgesamt einen qualitativen Forschungsansatz nahe.

6.2   Pilotierungsstudien

Im Folgenden wird auf die Entwicklung der Erhebungsinstrumente im Rahmen der durchgeführten Pilotierungsstudien eingegangen. An den Pilotierungserhebungen nahmen sechs nordrhein-westfälische Schulklassen einer Gesamtschule und zweier Gymnasien in den Schuljahren 2018/19 und 2019/20 teil. Pilotierungsstudien sind bei qualitativen Inhaltsanalysen unabdingbar, um die grundlegenden Verfahren zu testen, die zum Einsatz kommen (Mayring, 2010, S. 50). Vor der Haupterhebung wurden in drei Runden Pilotierungsstudien durchgeführt. In der ersten Erhebungsrunde im Sommer 2019 wurden 14 Gymnasialschüler:innen entsprechend ihrer sozialen Herkunft für die Bearbeitung von Modellierungsaufgaben ausgewählt. Die Schüler:innen bearbeiteten die Aufgaben teilweise in Einzelarbeit mithilfe des lauten Denkens und teilweise in Partnerarbeit. Ein Ziel war es, die geeignetere Sozialform für die Studie zu explorieren. Zudem wurden Fragebögen, die entwickelte Aufgabe und die Operationalisierung der sozialen Herkunft erprobt. Die Fragebögen werden in Abschnitt 6.3.1 beschrieben. In Abschnitt 6.3.2 werden Indizes zur Operationalisierung der sozialen Herkunft thematisiert und in Abschnitt 6.5 findet sich eine Diskussion zur gewählten Sozialform. In der zweiten Pilotierungserhebung wurden anhand von zwölf Schüler:innen alternative Versionen der Pizza-Aufgabe und des entwickelten Interviewleitfadens von einer Studierenden im Rahmen einer Masterarbeit erprobt (Behner, 2020). Die endgültigen Versionen der Modellierungsaufgaben werden in Abschnitt 6.4 vertieft betrachtet. An der dritten Pilotierungserhebung nahmen sechs Schüler:innen eines Gymnasiums und einer Gesamtschule teil. In dieser Erhebungsrunde wurden die organisatorische und zeitliche Umsetzung des Mathematikleistungstests (6.3.3) und des Manuals für die Untersuchungsdurchführung (6.5) erprobt.

6.3   Datenerhebung zur Auswahl der Teilnehmenden

Die Hauptstudie wurde in den Schuljahren 2019/20 und 2020/21 in sieben Schulklassen der zehnten Jahrgangsstufe (Sekundarstufe I) eines Gymnasiums und einer Gesamtschule in Nordrhein-Westfalen durchgeführt. In den einzelnen

Schulklassen wurden anhand von Vorerhebungen für die Untersuchung passende Schüler:innen herausgefiltert. Anhand von Fragebögen und eines Tests wurden Schüler:innenpaare gesucht, die sich möglichst wenig in ihrer sozialen Herkunft und ihrer Mathematikleistung unterscheiden. Ausführungen zu den Testinstrumenten werden im Folgenden thematisiert.

6.3.1   Aufbau der Schüler:innen- und Elternfragebögen

Sowohl Eltern als auch Schüler:innen füllen vorab einen Fragebogen aus. Damit diese im Nachhinein einander zugeordnet werden können, erstellen die Schüler:innen einen anonymisierten Code nach einem vorgegebenen Schema. Die Fragen aus Eltern- und Schüler:innenfragebögen stammen im Wesentlichen aus Fragebögen von PISA (Mang et al., 2018) und dem IQB-Bildungstrend (Schipolowski et al., 2018). Erhoben werden mit den Fragebögen (Abbildung 6.1) u. a. die Zeugnisnoten der Schüler:innen in Deutsch und Mathematik, ihr Migrationshintergrund, ihr häuslicher und außerhäuslicher Sprachgebrauch, ihr Spracherwerb, häusliche (kulturelle, lernförderliche, technologische und wohlstandsanzeigende) Besitztümer, die Berufe der Eltern, deren Bildungsabschlüsse und berufliche Ausbildung.

11) Welchen Beruf üben Sie zurzeit aus? Beschreiben Sie genau! Wenn Sie zurzeit keinen Beruf ausüben, bitte beschreiben Sie den zuletzt ausgeübten Beruf. *Beispiele: Ich bin Gymnasiallehrerin, aber zurzeit im Mutterschutz. Ich bin angestellter Fachkaufmann und kümmere mich um den Einkauf von Waren. Ich bin Küchenhilfe in einem Restaurant. Ich pflege Angehörige zu Hause. Ich bin Sachbearbeiterin für Kredite. Ich bin Besitzerin eines Eiscafés mit 6 Angestellten.*

Ich	Partner*in

12) Welchen höchsten Schulabschluss haben Sie?

		Ich	Partner*in
a)	Keinen Schulabschluss	☐	☐
b)	Hauptschulabschluss/ Volksschulabschluss	☐	☐
c)	Mittleren Schulabschluss (Realschulabschluss)	☐	☐
d)	Fachhochschulreife	☐	☐
e)	Hochschulreife/ Abitur	☐	☐

Abbildung 6.1 Ausschnitt aus dem Elternfragebogen

Die Schüler:innen- und Elternfragebögen finden sich in Anhang A im elektronischen Zusatzmaterial. Zentrale Items, wie die Beschreibung der Berufe der Eltern, finden sich sowohl im Schüler:innen- als auch im Elternfragebogen. Damit sollen die Informationen von Kindern und Eltern abgeglichen und die Codierung offener Fragen erleichtert werden. Mithilfe der Informationen aus den Fragebögen ist es möglich die soziale Herkunft zu operationalisieren.

6.3.2 Erhebung der sozialen Herkunft

Unter dem sozioökonomischen Status versteht die American Psychological Association (APA, o. D.) im Allgemeinen den sozialen Stand oder die soziale Klasse eines Individuums oder einer Gruppe. In Anlehnung an Bourdieus Konzeption des sozialen Raums, wird unter der sozioökonomischen Herkunft in dieser Arbeit die Stellung von Individuen im sozialen Raum entsprechend ihres Zugangs zu ökonomischem, kulturellem und sozialem Kapital verstanden. Erfasst wird der sozioökonomische Status in der Regel über den Beruf, das Einkommen und das Bildungsniveau des Elternhauses (Ditton & Maaz, 2011). Aber auch häusliche Besitztümer können als Indikator für den sozioökonomischen Status herangezogen werden (OECD, 2017). Der sozioökonomische Status gilt als das am weitest verbreitete latente Konstrukt zur Erfassung der sozialen Herkunft (Bofah & Hannula, 2017). Gleichzeitig gibt es eine Vielzahl an Indizes, mit denen die soziale Herkunft erfasst werden kann, ohne, dass Einigkeit darüber herrscht, welches das beste Maß darstellt (Broer et al., 2019, S. 8). Die soziale Herkunft ist facettenreich und vieldimensional (Baumert & Maaz, 2006; Maaz & Dumont, 2019). Spätestens seit den Arbeiten von Bourdieu herrscht Einigkeit darüber, dass neben dem ökonomischen Kapital auch kulturelles und soziales Kapital wichtige Aspekte der sozialen Herkunft darstellen (Maaz & Dumont, 2019). Ein differenziertes und breites Fundament zur Erfassung der sozialen Herkunft ist somit zu begrüßen (Buchholtz, Stuart & Frønes, 2020).

Ein international viel verwendetes Maß großangelegter Vergleichsstudien stellt der *International Socio-Economic Index of Occupational Status* (ISEI) dar (siehe u. a. A. Hußmann, Wendt et al., 2017; Reiss et al., 2019; Schwippert et al., 2020; Stanat et al., 2019). Das von Ganzeboom et al. (1992) entwickelte Maß für den sozioökonomischen Status ermöglicht es berufliche Tätigkeiten auf einer Rangskala abzubilden. Der Grundgedanke liegt darin, „dass jede berufliche Tätigkeit einen bestimmten Bildungsgrad erfordert und durch ein bestimmtes Lohnniveau entlohnt wird." (Hoffmeyer-Zlotnik & Geis, 2003, S. 129). Im Gegensatz zu den kategorialen EGP-Klassen[1] stellt der ISEI ein kontinuierliches Maß dar (Ditton & Maaz, 2011). Anhand des folgenden Beispiels lässt sich die Bestimmung des HISEI (höchster ISEI in der Familie) erklären. Ein Kind hat als Eltern einen Grundschullehrer und eine Schlosserin. Zunächst werden die Berufe der Eltern in die *International Standard Classification of Occupations* (ISCO) codiert. Der ISCO ist ein vierstelliger Code, der es ermöglicht, weltweit Berufe zu klassifizieren und Informationen über Berufe zeitgemäß[2] zu vergleichen (ILO, 2016). Dem Grundschullehrer wird der ISCO 2341 zugeordnet (Statistik Austria, 2011). Über die erste Ziffer 2 wird die Hauptgruppe *akademische Berufe* definiert. Die Untergruppe 23 stellt alle Lehrkräfte dar, usw. Auf diese Weise werden alle Berufe in eine Haupt-, eine Unter- und eine Unteruntergruppe sortiert. Berufe der Hauptgruppe 2 erfordern ein hohes Skill-Level[3]. These occupations „typically involve the performance of tasks that require complex problem-solving, decision-making and creativity based on an extensive body of theoretical and factual knowledge in a specialized field." (ILO, 2016, S. 14). So gibt der ISCO auch Ausschluss darüber, wie komplex und umfangreich Aufgaben und Pflichten sind, die zu einem gewissen Beruf gehören. Dem Beruf der Schlosserin wird der ISCO 7222 (Hauptkategorie 7 Handwerksberufe) zugeordnet und damit einhergehend ein relativ niedriger Skill-Level. Auch, wenn die ISCO-Klassifizierung Aufschluss über den Skill-Level eines Berufes gibt, so ist sie noch immer kategorialer Art. Durch die Transformation der nominalskalierten ISCO-Codierungen in die ISEI-Codierungen werden die Berufe auf einer eindimensionalen Rangskala hierarchisch angeordnet unter Berücksichtigung von Wissen, Expertise und Einkommen (Ganzeboom & Treiman, 2003). Die Rangskala erfasst die Attribute von Berufen, die dazu beitragen Bildungsqualifikationen in Einkommen umzuwandeln. Das ISEI-Maß reicht von 10 (beispielsweise Küchenhelfer:innen) bis hin zu 89 (Ärzt:innen). So bringen höhere Werte einen höheren sozioökonomischen Status zum Ausdruck (K. Müller & Ehmke, 2016). Einem Grundschullehrer wird ein ISEI von 61 zugewiesen und einer Schlosserin ein ISEI von 40, sodass der HISEI 61 beträgt. Für Schüler:innen der neunten Jahrgangsstufe ermittelt der

---

[1] Bei den EGP-Klassen nach Erikson et al. (1979) handelt sich um ein kategoriales Klassifikationssystem zur Erfassung des sozioökonomischen Status. Das Maß geht von den beruflichen Tätigkeiten der Eltern aus und berücksichtigt die Stellung im Beruf, die erforderliche Qualifikation, die Weisungsbefugnis und die Art der Tätigkeit. Anwendung findet es unter anderem bei Mahler und Kölm (2019).

[2] Die Version des ISCO stammt aus dem Jahre 2008 und stellt eine überarbeitete Version des ISCO aus dem Jahre 1988 dar.

[3] Die ILO (2016, S. 11) definieren Skill-Level „as a function of the complexity and range of tasks and duties to be performed in an occupation."

IQB-Bildungstrend 2018 anhand einer repräsentativen Stichprobe einen mittleren HISEI von 50,7 mit einer Standardabweichung von 20,6 (Mahler & Kölm, 2019). Unter Annahme der Normalverteilung liegen knapp 50 % aller Messwerte im Intervall [37; 65]. Angelehnt an das Vorgehen von PISA werden für diese Studie ISEI-Werte aus dem oberen bzw. unteren Quartil als niedriger bzw. hoher sozioökonomischer Status deklariert (vgl. Ehmke & Siegle, 2005; OECD, 2016).

Daneben wird mithilfe des Fragebogens eine weitere Variable zur Schätzung der schulischen Erfahrung der Eltern erfasst. Ziel ist es, auch der Bildungsqualifikation der Eltern einen eigenständigen Beitrag in der Erfassung der sozialen Herkunft einzuräumen. Hierzu kommt der *International Standard Classification of Education* (ISCED) zum Einsatz. Dieser stellt eine Referenzklassifikation für die Organisation von Bildungsprogrammen und die dazugehörigen Qualifikationen nach Bildungsniveaus und Fachgebieten dar (OECD et al., 2015). Er ergibt sich aus Angaben über Schulbildung und Berufsausbildung der Eltern (Ehmke & Siegle, 2005). Zu dem obigen Beispiel zurückkehrend, verfügt ein Elternteil über einen Hochschulabschluss, sodass der Familie der HISCED (höchster ISCED in der Familie) 5 A zugeordnet wird.[4] Diese Zuordnung wird anschließend umcodiert in den intervallskalierten *Index for highest parental education in years of schooling* (PARED). Der Wert schätzt die Bildungsdauer der Eltern. In Deutschland wird dem ISCED 5 A ein PARED von 18 Jahren zugeordnet (OECD, 2017, S. 435). Der PARED kann als Maß zur Erfassung institutionalisierten kulturellen Kapitals aufgefasst werden (vgl. Kampa et al., 2011).

Ein weiteres Maß besteht in der Erfassung materiellen Besitzes. Häufig wird dafür nach dem Haushaltseinkommen gefragt (vgl. Körner et al., 2012). Als angemessener erweisen sich jedoch häusliche Besitztümer, da davon ausgegangen wird, dass sie Wohlstand aufgrund ihrer Stabilität besser erfassen als das aktuelle Einkommen (OECD, 2005, S. 283). PISA benutzt dafür den *Index for Home Possessions* (HOMEPOS). Darin enthalten sind kulturelle (Anzahl der Bücher zu Hause, Kunstwerke, etc.), lernbezogene (ein eigenes Zimmer mit Schreibtisch, etc.), technische (Tablet, etc.) und wohlstandsanzeigende (Autos, etc.) häusliche Besitztümer. Aufgrund von sozialen, technischen und wirtschaftlichen Veränderungen unterliegen auch die im HOMEPOS verwendeten Güter stetiger Anpassung an das aktuelle Geschehen (OECD, 2017, S. 341). So ist beispielsweise die Frage nach dem Besitz eines Mobiltelefons bei Jugendlichen kein

---

[4] Schipolowski et al. (2018) unterscheiden im IQB-Bildungstrend sechs Gruppen von ISCED-Unterteilungen. Die höchste Gruppe stellt eine Sammelgruppe aller ISCED 5 A und ISCED 6 dar. Gepoolt werden 28,5 % aller Familien dieser Kategorie zugeordnet.

zeitgemäßer Indikator für ein privilegiertes Gut mehr. In dem Fragebogen werden daher Güter aus aktuellen PISA- und Bildungstrendstudien abgefragt (OECD, 2017; Schipolowski et al., 2018). Der HOMEPOS einzelner Schüler:innen wird in Anlehnung an das Vorgehen bei PISA ermittelt, bei dem Personenparameter (Weighted Likelihood Estimation) anhand eines eindimensionalen dichotomen Raschmodells geschätzt werden (Warm, 1989).

PISA kombiniert die bisher dargestellten Indizes HISEI, PARED & HOMEPOS zu einem Maß für die soziale Herkunft, den *Index für economic, social and cultural status* (ESCS). Die Stärke des ESCS liegt darin, dass er den sozioökonomischen Status des Elternhauses, die elterlichen Bildungsabschlüsse und auch soziale und kulturelle Komponenten der sozialen Herkunft abbildet (K. Müller & Ehmke, 2016). Zur Bildung des ESCS werden die drei genannten Indizes z-standardisiert und mithilfe einer Hauptkomponentenanalyse konstruiert (OECD, 2017). Ehmke und Siegle (2005) schätzen den ESCS als validen und theoretisch umfassenden Index der sozialen Herkunft ein. Im Rahmen der Daten aus den Pilotierungsstudien dieser Forschungsarbeit kann bereits ermittelt werden, dass sich der ESCS statistisch abgesichert konstruieren lässt (Ay & Ostkirchen, 2021). Abbildung 6.2 fasst die Ermittlung des ESCS zusammen.

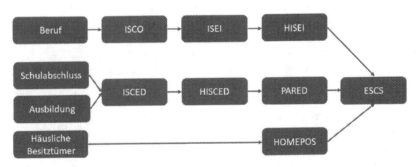

Abbildung 6.2   Überblick über die Ermittlung des ESCS nach OECD (2017, S. 340)

Für die Hauptstudie werden der HISEI und PARED als bestimmende Faktoren für die Erfassung der sozialen Herkunft verwendet, da diese anhand vorliegender Informationen aus den Fragebögen absolut ermittelt werden können und mit Informationen über die Grundgesamtheit abgeglichen werden können. Aus methodischen Gründen wird der HOMEPOS sekundär betrachtet, da dieser wegen der Ermittlung über die Rasch-Modellierung lediglich im Vergleich zu den anderen Schüler:innen aus der Stichprobe gültig ist und keinen Vergleich zur

Grundgesamtheit erlaubt. Der HOMEPOS ist immer nur gültig im Vergleich zur Stichprobe, aus der die Daten stammen. Schüler:innen mit einem zur Grundgesamtheit vergleichsweisen hohen HISEI und dem höchstmöglichen PARED von 18 werden als sozial begünstigt bzw. sozial begünstigter Herkunft bezeichnet. Schüler:innen mit einem niedrigeren PARED (d. h., es gibt keinen Hochschulabschluss in der Familie) und einem zur Grundgesamtheit vergleichsweisen niedrigen HISEI werden als sozial benachteiligt bzw. sozial benachteiligter Herkunft bezeichnet. Diese Terminologie erweist sich trotz ihrer Simplifizierung als geeignet, da damit dargestellt werden kann, dass die soziale Herkunft einer Person ihre Handlungsmöglichkeiten bestimmt und folglich zu Begünstigungen und Benachteiligungen führen kann (vgl. Buchholtz, Stuart & Frønes, 2020; Maaz & Dumont, 2019).

6.3.3   Erhebung der Mathematikleistung

Zur Erfassung der Mathematikleistung dient der Deutsche Mathematiktest für neunte Klassen DEMAT 9 (S. Schmidt et al., 2013). Dabei handelt es sich um einen 35-minütigen, lehrplanorientierten Test, der die Leitideen Messen/ Raum und Form, Funktionaler Zusammenhang sowie Daten und Zufall (KMK, 2004) umfasst. Er ermöglicht schulformübergreifende und schulformspezifische Leistungsvergleiche sowohl für die einzelnen Testblöcke als auch für den gesamten Test (S. Schmidt et al., 2013). Inhaltlich geprüft werden lineare Gleichungen, Zahlenrätsel, Prozent- und Zinsrechnung, Dreisatz, Satz des Pythagoras, Geometrische Flächen, Geometrische Körper sowie Umgang mit Diagrammen und Tabellen. Als Vergleichswerte dienen die ermittelten T-Werte, da diese intervallskaliert und normalverteilt sind. Die Verteilung der T-Werte ist auf einen Mittelwert von M = 50 und eine Standardabweichung von $\sigma = 10$ genormt.

6.3.4   Informationen über die Teilnehmenden

Bei insgesamt 171 Schüler:innen liegen alle notwendigen Informationen vor. Die Schüler:innen sind im Mittel 15,2 Jahre alt (61 % Mädchen; 39 % Jungen).[5] Die mittlere Mathematikleistung liegt bei einem T-Wert von 47 und somit leicht

---

[5] Die angegebenen Werte stellen gerundete Angaben dar und beziehen sich stets auf gültige Prozente.

unter dem genormten Mittelwert.[6] Der mittlere HISEI liegt mit 51,3 knapp über dem gesamtdeutschen Durchschnitt (vgl. Mahler & Kölm, 2019), ebenso wie der mittlere PARED mit 14,7 Jahren Bildungsdauer (vgl. Schipolowski et al., 2018). Darüber hinaus verfügen die Schüler:innen zu gewissen Anteilen zu Hause über kulturelle Güter (z. B. Klassische Literatur: 20 %; mindestens 100 Bücher: 62 %), lernförderliche Güter (z. B. ein eigenes Zimmer mit Schreibtisch: 93 %) und wohlstandsbezogene Güter (z. B. mindestens 2 Autos: 61 %). 33 % der Jugendlichen haben mindestens einen im Ausland geborenen Elternteil und 27 % sprechen zu Hause nicht nur Deutsch. Abbildung 6.3 liefert einen Überblick über die Leistung und den HISEI der gesamten Stichprobe.

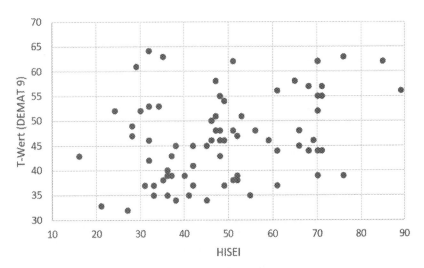

Abbildung 6.3   T-Werte (DEMAT 9) und HISEI aller Teilnehmenden im Streudiagramm

Aus dieser Stichprobe gilt es je zwei Proband:innen aus je einer Schulklasse zu finden, die primär in Bezug auf den HISEI und den PARED und sekundär die Mathematikleistung möglichst ähnlich sind. Tabelle 6.1 gibt einen Überblick über zentrale, erfasste Indizes der Proband:innen.

---

[6] Aufgrund von Schulschließungen und Distanzunterricht in den Jahren 2020 und 2021 waren Erhebungen am Ende der neunten Jahrgangsstufe nicht möglich. Es ist daher einschränkend anzumerken, dass die Testergebnisse der Zehntklässler:innen nicht direkt übertragbar sind auf die Vergleichsnormen des DEMAT 9. Lediglich Tendenzen sind möglich, was für die Zwecke dieser qualitativen Erhebung als akzeptabel zu erachten ist.

Tabelle 6.1 HISEI, PARED, ESCS und T-Wert des DEMAT 9 der Proband:innen

	soziale Herkunft			Mathematikleistung
Versuchsperson	**HISEI**	**PARED**	**ESCS**[a]	**T-Wert DEMAT 9**
Julia	68	18	1,03	57
Florian	65	18	0,71	58
Dominik	89	18	1,78	56
Krystian	70	18	0,58	55
Vivien	76	18	1,20	63
Oliver	85	18	1,46	62
Tobias	71	18	1,15	57
Benedikt	70	18	1,03	52
Samuel	69	18	0,53	46
Nathalie	71	18	1,15	44
Michael	68	18	1,06	44
Paulina	76	18	1,03	39
Dawid	29	10	−1,63	61
Leon	35	13	−0,58	63
Sofi	36	15	−0,98	40
Aram	32	13	−1,03	53
Kaia	28	13	−1,24	49
Mila	30	13	−1,43	52
Amba	16	13	−1,40	43
Bahar[b]	28			47
Lena	37	3	−2,37	39
Pia	38	13	−1,06	34
Ronja	33	10	−1,24	37
Hürrem	36	10	−1,42	39

[a] Die Personenparameter für den ESCS sind z-standardisiert.
[b] Zu Bahar lagen nicht hinreichend Informationen zur Erfassung des PARED vor. Die vorliegenden Daten lassen einen verhältnismäßig niedrigen PARED vermuten.

Ziel dieser Untersuchung ist es, Bearbeitungsprozesse von Schü-
ler:innenpaaren sozial begünstigter Herkunft und sozial benachteiligter Herkunft
zu vergleichen. Da sich das Finden von passenden Paaren innerhalb einer
Schulklasse als recht unwahrscheinlich herausgestellt hat, wird eine Priorisie-
rung bei der Auswahl vorgenommen. Die soziale Herkunft stellt das zentrale
Unterscheidungsmerkmal (für die Erhebung und die Analysen) der verschiedenen Paare dar und die Mathematikleistung eine Variable, die mitkontrolliert
wird. Die 24 Schüler:innen in Abbildung 6.4 ergeben die Stichprobe für die
Hauptuntersuchung dieses Forschungsvorhabens.

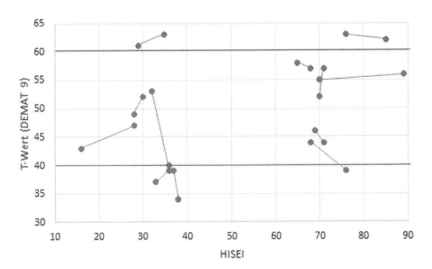

Anmerkung: Punkte oberhalb der oberen Linie stellen Schüler:innen mit überdurchschnittlicher
Mathematikleistung dar, Punkte unterhalb der unteren Linie solche mit unterdurchschnittlicher
Leistung dar. Die Verbindungslinien zwischen den Punkten verdeutlichen die Zusammensetzung der
Schüler:innen zu Paaren.

Abbildung 6.4   T-Werte (DEMAT 9) und HISEI der ausgewählten Schüler:innenpaare im
Streudiagramm

Sechs Paare gelten als sozial benachteiligt, sechs andere Paare als sozial
begünstigt. In beiden Gruppen sozialer Herkunft finden sich Schüler:innen unterdurchschnittlicher, durchschnittlicher und überdurchschnittlicher mathematischer
Leistung. Dennoch zeigt sich ein leichtes Ungleichgewicht dahingehend, dass
sich mehr Schüler:innen sozial begünstigter Herkunft am oberen Rand der

durchschnittlichen Leistungen finden lassen und mehr sozial benachteiligte Schüler:innen bei den unterdurchschnittlichen Leistungen. Ist die Suche nach einem Schüler bzw. einer Schülerin innerhalb eines bestimmten Herkunfts-Leistungs-Bereiches schon erschwert, so ist das Auffinden von homogenen Paaren innerhalb einer Schulklasse noch unwahrscheinlicher. Das ist vor dem Hintergrund einer Vielzahl an Studien, die die Herkunft als guten Prädiktor für die Mathematikleistung identifizieren (u. a. Mahler & Kölm, 2019), ebenfalls erwartungskonform. Insgesamt können die Teilnehmenden ein breites Spektrum der Grundgesamtheit abbilden.

6.4 Aufgabenauswahl

Die zwölf ausgewählten Paare bearbeiten jeweils die Modellierungsaufgaben *Riesenpizza* und *Feuerwehr*. Die Modellierungsaufgabe Riesenpizza (Abbildung 6.5) ist eine unterbestimmte Aufgabe zum Thema Kreis.

Die Aufgabe zeichnet sich insbesondere durch ihre Offenheit aus. Das Ergebnis kann beispielsweise geraten werden; es kann graphisch gelöst werden, indem Kreise in die Riesenpizza eingezeichnet werden; oder es kann mathematisch unter Zuhilfenahme von Vergleichswerten und Formeln gelöst werden. Die Aufgabe hat einen Lebensweltbezug in der Hinsicht, als dass die Frage danach, wie viele Familienpizzen für eine Gruppe von Personen bestellt werden müssen, zu alltagsnahen Problemen der Jugendlichen gehören können. Die 80 Gäste stellen zudem eine realistische Größe dar, wenn Pizzen für den gesamten Jahrgang bestellt werden sollen, sodass auch dieser Aspekt zur Lebensweltnähe der Aufgabe beiträgt. Für die Proband:innen aus Westfalen befindet sich der Produktionsort der Pizza in der Nähe ihres Wohnortes. Sie kann tatsächlich bestellt werden und eine Lieferung ist durchaus denkbar. In dieser Hinsicht ist der Kontext authentisch. Eingeschränkt wird die Realitätsnähe dadurch, dass die Angaben zu dem Durchmesser der Pizza nicht gegeben sind, was beim Besuch einer Pizzeria zu erwarten wäre. Da das essentielle Foto, das Schätzen und die Unterbestimmtheit von großer Bedeutung für die Analyse der Aufgabe sein sollen, wurde auf Größenangaben jeglicher Art verzichtet. Die Schwierigkeiten bei der Bearbeitung liegen u. a. darin zu erkennen, dass das Foto bei der Bearbeitung von zentraler Bedeutung ist und, dass Vergleichsgrößen anhand von Stützpunktwissen geschätzt werden müssen.

Die Aufgabe kann über das Verhältnis von Flächeninhalt der Riesenpizza und einer gewöhnlichen Pizza ermittelt werden. Dies soll hier exemplarisch

In Schloss Holte-Stukenbrock gibt's die größte Pizza der Welt

Foto © Kristoffer Fillies, Neue Westfälische [06.09.2018] Texte und Fotos aus der Neuen Westfälischen sind urheberrechtlich geschützt. Weiterverwendung nur mit schriftlicher Genehmigung der Redaktion.

Die größte lieferbare Pizza der Welt kommt aus Ostwestfalen. Geliefert wird die Pizza in einem speziellen Anhänger, ausgestattet mit einer Heizvorrichtung und einem Drehkreuz.

Du planst eine Party für 80 Gäste.

Wie viele von diesen Pizzen solltest du bestellen?

Abbildung 6.5 Modellierungsaufgabe Riesenpizza

anhand der Schritte des Modellierungskreislaufes nach Blum und Leiss (2007) durchgeführt werden (Abschnitt 3.1). Durch das erstmalige Lesen der Situation kommt es zu ersten Assoziationen und eine Vorstellung von der gegebenen Situation wird gebildet (Teilschritt Verstehen). Im zweiten Schritt des Vereinfachens/Strukturierens werden die Informationen aufbereitet. Dazu gehört es, zu erkennen, dass die Aufgabe unterbestimmt ist und, dass das Bild von essentieller Bedeutung für die Aufgabenbearbeitung ist. Der Durchmesser der Riesenpizza wird mithilfe von Vergleichsobjekten, beispielsweise einer Person auf dem Foto oder einer Salamischeibe, geschätzt. Zu diesem Schritt gehört es auch festzulegen, wie viel Pizza die Gäste durchschnittlich essen werden. Damit lässt sich herausfinden, wie viele gewöhnliche Pizzen in die Riesenpizza ‚passen'. So kann mithilfe von Stützpunktwissen die Annahme getroffen werden, dass eine Person durchschnittlich eine Pizza mit einem Durchmesser von 26 cm essen kann. Darin enthalten wäre dann u. U. auch die Annahme, dass die Personen auf der Party sich mit Pizza sattessen. Diese Informationen können sodann mithilfe von Kreisformeln mathematisiert werden:

$$A = \pi * r^2; d_1 = 1{,}8m; d_2 = 0{,}26m$$

$$Gesucht: \frac{A_1}{A_2}$$

Mithilfe des Taschenrechners und Äquivalenzumformungen kann anschließend ein mathematisches Resultat ermittelt werden (Teilschritt mathematisch Arbeiten): $\frac{A_1}{A_2} = \frac{\pi * 0{,}9^2}{\pi * 0{,}13^2} \approx 47{,}93$. Dieses mathematische Resultat gilt es dann in Bezug auf den Kontext und die Ausgangsfrage zu interpretieren. Eine Interpretation könnte lauten: Von einer Riesenpizza können 48 Personen essen. Es sollten daher zwei Riesenpizzen bestellt werden, damit auch wirklich alle Gäste satt werden. Oder: Von der Riesenpizza können knapp 50 Personen essen. Es sollte also nur eine Riesenpizza bestellt werden, weil vermutlich nicht alle Gäste Pizza mögen; weil die Gäste vielleicht nicht so hungrig sind; weil die Riesenpizza bestimmt teuer ist; weil am Ende nichts übrigbleiben soll, was weggeschmissen würde; etc. Im folgenden Schritt (Validieren) können die Ergebnisse geprüft werden. Ist die Riesenpizza wirklich so groß? Hätte berücksichtigt werden sollen, dass es noch andere Snacks auf der Party gibt? Mögen alle Gäste Pizza? Ist die verzerrte Perspektive des Fotos ein Problem für die Bearbeitung? Wurde auf einen fehlerfreien Umgang mit Durchmesser, Radius, Meter, Zentimeter, Verhältnissen geachtet? Eine solche Modellierung bietet viele Möglichkeiten der Validierung und anschließenden Überarbeitung des Lösungsweges. Wird die Modellierung als angemessen erachtet, kann der Prozess darlegend abgeschlossen werden.

Die zweite zu bearbeitende Modellierungsaufgabe Feuerwehr befasst sich thematisch mit dem Satz des Pythagoras (Abbildung 6.6). Hierbei handelt es sich um eine in der Forschung häufig eingesetzte Modellierungsaufgabe (Blum, 2011; Rellensmann, 2019; Schukajlow et al., 2015).

Feuerwehr
Die Münchener Feuerwehr hat sich im Jahr 2004 ein
neues Drehleiter-Fahrzeug angeschafft. Mit diesem
kann man über einen am Ende der Leiter
angebrachten Korb Personen aus großen Höhen
retten. Dabei muss das Feuerwehrauto laut einer
Vorschrift 12 m Mindestabstand vom brennenden
Haus einhalten.

Die technischen Daten des Fahrzeugs sind:

Fahrzeugtyp:	Daimler Chrysler AG Econic 18/28 LL - Diesel
Baujahr:	2004
Leistung:	205 kW (279 PS)
Hubraum:	6374 cm³
Maße des Fahrzeugs:	Länge 10 m Breite 2,5 m Höhe 3,19 m
Maße der Leiter:	30 m Länge
Leergewicht:	15540 kg
Gesamtgewicht:	18000 kg

Aus welcher maximalen Höhe kann die Münchener Feuerwehr mit diesem Fahrzeug
Personen retten?

Abbildung 6.6   Modellierungsaufgabe Feuerwehr nach Fuchs und Blum (2008, S. 138)

In dieser Aufgabe befinden sich eine Vielzahl an relevanten und irrelevanten Informationen. Damit zeichnet sich die Aufgabe insbesondere durch ihre Überbestimmtheit aus. Es gilt die aufgabenrelevanten Informationen, wie die Länge der Leiter, zu identifizieren und in Modelle einzupflegen. Die Offenheit der Aufgabe liegt u. a. in der Verwendung des Ansatzes. Die Aufgabe kann mithilfe des Satzes des Pythagoras, mithilfe trigonometrischer Sätze, aber auch anhand einer maßstabsgetreuen Konstruktionszeichnung gelöst werden. Offenheit erfährt die Aufgabe auch dadurch, dass Annahmen getroffen werden können, beispielsweise wie das Fahrzeug ausgerichtet ist und auf welcher Höhe die Leiter angebracht ist. Informationen darüber können beispielsweise dem repräsentativen Foto entnommen werden (Böckmann & Schukajlow, 2018; Elia & Philippou, 2004). Authentisch ist der reale Kontext vor dem Hintergrund, als dass es für die Feuerwehr sehr relevant sein kann, aus welcher Höhe Personen gerettet werden können. Die Relevanz ergibt sich ggf. im zukünftigen Leben der Schüler:innen oder für Mitglieder der Freiwilligen Feuerwehr. Es ist jedoch fraglich, ob die Aufgabe außerhalb des Mathematikunterrichts Anwendung finden würde (Rellensmann, 2019, S. 18). Da eine Bedeutung für das aktuelle Leben eher nicht zu erwarten ist, kann bei dieser Aufgabe eher von einer Lebensweltnähe gesprochen werden. Der Problemgehalt der Aufgabe liegt neben dem Erkennen der relevanten Informationen auch darin, diese in ein visuelles Modell zu übertragen, das eine Dreiecksstruktur erkennen lässt.

Die Aufgabe kann beispielsweise mithilfe des Satz des Pythagoras bearbeitet werden. Auch für diese Aufgabe wird eine exemplarische Lösung anhand der Schritte des Modellierungskreislaufes nach Blum und Leiss (2007) durchgeführt. Zunächst werden die Informationen gelesen und es kommt zu einer mentalen Verinnerlichung und Vergegenwärtigung der Situation (Teilschritt Verstehen). Im zweiten Schritt des Vereinfachens/Strukturierens werden die Informationen aufbereitet. Bei dieser Aufgabe gilt es zunächst zu erkennen, dass die Aufgabe voller für die Aufgabenbearbeitung irrelevanter Informationen ist. Diese gilt es herauszufiltern. In einem adäquaten Realmodell wird berücksichtigt, dass das Fahrzeug 12 m Abstand vom Haus einhalten muss und, dass sich die Leiter *auf* dem Fahrzeug befindet. Wird die Situation so modelliert, dass das Fahrzeug vorwärts zum Haus steht, so ist die Länge des Fahrzeugs von 10 m für das Realmodell von Bedeutung. Bei einem seitwärts bzw. rückwärts geparkten Fahrzeug muss die Breite des Fahrzeugs bzw. keine weitere Länge berücksichtigt werden. In einem feineren Modell kann zudem berücksichtigt werden, dass die Leiter nicht auf dem obersten Punkt des Fahrzeugs (dem Dach der Fahrerkabine) angebracht ist, sondern auf einer etwas niedrigeren Höhe. Dadurch bildet sich ein Realmodell von der Situation. Im Anschluss wird das Realmodell übertragen in mathematische Strukturen, Objekte und Relationen (Teilschritt Mathematisieren). Es gilt im Kern zu erkennen, dass die Situation anhand eines Dreiecks modelliert werden kann (Abbildung 6.7).

Das mathematische Modell in der Abbildung verwendet den Satz des Pythagoras. Dieses kann nun durch Rechnen in das mathematische Resultat h ≈ 23,4 m überführt werden (Teilschritt mathematisch Arbeiten). Zurückbezogen auf die reale Situation bedeutet dies, dass mit diesem Fahrzeug Personen aus einer maximalen Höhe von etwa 23 m gerettet werden können (Teilschritt Interpretieren). Nun kann validiert werden, ob das Ergebnis plausibel erscheint, ob die ganzzahlige Rundung angemessen ist, ob das Modell verbessert werden kann (beispielsweise durch Thematisierung des Rettungskorbes), etc.

Während bei der Pizza-Aufgabe das Hinzufügen von Informationen (u. a. Schätzen von Vergleichsgrößen) und somit das Realmodell einen Schwerpunkt bildet, geht es bei der Feuerwehr-Aufgabe eher um die Reduktion von Informationen, das Erkennen adäquater mathematischer Strukturen und somit um das Mathematisieren. Aber auch im Realmodell der Feuerwehraufgabe können

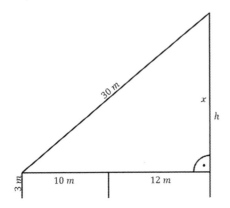

$a^2 + b^2 = c^2$

$a = 22\ m\ ; c = 30\ m; b = x$

$h = x + 3$

Abbildung 6.7 Mathematisches Modell zur Feuerwehr-Aufgabe

Annahmen, u. a. über die Ausgangshöhe der Leiter und die Ausrichtung des
Fahrzeugs, getroffen werden. Die Pizza-Aufgabe enthält ein essentielles Foto,
während die Feuerwehr-Aufgabe ein repräsentatives Foto enthält, da das Fahrzeug einen Teil des Kontextes darstellt, aber nicht zwingend erforderlich für die
Bearbeitung der Aufgabe ist. Während die Riesenpizza-Aufgabe eher relevant
für das Leben erscheint, kann bei der Feuerwehr-Aufgabe eher von Lebensweltnähe gesprochen werden. Bei der Feuerwehr-Aufgabe erscheint hingegen
die Verwendung von Mathematik besonders authentisch. Beide Aufgaben erfüllen das Kriterium der Offenheit, wobei die Feuerwehr-Aufgabe stärker auf die
Anwendung des Satz des Pythagoras gerichtet ist und dadurch einen relativ fes-
ten Rahmen erhält. Beide Aufgaben verwenden Kontexte, die allen Schüler:innen
aus ihrer Lebenswelt bekannt sein können. Damit soll verhindert werden, dass
Schüler:innen unterschiedlicher sozialer Herkunft ggf. aufgrund fehlenden, speziellen Weltwissens an einer Aufgabe scheitern. Die Aufgaben sind zudem beide
mehrschrittig, komplex und stellen viele Unsicherheiten und Hürden bereit. Damit
bieten sie auch viele Diskussionspunkte. Dies soll die Kommunikation unter
den Schüler:innen anregen. Die Bearbeitung in Paaren regt darüber hinaus an,
mit alternativen Zugangs- und Denkweisen konfrontiert zu werden. Die Aufgaben können der inhaltsbezogenen Kompetenz *Geometrie* zugeordnet werden. Im
Kernlehrplan des Landes NRW werden die zu erreichenden Kompetenzen der
Jahrgangsstufe 9 bzw. 10 konkretisiert als: Die Schüler:innen

- schätzen und bestimmen Umfänge und Flächeninhalten von Kreisen und zusammengesetzten Flächen [...]
- berechnen geometrische Größen und verwenden dazu den Satz des Pythagoras (MSJK NRW, 2004, S. 30)

Die Aufgaben unterscheiden sich in ihren mathematischen Themenbereichen und in einigen Charakterzügen voneinander. Damit sollen Reihenfolgeeffekte bei der Bearbeitung geringgehalten werden und unterschiedliche Handlungsweisen angeregt werden. Gleichzeitig weisen sie auch Ähnlichkeiten auf und erfüllen zentrale Eigenschaften mathematischer Modellierungsaufgaben (Abschnitt 3.3).

6.5 Datenerhebung im Laborsetting

Ziel der Erhebung ist es, die gegebenen Daten möglichst vielschichtig zu erfassen. Daher findet die Erhebung der Daten in einem dreiphasigen Design statt. In der ersten Phase *Beobachtung* bearbeiten die Schüler:innen die beiden Modellierungsaufgaben unbeeinflusst von der Versuchsleitung. In der zweiten Phase *stimulated recall* stellt die Versuchsleitung Rückfragen zu einzelnen Szenen der Bearbeitung. In der dritten Phase *Interview* können allgemeine und vertiefte Fragen zur Bearbeitung gestellt werden. Ein solches, dreiphasiges Vorgehen gilt als geeignet, um interne und externe Prozesse beim Lösen von Mathematikaufgaben zu erfassen (Busse & Borromeo Ferri, 2003) und es hat sich in zahlreichen Studien als hilfreich erwiesen, um Modellierungsprozesse zu untersuchen (u. a. Kaiser & Stender, 2013; Rellensmann, 2019; Vorhölter, 2018). Ein solches Design ermöglicht es, die innerhalb der Aufgabenbearbeitung simultan stattgefundenen Handlungen und Gedanken, separat zu rekonstruieren (Busse, 2013). Zudem erscheint es geeignet, um zu identifizierende Sachzusammenhänge aus verschiedenen Perspektiven zu beleuchten und Erkenntnisse verstehend-interpretativ abzusichern. Auf die einzelnen Schritte wird im Folgenden näher eingegangen. Dazu gehören Begründungen zu dem Laborsetting, zu der Bearbeitung der Aufgaben in Paaren und der Erhebung mithilfe von Video- und Audioaufnahmen.

6.5.1 Phase I – Beobachtung

Die ausgewählten Schüler:innen bearbeiten die Modellierungsaufgaben Riesenpizza und Feuerwehr. Die Versuchsleitung interveniert in dieser Phase möglichst nicht. Lediglich der Hinweis etwas lauter miteinander zu sprechen kann ggf.

geäußert werden. Nachfragen seitens der Schüler:innen werden mithilfe allge-
meiner Hinweise (z. B. „Ich kann euch leider keine Tipps geben.") beantwortet.
Die ausgewählten Paare bearbeiten die beiden Modellierungsaufgaben in einem
Laborsetting. Im Labor kann sich das Paar den Modellierungsaufgaben ohne
Einflüsse anderer Schüler:innen widmen. Zudem kann ein Setting vorbereitet werden, das einzig auf die Bearbeitung der Modellierungsaufgaben ausgerichtet ist.
Das Labor kann als geeignet für die Forschungsziele dieser Arbeit angesehen
werden, da „sehr genau untersucht werden soll, welche Handlungs-, Denk- und
Lernprozesse sich bei Schülern unter verschiedenen Randbedingungen einstellen,
um daraus Hypothesen für die Dynamiken im Feld abzuleiten." (Aufschnaiter,
2014, S. 86) Dennoch ist unklar, ob sich die Ergebnisse auch im Feld wiederfinden lassen, da ein Laborsetting eine künstlichere Situation darstellt als echte
Unterrichtsinteraktionen.

Die Bearbeitung der Paare wird videographiert. Dies bietet sich im Vergleich
zu Audioaufnahmen an, da visuelle Daten, wie das non-verbale Lesen des Textes oder das Anfertigen von Skizzen, von Interesse sind und in Codierung und
Auswertung einfließen (Mey & Mruck, 2010). Das Potential von Videographien
kommt insbesondere dann zum Tragen, wenn komplexe Phänomene, etwa Modellierungsprozesse, untersucht werden sollen (Janík et al., 2009). Hiebert et al.
(2003) heben im Vergleich zu Beobachtungen hervor, dass Videographien es
ermöglichen, komplexe Prozesse in überschaubare Teile zu zerlegen, Ausschnitte
wiederholt zu betrachten, die Intercoder-Reliabilität zu steigern, die Videos auch
im Nachhinein neu zu codieren, woraus neue Analysefoki entstehen können, und
sie erleichtern die Kommunikation über die Ergebnisse. Nicht zu vernachlässigen
sind auch negative Effekte, die mit dem unnatürlichen Setting und Videogra-
phieren einhergehen können. Die Beobachteten können sich durch die Kamera
und die Anwesenheit der Versuchsleitung gestört oder verunsichert fühlen (Mayring et al., 2005). Dadurch kann es zu untypischen Verhaltensweisen kommen
(Schoenfeld, 1985). Hinzu kommt, dass Tendenzen sozialer Erwünschtheit beim
Bearbeiten nicht ausgeschlossen werden können (Weidle & Wagner, 1994). Es ist
jedoch davon auszugehen, dass Schüler:innen das äußere Setting bereits nach kurzer Zeit nicht mehr wahrnehmen (Mayring et al., 2005). Kritische Aspekte wie
diese können zwar nicht vermieden werden, ihnen kann aber entgegengewirkt
werden mithilfe eines erwartungstransparenten Settings und einer freundlichen
und offenen Atmosphäre. Daher findet die Durchführung in einem Klassenraum
der Schule während der üblichen Unterrichtszeit statt. Die Räumlichkeiten und
die Uhrzeit sind somit für die Schüler:innen nicht ungewohnt, sodass das Setting ähnlich zum Feld ist. Die Schüler:innen dürfen außerdem ihren eigenen,
nicht-grafikfähigen Taschenrechner verwenden. Vor der Durchführung erhalten

die Schüler:innen einen Einblick in die technische Umsetzung, um größtmögliche Transparenz zu schaffen, wie und was erfasst wird. Dazu gehört auch, dass die Videokamera nicht auf die Gesichter der Schüler:innen gerichtet ist (Abbildung 6.8). Insgesamt ist damit das Ziel verbunden eine möglichst natürliche Situation zu erzeugen. Denn je angenehmer eine Situation ist, desto wahrscheinlicher ist es, dass die verbalen Daten nicht beeinträchtigt werden (Schoenfeld, 1985).

Abbildung 6.8 Ausrichtung der Videokamera im Laborsetting

Um die Schüler:innen darüber hinaus in ihrem Ressourcenmanagement zu entlasten, wird ihnen eine vorgestaltete Arbeitsumgebung in einem hellen Raum mit ausreichend Platz, Zeit und Materialien zur Verfügung gestellt (vgl. Friedrich & Mandl, 2006). Die Erhebungen wurden mithilfe eines standardisierten Instruktionsmanuals durchgeführt (in Anlehnung an u. a. Krawitz, 2020; Rellensmann, 2019). Zu dem Manual gehören Hinweise zur Vorbereitung des Versuchsraumes, Schaffung von Transparenz in Bezug auf die Ziele der Sitzung, Hinweise zum bereitliegenden Material, allgemeine Hinweise, mögliche Reaktionen zu Nachfragen der Schüler:innen während der Bearbeitung, etc. Aus dem Instruktionsmanual ergibt sich auch der Aufbau des Settings wie in Abbildung 6.8 mit (v. l. n. r.) einer Formelsammlung, beiden Modellierungsaufgaben und einem Notizblock. Die beiden Aufgaben liegen verdeckt nebeneinander in der Mitte des Tisches, sodass die Schüler:innen eigenständig randomisieren, welche Aufgabe zuerst bearbeitet wird. Durch diese Randomisierung sollen Reihenfolgeeffekte minimiert werden. Sechs Paare griffen zunächst nach der Riesenpizza-Aufgabe und sechs nach der

Feuerwehr-Aufgabe. Das vollständige Manual zur Untersuchungsdurchführung findet sich in Anhang B im elektronischen Zusatzmaterial.

Die Bearbeitung der Aufgaben findet in Partnerarbeit statt. In der ersten Pilotierungsstudie wurde die Bearbeitung sowohl in Einzel- als auch Partnerarbeit erprobt. Beide Sozialformen gehen mit Vor- und Nachteilen einher.

> Pair Protocols are more likely to capture a complete record of students' typical thinking than single protocols because, first, two students working together produce more verbalisation than one and, second, the reassurance of mutual ignorance can alleviate some of the pressure of working under observation. (Goos, 1994, S. 146)

Verbalisierung stellt ein bedeutendes Argument für die Partnerarbeit dar. Auch Methoden der Einzelarbeit – wie das laute Denken – ermöglichen Einblicke in die Gedanken, Absichten und Prozesse von Schüler:innen (Konrad, 2010). Jedoch gingen mit solchen Methoden für dieses Vorhaben ungünstige Effekte einher. Die Bearbeitung von Problemlöseaufgaben in Einzelarbeit kann zu stärkerem Unbehagen führen als eine Bearbeitung mit anderen Personen (Schoenfeld, 1985). Gerade im Laborsetting scheint dieser Aspekt von besonderer Bedeutung zu sein. Die Informationsverarbeitung kann beim lauten Denken gestört werden, da davon auszugehen ist, dass die Informationsverarbeitung anders abliefe, müssten die Gedanken nicht zeitgleich verbalisiert werden (Buber, 2009; Goos & Galbraith, 1996). Hinzu kommt, dass es zu einem overreporting kommen kann (Buber, 2009), da die reine Wiedergabe von Gedanken u. U. nicht von Erläuterungen und Bewertungen der internen Prozesse unterschieden werden kann. Zudem besteht die Gefahr, dass der kognitive Anspruch des lauten Denkens zulasten des Problemlöseerfolgs der ohnehin schon anspruchsvollen Modellierungsaufgaben geht. Ein Argument gegen eine solche Methode stellt auch das Verbalisierungsvermögen der Versuchspersonen dar (Sandmann, 2014). Erforderlich ist die Fähigkeit die entsprechenden Konzepte und Begriffe mit ausreichender Sicherheit artikulieren zu können (Konrad, 2010). Eine benachteiligte soziale Herkunft geht durchschnittlich auch mit geringeren sprachlichen Fähigkeiten einher (Steinig, 2020; siehe Abschnitt 4.3.1). Es besteht die Gefahr, dass der hohe Verbalisierungsanspruch zu einer stärkeren Belastung sozial benachteiligter Schüler:innen führt. Die Partnerarbeit kann diesen Kritikpunkten entgegenwirken. Die in ihr stattfindende Kommunikationsform ist natürlicher. Da Partnerarbeit außerdem eine gängige Sozialform in der Unterrichtspraxis darstellt (Kunter & Voss, 2011), kann das Design als recht unterrichtsnah und daher auch natürlich beschrieben werden (Busse & Borromeo Ferri, 2003). Gerade beim Untersuchen von

Entscheidungsfindungen bietet sich Partnerarbeit an. Während laut denkende Einzelpersonen eher die Ergebnisse einer Entscheidung darlegen, werden der Weg zu der Entscheidung und insbesondere alternative und nicht-verfolgte Ansätze eher nicht kommuniziert. Partnerarbeit hingegen regt Aushandlungsprozesse darüber an, welche Arbeitsschritte warum folgen sollten (Schoenfeld, 1985). Es sei jedoch zu bedenken, dass auch mit der Beobachtung von Partnerarbeit nicht die tatsächlichen kognitiven Prozesse erfasst werden können. Teile der Abläufe bleiben unbewusst und nicht verbalisiert (Sandmann, 2014). Dennoch ist davon auszugehen, dass die verbalisierten Daten den kognitiven Informationen der Teilnehmenden recht nahekommen. Da vermutlich insbesondere routinebasierte Lernprozesse unbewusst ablaufen (Sandmann, 2014), ist davon auszugehen, dass dieser Kritikpunkt bei Modellierungsaufgaben in abgeschwächter Form auftritt. Zu berücksichtigen ist, dass soziale Dynamiken Bearbeitungsprozesse stark beeinflussen können (Schoenfeld, 1985). Rückschlüsse von den Paarprozessen auf die Prozesse der einzelnen Personen sind damit nur sehr bedingt möglich. Für die Auswertung der Daten werden die Prozesse der Paare gemeinsam betrachtet (vgl. u. a. Kirsten, 2021; Rellensmann, 2019).

6.5.2 Phase II – Stimulated recall

„Nevertheless, additional measures may be necessary to further address the limitations of incompleteness and reactivity." (Goos & Galbraith, 1996, S. 235) Die Paarbeobachtung kann gewisse Störfaktoren zwar reduzieren, aber nicht aushebeln. Wie bereits geschildert, können nicht alle verborgenen Prozesse sichtbar werden (problem of incompleteness) und es ist nicht auszuschließen, dass das Laborsetting einen Effekt auf spezifische Verhaltensweisen hat (problem of reactivity). Es bietet sich daher an auch rückblickend über das Geschehene zu sprechen. Eine Möglichkeit bietet ein sogenannter stimulated recall (in der deutschsprachigen Literatur ist auch von nachträglichem lautem Denken die Rede): „Stimulated recall (SR) is a family of introspective research procedures through which cognitive processes can be investigated by inviting subjects to recall, when prompted by a video sequence, their concurrent thinking during that event." (Lyle, 2003, S. 861) Beim stimulated recall gehen die Schüler:innen die Videoaufnahme zu ihrem eigenen Bearbeitungsprozess mit der Versuchsleitung durch. Die Videosequenzen, die erneut abgespielt werden, werden vorab von der Versuchsleitung festgelegt, indem sie sich während der Beobachtungsphase Notizen an besonders auffälligen und kritischen Stellen macht. Von den beiden Versuchspersonen wird diejenige für den stimulated recall ausgewählt, bei der mehr zu thematisierende

Stellen während der Bearbeitung auftreten. Weidle und Wagner (1994) benennen den zeitlichen Abstand zur Bearbeitung als Nachteil des stimulated recalls und empfehlen eine Durchführung noch am selben Tag der Bearbeitung. Diese Phase sollte sogar möglichst unmittelbar nach der Beobachtungsphase stattfinden (Busse & Borromeo Ferri, 2003), damit die Erinnerungen möglichst nah am Geschehenen selbst sind. Daher findet in dieser Untersuchung der stimulated recall knapp fünf Minuten nach Beendigung der Bearbeitungsphase statt, sodass die Versuchspersonen außerdem eine kurze Pause erhalten. Beim stimulated recall wird das laute Denken zur nachträglichen Rekonstruktion eingesetzt (Schukajlow, 2011, S. 105). Die Methode bietet sich an, da sie zeitlich nah an die Inhalte des Kurzzeitgedächtnisses anschließt und gleichzeitig die Bearbeitung der Aufgabe unbeeinflusst ablaufen kann (Busse & Borromeo Ferri, 2003). Die Durchführung dieser Phase ermöglicht Vorteile der Beobachtung mit Vorteilen des lauten Denkens zu verknüpfen. Es ist jedoch nicht auszuschließen, dass gewisse Inhalte, die während der Bearbeitung noch bewusst ablaufen, in der Zwischenzeit verloren gehen. Darüber hinaus bleibt die grundsätzliche Frage offen, inwiefern es Versuchspersonen überhaupt möglich ist, Denkprozesse nachträglich richtig zu reproduzieren (Weidle & Wagner, 1994). Da Schüler:innen ein stimulated recall als recht anstrengend empfinden können (Busse & Borromeo Ferri, 2003), wird ihnen nicht das gesamte (bis zu knapp 30 Minuten lange) Video der Bearbeitung vorgespielt. Daher ist die Versuchsleitung dafür verantwortlich, welche Sequenzen erneut betrachtet werden. Damit geht einher, dass gewisse Aspekte, die durch den stimulated recall aktiviert werden könnten, von den Schüler:innen nicht betrachtet werden können. Ein solches Vorgehen erweist sich in dieser Studie dennoch als sinnvoll, da damit der Empfehlung gefolgt wird, dass eine Laborsitzung insgesamt nicht länger als 90 Minuten und die konzentrierte Bearbeitungszeit von Schüler:innen der Sekundarstufe I und II 60 Minuten nicht überschreiten sollte (Aufschnaiter, 2014). Da beim stimulated recall vorwiegend die verbalen Informationen der Versuchsperson von Bedeutung sind, wird auf die Videographie verzichtet und stattdessen eine Audioaufnahme mithilfe eines Diktiergerätes durchgeführt. Dabei ist darauf zu achten, durch ein verständnisvolles und wertungsfreies Gesprächsklima die Offenheit der Versuchsperson zu steigern, damit sie ohne Scheu und Selbstzensur aussprechen, was ihnen durch den Kopf gegangen ist (Weidle & Wagner, 1994). Abbildung 6.9 veranschaulicht das Setting in den drei Phasen.

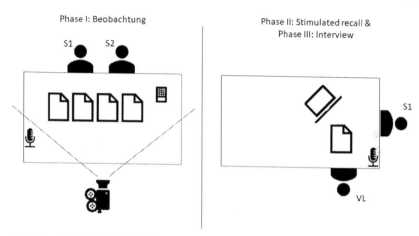

Anmerkung: S1: Schüler:in 1, S2: Schüler:in 2, VL: Versuchsleitung

Abbildung 6.9   Dreiphasiges Design zur Erhebung der Daten

6.5.3   Phase III – Interview

Die letzte Phase ermöglicht es Aspekte zu vertiefen, die in den beiden vorherigen Phasen aufgetaucht sind und von den Schüler:innen erläutert oder reflektiert werden sollen (z. B. „Wieso habt ihr euch für diese Werte entschieden?"). Zusätzlich zu den individuellen Fragen gibt es auch generelle, leitfadengestützte Fragen, die allen Versuchspersonen gestellt werden (z. B. „Wie zufrieden bist du mit eurem Ergebnis?"). Während die individuellen Fragen als Stütze für die Informationen aus den vorhergehenden Phasen dienen, können generelle Fragen als eigenständige Einheiten ausgewertet werden (Busse & Borromeo Ferri, 2003). Die Aufnahmen der Bearbeitung werden in dieser Phase nicht mehr betrachtet. Die Informationen aus stimulated recall und Interview ergänzen Informationen aus der Beobachtung und können als Stütze für Interpretationen dienen (Busse & Borromeo Ferri, 2003). Ebenso wie der stimulated recall, wird das Interview in Form einer Audioaufnahme erfasst. Der Ablauf der drei Phasen findet sich im Manual zur Untersuchungsdurchführung (Anhang B).

6.6   Transkription der Daten

Die Aufbereitung schließt an die Datenerhebung an und findet vor der Auswertung der Daten statt. Die Aufnahmen werden im Anschluss an die Erhebung transkribiert. Ziel einer Transkription ist es die Audio- und Videoaufnahmen zu verschriftlichen, damit sie für die wissenschaftliche Auswertungen genutzt und für Lesende zugänglich gemacht werden können (Dresing & Pehl, 2020). Durch die Verschriftlichung wird die flüchtige Gestalt von Gesprächen in einer grafischen Darstellung dauerhaft verfügbar gemacht (Kowal & O'Connell, 2005). Dabei stellt ein Transkript immer auch eine Reduktion von Informationen dar. Prinzipiell gilt, dass „any framework for gathering and analyzing verbal data will illuminate certain aspects of cognitive processes and obscure others" (Schoenfeld, 1985, S. 174). Es werden niemals alle Aspekte eines Gesprächs verschriftlicht werden können, denn dafür ist die Realität zu komplex (Dresing & Pehl, 2015). Damit geht einher, dass eine Auswahl getroffen werden muss bezüglich der Aspekte, die verschriftlicht werden. Detaillierte Transkripte können beispielsweise Tonhöhenverläufe, Lautstärke, Atmung, Sprechgeschwindigkeit, Dehnungen, Dialektfärbungen, Mimik und Gestik einbeziehen (Dresing & Pehl, 2015; Kuckartz, 2007). Mit einem detaillierten Transkript geht auch ein komplexes Regelsystem einher (vgl. Selting et al., 2009) und es hat Auswirkungen darauf, wie schwer der Text zu lesen ist. Die Wahl eines Transkriptionssystems muss gut überlegt sein, da Untersuchungsziel und Verschriftlichung zueinander passen müssen (Dittmar, 2004, S. 80). Darüber hinaus sollten die entstehenden Zusatzkosten bei der Erstellung und beim Lesen eines Transkriptes den Nutzen für die Auswertung nicht überschreiten (Kuckartz, 2007). Für die Analyse von Modellierungsprozessen stehen die inhaltlichen Aussagen der Schüler:innen und aufgabenbezogene non-verbale Aktivitäten im Vordergrund. Angemessen für dieses Forschungsvorhaben erscheinen daher „bewusst einfache und schnell erlernbare Transkriptionsregeln" (Kuckartz et al., 2007, S. 27). Das Regelsystem für dieses Forschungsvorhaben ist angelehnt an Dresing und Pehl (2015) und Kuckartz et al. (2007). Die folgenden Regeln geben einen Einblick in das Transkriptionssystem. Das vollständige Regelsystem findet sich in Anhang C im elektronischen Zusatzmaterial.

- Es wird wörtlich transkribiert, also nicht lautsprachlich oder zusammenfassend.
- Sprache wird leicht geglättet, d. h. an das Schriftdeutsch angenähert.
- Abgebrochene Sätze und Wörter werden mit / gekennzeichnet.
- Verständnissignale und Füllwörter werden mitcodiert.

- Pausen werden markiert.
- Inhaltsrelevante, nonverbale Aktivitäten werden in Doppelklammern gesetzt.
- Einwürfe des Partners werden in Klammern gesetzt.
- Unverständliche Wörter werden durch (unv.) gekennzeichnet.

Ziel ist ein praktikables und gut lesbares Transkript, welches den Inhalt der Aussagen sowie aufgabenrelevante non-verbale Aktivitäten möglichst realitätsgetreu wiedergibt. Ein Regelsystem ist notwendig, damit die Transkripte eine einheitliche Gestalt bekommen, damit Lesende die Bedeutung von Zeichen nachvollziehen können und, um die Texte ggf. mehrerer Transkribierender vergleichen zu können (Kuckartz et al., 2007, S. 27). Die Transkription erfolgte durch zwei Masterstudierende und einen Bachelorstudierenden mithilfe des Programms MAXQDA zur computergestützten qualitativen Datenanalyse. Die Studierenden wurden vorab in das Transkriptionssystem eingeführt. Es folgten eine Phase des konsensuellen Transkribierens und mehrere Feedback-Schleifen zu den Transkripten. Im Anschluss wurden alle Aufnahmen durchgegangen und es wurden ggf. Korrekturen durchgeführt. Daraus resultierten für jedes Schüler:innenpaar drei Transkripte: Für jede der beiden Modellierungsaufgaben ein Transkript zu den Phasen I und II und ein weiteres Transkript für Phase III. Die Auswertung der Daten basiert im Wesentlichen auf der Aufgabenbearbeitung (Phase I). Informationen aus dem stimulated recall (Phase II) und dem Interview (Phase III) werden vorwiegend genutzt, um die Beobachtungen und Interpretationen zu stützen (Rellensmann, 2019, S. 103).

Auswertungsmethode

7

In diesem Kapitel wird die Auswertungsmethode dieser Studie dargestellt. Grundlage hierfür bildet die Analyse der Transkripte, die eine fixierte Form sprachlicher und schriftlicher Daten darstellt (vgl. Abschnitt 6.6):

> In dem, was Menschen sprechen und schreiben, drücken sich ihre Absichten, Einstellungen, Situationsdeutungen, ihr Wissen und ihre stillschweigenden Annahmen über die Umwelt aus. Diese Absichten, Einstellungen usw. sind dabei mitbestimmt durch das sozio-kulturelle System, dem die Sprecher und Schreiber angehören und spiegeln deshalb nicht nur Persönlichkeitsmerkmale der Autoren, sondern auch Merkmale der sie umgebenden Gesellschaft wider – institutionalisierte Werte, Normen, sozial vermittelte Situationsdefinitionen usw. Die Analyse von sprachlichem Material erlaubt aus diesem Grunde Rückschlüsse auf die betreffenden individuellen und gesellschaftlichen, nicht-sprachlichen Phänomene zu ziehen (Mayntz et al., 1974, S. 151).

So ermöglicht die Analyse der Daten Rückschlüsse zu ziehen auf die hinter den beobachteten Aktivitäten liegenden gesellschaftlichen Phänomene, wie schulisch erworbene Normen und herkunftsspezifische Dispositionen. „Die von den sozialen Akteuren [...] eingesetzten kognitiven Strukturen sind inkorporierte soziale Strukturen." (Bourdieu, 1979/1982, S. 730) Mit der Grundannahme, dass die Analyse der verbalen Daten Rückschlüsse auf die kognitiven Strukturen der Schüler:innen erlauben, werden mit diesem Vorgehen letztlich auch überindividuelle, soziale Strukturen untersucht. Um aus den vorhandenen Daten wissenschaftlich

Ergänzende Information Die elektronische Version dieses Kapitels enthält Zusatzmaterial, auf das über folgenden Link zugegriffen werden kann https://doi.org/10.1007/978-3-658-41091-9_7.

I. Ay, *Soziale Herkunft und mathematisches Modellieren*, Studien zur theoretischen und empirischen Forschung in der Mathematikdidaktik, https://doi.org/10.1007/978-3-658-41091-9_7

fundierte Schlussfolgerungen ziehen zu können, gilt es jedoch den intuitiven Vorgang des Interpretierens verbaler Daten um eine explizierte, transparente, systematisierte und objektivierte Analyse zu erweitern (Mayntz et al., 1974, S. 151). Ebendarum bildet die Inhaltsanalyse der verbalen und non-verbalen Daten der Schüler:innen (Bearbeitungsprozess der Modellierungsaufgaben, stimulated recall und Interview) die analytische Grundlage dieser Forschungsarbeit. Im Folgenden wird die Durchführung der qualitativen Inhaltsanalyse und die Entwicklung des Kategoriensystems dargestellt. Im Anschluss werden die Gütekriterien, die dieser Forschungsarbeit zugrundeliegen, beschrieben und begründet (Abschnitt 7.2).

7.1   Inhaltlich-strukturierende qualitative Inhaltsanalyse

Qualitative Inhaltsanalyse ist ein Sammelbegriff für kategorienbasierte Methoden zur systematischen Analyse qualitativer Daten (Kuckartz, 2016). Mayring (2020, S. 500) bezeichnet sie als „qualitativ orientierte kategoriengeleitete Textanalyse". Im Fokus liegen Textverstehen und Textinterpretation, inspiriert durch ein hermeneutisches Vorgehen (Kuckartz, 2016).

> Das Verstehen des Einzelnen ist bedingt durch das Verständnis der Ganzheit, das Verstehen der Ganzheit wird aber vermittelt durch das Verständnis der Einzelgehalte. […] So bewegt sich das Verstehen in einer Dialektik zwischen Vorverständnis und Sachverständnis in einem […] spiralförmig fortschreitenden Geschehen weiter (Coreth, 1969, S. 115–116).

Für Mayring (2010, S. 32) ergeben sich daraus die folgenden, wesentlichen Aspekte:

1. Am Anfang einer qualitativen Inhaltsanalyse muss eine genaue *Quellenkunde* stehen. Das Material muss auf seine Entstehungsbedingungen hin untersucht werden.
2. Das Material kann nie vorbehaltslos analysiert werden. Der Inhaltsanalytiker muss sein *Vorverständnis* explizit darlegen. Fragestellungen, theoretische Hintergründe und implizite Vorannahmen müssen ausformuliert werden.
3. Qualitative Inhaltsanalyse ist immer ein *Verstehensprozess* von vielsichtigen Sinnstrukturen im Material. Die Analyse darf nicht bei dem manifesten Oberflächeninhalt stehen bleiben, sie muss auch auf *latente Sinngehalte* abzielen.

Hieraus wird deutlich, dass qualitative Inhaltsanalyse nicht meint, dass Auswertungen und Interpretationen völlig frei (bis hin zu willkürlich) ablaufen. Ebenso wie die Erstellung von Transkripten regelgeleitet abläuft (Abschnitt 6.6), verlangt auch die Auswertung der Daten ein systematisches Vorgehen anhand expliziter Regeln. Dazu gehört auch die Einhaltung von Gütekriterien und ein nachweislich theoriegebundenes Forschungsinteresse. So können andere Personen die Analysen verstehen, nachvollziehen und überprüfen und die Interpretationen sind unter Berücksichtigung des theoretischen Hintergrundes legitimiert (Mayring, 2010, 2020). Darüber hinaus ermöglicht eine qualitative Inhaltsanalyse die Verarbeitung großer Datenmengen, sie verbindet hermeneutisches Textverstehen mit regelgeleitetem Codieren, sie erlaubt eine methodisch kontrollierte und nachvollziehbare Auswertung und sie vermeidet durch das systematische Vorgehen Anekdotismus von Einzelfällen (Kuckartz, 2016, S. 223).

Dieses Forschungsvorhaben bedient sich der inhaltlich-strukturierenden qualitativen Inhaltsanalyse, da der systematische Vergleich von Fällen entlang eines Kategoriensystems im Vordergrund der Analysen steht. Kern dieser „Vorgehensweise ist es, am Material ausgewählte inhaltliche Aspekte zu identifizieren, zu konzeptualisieren und das Material im Hinblick auf solche Aspekte systematisch zu beschreiben" (Schreier, 2014, S. 5). Qualitative Inhaltsanalysen unterscheiden zwischen induktiver Kategorienbildung am Material und deduktiver, theoriegestützter Kategorienbildung. Die inhaltlich-strukturierende Inhaltsanalyse ermöglicht in einem mehrstufigen Verfahren deduktiv anhand von Hauptkategorien und induktiv anhand von Subkategorien zu codieren (Kuckartz, 2016). Diese Mischform erscheint für die Untersuchung von Modellierungsprozessen besonders gewinnbringend, da Modellierungsteilschritte als theoretisch-deduktive Kategorien herangezogen werden können, welche ergänzt werden durch materialgestützte, induktive Kategorien. Dieses Vorgehen erweist sich als vorteilhaft bei der vertieften Beschreibung von Material und bei der Herausarbeitung von im Material versteckten Bedeutungen und Strukturen (Döring & Bortz, 2016, S. 542; Schreier, 2012, S. 88). Induktive Kategorienbildung meint dabei nicht, dass die Kategorien ohne weiteres aus dem Material hervorspringen oder willkürlich gebildet werden. „Die induktive Kategorienbildung verlangt aktives Zutun und ist ohne das Vorwissen […] derjenigen, die mit der Kategorienbildung befasst sind, nicht denkbar." (Kuckartz, 2016, S. 72) Grundlage hierfür sind die Befunde aus der theoretischen Rahmung dieser Arbeit. Abbildung 7.1 stellt den Ablauf der inhaltlich-strukturierenden Inhaltsanalyse dar. Dieser Abschnitt 7.1 orientiert sich an der in Abbildung 7.1 dargestellten Struktur.

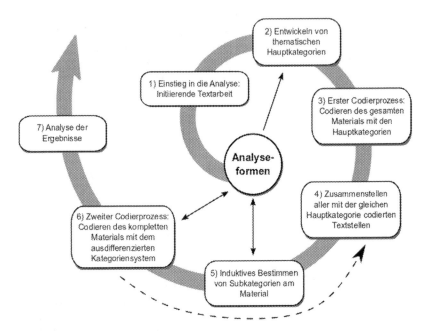

Abbildung 7.1 Ablaufschema einer inhaltlich-strukturierenden Inhaltsanalyse nach Kuckartz (2016, S. 100)

7.1.1 Einstieg in die Analyse

Zu Beginn der Analyse steht eine Selbstvergewisserung des Forschenden in Bezug auf Forschungsinteresse und -ziele, Vorwissen und Vermutungen. Damit erhalten Forschende die Gelegenheit, ihre Sichtweise zu äußern und ihre Motivation zu ergründen. Mit Vorerfahrungen in die Inhaltsanalyse zu starten wird dabei nicht als unwissenschaftlich angesehen. „Wir bringen immer und notwendig die eigene Erfahrungs- und Verständniswelt als Bedingung unseres Verstehens mit." (Coreth, 1969, S. 116) Es wäre, so Kuckartz (2016, S. 55), fiktiv und ignorant zu behaupten, Forschende könnten ohne individuelles Vorwissen in die Analysen eindringen.

Beginnend mit der *initiierenden Textarbeit* soll das Transkript eines jeden Falles vollständig gelesen werden. Im hermeneutischen-interpretativen Sinne soll ein Gesamtverständnis für den Text auf Basis des Forschungsinteresses entwickelt werden. Dazu wurden die Transkripte vor dem Hintergrund relevanter

Aspekte aus der Theorie intensiv gelesen, zentrale Äußerungen markiert, Argumentationsstränge hervorgehoben, etc. Als nächstes werden die Transkripte erneut gelesen und Auffälligkeiten in Form von Memos festgehalten. Das können Gedanken, Ideen, Vermutungen und Hypothesen sein. Der Einstieg in die Analyse schließt mit Fallzusammenfassungen ab. „Dabei handelt es sich um eine systematisch ordnende, zusammenfassende Darstellung der Charakteristika dieses Einzelfalls." (Kuckartz, 2016, S. 58) Im Gegensatz zu den Memos sollen hier keine eigenen Ideen, Hypothesen oder Interpretationen einfließen, sondern es geht um eine Komprimierung der Informationen, die faktenorientiert und nah am Text ist. Stichpunktartige Zusammenfassungen ermöglichen einen ersten Vergleich von Fällen, sie schärfen die Unterschiede und Gemeinsamkeiten zwischen den einzelnen Fällen und sie liefern eine Grundlage für die Entwicklung von Kategorien.

7.1.2 Codiereinheiten

Das zentrale Instrument der qualitativen Inhaltsanalyse ist das Kategoriensystem (Mayring, 2010, S. 49). Um eine Zuordnung von Kategorien zu Abschnitten zu ermöglichen, werden die Texte in Einzelteile, sogenannte Codiereinheiten bzw. Segmente, zerlegt. Im Rahmen dieser Arbeit wird festgelegt, dass eine Codiereinheit mindestens ein Wort umfasst, um als bedeutungstragendes Textelement gelten zu können. Segmentierung meint das Material in Einheiten zu zerlegen, sodass jedem Segment genau eine Kategorie zugeordnet werden kann (Schreier, 2012, S. 127). Segmentierung ist wichtig für die qualitative Inhaltsanalyse aus drei Gründen:

1. it helps to make sure that you really take all your material into account;
2. it helps you implement a clear research focus;
3. it allows you to compare the coding by different persons or your own coding at different points in time; i.e. it helps with assessing consistency (Schreier, 2012, S. 127)

Wird frei codiert, dann gibt es keinen vordefinierten Anfangs- und keinen Endpunkt der Segmente (Hugener, 2006; Kuckartz, 2016, S. 210). Dieses Verfahren wird als *event-sampling* bezeichnet. Dadurch, dass die Segmentgrenzen nicht vorgegeben sind, passt ihr Segment zu genau einer Kategorie. Zudem können so die Häufigkeit und Dauer des Auftretens einer Kategorie erfasst werden. Was mit der freien Wahl der Segmentgrenzen aber auch einhergeht, ist, dass zwei Codierende mitunter vollkommen unterschiedliche Segmente festlegen, was die Vergleichbarkeit erschwert. Hinzu kommt, dass die einzelnen Segmente von unterschiedlichster Länge sein können.

Eine Alternative zum event-sampling stellt das *time-sampling* dar. Hierbei wird das Material „in gleich lange Zeitabschnitte, beispielsweise 10-Sekunden-Einheiten, gegliedert. Bei der Codierung der Lektion muss für jede Einheit eine Codierentscheidung gefällt werden." (Waldis, 2010, S. 46) Einem gewissen Zeitintervall wird in diesem Verfahren eine der vorher definierten Merkmale zugeordnet (Bodenmann, 2006). Der Vorteil dieses Verfahrens besteht darin, dass die Intervalle zeitlich gleichermaßen gewichtet sind und so zählend miteinander verglichen werden können. Auch in der qualitativen Forschung haben Quantitäten ihre Berechtigung. Kuckartz (2016, S. 54) postuliert, Zahlen „können Argumentationen verdeutlichen, als Indiz für Theorien und als Unterfütterung für Verallgemeinerungen gelten." Damit kann sich qualitative Forschung deutlich von Anekdoten-Erzählungen abheben (Seale, 1999, S. 139): „Counting events that are well defined and illustrated can increase the credibility of claims made by qualitative researchers". Zudem kann Zählen zu einem höheren Informationsgehalt führen. Es enthebt Forschende jedoch nicht davon, über die Bedeutung der Zahlen im Kontext nachzudenken (Kuckartz, 2016, S. 54). Ebenso dürfen vor lauter Zahlen die individuellen Beschaffenheiten der Einzelfälle nicht aus dem Blick geraten. Ein Nachteil des time-sampling besteht darin, dass relevante Faktoren verloren gehen können, wenn man sich innerhalb eines Zeitblocks für eine Kategorie entscheiden muss, obwohl zwei (oder mehr) Kategorien für dieses Intervall in Frage kommen. Außerdem steht die Frage nach der Länge eines Zeitintervalls im Raum. In der Literatur finden sich unterschiedlichste Einteilungen, u. a. 5 Sekunden (Leiss, 2007, S. 158), 10 Sekunden (Seidel et al., 2003) oder 30 Sekunden (Hucke, 1999, S. 54–55). Je kleiner das gewählte Zeitintervall, desto mehr unterschiedliche Prozesse können erfasst werden. Gleichzeitig müssen die Intervalle mindestens so groß sein, dass die in ihr enthaltenen Textelemente eine sinntragende Einheit darstellen. Je größer die gewählten Zeitabschnitte, desto eher gehen Prozesse verloren, wenn sich Codierende zwischen mehreren Kategorien entscheiden müssen. Dies könnte beim Modellieren insbesondere kurzauftretende Prozesse wie das Validieren oder das Annahmen Treffen betreffen (vgl. Kirsten, 2021). Große Zeitintervalle könnten die Codierungen der Modellierungsprozesse stark verzerren in Richtung zeitintensiver Prozesse wie mathematisch Arbeiten. Gerade bei Beobachtungsstudien, bei denen teilweise sehr große Datenmengen verarbeitet werden müssen, erscheinen größere Intervalle gerechtfertigt (vgl. Hucke, 1999). Für Daten, die, wie in diesem Projekt, zunächst videographiert und anschließend codiert werden, erscheinen kürzere Blöcke sinnvoll (vgl. Leiss, 2007).

Dieses Forschungsvorhaben bedient sich beider Verfahren zur Analyse der Daten. Ziel ist es, die Vorteile beider Verfahren zu nutzen. Die Daten werden zunächst mithilfe eines event-samplings codiert. So sind die Codierenden frei in der Wahl ihrer Segmentgrenzen. Anschließend werden im Sinne des time-samplings Segmentgrenzen eingefügt und die Codierenden entscheiden sich bei jedem Zeitblock für eine Kategorie. Die Zeitintervalle wurden möglichst klein gewählt (5 Sekunden)[1], damit auch kurzweilige Prozesse nicht verloren gehen. Bei 10-Sekunden-Intervallen kam es regelmäßig vor, dass sich zwischen mehreren Kategorien entschieden werden muss, was die Gefahr erhöht hätte Kategorien zu ‚verlieren‘. Bei 5-Sekunden-Intervallen kam dies äußerst selten vor (siehe auch Abschnitt 7.2). Die Gefahr, dass bei zu kleinen Intervallen ein Textelement keine sinntragende Einheit mehr darstellt, wurde durch ein hermeneutisches Vorgehen minimiert: Auf Grundlage der Daten aus dem event-sampling wurde ggf. vom Verständnis des gesamten Segments auf das Verständnis des Zeitintervalls geschlossen. Kürzere Intervalle waren praktisch kaum umsetzbar und ein merklicher Nutzen war nicht erkennbar. Die Übertragung der Codierung auf die Zeitintervalle geschieht regelgeleitet. Die folgenden, nach Relevanz sortierten Regeln kommen zum Einsatz, wenn ein Codierer sich zwischen mehreren Kategorien entscheiden muss:

1. Ein Code sollte nicht ‚verloren‘ gehen, d. h., wenn ein Code im Text auftaucht, sollte er auch in einem 5-Sekunden-Block zu finden sein.
2. In einem Segment überwiegt der zeitlich länger auftretende Code.
3. In einem Segment überwiegt der inhaltlich bedeutendere Code.

Entscheidungsregeln zur Codierung des time-samplings mit Erklärungen und Beispielen finden sich in Anhang D im elektronischen Zusatzmaterial. Die Qualität dieses Regelsystems wird in Abschnitt 7.2 thematisiert. Mithilfe dieser Intervalle kann näherungsweise angegeben werden, wie groß der Anteil einer Kategorie am gesamten Prozess ist. Sie dienen zudem der Visualisierung der Prozessdaten in Form von u. a. Prozessdiagrammen und sie finden Anwendung in der Ermittlung der Intercoder-Reliabilität (Abschnitt 7.2). Die Daten aus dem time-sampling nehmen in dieser Forschungsarbeit primär eine zählende und visualisierende

---

[1] Die 5 Sekunden beziehen sich auf ganzzahlig gerundete Werte. Aufgrund von Dehnungen innerhalb von Wörtern kann es zu leichten Abweichungen kommen. Segmentgrenzen finden sich vor oder nach einem Wort, nicht aber innerhalb eines Wortes.

Funktion ein und dienen dem Vergleich von Kategorien. Die Daten aus dem event-sampling entfalten ihr Potential bei Prozessbeschreibungen und Tiefenanalysen. Damit können die Vorteile beider Verfahren in dieser Arbeit zum Tragen kommen.

7.1.3   Das Kategoriensystem

Ein Kategoriensystem stellt die Gesamtheit aller Kategorien dar (Kuckartz, 2016, S. 38). Schreier (2012) zufolge sollten Kategoriensysteme *eindimensional* sein, d. h. dass jede Kategorie nur einen forschungsrelevanten Aspekt umfasst; sie sollten *erschöpfend* sein, d. h. jede Codiereinheit kann einer Subkategorie zugeordnet werden. Uncodierte Textstellen sollten selten vorkommen; sie sollten *gesättigt* sein, d. h. jede Subkategorie findet Verwendung. Keine Subkategorie sollte unbenutzt bleiben; Kategorien innerhalb des Kategoriensystems sollten sich *gegenseitig ausschließen*, d. h. dass Codiereinheiten nicht mehr als einer Subkategorie zugeordnet werden können. Sie sollten somit trennscharf bzw. disjunkt voneinander sein. Da in dieser Studie Paarprozesse codiert werden, kann es vorkommen, dass die Schüler:innen sich zu einer Zeit in unterschiedlichen Kategorien befinden. In Anlehnung an das Vorgehen von Kirsten (2021, S. 161) wird in dieser Arbeit davon ausgegangen, dass Schüler:innen sich in unterschiedlichen Phasen des Modellierungskreislaufes befinden, wenn sie mindestens 30 Sekunden nicht innerhalb derselben Kategorie arbeiten. Zudem sollten Kategorien möglichst genau definiert werden. Dazu gehört ein prägnanter Name, eine Beschreibung der Kategorie, u. U. mit Anbindung an die Theorie, eine Erläuterung, wann die Kategorie codiert wird, ein Beispiel für eine Anwendung und eine Abgrenzung zu anderen Kategorien (Kuckartz, 2016, S. 40). Ein solches Kategoriensystem ermöglicht, dass Außenstehende die Inhaltsanalyse nachvollziehen können und dass ein zweiter Codierer zu möglichst ähnlichen Ergebnissen bei der Codierung kommt (die damit einhergehenden Gütekriterien intersubjektive Nachvollziehbarkeit und Intercoder-Reliabilität werden in Abschnitt 7.2 aufgegriffen). Die Entwicklung des Kategoriensystems umfasst die Schritte zwei bis sechs aus Abbildung 7.1 und wird im Folgenden näher beschrieben.

7.1.3.1   Hauptkategorien
In diesem Schritt werden die thematischen Hauptkategorien entwickelt. „Man beginnt mit einem aus relativ wenigen Kategorien bestehenden Kategoriensystem, das nicht aus den Daten selbst, sondern aus der Forschungsfrage oder einer

Bezugstheorie, abgeleitet wird." (Kuckartz, 2016, S. 96) Die deduktiven Haupt-kategorien dieser Arbeit bilden die Teilschritte des Modellierens angelehnt an den siebenschrittigen Modellierungskreislauf von Blum und Leiss (2007): Verstehen, Vereinfachen/Strukturieren, Mathematisieren, Mathematisch Arbeiten, Interpretie-ren, Validieren und Darlegen. Die Hauptkategorien lenken den Analysefokus. Sie gehen stets mit einer Reduktion einher, aber bewahren gleichzeitig davor, vor lauter interessanter Aspekte im Material nicht in ein ‚getting lost in the data' zu verfallen (Schreier, 2012, S. 58). Ein Vorteil deduktiver Kategorien liegt darin, dass die Masse an Daten überschaubarer gemacht und Komplexität redu-ziert wird (Buchholtz, 2021). Eine deduktive Kategorienbildung schließt dabei nicht aus, dass es während der Analyse zu Veränderungen der vorab definier-ten Kategorien kommen kann (Kuckartz, 2016, S. 71–72). So kann es auch zu Zusammenlegungen oder Trennungen von Kategorien kommen. In diesem Schritt wurden die Hauptkategorien an etwa 17 % des Materials (Kuckartz empfiehlt 10 %–25 %) erprobt. Ziel ist es, die Kategorien auf ihre konkrete Anwendbarkeit am empirischen Material zu prüfen (Kuckartz, 2016, S. 102). Bei der Erpro-bung der Kategorien ist unter anderem aufgefallen, dass der Modellierungsschritt Darlegen häufig simultan zu anderen Prozessen des Modellierens abläuft und damit nicht von anderen Prozessen abgrenzbar ist (vgl. Krawitz, 2020). Daher wurde die Kategorie Darlegen aus dem Kategoriensystem ausgeschlossen. Dar-über hinaus gab es Probleme der Trennschärfe zwischen dem Schritt Verstehen und dem Schritt Vereinfachen/Strukturieren. Den Äußerungen der Schüler:innen war häufig nicht zu entnehmen, ob sie dabei sind ein Situations- oder ein Realmodell zu bilden. Daher wurde beschlossen, den ersten Schritt Verstehen auf das erstmalige Durchgehen des Materials zu reduzieren. Das wiederholte, selektive Lesen von Informationen im Laufe des Bearbeitungsprozesses wird dem Schritt Vereinfachen/Strukturieren zugeordnet. Da dem Verstehensprozess in seiner kognitionspsychologischen Bedeutung durch diese Reduktion der Kom-plexität nicht hinreichend gerecht werden kann, wird diese Kategorie nur sehr bedingt analysiert und diskutiert. Die Auswertung der Daten stützt sich also im Wesentlichen auf die Schritte zwei bis sechs des genannten Modellierungskreis-laufes. Der Restkategorie werden Segmente während der Aufgabenbearbeitung zugeordnet, die sich keiner Modellierungsaktivität zuordnen lassen. Dazu gehö-ren längere Sprechpausen, die keine aufgabenrelevanten, non-verbalen Aktivitäten erkennen lassen, Gespräche über aufgabenirrelevante Aspekte oder Segmente, die sich inhaltlich keinem Modellierungsprozess zuordnen lassen. Die Restkatego-rie wurde im Sinne eines erschöpfenden Kategoriensystems möglichst sparsam angewendet. Zu diesem Zeitpunkt enthält das prototypische Kategoriensystem bereits Beschreibungen, Abgrenzungen und Ankerbeispiele der deduktiven Hauptkategorien.

7.1.3.2 Erster Codierprozess

Das zuvor entwickelte Kategoriensystem wird in dieser Phase auf alle vorliegenden Transkripte angewendet. Es ist mitunter notwendig die Zuordnung zu einer Kategorie aufgrund der Gesamteinschätzung des Satzes bzw. Abschnitts vorzunehmen. Dies entspricht dem hermeneutischen Verständnis, dass um einen Text in seiner Gänze zu verstehen, seine Einzelteile verstanden werden müssen, und anders herum (Kuckartz, 2016, S. 102). An strittigen Stellen wurden Modellierungs-Expert:innen aus dem Institut für Didaktik der Mathematik und der Informatik der Universität Münster zu Rate gezogen. Ziel dieser Phase ist es das Kategoriensystem zu verbessern, indem es zu einer genaueren Beschreibung der Kategorien und der Abgrenzung unter ihnen kommt. Veränderungen am Kategoriensystem und an den Kategoriendefinitionen bleiben nach wie vor prinzipiell möglich (Kuckartz, 2016, S. 71–72).

7.1.3.3 Ausdifferenzierung in Subkategorien

Ziel dieser Phase ist die Zusammenstellung aller mit der gleichen Kategorie codierten Textstellen und die induktive Ausdifferenzierung der bislang relativ allgemeinen Hauptkategorien. Eine Ausdifferenzierung in Subkategorien sollte für die Kategorien vorgenommen werden, die für die Studie eine zentrale Bedeutung einnehmen (Kuckartz, 2016, S. 106). Der Schritt Verstehen wurde (wie sich der Beschreibung aus Abschnitt 7.1.3.1 entnehmen lässt) nicht weiter ausdifferenziert, sondern bleibt als Hauptkategorie bestehen. Auch Mathematisch Arbeiten wurde nicht weiter ausdifferenziert, da dieser Schritt im einschlägigen Diskurs häufig nicht als modellierungsspezifische Aktivität aufgefasst wird (u. a. Greefrath et al., 2017; Leiss & Blum, 2010; Wess, 2020, S. 17).

Nun kommt es nacheinander für jede relevante Hauptkategorie anhand der folgenden sechs Schritte zur Entwicklung ausdifferenzierter Subkategorien. (1) Zunächst werden alle Textstellen *einer* Kategorie in einer Liste zusammengestellt. Bevor es weitergeht macht sich der Forschende erneut das Forschungsinteresse und theoretische Vorannahmen bewusst (Kuckartz, 2016; Mayring, 2010). Diese regelmäßige Vergegenwärtigung hilft den Fokus der Analyse im Blick zu behalten. Anschließend macht sich der Forschende mit dem Material (der Liste) vertraut. (2) An etwa 40 % des Materials werden dann Paraphrasen gebildet, d. h. die Sinnabschnitte werden so umformuliert, dass sie den Inhalt knapp und auf das wesentliche beschränkt zusammenfassen (Mayring, 2010, S. 69). Die Paraphrasen haben ein gewisses Abstraktionsniveau, sind aber sprachlich noch relativ nah am Text. (3) Nun werden die Paraphrasen in einer Tabelle gebündelt und sortiert. Ziel ist es Bündel von Paraphrasen zu finden und unter einem erhöhten Abstraktionsniveau zusammenzufassen. (4) Die Gemeinsamkeiten der in den Bündeln enthaltenen Paraphrasen werden festgehalten und beschrieben. Aus ihnen werden Vorstufen der Codierregeln (siehe Tabelle 7.1) abgeleitet. Hinzu kommen Abgrenzungen zu den anderen Bündeln. (5) Den verdichteten Bündeln wird nun ein Name gegeben – die entsprechende Subkategorie. Da die Subkategorien auch Modellierungsaktivitäten darstellen, bietet es sich an, die Subkategorien mit Verben (z. B. Organisieren) zu bezeichnen, da so beschrieben wird, was passiert, wenn Modellierende von einer in die nächste Stufe wechseln (Galbraith & Stillman, 2006). (6) Anschließend wird die Subkategorie in einem iterativen Prozess an bislang nicht-paraphrasiertem Material getestet, überarbeitet und ggf. werden neue Subkategorien entwickelt oder alte zusammengelegt.

> Irgendwann kommt aber der Zeitpunkt, an dem sich nicht mehr viel tut; es scheint eine Art „Sättigung" erreicht. Nun gilt es, das Kategoriensystem noch einmal auf das Einhalten der wichtigen Kriterien (disjunkt, plausibel, erschöpfend, gut präsentierbar und kommunizierbar) zu prüfen und ggf. zu verändern. (Kuckartz, 2016, S. 85)

So schärft sich das Kategoriensystem aus mit seinen Beschreibungen, Codierregeln, Abgrenzungen und Beispielen. Das heißt jedoch nicht, dass es fix und unveränderlich ist.

7.1.3.4 Zweiter Codierprozess

Nachdem die Subkategorien in das Kategoriensystem implementiert sind, wird das gesamte Material gemäß den Subkategorien codiert. In diesem Schritt wird auch festgestellt, wie gut die Sättigung erreicht werden konnte. Es kann auch in diesem Schritt noch zu Präzisierungen und Erweiterungen der Subkategorien kommen. Das Kategoriensystem, das dieser Arbeit zugrunde liegt, ergibt sich nach hinreichend häufigem Durchlaufen der Iterationsschleifen und Testung durch zwei unabhängige Codierende (Abschnitt 7.2.2). Eine gekürzte Veranschaulichung des Kategoriensystems wird in Tabelle 7.1 dargestellt. In vollständiger Form findet sie sich im Anhang E, inklusive Beschreibungen der Kategorien, Abgrenzungen von Kategorien zu anderen Kategorien und weiterer Ankerbeispiele. Ein codiertes Beispiel-Transkript findet sich in Anhang F im elektronischen Zusatzmaterial.

Tabelle 7.1 Gekürztes Kategoriensystem

Kategorie	Codierregeln	Ankerbeispiele
Verstehen (Mod 1)	• Das Material wird erstmalig erfasst und der Aufgabentext gelesen.	
Vereinfachen/Strukturieren (Mod 2)		
Vereinfachen (Mod 2.1)	• Text und Bild werden selektiv gelesen oder nach Informationen durchsucht. • Gegebene Informationen werden in wichtig und/ oder unwichtig geteilt. • Fehlende Informationen werden identifiziert.	• „Ja, Baujahr ist ja unnötig." • „80 Gäste ist ja das Einzige was wir haben sozusagen."
Organisieren (Mod 2.2)	• Es wird gemessen. • Es wird gezeichnet, skizziert oder eingeteilt. • Informationen werden zu einem Handlungsplan verknüpft. • Lösungsschritte werden benannt.	• „Wir können probieren zu schätzen, wie viel eine Person isst." • „Hier ist das Auto ((zeichnet)) und hier ist das Haus, irgendwo so"
Annahmen Treffen (Mod 2.3)	• Es werden Schätzungen und Plausibilitätsüberlegungen durchgeführt. • Es werden Prämissen festgelegt. • Im Realmodell generierte Informationen werden gerundet.	• „eine normale Pizza ist, klein ist 24" • „Ich denke eine Familienpizza ist vielleicht hier ein Fünftel davon."
Intention Explizieren (Mod 2.4)	• Es wird benannt, dass es sich um eine Schätzaufgabe handelt. • Es wird benannt, dass die Aufgabe nicht exakt gelöst werden muss/ kann. • Der subjektive Sinn der Aufgabe wird erfasst.	• „Das ist ja eher mal eine Schätzfrage." • „Also sind wir uns einig, dass man da wirklich nichts ausrechnen kann?"
Mathematisieren (Mod 3)		
Operationalisieren (Mod 3.1)	• Die Formelsammlung wird durchsucht. • Informationen aus dem Text oder einer Zeichnung werden operationalisiert. • Formeln, Variablen und Terme werden aufgestellt und diskutiert.	• „Satz des Pythagoras einfach machen." • „Dann würde ich die Höhe des Fahrzeugs plus 30 m rechnen."

(Fortsetzung)

Tabelle 7.1 (Fortsetzung)

Kategorie	Codierregeln	Ankerbeispiele
Visualisieren (Mod 3.2)	• Es wird gezeichnet, händisch dargestellt und es werden Tabellen erstellt. • Skizzen werden beschriftet. • Mathematische Objekte in der Zeichnung werden identifiziert und diskutiert (z. B. Variablen, Gesuchte Längen, Winkel und Katheten). Dazu gehören auch Plausibilitätsüberlegungen im Rahmen der Visualisierung („muss das schräg sein?" „Uns fehlt diese Länge").	• „Das ((zeigt auf die Skizze)) wäre dann 12 plus das Auto, nh? [Mod 3.2] Weil das ist/ die Leiter ist ja (S: Jaja) ganz hinten an dem (S: Genau, genau) ((zeigt auf das Foto)) [Mod 2.2]."
Mathematisch Arbeiten (Mod 4)	• Es werden mathematische Operationen durchgeführt, mit dem Ziel zu einem mathematischen Resultat zu gelangen.	
Interpretieren (Mod 5)		
Übersetzen (Mod 5.1)	• Mathematische Resultate werden übersetzt in reale Resultate.	• „Das heißt die maximale Höhe des Gebäudes wäre 17,2."
Vermuten (Mod 5.2)	• Reale Resultate werden aus dem Realmodell heraus geraten oder vermutet.	• „wenn wir denken, keine Ahnung, dass (.) 25 Leute diese Pizza jetzt essen."
Validieren (Mod 6)		
Überprüfen (Mod 6.1)	• Reale Resultate werden miteinander verglichen. • Reale Resultate werden mit Vergleichsobjekten und Stützpunktwissen verglichen. • Die Plausibilität realer Resultate wird angezweifelt oder angenommen.	• „Meinst du wirklich? (.) Ich find die Pizza […] richtig groß." • „Das passt doch […] die Leiter ist 30 Meter und wenn sie dann abgeschrägt nach oben ist."
Bewerten (Mod 6.2)	• Mathematische Modelle werden rückbeziehend bewertet, verglichen und verändert. • Mathematische Resultate werden innermathematisch validiert, geprüft und angezweifelt.	• „Ach wir haben das hier vergessen mitzurechnen." • „Ich weiß nicht, wie ich das bezeichnen soll, (.) weil das ist ja nicht x."

In der Tabelle finden sich Hauptkategorien ausdifferenziert in Subkategorien. Für die Subkategorien *Intention Explizieren* (Mod 2.4) und *Vermuten* (Mod 5.2) kann bei der Feuerwehr-Aufgabe keine hinreichende Sättigung festgestellt werden, sodass diese bei Codierungen der Feuerwehr-Aufgabe nicht als eigenständige Kategorien auftreten. Zudem werden die Kategorien *Organisieren* und *Annahmen Treffen* für die Feuerwehr aufgrund deutlicher Überschneidungen und weniger Annahmen insgesamt gemeinsam codiert.

Die Subkategorien zielen darauf, die Prozesse der Schüler:innen forschungszielorientiert zu analysieren. Beispielsweise wurde die Kategorie *Vereinfachen/Strukturieren* in die Subkategorien *Vereinfachen*, *Organisieren* und *Annahmen Treffen* unterteilt, um den Umgang der Schüler:innen mit dem Text und den (nicht) vorhandenen realitätsbezogenen Informationen zu thematisieren. So können beispielsweise Tätigkeiten identifiziert werden, die selektiver, sortierender, organisierender oder an Vorwissen anknüpfender Natur sind. Die hierzugehörige Subkategorie *Intention Explizieren* untersucht, welchen subjektiven Sinn oder welche versteckten Erwartungen die Schüler:innen der Aufgabe beimessen. Die Kategorie *Mathematisieren* ist untergliedert in die Subkategorien *Operationalisieren* und *Visualisieren*. Anhand dessen können Tätigkeiten danach unterschieden werden, ob sich algebraisch mit Formeln, Termen und Variablen oder visuell mit Skizzen auseinandergesetzt wird. Die Hauptkategorie *Interpretieren* ist unterteilt ist die Subkategorien *Übersetzen* und *Vermuten*, um festzustellen, ob reale Resultate eher aus dem Realmodell oder anhand eines mathematischen Ansatzes aus dem mathematischen Resultat generiert werden.[2] Die Kategorie *Validieren* wurde in die Subkategorien *Überprüfen* und *Bewerten* unterteilt (vgl. Greefrath, 2018, S. 43), um Validierungsaktivitäten dahingehend auszudifferenzieren, ob sie auf Aktivitäten in der Realität oder der Mathematik abzielen. So können Besonderheiten in den Teilschritten mathematischen Modellierens weiter ausdifferenziert werden, um *die feinen Unterschiede* (Bourdieu, 1979/1982) zwischen den Schüler:innen angemessen widerspiegeln zu können.

7.1.3.5 Analyse der Ergebnisse

Zunächst werden die Transkripte zu den Bearbeitungsprozessen der Schüler:innenpaare mithilfe des Kategoriensystems codiert. Zur Analyse der Ergebnisse werden die Fälle interpretativ beschrieben und anschließend kategorienbasiert verglichen. Ziel der Beschreibungen ist es die einzelnen teilnehmenden

---

[2] Da die Analysen dieser Untersuchung keine spezifischen Auffälligkeiten innerhalb der Subkategorien aufdecken können, werden im Ergebnisteil die Subkategorien Übersetzen und Vermuten nicht als eigenständige Analyseebenen thematisiert, sondern stattdessen das Interpretieren als Hauptkategorie in den Blick genommen.

Personen in das Zentrum der Analyse zu rücken. Dazu werden zu jedem Paar zu jeder der beiden Modellierungsaufgaben kurze Zusammenfassungen der Bearbeitungsprozesse erstellt, um einen schnellen Überblick für Lesende zu ermöglichen und eine einfache Gegenüberstellung einzelner Fälle vorzubereiten. Verbale Aktivitäten ebenso wie aufgabenrelevante, non-verbale Aktivitäten werden dabei berücksichtigt. Non-verbale Aktivitäten werden in dieser Untersuchung als aufgabenrelevant erachtet, wenn eine Auseinandersetzung mit den verfügbaren Hilfsmitteln, den Notizen oder den Arbeitsblättern erkennbar ist oder, wenn Elemente aus der Aufgabe in physischer Form repräsentiert werden. Die ausführlichen Fallbeschreibungen nehmen die Bearbeitungsprozesse, die schriftlichen Lösungswege, die Gespräche des stimulated recalls und des Interviews in den Blick und ermöglichen den Nachvollzug des Vorgehens der einzelnen Fälle. Die verwendeten Kategorien des Kategoriensystems werden dabei in die Fallbeschreibungen eingearbeitet und es wird eine Visualisierung in Form einer Codeline beigefügt (vgl. Ärlebäck, 2009; Möwes-Butschko, 2010). Visualisierungen wie diese dienen der Analyse ebenso wie der Präsentation der Ergebnisse (Kuckartz, 2016, S. 194). So können die Codierungen am konkreten Fall nachvollzogen werden. Durch die Implementierung der Codierungen in die Fallbeschreibungen kommt es zu einem höheren Abstraktionsgrad der Informationen im Vergleich zur reinen Beschreibung der Fälle. Dies erleichtert den Übergang zu den Fallvergleichen, die anhand der Kategorien strukturiert sind. Besondere Stärken dieses Vorgehens (vgl. Kuckartz, 2016, S. 117) liegen

- in der Systematik, da alle Fälle in gleicher Weise behandelt werden,
- darin, dass nah am Material und an Originalaussagen gearbeitet wird, sodass anhand empirischer Daten begründet wird,
- in der Dokumentation, die es Lesenden ermöglicht die Transkripte in Passung mit den Codierungen übersichtlich nachzuvollziehen und
- in der Vorarbeit für die abstrakteren, fallübergreifenden Analysen.

Untersucht wird in dieser Arbeit, bei welchen Fällen sich gewisse Aspekte innerhalb einer Kategorie finden lassen. Dies ermöglicht systematische Vergleiche zwischen Fällen und letztlich auch zwischen sozial benachteiligten und sozial begünstigten Schüler:innen. Analysen finden sich dabei sowohl kategorienübergreifend als auch innerhalb einzelner Kategorien. Der Kern der inhaltlich-strukturierenden qualitativen Inhaltsanalyse besteht darin, die Fälle entlang der Kategorien miteinander zu vergleichen. Ist zu Beginn der Beschreibungen die Nähe zum Einzelfall noch recht hoch, wird diese Nähe im Laufe der Analysen und der Diskussion abgebaut, um die Generalisierung der Ergebnisse schrittweise voranzutreiben. So kann intersubjektiv nachvollzogen werden (Abschnitt 7.2.1), wie es von der Beschreibung der Fälle (8.1), über den Vergleich der Fälle (8.2), zur Diskussion der Ergebnisse und daraus resultierend zur Entwicklung generalisierter Hypothesen (9.1) kommt.

7.2   Gütekriterien

Ebenso wie in der quantitativen Forschung gibt es auch in der qualitativen Forschung Kriterien, die die Güte eines Forschungsvorhabens auszeichnen. In der quantitativen Forschung gelten die Gütekriterien Objektivität, Reliabilität und Validität als anerkannt. Für die qualitative Forschung hingegen ist die Angemessenheit dieser Kriterien anzuzweifeln (Döring & Bortz, 2016; Flick, 2009, 2020), da sie für ganz andere Methoden entwickelt wurden (Steinke, 2005). Reliabilität im traditionellen Sinne erscheint eher ungeeignet, da nicht davon auszugehen ist, dass eine wiederholende Durchführung zu derselben Erzählung bzw. Beobachtung führt (Flick, 2020). Ebenso ungeeignet erscheint eine Split-Half-Reliabilität, da qualitative Forschung Daten bis zu einem gewissen Sättigungsgrad erhebt. Eine Halbierung der Datensätze kann also kaum zu konsistenten Ergebnissen führen. Es entstehen zwangsweise zwei ungleiche Hälften (Mayring, 2016, S. 141). Die interne Validität quantitativer Forschung, die mit einer umfassenden Kontrolle der Kontextbedingungen und einem hohen Grad an Standardisierung einhergeht, steht in direktem Gegensatz zu den Stärken qualitativer Forschung (Flick, 2020). Glaser und Strauss (1979, S. 92) zweifeln ebenfalls an der Anwendbarkeit und fordern: „Die Beurteilungskriterien sollten vielmehr auf einer Einschätzung der allgemeinen Merkmale qualitativer Sozialforschung beruhen – der Art der Datensammlung [...], der Analyse und Darstellung und der Art und Weise, in der qualitative Analysen gelesen werden."

Es besteht demnach Bedarf an für qualitative Forschung angepasste Kriterien (Mayring, 2016).[3] Die Grundgedanken traditioneller Gütekriterien beeinflussen dabei auch die Gütekriterien qualitativer Forschung. Diese Forschungsarbeit bedient sich der Kernkriterien qualitativer Forschung nach Steinke (2005), die auf die etablierten Gütekriterien quantitativer Forschung aufbauen und, sofern möglich, die Spezifika qualitativer Ansätze berücksichtigen. Die Kriterien dienen als Maßstab für die hochwertigen Planung, Umsetzung und Darstellungen des

---

[3] Es finden sich auch Strömungen, die Gütekriterien für qualitative Forschungen ablehnen. Auf diese wird in dieser Arbeit nicht weiter eingegangen, da sich dieses Vorhaben auf den Ausgangspunkt von Steinke (2005) stützt, dass qualitative Forschung nicht ohne Bewertungskriterien bestehen kann.

Forschungsvorhabens (Döring & Bortz, 2016, S. 111–112) und sie haben sich in der Fachdidaktik für eine qualitative Inhaltsanalyse als angemessen erwiesen (vgl. Kirsten, 2021; Rellensmann, 2019). Solche Kriterien sind nicht als universeller Katalog zu verstehen, sondern als Orientierung für eine untersuchungsspezifische Anwendung (Steinke, 2005). Für Lesende dient dieser Abschnitt der Transparenz des gesamten Forschungsprozesses und der kritischen Beurteilung dieser Arbeit (Kuckartz, 2016, S. 205).

7.2.1 Kernkriterien nach Steinke (2005)

Im Folgenden werden die Kernkriterien nach Steinke (2005) vorgestellt und in Bezug auf die hier vorgestellte Forschungsarbeit diskutiert.

Intersubjektive Nachvollziehbarkeit
Es ist zentral, dass außenstehende Personen den gesamten Forschungsprozess verfolgen können. Eine umfassende und detaillierte Dokumentation der Prozessschritte ist dafür unablässig. Mit der umfassenden Dokumentation einher geht, dass Lesende die Arbeit gemäß ihren eigenen Kriterien beurteilen können. Die theoretische Rahmung dieser Arbeit ermöglicht es, das Vorverständnis über den Forschungsgegenstand nachzuvollziehen. Dieses theoriegestützte Vorgehen, mithilfe dessen an die Vorerfahrungen (anderer) angeknüpft wird, ist unablässig, um einen Erkenntnisfortschritt erreichen zu können (Mayring, 2010, S. 58). Ein weiteres Zeichen für die Güte besteht darin, dass Ergebnisse auch in Gruppen diskutiert und interpretiert wurden. So waren außenstehende Expert:innen von Beginn an Teil des Forschungsprozesses. Austauschprozesse fanden u. a. statt in Bezug auf die Entwicklung der Fragebögen, die Entwicklung und Auswahl der Modellierungsaufgaben und die Entscheidung für die Konzeptualisierungen der sozialen Herkunft und der Mathematikleistung. Hinzukamen Diskussionen zum Erhebungsdesign der Laborstudie, zum Auswertungsverfahren und zur Darstellung der Ergebnisse. Einbezogen wurden Expert:innen zudem in Codiervorgänge und in Interpretationen von Ergebnissen. Praktizierende Lehrpersonen, Studierende und Wissenschaftler:innen aus der Mathematikdidaktik, der Soziologie, der Psychologie, der naturwissenschaftlichen Didaktiken und der Erziehungswissenschaft waren darin involviert. Dies fand auf zahlreichen nationalen sowie internationalen Tagungen statt. Hinzu kommen regelmäßige institutsinterne Kolloquien und Expert:innenrunden. Dies ermöglicht die Aufmerksamkeit auf Stellen zu lenken, die ohne Austausch leicht übersehen werden können (Flick, 2020; Kuckartz, 2016, S. 218).

Zu der intersubjektiven Nachvollziehbarkeit gehören auch die Entwicklung und Anwendung kodifizierter Verfahren. Dies soll insbesondere durch die Anwendung der qualitativen Inhaltsanalyse gewährleistet werden, mithilfe derer die Daten in einzelne Codiereinheiten zerlegt werden und systematisch und regelgeleitet ausgewertet werden. „Es soll in der Inhaltsanalyse gerade im Gegensatz zu»freier« Interpretation gelten, dass jeder Analyseschritt, jede Entscheidung im Auswertungsprozess, auf eine begründete und getestete Regel zurückgeführt werden kann." (Mayring, 2010, S. 49) Die sorgfältige Entwicklung und transparente Anwendung des Kategoriensystems mit seinen explizit ausformulierten Beschreibungen, Codierregeln, Ankerbeispielen und Abgrenzungen unter den Kategorien trägt dazu bei.

Indikation
Dieses Kriterium nimmt die Angemessenheit des gesamten Forschungsprozesses in den Blick. Dazu gehört es angemessene, auf das Forschungsziel abgestimmte Entscheidungen transparent abzuwägen und zu begründen. Daher wurde in dieser Arbeit (Abschnitt 6.1) die Zweckdienlichkeit eines qualitativen Ansatzes für das gegebene Forschungsproblem dargelegt. Daneben finden sich in Form einer Auseinandersetzung mit der qualitativen Inhaltsanalyse Indikationen des qualitativen Forschungszugangs und der Methodenwahl (7.1). Des Weiteren werden die Transkriptionsregeln (6.6), die Auswahl der Teilnehmenden (6.3 und 6.3.4), die Auswahl und Entwicklung der Aufgaben (6.4), die Durchführung der Datenerhebung im Laborsetting (6.5) und in diesem Kapitel die Auswahl der Bewertungskriterien begründet. Mithilfe der qualitativen Inhaltsanalyse wird zudem eine Passung zwischen Datenerhebung und -auswertung hergestellt. In den entsprechenden Kapiteln wurden die jeweiligen methodischen Entscheidungen präsentiert und vor dem Hintergrund des Forschungsinteresses begründet, aber auch Vor- und Nachteile zu anderen Vorgehensweisen dargelegt und diskutiert. Darin enthalten waren theoretische und forschungspragmatische Überlegungen sowie Vorerfahrungen aus anderen didaktischen Forschungsarbeiten, sodass insgesamt von einer gegenstandsangemessenen Auswahl und Entwicklung des methodischen Rahmens gesprochen werden kann.

Empirische Verankerung
Die Bildung von Hypothesen und Theorien sollte aus den Daten heraus begründet werden und die untersuchten Subjekte sollten dabei im Blick der Analyse liegen. Mit der Anwendung der qualitativen Inhaltsanalyse werden Analysen systematisch am Material durchgeführt. Um der empirischen Verankerungen Genüge zu leisten, wird im Ergebnisteil zunächst vertieft auf die Modellierungsprozesse

der einzelnen Paare eingegangen. Die Paare und ihre subjektiven Prozesse stehen im Vordergrund. Ein Vergleich von Fällen und damit eine erhöhte Abstraktion erfolgt erst anschließend. Hinzu kommen hinreichende Textbelege sowohl bei der Darstellung als auch bei der Diskussion der Ergebnisse. Dabei werden auch abweichende Muster thematisiert (Kuckartz, 2016, S. 205). Dadurch kommt es in der Diskussion zur kritischen Auseinandersetzung mit und zur Relativierung der Erkenntnisse. Die empirische Verankerung zeigt sich auch in der induktiven Entwicklung von Subkategorien, bei dem in einem iterativen Prozess Fälle studiert werden, bis Beziehungen ersichtlich werden und bei der widersprüchliche Ereignisse zu einer Umformulierung von Definitionen, Beschreibungen und Abgrenzungen führen können.

Limitation und Kohärenz
Mit diesem Kriterium soll geprüft werden, inwieweit die Ergebnisse der Arbeit verallgemeinerbar sind. Dazu gehört die Fallkontrastierung, bei der im Hinblick auf die zugrunde gelegte Theorie möglichst unterschiedliche Fälle verglichen werden. Dies wird durch die Auswahl der Versuchspersonen (6.3 und 6.3.4) realisiert. „Das kontrastierende Vergleichen der Fälle ermöglicht die Identifikation von Elementen […], die gleichartige Fälle miteinander teilen und die für das theoretische Phänomen wesentlich sind." (Steinke, 2005, S. 330) Fallvergleiche stellen ein zentrales Element des Forschungsvorhabens dar und werden in Abschnitt 8.2 vertieft behandelt. Gleichzeitig soll mit einer Suche nach abweichenden Fällen die Grenzen der Verallgemeinerbarkeit aufgedeckt werden. Das Kriterium der Kohärenz nimmt in den Blick, ob die Interpretationen und entwickelten Hypothesen in sich konsistent sind. Zur Kohärenz gehört es auch Widersprüche zu thematisieren und ungelöste Fragen offenzulegen. Die in Abschnitt 9.3 beschriebenen Grenzen der Studie stützen dieses Kriterium.

Relevanz
In der qualitativen Forschung gilt es Ergebnisse auch hinsichtlich ihres pragmatischen Nutzens zu beurteilen. Daher wird anhand der theoretischen Rahmung versucht darzulegen, inwiefern die Forschungsfragen relevant sind für schulische Akteur:innen. Hinzu kommt, dass mit der Untersuchung der Modellierungsprozesse ein Beitrag dahingehend geleistet werden soll, auch soziokulturelle Unterschiede in den Blick von realitätsbezogenem Mathematikunterricht zu nehmen. Diesem Kriterium soll u. a. dadurch Rechnung getragen werden, dass die Ergebnisse unter Betrachtung bisheriger – auch konträrer – Forschungsbefunde diskutiert werden (9.1). Hinzu kommen die Darlegungen von Implikationen für die Forschung (9.4) und für die Unterrichtspraxis (9.5).

Reflektierte Subjektivität
Forschende sind mit ihren Forschungsinteressen, Vorannahmen und biographi-
schen Hintergründen selbst subjektiv geprägte Teile der sozialen Welt, die sie zu
beforschen versuchen. Dies zu reflektieren ist Kern dieses Kriteriums. Daher wird
seit Beginn der Promotionszeit ein Forschungstagebuch geführt, indem die zentralen Arbeitsschritte und Entscheidungen festgehalten werden. Auch Eindrücke
von den Laborsitzungen, dem Material, etc. und spontane Vermutungen, Annahmen, Impressionen, Hürden, etc. gehören dazu. Insbesondere Diskussionen von
Interpretationen mit außenstehenden Personen halfen dabei, die eigene Subjektivität zu reflektieren. Hinzu kommt die Reflektion des eigenen Verhaltens. Einen
bedeutenden Beitrag dazu leisteten die Pilotierungserhebungen (6.2). So konnten
beispielsweise in einer Pilotierung Unbehaglichkeiten seitens einer Versuchsperson aufgedeckt werden und das Setting bzw. die Gesprächsführung entsprechend
angepasst werden.

7.2.2 Methodenspezifische Gütekriterien

Neben solchen allgemeinen Gütekriterien qualitativer Forschung gibt es auch
methodenspezifische. Steinke (2005) selbst empfiehlt eine Ergänzung um weitere,
methodenspezifische Kriterien. Diese können quantitativ angelegt sein, mittels Messungen und qualitativ angelegt sein, über Kommunikation. Beschrieben
werden im Folgenden die *konsensuelle Codierung*, die primär der Weiterentwicklung des Kategoriensystems dient, und die *Intercoder-Reliabilität*, die
nach der Entwicklung des Kategoriensystems ansetzt und der Berechnung der
Übereinstimmung zwischen den Codierenden dient.

Konsensuelle Codierung
Die konsensuelle Codierung (nach Kuckartz, 2016, S. 105, 211–212) stellt ein
qualitativ angelegtes, methodenspezifisches Gütekriterium dar. Beim konsensuellen Codieren werden die Transkripte von zwei unabhängigen Codierenden
codiert. Anschließend vergleichen die Codierenden die Zuordnungen und diskutieren diskrepante Einschätzungen (Hopf & Schmidt, 1993, S. 61). Dieses
Verfahren setzt voraus, dass ein hinreichend präzise definiertes Kategoriensystem
existiert. Gleichzeitig hat es zum Zweck, das Kategoriensystem zu verbessern. Es
setzt bei diesem Forschungsprojekt daher zeitlich nach der Entwicklung der Subkategorien an, aber findet vor der Ermittlung der Intercoder-Reliabilität (Messung
der Übereinstimmung der Codierenden s. u.) statt. Zweitcodiererin ist eine Masterstudierende für das Lehramt Mathematik. Sie gilt als erfahren im Modellieren

aufgrund fachdidaktischer Vorlesungen und Tätigkeiten als studentische Hilfs-kraft am Institut für Didaktik der Mathematik und der Informatik der Universität Münster und kann daher als Expertin eingestuft werden. Dennoch ist eine ergän-zende Ausbildung der Codierenden unverzichtbar, um die Vergleichbarkeit der Codierungen zu gewährleisten (Brückmann & Duit, 2014; Döring & Bortz, 2016, S. 558). Daher wird die Zweitcodiererin vorab in das Kategoriensystem einge-führt. Erste Probecodierungen werden von der Studierenden durchgeführt und Rückfragen geklärt. Nun codieren die beiden Codierenden zwei Fälle unabhängig voneinander. Im Anschluss kommen

die (beiden) Codierenden zusammen, gehen die Codierungen durch, prüfen auf Über-einstimmung und diskutieren unterschiedliche Codierungen. Bei Differenzen sind die Begründungen auszutauschen und möglichst ein Konsens über die angemessene Codierung zu erzielen. Häufig geschieht es dabei, dass Kategoriendefinitionen präzi-ser gefasst werden und die strittige Textstelle als konkretes Beispiel hinzugefügt wird. (Kuckartz, 2016, S. 105)

Mangelnde Übereinstimmungen können u. a. dadurch entstehen, dass sich Urtei-lende nicht einig darüber sind, wie stark gewisse Merkmalsausprägungen einer Kategorie zu gewichten sind (Wirtz & Caspar, 2002, S. 31). Die konsensu-elle Codierung hilft dabei das Kategoriensystem dahingehend zu verändern und auszuschärfen. Strittige Fälle werden besprochen und insbesondere Ankerbei-spiele und Abgrenzungen werden verfeinert und hinzugefügt. Im Vordergrund dieser Phase steht die gewollte, klärende Diskussion und die Verbesserung des Kategoriensystems (Kuckartz, 2016, S. 105).

Intercoder-Reliabilität
Die Intercoder-Reliabilität ist ein aus der quantitativen Inhaltsanalyse stammen-des Gütekriterium (Döring & Bortz, 2016). Wie auch bei der konsensuellen Codierung werden bei diesem Kriterium die Transkripte von zwei unabhängi-gen Codierenden codiert. Mit ihr wird die Übereinstimmung zweier Codierender gemessen. Sie bezieht sich nicht auf die *Bildung* von Kategorien, sondern auf die *Anwendung* (Kuckartz, 2016, S. 206). Ermittelt werden soll die Übereinstimmung mithilfe eines Maßes für ein nominalskaliertes, polytomes Kategoriensystem (Wirtz & Caspar, 2002). Das einfachste Maß zur Messung der Übereinstimmung ist die prozentuale Übereinstimmung (Kuckartz, 2016, S. 208; Wirtz & Caspar, 2002, S. 47). Zwei zentrale Probleme gehen damit einher. Zum einen wird bei die-sem Maß nicht berücksichtigt, dass zwei Codierende auch zufällig hätten gleich codieren können. Das Maß überschätzt damit tatsächliche Übereinstimmungen

(Döring & Bortz, 2016, S. 567; Wirtz & Caspar, 2002, S. 50). Zum anderen können Daten aus einem event-sampling nicht unmittelbar miteinander verglichen werden, da unabhängige Codierende frei sind in der Wahl der Segmentgrenzen (Kuckartz, 2016, S. 210–211).

Das am häufigsten verwendete Maß zur Bestimmung von Übereinstimmungen zwischen zwei Codierenden ist Cohens κ (Wirtz & Caspar, 2002, S. 56). Dieses auf Cohen (1960) zurückgehende Maß bereinigt die prozentuale Überstimmung, sodass zufällig zu erwartende Übereinstimmungen miteinbezogen werden.

$$Cohens\kappa = \frac{p - p_e}{1 - p_e}$$

p stellt die prozentuale Übereinstimmung dar und p_e die geschätzte Wahrscheinlichkeit für zufällige Übereinstimmungen. Die Wahrscheinlichkeit, dass zwei Codierende zufällig die gleiche Kategorie vergeben beträgt $\frac{1}{n}$, wobei n die Anzahl der möglichen Kategorien darstellt (Brennan & Prediger, 1981). Das standardisierte Maß kann Werte zwischen + 1 (vollkommene Übereinstimmung) und -1 (vollkommen unterschiedliche Codierung) annehmen. Je höher der Wert, als desto reliabler gilt ein Kategoriensystem. Darüber, welcher Wert eine gute Intercoder-Reliabilität angibt, gibt es keinen Konsens in der Literatur (vgl. u. a. Frick & Semmel, 1978; Gwet, 2010, Kap. 6).

> Ob ein κ-Wert als ‚ausreichend' oder ‚gut' gelten kann, ist immer in Abhängigkeit von den zu ratenden Objekten und Merkmalen zu bestimmen. Für ein schwer zu erfassendes Merkmal kann 0.5 ein zufriedenstellender, für ein einfaches 0.8 ein zu niedriger Wert sein. (Wirtz & Caspar, 2002, S. 59)

Studien mit komplexen Kategoriensystemen sind genügsamer in Bezug auf das Maß der Übereinstimmung, wohingegen einfache Kategoriensysteme standardisierter Testverfahren leicht zu erfassen sind und daher einen sehr hohen Wert verlangen. Die meisten Beurteilungskriterien entstammen der quantitativen Forschung. Wirtz und Caspar (2002, S. 59) empfehlen, sich auf Berichte aus dem eigenen Forschungsgebiet zu stützen. Daher wird für diese Arbeit die von Kuckartz (2016, S. 210) vorgeschlagene Unterteilung angewendet, nach der Kappa-Werte ab 0,6 als gut und ab 0,8 als sehr gut gelten.

Die Berechnung der Intercoder-Reliabilität bedient sich für diese Untersuchung der Daten aus dem time-sampling. Dazu codieren die beiden unabhängigen

Codierenden zunächst die Transkripte ohne Segmentgrenzen. Anschließend werden die Segmentgrenzen eingefügt und die Codierenden übertragen ihre Kategorisierungen entsprechend des Regelsystems aus Abschnitt 7.1.2 (Anhang D) auf die segmentierten Transkripte.[4] Daraufhin lässt sich die Übereinstimmung berechnen. Abbildung 7.2 veranschaulicht diesen Prozess.

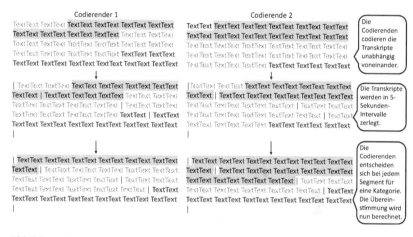

Abbildung 7.2 Vorgehen zur Bestimmung der Intercoder-Reliabilität

Es empfiehlt sich bis zu 20 % des Datenmaterials aus der Haupterhebung zu prüfen (Brückmann & Duit, 2014; Döring & Bortz, 2016, S. 558). Da das hiesige Kategoriensystem als komplex einzustufen ist und relativ viele Subkategorien enthält, fließen in die Berechnung der Intercoder-Reliabilität 42 % der Fälle ein. Dies entspricht 961 Segmenten, die unabhängig codiert wurden. Die Intercoder-Reliabilität ist mit $\kappa = 0{,}8$ als sehr gut zu bewerten (Riesenpizza-Aufgabe: 0,78; Feuerwehr-Aufgabe: 0,85). Es ist daher davon auszugehen, dass sich die Transkripte mithilfe des Kategoriensystems zuverlässig codieren lassen.

---

[4] Die unabhängige Übertragung der Codierungen aus dem event-sampling in das time-sampling führt zwangsläufig zu einer Verringerung der Intercoder-Reliabilität. Eine solche Umcodierung wurde probeweise getestet und ergibt eine Übertragungsquote von 96 %, sodass der negative Effekt der Umcodierung als gering einzuschätzen ist.

Teil III
Ergebnisteil

Ergebnisdarstellung

In diesem Kapitel werden die Ergebnisse der erhobenen Videostudie präsentiert. Vorangestellt wird die Beschreibung der Prozesse und ihre Einordnung in das Kategoriensystem (8.1), um den Lesenden eine Einordnung der Ergebnisse zu ermöglichen und die fallübergreifenden Vergleiche der Prozesse (8.2) vorzubereiten. Die Nähe zum Fall soll den Gütekriterien *empirische Verankerung* und *intersubjektive Nachvollziehbarkeit* gerecht werden. Gleichzeitig gilt es Ergebnisse zu verdichten, um den analytischen Charakter der Ergebnisdarstellung zu wahren (Kuckartz, 2016, S. 221). Die anonymisierten Codes der Versuchspersonen sind in Pseudonyme transferiert, die das Geschlecht und den kulturellen Kontext der Versuchsperson möglichst angemessen wiedergeben sowie altersangemessene Namen der entsprechenden Geburtenjahrgänge darstellen. Zur einfacheren Lesbarkeit und schnelleren Wiedererkennung werden den sozial benachteiligten Schüler:innen *zweisilbige* Vornamen zugeordnet und den sozial begünstigten Schüler:innen *dreisilbige* Vornamen (vgl. Lubienski, 2000). Die konzentrierte Bearbeitungszeit der Schüler:innen innerhalb einer Sitzung beträgt im Durchschnitt 36 Minuten. Die Dauer der Sessions weicht dabei von Fall zu Fall deutlich ab (Tabelle 8.1).

Ergänzende Information Die elektronische Version dieses Kapitels enthält Zusatzmaterial, auf das über folgenden Link zugegriffen werden kann
https://doi.org/10.1007/978-3-658-41091-9_8.

I. Ay, *Soziale Herkunft und mathematisches Modellieren*, Studien zur theoretischen und empirischen Forschung in der Mathematikdidaktik,
https://doi.org/10.1007/978-3-658-41091-9_8

Tabelle 8.1 Dauer der Sitzungen

Versuchspersonen	Dauer der Phasen [in ganzzahlig gerundeten Minuten]				
	Beobachtung		stimulated recall	Interview	Gesamt
	Feuerwehr-Aufgabe	Riesenpizza-Aufgabe			
Julia & Florian	6	7	11	6	30
Dominik & Krystian	5	6	14	5	30
Vivien & Oliver	5	12	17	5	39
Tobias & Benedikt	5	4	7	4	20
Samuel & Nathalie	8	13	14	10	45
Michael & Paulina	13[a]	9	12	6	40
Dawid & Leon	7	7	14	5	33
Aram & Sofi	5	14	13	3	35
Kaia & Mila	8	8	9	6	31
Amba & Bahar	15	9	16	6	46
Lena & Pia	19	4	10	7	40
Ronja & Hürrem	15	9	13	5	42
Durchschnitt	9	9	13	6	36

[a] Es ist rückwirkend davon auszugehen, dass die Voraussetzungen für die Studienteilnahme bei diesem Paar in Bezug auf die Feuerwehr-Aufgabe nicht erfüllt sind, sodass der Lösungsprozess von Michael und Paulina zur Feuerwehraufgabe aus der Analyse rausgenommen wurde (siehe Anhang G).

Nicht berücksichtigt in den Zeitangaben sind das Einführungsgespräch mit den Schüler:innen, das Vertraut-Machen mit dem Setting sowie die Umbauzeiten zwischen den Phasen. Zwei Unterrichtsstunden (90 Minuten) erwiesen sich bei allen Fällen als ausreichendes Zeitfenster für die Erhebung. Weitere Informationen zu den ausgewählten Teilnehmenden dieser Studie und den Auswahlkriterien finden sich in den Abschnitten 6.3 und 6.3.4.

8.1 Beschreibung der Fälle

In diesem Abschnitt werden ausgewählte Fälle zur Riesenpizza-Aufgabe und zur Feuerwehr-Aufgabe vorgestellt. Die Bearbeitungsprozesse der Paare werden auf Grundlage der Transkripte und ihrer schriftlichen Lösungswege interpretativ beschrieben und im Hinblick auf forschungsrelevante Aspekte präsentiert und analysiert. Die dargestellten Fallbeschreibungen geben dabei Einblicke in die Prozesse und Vorgehensweisen der untersuchten Paare. Darüber hinaus werden verwendete Kategorien benannt und um eine Codeline ergänzt, sodass auch die Codierung der Transkripte nachvollziehbar wird (u. a. Abbildung 8.1). Visuelle Darstellungen der Prozesse werden dabei verwendet, um Muster und Regelmäßigkeiten sichtbar zu machen. Die in diesem Abschnitt ausgewählten Paare stammen zur Hälfte aus der sozial begünstigten und zur Hälfte aus der sozial benachteiligten Gruppe. Die sechs dargestellten Prozesse bilden unterschiedliche Herangehensweisen ab und zeigen so die vielfältigen Bearbeitungsmöglichkeiten der Modellierungsaufgaben. Alle weiteren Fallbeschreibungen finden sich in Anhang G im elektronischen Zusatzmaterial. Die Einarbeitung von Informationen aus dem stimulated recall (SR) und dem Interview (INT) unterstützen die interpretative Rekonstruktion der Prozesse. Für den stimulated recall und das Interview wird eine Person des Paares ausgewählt, bei der mehr zu thematisierende Stellen aufgetreten sind (vgl. Abschnitt 6.5.2). Die Betrachtung der Kategorien im Rahmen der Fallbeschreibungen stellt eine Schnittstelle dar, zwischen dem niedrigeren Abstraktionsniveau der Fallbeschreibung und dem höheren Abstraktionsniveau der Fallvergleiche. Dieses Kapitel bereitet den inhaltsanalytischen Vergleich sozial begünstigter und benachteiligter Schüler:innenpaare vor.

8.1.1 Riesenpizza-Aufgabe

Im Folgenden werden sechs ausgewählte Fallbeschreibungen zur Riesenpizza-Aufgabe präsentiert.

8.1.1.1 Dominik & Krystian

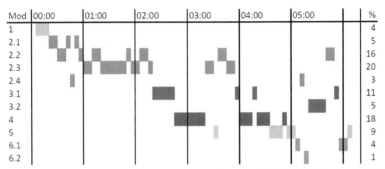

Anmerkung: Weiße Stellen umfassen die Restkategorie. Die letzte Spalte beschreibt den Anteil der jeweiligen Kategorie am gesamten Prozess. Codierung:

Verstehen (Mod 1)
Vereinfachen (Mod 2.1), Organisieren (Mod 2.2), Annahmen Treffen (Mod 2.3) und Intention Explizieren (Mod 2.4)
Operationalisieren (Mod 3.1) und Visualisieren (Mod 3.2)
Mathematisch Arbeiten (Mod 4)
Interpretieren (Mod 5)
Überprüfen (Mod 6.1) und Bewerten (Mod 6.2)

Abbildung 8.1   Codeline zur Riesenpizza-Aufgabe (Dominik & Krystian)

Zunächst lesen sie die Aufgabe laut vor und erkennen, dass Maße fehlen, um die Aufgabe zu lösen (Mod 2.1). Dominik fragt, ob die Größe der Pizza geschätzt werden soll und nach kurzer Auseinandersetzung mit dem Arbeitsblatt entscheiden sie sich für diesen Ansatz.

00:59 D^1 Diese Frau, ((zeigt auf das Blatt)) wie groß ist die? Was würdest du sagen? (..) l 75 oder so? (.)

01:04 K   Nein, so groß?

---

[1] D steht für Dominik, K für Krystian und VL für Versuchsleitung. Insofern die Zuordnung zur entsprechenden Person klar ersichtlich ist, wird im Folgenden in den Transkriptausschnitten auf das Ausschreiben des gesamten Namens verzichtet.

01:05   D   Ich weiß nicht, also ich, vielleicht ein bisschen größer sogar, die kommt mir recht groß vor. (.) Also kann man ungefähr schätzen, was für einen Durchmesser das hat ((zeigt auf die Pizza)).

[...]

SR   01:15   VL   Was diskutiert ihr da?

D   *Also, ähm. Es ging ja darum, das ist ja auch ein Teil der Aufgabe, dass man halt nicht weiß wie breit die Pizza ist. Oder irgendwas von der Pizza. Und das einzige was mir dabei aufgefallen ist, ist halt, dass da Menschen im Bild sind. Und dann kann man ungefähr den Abstand der Kamera zum ähm, zu der Pizza schätzen. Und somit auch die Breite der Pizza. Also wenn diese Frau, sagen wir Frauen sind nicht unbedingt 1 90 groß, ungefähr 1 80, 1 70 vielleicht. Ich bin 1 70 groß, das könnte ungefähr passen. Dann habe ich mir gedacht, dann kann man das einfach nehmen. Wäre besser als einfach irgendetwas zu raten, deswegen habe ich mir das so aufgeschrieben und habe dann Krystian gefragt und dann (.) ja.*

Dominik bezieht sich in seinem ersten Schätzansatz auf die Körpergröße der neben der Pizza stehenden Frau (Mod 2.3). Sie dient ihm als Vergleichsobjekt, um den Durchmesser der Pizza schätzen zu können. Krystian steht diesem Ansatz noch kritisch gegenüber und wendet ein, dass es nicht möglich ist, den Durchmesser an den Personen auf dem Foto festzumachen (01:32). Dominik stimmt dem zu, macht aber dennoch einen neuen Vorschlag für eine Schätzung und wendet relativierend ein:

01:50   D   Echt? (.) Aber wir können das halt ungefähr so bestimmen, nh?

01:53   K   Obwohl, ich mein das ist die größte Pizza der Welt.

01:54   D   Ja, okay, stimmt.

Dominik erklärt an dieser Stelle, dass ungefähre Werte für die Bearbeitung hinreichend genau sind. Die geschätzten Werte müssen die reale Situation nicht exakt abbilden. Um dies zu untermauern argumentieren sie, dass es sich um die größte Pizza der Welt handelt. Mit diesem Argument entscheiden sie sich für einen Durchmesser von 2 Metern (01:56) anstatt von zuvor 1,5 Metern (01:39). Der Durchmesser einer normalen Pizza wird auf 30 Zentimeter geschätzt (Mod 2.3). Nun setzen sie die geschätzten Werte in Relation zueinander.

02:02	D	Ja, und sagen wir die normale Pizza ist ungefähr so.
02:05	K	Ja.
02:05	D	((misst mit den Fingern auf dem Bild ab)) 30, 60, 90, 120, 150.
02:09	K	Musst du das nicht eher in der Mitte machen? ((zeigt es auf dem Bild)) Damit wir den Durchmesser haben?
02:13	D	Jaja, aber ist ja ungefähr.
02:14	K	Ja. (.)
02:16	D	Sagen wir 100/ 180, 1 80.
02:19	K	1 80.

Dadurch wird eine Alternative zum angegebenen Durchmesser der Riesenpizza ermittelt. Dominik legt seine Finger an und schätzt, wie viel Platz eine normale Pizza auf dem Bild einnehmen würde. Indem Krystian einwendet, dass eher in der Mitte angesetzt werden muss, kritisiert er die Genauigkeit des Verfahrens. Da es insgesamt nicht um exakte Werte, sondern ungefähre Verhältnisse geht, stellt dies für Dominik keine relevante Kritik dar. Mit einer normalen Pizza als Vergleichsmaß wird die Schätzung des Durchmessers der Riesenpizza auf 1,8 Meter geändert.

Im Anschluss (Abbildung 8.2) benennen die beiden die nötige Formel zur Berechnung, kontrollieren sie kurz anhand der Formelsammlung (Mod 3.1), ermitteln ein mathematisches Resultat (Mod 4) und interpretieren den mathematischen Wert als Flächeninhalt der großen Pizza (Mod 5.1).

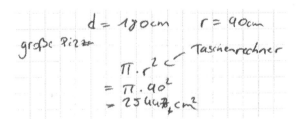

Abbildung 8.2 Flächeninhalt der Riesenpizza (Dominik & Krystian)

Im folgenden Prozessabschnitt diskutieren die Jungen die Maße einer gewöhnlichen Pizza.

03:10	D	[...] Und sagen wir (.) wie, wie viel isst eine Person? (...) Eine halbe Pizza? Wenn wir nett rechnen. Weil sonst/ ich ess eine Ganze, du auch glaube ich, nh?
03:28	K	Ja, easy.
03:30	D	Okay, sagen wir, okay eine normale Pizza/ zuerst die große (K: Warte, ja) Pizza ((schreibt ‚große Pizza‘ vor die Rechnung))
03:34	K	Jetzt lass erstmal eine Normale (.) dann im Vergleich, wie oft das reinpassen würde.
03:37	D	Dann können wir die Zahl mit der (unv.)
03:38	K	Einfach wie oft das/ Einfach eine normale Pizza, wie oft das reinpassen würde, (D: Ja genau.) und dann/
03:42	D	Okay eine normale Pizza ist, klein ist 24, mittel ist 30 (K: (unv.)) und große ist 40 glaube ich.
03:47	K	40 sogar?
03:48	D	Das ist so eine Jumbo, so so.

03:49	K	Ja, dann rechnen wir mit einer Normalen, mit einer 30er. (.) Oder nicht?
SR	D	*Also es gibt ja bei uns auch so einen Dönermann. Und da holen wir uns auch öfter mal eine Pizza. Und da [...] hat man auch diesen Bezug zu diesem Kontext, wo man halt weiß wie groß das dann ungefähr ist.*

Dazu gehört die Auseinandersetzung darüber, wie viel jeder Gast von einer normalen Pizza essen kann. Aufgrund des eigenen Essverhaltens, entscheiden sich die Jungen gegen eine halbe und für eine ganze Pizza pro Gast (Mod 2.3). Krystian legt in diesem Abschnitt auch einen Plan offen für die folgenden Prozessschritte, indem er darlegt, dass die Ergebnisse aus der Rechnung der Riesenpizza mit den Ergebnissen aus der noch ausstehenden Rechnung der normalen Pizza verglichen werden sollten. Dominik und Krystian aktivieren nun ihr Vorwissen über Pizzagrößen, visualisieren diese händisch und entscheiden sich letztlich für eine Durchmesser von 30 cm, wie sie es auch zu Beginn der Modellbildung getan haben. Ebenso wie für die Riesenpizza wird anschließend der Flächeninhalt der normalen Pizza auf Grundlage der vorherigen Annahmen ermittelt (Mod 4). Ohne das mathematische Ergebnis zu interpretieren, knüpft Dominik an den Plan an, die Ergebnisse zu vergleichen (Abbildung 8.3): „Dann müssen wir das durch das ((zeigt auf die beiden Resultate)) rechnen." (Mod 3.1, 04:12).

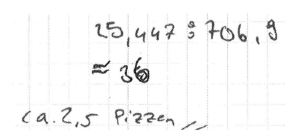

Abbildung 8.3   Verhältnis der Flächeninhalte (Dominik & Krystian)

36 interpretieren sie als Anzahl der normalen Pizzen, die in die Riesenpizza passen (Mod 5.1, 04:39). Daraus ermitteln sie, dass etwas mehr als zwei Riesenpizzen benötigt werden. In einer kurzen Auseinandersetzung darüber, was das Ziel der Aufgabenbearbeitung ist (Mod 2.4) – nämlich Schätzen –, kommen die Jungen zu dem Schluss, dass es angemessen ist etwas großzügiger zweieinhalb Pizzen zu bestellen (Mod 6.1).

04:53	D	Mal zwei wäre (.) 72, nh?
04:56	K	Ja.
04:56	D	Das heißt ungefähr 2 (.) und eine Normale. (.) Wenn man ungefähr 80 Leute füttern will.
05:02	K	Ja ich glaube man muss dann jetzt so sagen Zweieinhalb oder sowas halt.
05:05	D	Ja sagen wir Zweieinhalb, dann sind alle satt. (..) Oder?
05:10	K	Ja sollen wir das genau ausrechnen, oder nur schätzen, so?
05:12	D	Schätzen, denke ich mal.
05:13	K	Ja okay, dann halt Zweieinhalb. So.

Scheinbar doch nicht zufrieden mit dem Resultat besprechen die Jungen ein angemesseneres Modell zur Ermittlung der Anzahl der Pizzen (Mod 6.2). Krystian schlägt den Dreisatz vor und Dominik skizziert eine Tabelle dazu (05:16). Letztlich brechen sie diesen Ansatz ab, mit der Begründung: „Wir können auch

einfach 2,5 hinschreiben, dann hätten wir die Aufgabe erledigt. (..) weil gef/ äh
(K: Ja) satt sind dann alle safe." (Dominik, 05:58).

8.1.1.2 Vivien & Oliver

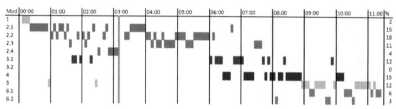

Anmerkung: Der graue Balken stellt eine längere Zeitspanne dar, währenddessen die andere Modellierungsaufgabe bearbeitet wird. Im Anschluss kehrt das Paar zu dieser Aufgabe zurück.

Abbildung 8.4 Codeline zur Riesenpizza-Aufgabe (Vivien & Oliver)

Nachdem sie die Aufgabe jeder für sich erstmalig lesen, setzen sie sich damit
auseinander, dass Angaben fehlen und sie betrachten das gegebene Material (Mod
2.1). Vivien äußert unmittelbar darauf eine Vermutung zu der Aufgabenstellung
(Abbildung 8.4):

00:52 V [...] Wie viele von diesen Pizzen solltest du bestellen? So viele es
           reicht. (.) Hm. (4)

01:02 O Wir müssen irgendwie den Durchmesser rausfinden.

01:04 V Ja.

Sie scheint jedoch nicht zufrieden mit dieser Äußerung zu sein und Oliver
wendet ein, dass es notwendig ist, Informationen über den Durchmesser der Riesenpizza zu beschaffen. Daraufhin schlägt Vivien mehrere Vergleichsobjekte vor
und die Beiden schauen sich das gegebene Material an.

01:10 V Wir können jetzt gucken wie lang ihre Hände sind ((zeigt es im
           Bild)) und dann versuchen/ (O: Wissen wir auch nicht.) Nein.
           Wissen wir nicht. (..)

01:18 O Hm. ((schauen in die Aufgabe))

01:22 V Und wenn man eine Person als Hilfsgröße nimmt? (.)

01:25 O Ja aber die sind ja auch alle nicht ganz drauf, nh?

01:28   V   Ne. ((schauen ca. 7 Sek in die Aufgabe)) Und eine
              Salamischeibe? Vielleicht ist so ((zeigt mit den Händen eine
              Größe)) normalerweise groß? (.)

01:41   O   (Vielleicht haben wir ja was da drin.?) ((blättert ca. 7 Sek.
              Durch die Formelsammlung))

01:50   V   Außerdem ist ja die Frage, wie viel will man denn für eine/ (.)
              also wir können (sagen wir mal?)/

01:55   O   Also eine Salamigröße gibt es nicht in der Formelsammlung.

Viviens Vorschläge zielen darauf ab, im Foto nach geeigneten Repräsentanten zu suchen und Stützpunktwissen zu aktivieren. Dazu gehören die Länge
einer Hand, die Körpergröße eines Menschen und der Durchmesser einer Salamischeibe. Oliver geht nicht auf die Vorschläge ein, sondern blockt sie als
ungeeignet ab. Stattdessen sucht er ersatzweise in der Formelsammlung nach
geeigneten Informationen (Mod 3.1), findet aber keine weiteren aufgabenrelevanten Größenangaben. Vivien bleibt indes bei ihrem Ansatz und überlegt das
Problem zunächst aus der Perspektive eines Gastes zu betrachten. Vivien würde
„27 cm pro Person nehmen, weil das meistens so eine Standardgröße ist und
dann hätten wir schonmal wie viel man für eine normale Person braucht." (01:57,
Mod 2.3) Oliver merkt an, dass dann noch stets die Maße der Riesenpizza fehlen
(02:19).

02:22   V   […] Also ich würde erstmal 3 bestellen, aber das ist grob geschätzt.

02:30   O   Ich glaube das ist das Intention.

02:31   V   Ja genau. (..) Hm. (4) Aber sonst lass uns doch wirklich gucken, ob
              man (unv.)/ (O: Ist das Tunfisch?) (.) Ja. Ob wir die Personen
              einfach als Einheit irgendwie versuchen zu nehmen, oder irgendwas
              Anderes.

Vivien geht auf Olivers Anmerkung der fehlenden Werte ein und stellt eine
Vermutung darüber auf, wie viele Riesenpizzen ausreichen könnten (Mod 5).
Diese Ausformulierung eines Endergebnisses stellt für sie eine grobe Schätzung
dar, was für Oliver gerade die Intention der Aufgabe ausmacht (Mod 2.4). Beide
stellen fest, dass Informationen fehlen, wobei Oliver mit der Vermutung zufrieden zu sein scheint und Vivien dies erneut als Anlass nutzt, ein Vergleichsobjekt
identifizieren zu wollen. Als weitere Hürde detektiert sie die perspektivische Verzerrung, da die Personen im Hintergrund kleiner dargestellt werden als die Person

im Vordergrund (03:13). Nachdem sich das Paar die Aufgabe erneut anschaut, schlägt Vivien eine Armlänge als Repräsentanten vor.

03:49   V   [...] Was wenn wir hier jetzt einfach diese Armlänge ((zeigt auf einen Arm)) nehmen? Dann haben wir/

03:59   O   So eine Unterarmlänge ((zeigt auf seinen eigenen Arm))?

04:01   V   Ja. (.) Was schätzt du? ((zeigt auf ihren eigenen Unterarm)) (.) Oder irgendwas was wir wissen? Was sicher/

04:05   O   Das ist ((betrachtet seinen Unterarm und vergleicht ihn mit seiner Handspannweite)) 30 40? (V: (unv.))

04:09   V   Ähm ((nimmt ein Geodreieck)) Sind 15 cm. 15, ((misst ihren Unterarm)) 30/

04:16   O   Aber 40 würde ich sagen, oder? Ne 30?

04:17   V   Ja wenn man/ wir machen 40 (.) warte kurz mit, mit Händen?

04:22   O   Mit Hand würde ich sagen 40.

Oliver nutzt seine Hand als Vergleichsobjekt, um die Länge seines Unterarms zu schätzen. Er scheint über Stützpunktwissen bezüglich seiner Handspannweite zu verfügen, während Vivien ihren Unterarm ausmisst. Beide Ansätze führen zu ähnlichen Resultaten und so einigen sie sich auf eine Länge von 40 cm (Mod 2.3).

Diese Information wenden sie nun auf die Frau, die auf die Pizza zeigt, an. Die Unterarmlänge stellt das Vergleichsobjekt dar, mit dem der Durchmesser der Pizza ermittelt werden kann. Dennoch besteht gegenüber dem Repräsentanten eine gewisse Skepsis: „Also ist auch schwierig mit, was wir jetzt hier nehmen, weil ähm im Hintergrund, also ich mein dabei ((zeigt auf die hinteren Personen)) sind die Leute ja viel kleiner als hier ((zeigt auf die vordere Person)) zum Beispiel." (Vivien, 03:13) Aufgrund der Perspektive, aus der das Foto geschossen wurde, erscheinen Personen weiter im Hintergrund verhältnismäßig klein, während Personen im Vordergrund verhältnismäßig groß erscheinen. In einer Auseinandersetzung darüber kommen sie zu dem Schluss, dass die Frau links von der Pizza den geeignetsten Repräsentanten darstellt zur Ermittlung des Durchmessers der Pizza. Diese Frau steht auf mittlerer Höhe des Fotos und erfüllt so am ehesten die geäußerte Bedingung von Vivien. Auf Grundlage dieser Annahmen und Schätzung ermitteln sie durch Messen, dass die Pizza „3,4 quasi 40er" (Vivien, 06:18) groß ist, also die Pizza einen 3,4 Mal so großen Durchmesser hat wie ein Unterarm á 40 cm lang ist. Mithilfe der entsprechenden Kreisformel, die sie in der Formelsammlung nachschlagen (Mod 3.1), bestimmen sie so den Flächeninhalt der Riesenpizza (Abbildung 8.5).

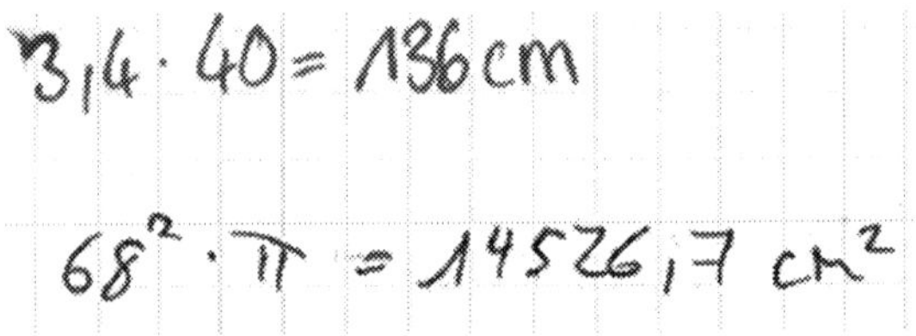

$$3{,}4 \cdot 40 = 136 \, cm$$

$$68^2 \cdot \pi = 14526{,}7 \, cm^2$$

Abbildung 8.5 Flächeninhalt der Riesenpizza (Vivien & Oliver)

Daraufhin wird dargelegt, dass jeder Gast auf der Party eine Pizza erhält (07:28) und sie einigen sich auf einen Durchmesser von 27 cm bzw. einen Radius von 13,5 cm (07:33). Sie bestimmen den Flächeninhalt einer gewöhnlichen Pizza und bilden anschließend das Verhältnis aus den ermittelten Flächeninhalten. Sie ermitteln ein mathematisches Resultat und diskutieren dessen Bedeutung im Folgenden.

08:55   V   Äh warte mal, 25 was zeigt das uns jetzt an? Dass eine Pizza, also dass eine normale Pizza, dass das (O: Das zeigt uns jetzt) ((zeigt auf die große Pizza)) 25 normale (O: wie viel/) Pizzen wären? (.)

09:04   O   Genau, dass, dass aber/

09:06   V   Okay, ja dann, dann wissen wir ca. wie viel wir bestellen müssen.

09:09   O   Das wären ja ungefähr 4. ((schreibt))

Es wird ebenfalls diskutiert, ob drei Riesenpizzen nicht ausreichen und entscheiden sich dafür es mathematisch genauer zu bestimmen (09:39, Mod 6.2). Sie ermitteln ein mathematisches Resultat von 3,2 und stellen fest, dass es dann sinniger ist drei Riesenpizzen zu bestellen (Mod 6.1). Nicht jeder Gast auf der

Party isst zwangsläufig eine ganze Pizza, weil u. U. auch Kinder auf der Party sind und weil es mathematisch plausibler ist abzurunden. Für den Antwortsatz (Abbildung 8.6) lassen sie es dennoch offen, ob drei oder vier Pizzen bestellt werden sollen, indem sie eine Bedingung verschriftlichen (Mod 5.1).

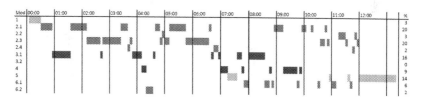

Abbildung 8.6 Antwortsatz (Vivien & Oliver)

Vivien begründet dies im stimulated recall folgendermaßen: „Ja, also das ist natürlich jetzt nicht wirklich ähm. Passt jetzt auch nicht wirklich zu unserer Rechnung ähm. Es geht eigentlich darum, wie viel ein Gast isst. Also wie vom Hunger der Gäste. Ja." (10:54)

8.1.1.3 Samuel & Nathalie

```
Mod 00:00  01:00  02:00  03:00  04:00  05:00  06:00  07:00  08:00  09:00  10:00  11:00  12:00        %
```

Abbildung 8.7 Codeline zur Riesenpizza-Aufgabe (Samuel & Nathalie)

Samuels und Nathalies Prozess ist etwa dreizehneinhalb Minuten lang (Abbildung 8.7). Nach dem unabhängigen Lesen der Aufgabe erkennen sie, dass Angaben fehlen, woraufhin sie die Aufgabe erneut lesen.

00:42	N	[…] Es gibt ja gar keine Maße um (S: Ja.) das auszurechnen. (.)
00:52	S	Kein Radius, kein Durchmesser, kein gar nichts. (.) Oder? (.)
00:57	N	((nimmt die Formelsammlung)) Aber hier steht ja auch nichts. […]
SR	VL	*Da habt ihr euch ja jetzt irgendwie die Formelsammlung angeschaut. (S: Ja.) Was habt ihr euch da gedacht?*

> S   *Ja, man kann natürlich da den Flächeninhalt ausrechnen.*
>   *Also der Pizza. Und das dann bezüglich, so ca. was eine*
>   *Person so bei einer normalen Pizza, in einem Restaurant*
>   *(.) isst an Quadratzentimeter. Aber dann/ Weil man halt*
>   *keinen Radius oder keinen Durchmesser hat, konnte man*
>   *das halt nicht mit der Formel errechnen.*

Das Paar stört sich an den fehlenden Angaben und findet auch in der Formelsammlung nicht die nötigen Informationen, wobei sie erkennen, dass möglichst eine Kreisformel anzuwenden sei (Samuel, 01:07). Sie betrachten in diesem Zuge auch das Bild, verweisen aber darauf, dass es sich nicht für die Aufgabenbearbeitung verwenden lässt.

01:38	S	Das ist ja nur ein Bild, man kann ja jetzt nicht da messen. (..) Das ist ja/
01:42	N	Oder doch? (..)
01:44	S	[…]
01:45	N	Ne, das kann eigentlich gar nicht sein.
01:46	S	Entspricht ja nicht der Realität.
SR	*VL*	*Was ist da passiert?*
	S	*Ja. Ich dachte halt so, ich kann halt schlecht kein ein Bild messen. Das ist auch wie in so einem Mathebuch mit so einer Zeichnung. Weil man geht natürlich immer von den Werten aus. Aber da da keine Werte waren, fand ich das jetzt auch so, ja das ist bestimmt nicht richtig. Weil man weiß ja nicht […] den Maßstab des Bildes*

Samuel betont, dass das Foto nicht für Messungen verwendet werden kann. Für das Paar hat das Bild eine illustrative Funktion, wie sie es aus Abbildungen in Mathematikbüchern gewohnt sind. Es scheint, als hätte Samuel das Foto als essentiell angesehen, wäre ein Maßstab gegeben gewesen. Nachdem sie die Aufgabe erneut lesen (Mod 2.1), beschließt Samuel zu schätzen ohne das Foto miteinzubeziehen (Mod 2.3): „Aber jetzt so ein Anhänger, der ist ja (…) ich würde jetzt nicht sagen, also nicht breiter als (.) 2 (.) 2 Meter 30 oder so, ca.?" (02:11) Und ferner wird er „davon ausgehen, dass die Pizza vielleicht so einen Durchmesser von 2 Meter hat. (..) Ca.? (…)" (03:05) Im stimulated recall (02:11) wird deutlich, dass sich seine Schätzung nicht auf das Foto bezieht,

[…] Weil natürlich die im Straßenverkehr, ja so bei 2,30. Oder läng/ breiter geht das halt nicht. Und dann kann die Pizza ja auch keine drei Meter breit sein. Man kann die ja auch nicht senkrecht da reinstellen oder so. Und damit können wir das schon ein bisschen begrenzen.

Seine Argumentation beruht darauf, dass die Pizza im normalen Straßenverkehr transportiert werden können muss. Somit kann bzw. sollte der spezielle Anhänger eine gewisse Breite nicht überschreiten. Da der Anhänger vermutlich speziell auf die Pizzamaße abgestimmt ist und die Pizza als Ganzes transportiert werden soll, wird sie den Innenraum des Anhängers möglichst ausfüllen und somit nur geringfügig kleiner sein als der Anhänger in der Breite: „Und dann noch die Wände alles abgerechnet, vielleicht grob zwei Meter so Durchmesser?" (Samuel, stimulated recall, 02:11) Während Samuel diesen Gedankengang für sich klar hat, stört sich Nathalie noch an den fehlenden Informationen.

03:36 N Ja aber was mich stört, dass wir keine ähm wir haben ja keine
Angaben/

[...]

03:40 S [...] Dann musst du das so schätzen.

Samuel benennt an dieser Stelle auf Rückfrage von Nathalie, dass es sich aus seiner Sicht um eine Schätzaufgabe handelt (Mod 2.4). Nathalie gibt sich mit dieser Erklärung vorerst zufrieden. Auf Grundlage dieser Schätzung bestimmen sie den Flächeninhalt der Riesenpizza (Abbildung 8.8).

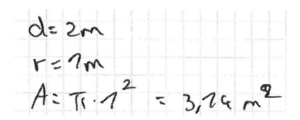

Abbildung 8.8 Flächeninhalt der Riesenpizza (Samuel & Nathalie)

Samuel stört sich daran, dass das Resultat Pi ergibt (04:22, Mod 6.2) und so widmen sie sich erneut dem Arbeitsblatt. Sodann nimmt Nathalie das Geodreieck und beginnt im Foto den Durchmesser der Riesenpizza in der Horizontalen und der Vertikalen zu messen (04:49, Mod 2.2). Nathalie zweifelt diesen Ansatz jedoch an („das passt ja auch gar nicht." (04:49)) und Samuel erklärt, dass das Foto perspektivisch verzerrt dargestellt ist, weil das auch „gar nicht von oben fotografiert" (Samuel, 05:03) ist (Mod 2.3). Daher wird der Messansatz verworfen.

Nach längerer Auseinandersetzung mit den fehlenden Informationen wirft Samuel ein, dass eine gewöhnliche Pizza einen Durchmesser von 28 cm hat (05:46) und dass jeder Gast eine Pizza isst (05:53, Mod 2.3). Dennoch schauen sie erneut in die Aufgabe und Nathalie stellt das Vorgehen prinzipiell in Frage.

| 06:42 | N | Kann es sein, dass man die Aufgabe (S: mal/) einfach gar nicht lösen kann? (…) |
| 06:46 | S | Ja, nicht mit, also nicht konkret, weil man ja keine Zahlen hat, aber mit so schätzen. (.) |

Während für Samuel klar ist, dass in dieser Aufgabe mit Ungenauigkeit umgegangen und geschätzt werden muss, stellt das Fehlen von Angaben Nathalie vor größere Hürden. Samuel fährt fort und bestimmt auf Grundlage der Prämisse einer 28 cm breiten Pizza den Flächeninhalt einer gewöhnlichen Pizza. Der Flächeninhalt der gewöhnlichen Pizza wird in cm^2 angegeben und der der Riesenpizza in m^2. Sie scheinen in dieser Phase Schwierigkeiten mit der Umrechnung der Einheiten zu haben und führen letztlich auch eine fehlerhafte Umrechnung durch (Abbildung 8.9).

$$A = \pi \cdot 14^2 = 616 \ cm^2 \quad 0{,}616 \ m^2$$

Abbildung 8.9 Fehlerhafte Umrechnung von cm^2 in m^2 (Samuel & Nathalie)

Ihr Ziel ist es, das Verhältnis aus den Flächeninhalten zu bestimmen. Nach längerer Auseinandersetzung kommen sie zu einem Ergebnis von 5,1 (09:15). Samuel erkennt, dass dieses Ergebnis unplausibel ist (Mod 6.1), denn „es kann ja nicht sein, (N: (unv.)), dass fünf Leute so eine Pizza essen." (09:47) Das unplausible Ergebnis ist auf einen Fehler in der Umrechnung der Einheiten zurückzuführen. Korrektes Umrechnen hätte 51 anstatt 5,1 ergeben.

Und dann auch hier ähm: A = pi*r2. Dann kann man natürlich auf Pi raus, also 3,14. Ja und dann haben wir nochmal zu so einer normalen Pizza, so die meistens so 28 Zentimeter Durchmesser ist. Davon der Radius ist dann halt 14. Und das dann auch eingegeben. Dann hat man das natürlich in Quadratzentimeter. Dann mussten wir das halt umrechnen. Aber ich glaube auch da ist irgendetwas falsch gelaufen. Das passte auch nicht so. (VL: Okay.) Dass am Ende fünf Leute so eine Pizza aufessen, ist auch sehr unwahrscheinlich. (Samuel, SR, 06:22)

Diesen Fehler können sie nicht auflösen und es kommt zu einer Abkehr von dem bisherigen Ansatz.

Nathalie kann dieses Vorgehen noch immer nicht nachvollziehen, denn „irgendwie geht das ja gar nicht auf, weil wir haben ja gar keine Maße […]. Das irritiert mich voll." (08:54) Es zeigt sich in diesen Ausschnitten ein häufig auftretendes Phänomen des Paares, demzufolge Nathalie oder beide sich mit den Informationen auf dem Arbeitsblatt auseinandersetzen und Samuel anschließend einen bislang nicht-kommunizierten Plan umsetzt. Dazu gehört beispielsweise zu schätzen (Mod 2.3), zu operationalisieren (Mod 3.1) oder zu rechnen (Mod 4). Da Samuel seine Handlungsschritte häufig nicht offenlegt, kann Nathalie diesen nicht folgen. So kommt es dazu, dass Nathalie beispielsweise willkürlich in der Formelsammlung rumblättert (Mod 3.1), wiederholt äußert, dass sie die fehlenden Informationen stören und selektiv den Text liest (Mod 2.1).

Nachdem der rechnerische Ansatz über den Vergleich der Flächeninhalte verworfen wurde, kommt es zu einem neuen Ansatz:

10:35 N Hä, sagen wir jetzt mal die Pizza ((zeigt auf das Bild)) essen vielleicht, also wir, mit 4 Personen in der Familie, essen an dieser Familienpizza, kriegen wir das locker hin. (.) Also 4 Leute krieg/ aber jetzt weiß ich diesen Durchmesser halt nicht von dieser Familienpizza. Die sieht, ja weiß ich nicht, die ist halt so groß ((zeigt wieder mit ihren Armen eine Größe)), nh, ungefähr.

10:51 S Mhm.

10:52 N Und da essen dann bei uns 4 oder 3 Leute dran. (.)

10:54 S Oder würde es passen, wenn 10 Leute diese Pizza essen? Ist auch noch zu viel glaube ich. (..)

11:01 N Ja. Es ist halt schon echt viel, nh, weil wenn man mal so denkt, dass das vielleicht hier so ((zeigt ein Stück auf dem Bild)) ein normales Pizzastück ist.

Samuel geht auf den Ansatz von Nathalie nicht ein und schlägt stattdessen ein potentielles Endresultat vor (Mod 5). Nathalie erscheint dies jedoch unplausibel und zeichnet ein gewöhnliches Pizzastück auf dem Foto nach. Samuel nimmt dies zum Anlass, um gewöhnliche Pizzen auf dem Foto zu skizzieren.

11:15   S   [...] ((malt Kreise)) 4, 5, 6, 7, 8. (.) Und dann hier mit den
              Zwischenräumen würde vielleicht 10 passen, aber/ (...)

SR   S   *Ja, da dachte ich halt so. Ca. 28 Zentimeter Durchmesser,*
              also die normalen Pizzen da einfach mal rein zu malen.
              Und dann kam ich nachher halt auf acht. Und dann mit den
              Hohlräumen so, die da noch dazwischenlagen, könnte man
              so gut auf zehn kommen.

         VL   *Mhm. Und wie hast du die da rein gemalt?*

         S   *Kreisförmig. (VL: Mhm.) Also, oder wie meinen Sie?*

         VL   *Ja, aber die hättest du ja auch viel größer oder viel kleiner*
              zeichnen können. Die Kreise.

         S   *Ja, da dachte ich jetzt so. Wenn ich mir den Hintergrund*
              des Bildes so angucke. Wenn ich jetzt so eine normale
              Pizza habe, wie das so, dann in dem Bild wirken würde, die
              Größe so. Und demnach so. Ob das jetzt genau richtig ist
              weiß ich nicht. Aber, so habe ich das gemacht. Da dachte
              ich, so wäre das am ehesten eher richtig.

Damit müssten acht Riesenpizzen bestellt werden, was Nathalie recht viel
erscheint, da damit auch einherginge, dass acht Anhänger benötigt würden
(11:34). Daher zählt sie auch kleine Kreise auf dem Bild nach.

11:54   N   1, 2, 3, 4, 5, 6, 7, 8, (..) ja mit den Zwischenräumen passt das
              wirklich mit 10. (.) Hä, sagen wir einfach daran essen jetzt 10 Leute
              ((zeigt auf die Pizza)).

12:02   S   Ja. (.) Okay.

12:03   N   Dann müssen die 8 Pizzen bestellen, so.

Sie bestätigt das Ergebnis ihres Partners. So einigen sie sich darauf, dass zehn
Personen an einer Riesenpizza essen und kommen zu dem Schluss, dass acht
Riesenpizzen bestellt werden müssen.

Auf die Interviewfrage, warum sie sich am Ende für den zeichnerischen und
gegen den rechnerischen Ansatz entschieden haben (Interviewer, 05:56), erklärt
Samuel: „Weil ich glaube eher, dass zehn Leute das essen, als fünf." (06:17)

Samuel begründet den außermathematischen Ansatz am Ende des Prozesses zum einen darüber, dass der mathematische Ansatz ein faktisch falsches Ergebnis liefert und zum anderen über die Plausibilität der Resultate. Er rechtfertigt den zeichnerischen Ansatz primär auf Grundlage der Plausibilität der (mathematischen und realen) Resultate. Die Plausibilität der (realen und mathematischen) Modelle ist für die Rechtfertigung nicht bedeutsam.

8.1.1.4 Dawid & Leon

Abbildung 8.10 veranschaulicht den Modellierungsprozess von Dawid und Leon.

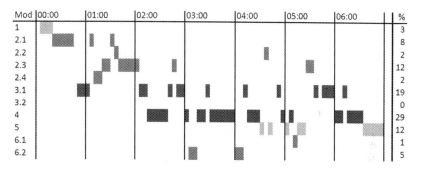

Abbildung 8.10 Codeline zur Riesenpizza-Aufgabe (Dawid & Leon)

Nachdem das Paar die Aufgabe liest, irritieren sie sich an den fehlenden Angaben der Aufgabe. Sie gehen daher die Aufgabe (Mod 2.1) und die Formelsammlung (Mod 3.1) durch, denn „irgendwo finden wir bestimmt was" (Dawid, 00:32). Nachdem den Jungen klar wird, dass es zwecklos ist, die Formelsammlung zu durchsuchen, wenn Maße fehlen, wechseln sie zu einem anderen Ansatz. Im Interview erklärt Dawid dies folgendermaßen:

> wir hatten ja schnell erkannt, dass da keine Angaben waren von der Größe. Das heißt, man musste das ungefähr rechnen. Das heißt man hat versucht, sich irgendwo zu orientieren. Dann hatten wir die Frau die daneben steht. Den Mann der da hinten steht. Dann musste man das sich etwa vorstellen, wie wenn der darauf liegen würde. Ähm, dann haben wir uns vorgestellt, denke das sind dann wie gesagt 2,5 bis drei Meter, oder zwei bis drei Meter. Und dann haben wir das etwa ausgerechnet. Weil wir können uns nicht sicher sein, wie lange, ähm, wie groß das genau ist. Aber ich denke mal, so in dem Bereich müsste das etwa gewesen sein. (02:04)

Leon geht davon aus, dass bei dieser Aufgabe geschätzt werden muss (Mod 2.4). So einigen sie sich darauf die Breite der Pizza auf 2,5 m festzulegen.

01:16	D	[…] Was denkst du, wie groß die ist? (.) Durchmesser. (.)
01:40	L	Puh, weiß nicht. 3 m?
01:41	D	3 m? Sicher?
01:43	L	(Dann machen wir da?) 2.
01:44	D	2 50?
SR	*VL*	*Was habt/ ging da vor?*
	D	*Äh Leon hatte gesagt, drei Meter und drei Meter fand ich ein bisschen viel, weil das wäre dann einfach noch über ein Meter (.) ein Stück dran, wenn jetzt zum Beispiel die Frau liegen würde (.) hätte gesagt zwei Meter, zwei Meter wäre glaub ich ein Stück kurz hab ich einfach so gesagt dazwischen zwei Meter 50, hätte zwei Meter 30, hätte zwei Meter 80 sein können so hab ich einfach irgendetwas in der Mitte gesagt.*

Während des Lösungsprozesses lassen die Jungen nicht erkennen, ob sie Vergleichsobjekte zur Schätzung des Durchmessers verwenden. Im stimulated recall benennt Dawid, dass er die Frau auf dem Foto als Repräsentanten verwendet. Mithilfe dieser Informationen berechnen sie eine Größe von 7,85 m². Sie verwenden anstatt der Flächeninhaltsformel fälschlicherweise die Umfangsformel für einen Kreis (Abbildung 8.11). Zudem ist stets von Größe die Rede anstatt von Fläche. Dass ihr Ergebnis die Einheit Quadratmeter trägt, spricht dafür, dass sie die Fläche bestimmen wollen.

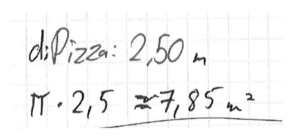

Abbildung 8.11   Flächeninhalt der Riesenpizza (Dawid & Leon)

Eine Interpretation dieses mathematischen Resultates in ein reales Resultat (Mod 5.1) findet nicht statt. Nun erklärt Dawid einen Plan, wie fortzufahren ist: „Jetzt rechnen wir eine durchschnittliche Pizza aus. Und dann rechnen wir das um

[...]. Weißt du? Wie groß ist eine normale Pizza? (L: 30 cm). 30, ja. Das heißt, (L: Ja) 30 cm Durchmesser." (02:38) Nachdem sie die Größe der Riesenpizza ermitteln, plant Dawid die Größe einer gewöhnlichen Pizza auszurechnen, um diese anschließend ineinander umzurechnen.

> Also wir hatten ja jetzt ähm so ein, wie groß eine Pizza ist und dann dachte ich rechnen wir erstmal aus so, wie viel ein jeder Mensch isst, so denk ich so eine mittlere Pizza. Dann haben wir das auf 80 umgerechnet, und dann mussten wir das nur noch, durch ähm den die Größe der großen Pizza rechnen und dann hatten wir ja etwa wie viele Pizzen das dann sind. (Dawid, stimulated recall, 02:38)

Das Umrechnen, so erklärt Dawid bei der retrospektiven Zusammenfassung seines Plans, ist hier als Bestimmung von Verhältnissen zu verstehen. Dazu schätzen sie den Durchmesser einer gewöhnlichen Pizza auf 30 cm. Sie berechnen den Flächeninhalt einer gewöhnlichen Pizza und bestimmen anschließend 80 solcher Pizzen (Abbildung 8.12).

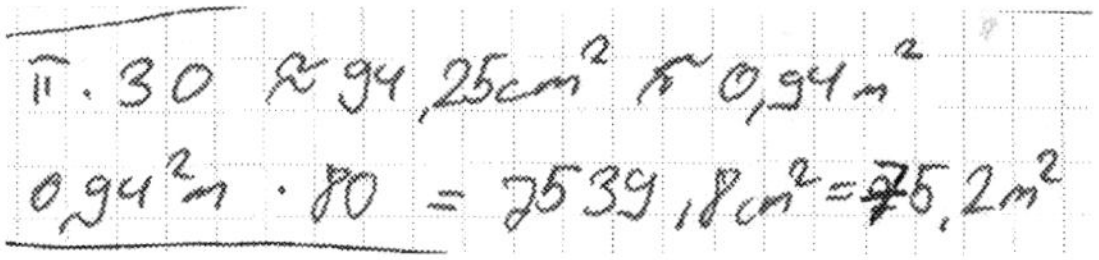

Abbildung 8.12 Fläche von 80 gewöhnlichen Pizzen (Dawid & Leon)

Dabei verwenden sie erneut die Umfangsformel und rechnen zudem fehlerhaft von cm^2 in m^2 um.

04:49	L	Ähm ((zeigt auf ‚0,94m² ‘)) (D: Durch). Das durch das.
04:52	D	Ja, dann rechne nochmal.
04:53	L	((tippt)) Geteilt durch 7,85 (D: 9 Komma) 9,5 (unv.) 9,6 Pizzen.
05:03	D	Das wären Neuneinhalb Pizzen etwa.
05:04	L	((schreibt Rechnung auf))
05:10	D	Ja, ich denke, das passt dann auch.
05:12	L	((schreibt ‚ = ca. 10 Pizzen')). [...]

Das Paar bestimmt in dem dargestellten Transkriptausschnitt das Verhältnis aus dem Flächeninhalt von 80 gewöhnlichen Pizzen (75,2 m²) und einer Riesenpizza (7,85 m²). Das mathematische Resultat interpretieren sie im Sachzusammenhang und runden dabei auf 10 Pizzen (Mod 5.1). D. h. 10 Riesenpizzen werden für 80 Personen benötigt. Dieses Ergebnis erachten sie als plausibel (Mod 6.1). Im stimulated recall erklärt Dawid seine Validierung:

SR   05:10   VL   *Wieso hast du das gedacht?*
              D   *Ähm. Ja. Weiß ich auch nicht. Ich weiß, wir haben das*
                    dann ausgerechnet, und dann. Ähm (.) Weil das ist ja eine
                    sehr sehr große Pizza. Und ich dachte dann, wenn wir
                    würden, ähm. Weiß nicht, wie ist das dann? Wenn acht
                    Leute dann eine Pizza essen (.) dann essen ja dann 80
                    Leute zehn Pizzen. Dann passt das einfach. Ich habe
                    einfach so, weil wir haben das ja ausgerechnet. Und dann,
                    wie gesagt, wenn man das wieder so wie gerade nimmt,
                    dass man das dann einfach um, ja, das Komma um einen
                    nach rechts verschiebt, dann passt das ja auch ungefähr.

Dawids Plausibilitätsüberlegung zum Endergebnis bezieht sich seiner Erklärung zufolge nicht auf den Vergleich mit anderen Objekten, sondern scheint sich eher auf das mathematische Resultat zu beziehen, dass 75,2 m^2 etwa zehn Mal so groß ist wie 7,85 m^2. Es wird nicht darauf eingegangen, ob es plausibel ist, dass 8 Personen an einer solchen Pizza essen.

Leon schlägt im Anschluss vor anhand einer anderen Schätzung ein neues Ergebnis zu ermitteln:

05:12   L   […] Und, wenn wir jetzt mal sagen, die ist 3 m groß?
05:32   D   3 m groß kann man auch rechnen.

Leon bezieht sich dabei auf seinen anfänglichen Vorschlag den Durchmesser der Riesenpizza auf 3 m zu schätzen. Dieser Ansatz wird äquivalent zum ersten Ansatz durchgeführt und es ergibt sich, dass mit einer Schätzung von 3 m acht Pizzen bestellt werden müssten (Abbildung 8.13).

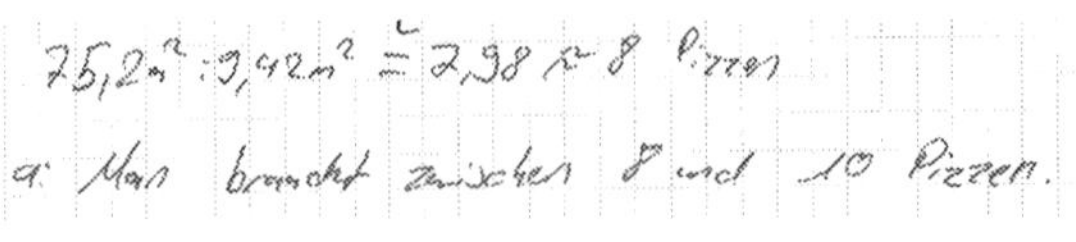

Abbildung 8.13 Alternativer Ansatz und Antwortsatz (Dawid & Leon)

Beide Ansätze aufgreifend kommen die Jungen zu dem Schluss, dass zwischen acht und zehn Pizzen gebraucht werden.

8.1.1.5 Kaia & Mila

Abbildung 8.14 veranschaulicht den Modellierungsprozess von Kaia und Mila.

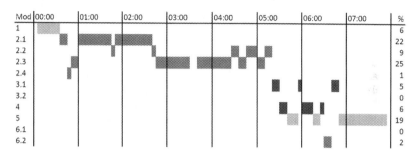

Abbildung 8.14 Codeline zur Riesenpizza-Aufgabe (Kaia & Mila)

Nachdem die Schüler:innen leise die Aufgabe lesen, benennt Kaia, dass bei dieser Aufgabe geschätzt werden muss (00:41, Mod 2.4). Im stimulated recall erklärt Kaia auf die Rückfrage, was es mit dem Begriff Schätzen auf sich habe:

> Da steht nichts von Maßen. Dann kann man ja ungefähr sehen, wie viele Pizzen da ungefähr rein passen von denen die wir kennen. Und davon wissen wir ungefähr wie viel man so schafft. Weil man geht ja auch mit Freunden oder so mal essen, und dann sieht man, die einen essen ein bisschen mehr als die anderen (.) und das kann man dann viel besser einordnen, und dann in Bezug darauf nehmen und dann hat das Sinn ergeben. (stimulated recall, 00:41)

In ihren Ausführungen ist erkennbar, dass ein visueller Vergleich zwischen der Riesenpizza und einer gewöhnlichen Pizza intendiert ist. Zudem leitet sie aus Alltagserfahrungen heraus Informationen über das Essverhalten von Personen ab. Eine intendierte Mathematisierung wird in ihrer Erklärung zum Schätzen bislang nicht ersichtlich.

Die Mädchen setzen sich kurz damit auseinander wie viel von einer gewöhnlichen Pizza sie selbst essen könnten (Mod 2.3). Es folgt eine lange Phase in der sie das Arbeitsblatt betrachten, selektiv darin lesen, Informationen als irrelevant identifizieren und fehlende Angaben bemängeln (Mod 2.1).

INT 01:40 VL Mhm. Dann hattet ihr eine ganz lange Phase [...] wo ihr nachgedacht habt und euch die Aufgabe einfach angeguckt habt (K: Mhm.) Was hatte es damit auf sich?

> *K   Ob noch/ man vielleicht noch irgendwo Informationen*
> *findet, die man vielleicht übersehen hat. Ich habe*
> *nochmal drüber geguckt. Irgendetwas muss es geben (.)*
> *wo womit ich etwas anfangen kann (..) Und dann kam ich*
> *nur noch auf die Schätzung, weil es gab ja nichts.*

Da sie keine weiteren relevanten Informationen in der Aufgabe finden,
beschließen sie den Schätzansatz weiterzuverfolgen.

02:43	K	Ja, wir müssen ja schätzen. Also (.) wenn man sagt, wenn man eine Party mit 80 Gästen plant, ich plane die, also muss (M: Mhm.) man davon ausgehen, dass die Leute in unserem Alter sind.
02:57	M	Okay.
02:58	K	Leute in unserem Alter, wenn ich so eine Party planen würde (.) würde ich so ungefähr die Hälfte Jungs, die Hälfte Mädchen machen, oder?
03:06	M	Mhja.
03:08	K	Wenn man so eine große Party macht, nh?
03:09	M	Mhm.
03:10	K	Dann sagen wir Frauen essen gewöhnlich etwas weniger als Männer, (..) dann (..) sagen wir mal eine Frau isst so eine Dreiviertel-Pizza (.) (M: Mhm.) und ein Mann mindestens eine Ganze.

Kaia geht von einer Party aus, die sie selber plant und bezieht den Arbeitsauftrag damit auf eine für sie lebensweltnahe Situation, wie sie auch im
nachträglichen Gespräch schildert:

Da steht nämlich DU und eine Party mit 80 Leuten. Und wenn man so überlegt, Leute
im jungen Alter, die laden bestimmt Leute aus der Stufe ein, oder von irgendwelchen
Hobbybereichen, Fußball oder sonst was. Und die werden dann (.) keine Ahnung so
ungefähr halb-halb sein, weil in so einer Stufe sind ja ungefähr die Hälfte Mädchen
die Hälfte Jungs, also (.) bin ich darauf gekommen. (Kaia, stimulated recall, 03:10).

Nachdem sie festlegen, wie viele männliche und weibliche Gäste auf der Party
anwesend sind und wie viel diese durchschnittlich essen (Mod 2.3), schätzen sie
den Durchmesser einer gewöhnlichen Pizza (04:33, Mod 2.3). Ihr Ziel ist es, zu
bestimmen, wie viele gewöhnliche Pizzen in die Riesenpizza passen (04:20, Mod
2.2).

04:40	M	Ne, aber dann müssen wir das auch maßgetreu wegen dem Bild machen, das ist ja auch nicht so (.)/
04:45	K	Ja das ist eine Schätzung. Wie viele Pizzen denkst du passen hier rein, normale? (.) Ca. (.) 1, 2, 3, ((malt Kreise auf dem Bild nach)) 4, 5, 6, 7, 8, 9, 10, 11, 12, 13, 14, 15, 16, 17, 18, sollen wir einfach sagen 20?
05:04	M	Ja.
05:06	K	Das macht ungefähr 20 Pizzen. (M: Mhm.) [...]

Handschriftliche Notiz: 40 Männer → essen ganze Pizza / 40 Frauen → Frauen essen $\frac{3}{4}$ Pizza / Riesen Pizza = 20 Pizzen

Mila merkt an, dass ein visueller Ansatz kritisch ist aufgrund der perspektivisch verzerrten Darstellung des Fotos. Kaia erachtet die Kritik nicht als relevant, da es sich um einen Schätzansatz handelt. Sie zählt 18 Kreise auf dem Foto (Mod 2.2) und rundet auf etwa 20 Pizzen (Mod 2.3). Im Interview macht Kaia deutlich, dass es sich nicht um willkürlich visualisierte Kreise handelt.

INT	01:09	VL	[...] aber du hast dann am Ende doch irgendwie mit der Zeichnung noch was gemacht.
	01:17	K	Ja, genau weil, das, das war im Prinzip nur meine Schätzung. Also, weil man muss ja irgendwie ein bisschen vor Augen haben, wie groß ist diese Pizza. Wenn es die Größte der Welt hätte ich das Bild nicht. Ja, dann kann ich, weiß ich jetzt nicht was die Größte der Welt sein soll. Und da ist ja das Bild, dann habe ich eine grobe Vorstellung davon und kann dementsprechend eine Schätzung so ungefähr dareinsetzen.

Kaia erklärt, dass sie sich die Situation vor Augen führt und anhand dessen Kreise einzeichnet. Es wird weder in der Beobachtung noch im Interview deutlich, ob und auf welche Vergleichsobjekte sie sich bei der Visualisierung gewöhnlicher Pizzen in dem Foto bezieht. Im stimulated recall erklärt Kaia, dass das Aufrunden auf 20 Pizzen als Teil ihres Schätzansatzes aufgefasst werden kann:

SR	*04:45*	*VL*	*[…] Achso, und dann hast du nochmal zwei dazu getan?*
		K	*Nein ich hatte erstmal, also mit meinen Kreisen die ich da rein gemalt habe sozusagen, habe ich 18 herausgekriegt. Und weil ich mir dachte, hier in den Ecken oder immer zwischen diesen Kreisen, ist ja noch so mal eine kleine Lücke. Deswegen habe ich nochmal zwei Pizzen dazu getan. Also sind wir auf eine glatte Zahl gekommen, so eine Schätzungszahl.*

Mit der Information darüber, wie viele normale Pizzen in die Riesenpizza passen würden, stellen sie zunächst einen Term für die Frauen auf (Mod 3.1), berechnen (Mod 4) und interpretieren diesen (Mod 5.1): „Dann brauchen wir auf jeden Fall schon einmal 1,5 dieser Pizzen für die Frauen" (Kaia, 05:20). Anschließend addieren sie die Werte für die Frauen und für die Männer (05:52) und bestimmen, wie viele Riesenpizzen benötigt werden (06:28, Abbildung 8.15).

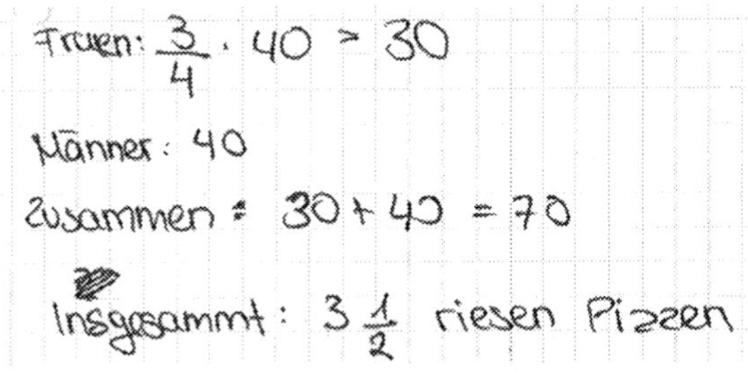

$$\text{Frauen:} \frac{3}{4} \cdot 40 = 30$$

$$\text{Männer: } 40$$

$$\text{Zusammen} = 30 + 40 = 70$$

$$\text{Insgesamt: } 3\frac{1}{2} \text{ riesen Pizzen}$$

Abbildung 8.15 Rechenweg (Kaia & Mila)

Sie überlegen noch kurz, ob es eine rechnerische Variante gibt, um die 3,5 Pizzen zu ermitteln, brechen den Ansatz jedoch ab und halten den Antwortsatz fest.

8.1.1.6 Amba & Bahar

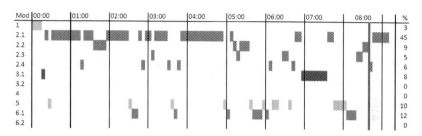

Abbildung 8.16 Codeline zur Riesenpizza-Aufgabe (Amba & Bahar)

Die Aufgabenbearbeitung von Amba und Bahar dauert etwa 9 Minuten (Abbildung 8.16). Nachdem sie den Aufgabentext laut vorlesen (Mod 1), benennen sie zunächst das, was sie als mathematischen Kern der Aufgabe ausmachen (Mod 3.1).

00:16 A [...] Es geht auf jeden Fall um Kreis. (.)

00:19 B Bestimmt irgendwas mit Radius und [...] sowas. Pi und so.

Dies stellt einen anfänglichen Ansatz von Mathematisierung dar, auf den anschließend aber nicht mehr eingegangen wird. Stattdessen wird der Text mehrfach selektiv gelesen und die Bedeutung der Heizvorrichtung und des Drehkreuzes für die Lieferung der Pizza werden thematisiert (Mod 2.1). Bahar stellt dabei die Frage in den Raum, ob eine Pizza als Lösung nicht ausreichen würde (Mod 5). Damit wird unmittelbar zu Beginn des Prozesses eine Vermutung für ein Endergebnis abgegeben. Im weiteren Verlauf werfen die Mädchen die Frage auf, ob die Aufgabe berechnet werden muss oder grob gelöst werden soll (Mod 2.4).

01:16 A Ist das eine Schätzungsaufgabe? (.)

01:18 B Könnte sein.

01:19 A Wahrscheinlich würde da dann stehen schätze. Dann nicht.

Der Gedanke, dass es sich um eine Schätzaufgabe handelt, wird jedoch verworfen, da es von der Aufgabenstellung nicht explizit eingefordert wird. Nach erneutem selektivem Lesen wirft Bahar ein, dass möglicherweise Informationen eigenständig beschafft werden müssen.

01:36	B	Glaubst du es ist wichtig zu wissen (.) wie groß ist eine große Pizza normal?
01:40	A	Na wahrscheinlich. [...]
01:43	B	Ja, aber wie oft passt diese kleine Pizza da rein, könnten wir gucken.
01:47	A	Weißt du denn den Durchmesser von einer kleinen Pizza? (B: Nein [...]

Der Ansatz (Mod 2.2) wird abgebrochen und nicht weiter thematisiert. Es kommt nun zu einem – auch im weiteren Verlauf regelmäßig auftretenden (u. a. ab 03:26) – Minikreislauf, bei dem der Text erneut selektiv gelesen und dessen Inhalt thematisiert wird (02:24, Mod 2.1), die Aufgabe als Schätzaufgabe und nicht als Rechenaufgabe benannt wird (02:24; 02:36, Mod 2.4), eine Vermutung abgeliefert wird darüber, wie viele Pizzen ausreichen (02:24, Mod 5) und diese Vermutung angezweifelt bzw. als plausibel erachtet wird (02:37, Mod 6.1). Weder Zweifel noch Zustimmung zu dem Ergebnis werden tiefergehend begründet:

02:24	A	Ach warte mal, du planst eine Party für 80 Gäste. (..) Wie viele von diesen Pizzen sollst du bestellen? Das ist eine Schätzungsaufgabe. Das ist die größte Pizza der Welt, dann ist es wahrscheinlich genügend für 80. (.)
02:36	B	Ja das/
02:36	A	Ich glaube hier gibts nichts zu berechnen.
02:37	B	Nein, ich glaube nicht das/ Ist das genügend? Das ist genügend für 80, oder? Guck dir doch mal die Pizza an, das ist doch genügend für 80. (...)

Es folgt erneut ein Ansatz von Amba, externe Informationen in die Aufgaben-bearbeitung zu integrieren: „Also für 2 Leute (.) reicht sogar eine normale Pizza, wenn du so nachdenkst." (02:58, Mod 2.3). Bahar geht auf diesen Ansatz nicht ein und infolgedessen wird er auch von Amba nicht mehr behandelt. In zwei, weiteren großen Abschnitten kommt es erneut zu dem oben beschriebenen Mini-kreislauf. Es folgt eine kurze Phase, in der das Paar anregt, Vergleichsgrößen zu verwenden (Mod 2.3).

| 05:12 | A | Jaja ich stell mir das nur so grob vor. Das ist voll der gute Vergleich, wenn die Menschen so daneben (B: Warte es kommt/) stehen. |

05:15   B   Guck mal, schneidet man die Pizza so,
((macht einen Schnitt auf dem Bild vor))
wie jede Pizza, hätte jeder so ein riesen
Stück ((zeigt es mit den Händen)).

Es handelt sich auch hierbei um einen Prozess, der abrupt abgebrochen wird und durch wiederholte Minikreisläufe der obigen Art ersetzt wird. Die hierbei stattfindende Begründung der Plausibilität des Ergebnisses (Mod 6.1) basiert auf der Anzahl an Schüler:innen, die sich in der Jahrgangsstufe des Paares befinden. Ein Vergleich mit den Maßen der Pizza wird nicht kommuniziert:

05:45   B   […] wir sind sogar ungefähr 80 in der Stufe.

05:48   A   Okay. (B: Glaubst du unsere Stufe/) Würde das reichen? […]

05:52   B   Kommt halt drauf an (S: Ja, nh?) unsere/ die Jungs in der Stufe sind Vielfresser.

Kurz vor Abschluss kommt es zu einer längeren Auseinandersetzung mit der zur Verfügung stehenden Formelsammlung (06:56, Mod 3.1). Der Ansatz wird jedoch wieder verworfen, da Werte fehlen, die eingesetzt werden könnten. Schließlich wird ein Antwortsatz formuliert, der gleichzeitig den gesamten verschriftlichten Lösungsweg darstellt (Abbildung 8.17).

Abbildung 8.17 Lösungsweg (Amba & Bahar)

Auch nach dieser Formulierung des Endergebnisses und der Auseinandersetzung mit der Plausibilität des Ergebnisses folgt eine bildhafte Auseinandersetzung
mit den Maßen von kleinen Pizzen innerhalb der Riesenpizza: „guck dir mal
diese Pizza an, ((zeigt auf das Bild)) diese kleine Pizza würde da wahrscheinlich
da reinpassen. ((malt mit dem Finger einen kleinen Kreis auf die Pizza)). Das
heißt, das sind keine Ahnung (.) 20 von denen." (Bahar, 08:19, Mod 2.3) Der
Ansatz wird als „Kringel machen" (08:37) abgetan und die Aufgabenbearbeitung
ohne weitere Thematisierung dieses Ansatzes beendet. Keiner der dargestellten
Ansätze von Organisation (Mod 2.2) und Annahmen Treffen (Mod 2.3) wird von
dem Paar aufgegriffen und weiterverfolgt. Die Schülerinnen erkennen zwar, dass
Schätzungen und Annahmen möglich sind, aber aktivieren das Potential solcher
Vorgehensweisen zur adäquaten Modellierung der Situation nicht.

> Ja. Also dann haben wir später auch nochmal, oder auch zwischendurch nochmal, dar-
> über geredet, wie viel eigentlich so eine kleine Pizza (unv.) satt machen würde. Und
> dann bei 80 Leuten. Und wenn man darüber nachdenkt, dass es die größte Pizza der
> Welt ist, müsste das eigentlich reichen. (Amba, 06:16, stimulated recall)

Bei der Erklärung, warum sie sich für eine Pizza entscheiden, redet Amba kurz
über die Annahmen, die sie getroffen haben. Ebenso, wie bei der Aufgabenbearbeitung selbst, wird in der nachträglichen Erklärung der Argumentationsstrang
nicht fortgeführt. Der Gedankengang wird zunächst eingeleitet, dann aber wird
darüber argumentiert, dass es sich schließlich um die größte Pizza der Welt
handelt. Der Bezug zu den organisierten und angenommenen Aspekten der
Aufgabenbearbeitung findet sich nicht mehr wieder.

Nachdem das Paar die andere Modellierungsaufgabe bearbeitet, kehren sie
zu dieser Aufgabe zurück. Bahar erklärt, dass man bei der Riesenpizza-Aufgabe
„einfach nur schätzen sollen. Da bin ich mir sogar jetzt sicher." (08:41, Mod 2.4)
Das Paar liest erneut die Informationen im Text und beendet den Arbeitsprozess.

8.1.2   Feuerwehr-Aufgabe

Im Folgenden werden zu denselben sechs Schüler:innenpaaren Fallbeschreibungen zur Feuerwehr-Aufgabe präsentiert.

8.1.2.1 Dominik & Krystian

Abbildung 8.18 veranschaulicht den Modellierungsprozess von Dominik und Krystian.

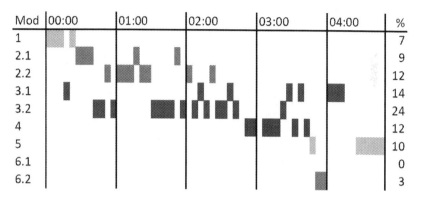

Abbildung 8.18 Codeline zur Feuerwehr-Aufgabe (Dominik & Krystian)

Zu Beginn des Modellierungsprozesses liest Dominik die Aufgabe laut vor und unterbricht seinen Lesefluss, um anzumerken, dass es sich um den Satz des Pythagoras handelt. Im nachträglichen Gespräch erklärt Dominik diesbezüglich:

> [...] Satz des Pythagoras. Und ich habe da echt viele Aufgaben zu gemacht. Und das kann man eigentlich auch direkt erkennen, wenn man/ vor allem auch diese Form. Wenn eine Feuerwehrleiter ausgefahren wird. Dann ist hier halt so ein Winkel hier, dann ist da so ein Dreieck und das ist die Höhe davon ähm, der gesuchte Wert. Das wäre einfach Satz des Pythagoras. (VL: Mhm.) Das war für mich direkt klar eigentlich. (stimulated recall, 00:00)

Zunächst identifiziert das Paar irrelevante Informationen in der Aufgabe, wie den Fahrzeugtypen oder das Baujahr (Mod 2.1). Unmittelbar danach beginnt Dominik eine Skizze anzufertigen.

00:41 D ((zeichnet Dreieck)) Das heißt wir haben
          so (K: Satz des Pythagoras.) ein Dreieck,
          (K: Jaja, genau.) hier ist das Auto
          ((zeichnet Auto)). Ist jetzt nicht das
          Feuerwehrauto, aber sieht aus wie ein Ufo,
          scheiß drauf. Das heißt das hier ist unser x
          ((beschriftet Skizze)) (..) dann ist die/

Dominiks Skizze umfasst zunächst ein Dreieck, ein Fahrzeug und die gesuchte Variable sowie anschließend die Länge der Leiter. Die Position und Ausrichtung des Fahrzeugs bleiben unklar. Krystian merkt an, dass in Dominiks Modell die zwölf Meter Abstand zwischen dem Fahrzeug und dem Haus unberücksichtigt bleiben. Folglich passt Dominik sein Modell an:

01:19 D Achso du meinst hier (K: Mindestabstand.) ((zeigt es auf dem Bild)) da und da, da wäre das Haus (K: Ja.) und hier müssen (K: Genau.) 12 Meter, ((zeigt es mit den Händen)) (K: Genau.) achso okay. Das heißt im Prinzip wäre es dann, hier ist das Auto ((zeichnet neues Auto)), hier sind 12 Meter ((zeichnet)) (K: Ja.) und hier fängt es dann erst an ((zeichnet Vertikale)). Das heißt, wir müssen das plus das rechnen ((zeigt in der Skizze auf das Auto und den Abstand vom Haus)) um das hier rauszubekommen. (.)

Dominik erklärt das neue Modell anhand des Fotos und überführt die Visualisierung in eine physische Repräsentation. So kann Dominik feststellen, wie sich Fahrzeug und Haus zueinander positionieren. Dabei wird auch eine neue Skizze angefertigt (Abbildung 8.19). Diese bildet Position des Fahrzeugs fehlerhaft ab.

01:37 K Also können wir, können wir dann überhaupt so diesen machen, so? ((zeichnet die Hypotenuse ein))

01:39 D Ich glaube schon. (.) Das ist vielleicht ein bisschen scheiße gezeichnet/

01:42 K Dann halt so. ((zeichnet)) (.)

01:43 D Das heißt w/ (K: Ja das geht so.)

Abbildung 8.19 Skizze
(Dominik & Krystian)

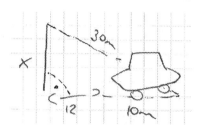

Die Jungen werden stutzig bei der Darstellung der Skizze, entscheiden jedoch, dass das Modell als solches verwendet werden kann. Bei der Erstellung der Skizze kommt es auch zur Auseinandersetzung über weitere, modellrelevante Informationen. Das Paar entscheidet sich gemeinsam dafür, dass die Länge des Autos mit zu berücksichtigen ist, denn „die Leiter ist ja (K: Jaja.) ganz hinten" (01:57), wie auch in der Skizze und der physischen Repräsentation deutlich wird. Auch die Höhe des Fahrzeugs wird an dieser Stelle thematisiert:

02:09	K	Aber du musst die Höhe vom Auto ((zeigt auf Maße in der Aufgabe)) ja auch noch einberechnen, weil dies, die Leiter ist ja auf dem Auto.
02:13	D	Ja.
02:14	K	Das heißt die ist so (unv.)/
02:15	D	Ne, das würde ich nur am Ende abziehen. Weil dann müssen wir das hier, wenn wir das raushaben ((zeigt auf das x)), die Höhe des Autos abziehen. (.) Weißt du, weil die Leiter ist ja nur so hoch ((zeigt auf das Dach des skizzierten Fahrzeugs)), die ist ja nicht so hoch ((zeigt auf den Boden des skizzierten Fahrzeugs)).

Krystian möchte die Höhe des Fahrzeugs letztlich einberechnen. Dominik deutet Krystians Aussage als Aufforderung zu addieren und widerspricht. Anhand der Skizze begründet Dominik, dass die Höhe abzuziehen sei, wozu Krystian keine Einwände hat. Dominik beschließt zusammenfassend eine neue Skizze anzufertigen, die die wesentlichen Informationen enthält.

02:27	D	Okay, also ((zeichnet neue innermathematische Skizze)) um das nochmal klar zu machen: 22, 30 und x (..) und dann Satz des Pythagoras einfach machen, nh? (..)
02:89	K	Ja.

Sie stellen anhand des Satz des Pythagoras die Gleichung $x^2 + 22^2 = 30^2$ auf, ohne in der Formelsammlung zu blättern oder zunächst die Formel allgemein festzuhalten. Nachdem Krystian einen rechten Winkel in der zweiten Skizze ergänzt (Mod 3.2, 02:45), ermitteln sie die gesuchte Variable mathematisch (Mod 4). Sie ermitteln für x den Wert 20,4. „Das heißt wir wissen die Höhe davon [...] ist 20,4" (Dominik, 02:58). Er bezieht dieses Zwischenergebnis auf die innermathematische Skizze, ohne weiteren Bezug zum Kontext. Im Anschluss setzen die beiden den Plan um, die Höhe des Fahrzeugs abzuziehen und erhalten das mathematische Resultat 17,2, welches sie anschließend interpretieren: „Das heißt die maximale Höhe des Gebäudes wäre 17,2." (03:47) Im nachträglichen Gespräch geht Dominik auf den Umgang mit der Höhe des Fahrzeugs ein (stimulated recall, 01:43):

> [...] diese Feuerwehrleiter wird nicht auf dem Boden ansetzen. Das heißt die Höhe des ähm, des Gebäudes hängt davon ab, wie hoch das Feuerwehrauto auch ist. Deswegen haben wir das auch am Ende ausgerechnet. Ähm minus 3,19. Was halt die Höhe des Autos war.

Diese Fehlvorstellung könnte auf die zweite Skizze zurückgeführt werden, in der das Fahrzeug in anstatt unter dem Dreieck platziert wird. In dem fehlerhaften Modell verläuft die Leiter durch das Fahrzeug, bis zum Boden. Nachdem sie die Aufgabe interpretiert haben, überprüfen sie noch die mathematische Notation des Resultates (Mod 6.2) und bezeichnen das Endergebnis mit H_h, da x bereits vergeben ist für die Höhe des Dreiecks (Abbildung 8.20).

Abbildung 8.20 Antwort (Dominik & Krystian)

Die im Anschluss formulierte Antwort enthält noch die Prämisse, dass ein Sicherheitsabstand von 12 m eingeplant wird.

8.1.2.2 Vivien & Oliver

Mod	00:00	01:00	02:00	03:00	04:00	%
1						16
2.1						16
2.2						19
3.1						7
3.2						14
4						23
5						0
6.1						0
6.2						4

Abbildung 8.21 Codeline zur Feuerwehr-Aufgabe (Vivien & Oliver)

Das Paar liest sich die Aufgabe still durch, woraufhin die beiden die Lagebeziehung von Fahrzeug und Haus thematisieren (Mod 2.2). Im Anschluss werden unwichtige Informationen identifiziert (Mod 2.1) und mithilfe des Fotos darüber gesprochen, an welcher Stelle die Leiter angebracht ist (Mod 2.2) (Abbildung 8.21).

01:02	O	Ja, aber weiß man wo die Leiter angebracht ist? Ist die (.) mit der Höhe irgendwie? (.)
01:07	V	Das ist die Frage. (.) Hmm (.)/
01:09	O	Die ist da (V: Hier sieht ((zeigt auf das Bild))/) oben drauf, nh? Oder?
01:11	V	[...] hier ((zeigt auf den hinteren Teil des Bildes)) ist es ein bisschen tiefer, aber vielleicht passt es dann nachher

SR   *V*   *Also ich habe erstmal nicht wirklich verstanden was [...]*
                    ein Drehleiterfahrzeug ist. Also ich dachte am Afang, [...]
                    dass man die im 90 Grad Winkel zum Boden machen
                    könnte. Und deswegen habe ich das dann auch erst nachher
                    bei der Zeichnung verstanden, ähm, dass das eine Schräge
                    ist. [...] Deswegen habe ich versucht irgendwie das aus der
                    Abbildung zu entnehmen. (VL: Aha.) Weil ich mir [...] nicht
                    sicher war, ob ähm, die Höhe ähm, für das ganze Fahrzeug
                    (.) gilt.

Vivien hat Schwierigkeiten damit, sich die Situation vorzustellen und die verschiedenen Objekte räumlich zu verorten. Während für Oliver die Leiter auf dem Fahrzeug ist, ist sich Vivien unsicher, ob die Höhe für das ganze Fahrzeug gilt und betrachtet daher den Verlauf der Leiter in der Abbildung. Im stimulated recall merkt sie bereits an, dass sich diese Hürde von der räumlichen Darstellung der Situation erst nach Erstellung der Skizze klärt. Das Paar geht im Anschluss erneut dazu über, relevante Informationen wie die Höhe, aber auch irrelevante Informationen wie den Hubraum zu identifizieren und zu diskutieren (Mod 2.1), woraufhin eine Mathematisierung des Sachverhaltes stattfindet. Oliver erkennt, dass „Das Haus [...] ja im rechten Winkel zum Boden" (02:11) steht (Mod 3.2) und benennt, dass man „Also einfach mit dem Pythagoras rechnen" (02:20) kann (Mod 3.1).

02:26   V   Pythagoras und das ((zeichnet auf
            dem Tisch ein Dreieck nach)), das
            macht nicht so viel Sinn oder?

02:29   O   Das, dann haben wir unten
            sozusagen 12.

02:32   V   Mhm.

02:32   O   Und dann gehts noch ein bisschen
            weiter runter, so 3 19 (.) und dann
            hat, (V: Das heißt dann geht es noch
            weiter runter?) dann ist die/

Anhand einer physischen Repräsentation veranschaulicht Vivien den Satz des Pythagoras. Die untere Strecke bezieht sich dabei auf den Mindestabstand. Oliver merkt an, dass das Modell noch eine weitere, nach unten abgehende Variable, zu berücksichtigen hat. Vivien kann dieser Erklärung nicht recht folgen, was Oliver dazu veranlasst eine Skizze von der Situation zu erstellen.

02:48	O	Hier wäre ((zeichnet)) dann zum Beispiel nochmal 3,19 (.) weil das ist sozusagen der Abstand und das ist schonmal die Höhe, die des Auto gegeben ist. (.)
02:56	V	Achso.
02:56	O	Und die Schräge die wir dann haben ((zeichnet)) ist dann wird/ dann ist das 30 Meter. 30 und dann rechnen wir einfach das ((zeigt auf die 30)) minus das ((zeigt auf die 12)) und dann kriegen wir mit Pythagoras die Höhe raus ((zeichnet die dritte Seite des Dreiecks)).
03:06	V	Muss ja schräg sein? (…) Oder kann der/
03:10	O	Ja es muss, es muss ja schräg weils 12 Meter Abstand hat […]
		[…]
03:18	V	Ja okay. Das macht schon Sinn.

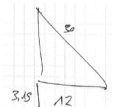

Anhand der Skizze kann er Vivien erklären, wo die 3,19 m in dem Modell zu verorten sind und, dass sie die Höhe des Fahrzeugs darstellen. Indem er die Skizze beschriftet (Mod 3.2) und simultan darlegt, anhand welcher Variablen und wie der Satz des Pythagoras anzuwenden ist (Mod 3.1). Es scheint, als löst sich die von Vivien oben formulierte Hürde bezüglich der Position des Fahrzeugs zu diesem Zeitpunkt auf. Das Paar stellt im Anschluss einen Term auf und ermittelt ein mathematisches Resultat (Mod 4, Abbildung 8.22).

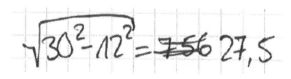

Abbildung 8.22 Rechenweg (Vivien & Oliver)

Es wird nicht in der Formelsammlung nachgeschlagen und der Satz des Pythagoras wird nicht schriftlich festgehalten. Stattdessen wird ein Term aufgestellt und berechnet. Die mental ablaufenden Prozesse verbalisiert Vivien im stimulated recall: „also wir haben halt den ähm, (..) Satz des Pythagoras angewandt. Aber halt ähm, nicht den a^2 plus b^2, ähm gleich c^2, sondern den umgestellten. Und

ähm, ja dann haben wir halt die Zahlen eingesetzt." (stimulated recall, 03:39) Das
Paar ermittelt als mathematisches Resultat 27,5 und Oliver äußert: „Dann wäre
das eigentlich schon, würde ich sagen, die Lösung, oder?" (03:54) Vivien stimmt
zu und das Paar beendet den Lösungsprozess. Interpretationen oder Validierungen
des Ergebnisses finden nicht statt.

Während der Bearbeitung der anderen Modellierungsaufgabe merkt Oliver an,
dass die Bearbeitung der Feuerwehr-Aufgabe noch unvollständig und somit nicht
korrekt ist (Mod 6.2) und dass die Höhe zum Ergebnis addiert werden muss (Mod
3.1), woraufhin ein neues mathematisches Resultat ermittelt wird (Mod 4):

04:10	O	[...] Die Aufgabe ((zeigt auf die vorigen Notizen)) ist übrigens noch nicht ganz richtig, nh? Warte mal. (V: He?) (unv.) Wir müssen das dann ja noch ((schreibt)) (V: Ach plus).). 27 Komma 5 (V: Ja.) plus 3,19 ((schreibt)) das sind dann [...] 30,69 müsste das sein.
04:31	V	Okay.
04:32	O	Okay.
SR	V	*Ja, also da haben wir halt noch was vergessen gehabt, ähm. Pythagoras hat nicht ganz alleine ausgereicht. Sondern man musst auch noch die Höhe des Wagens einberechnen. Ja. Haben wir dann auch noch gemerkt. Gut, dass Oliver das gesehen hatte.*

Nach diesem kurzen Einschub widmen sie sich wieder der Riesenpizza-
Aufgabe. Auch das in diesem Ausschnitt formulierte Ergebnis wird nicht
interpretiert. Es bleibt bei einer außermathematischen Lösung. Auf Rückfrage
erklärt Vivien:

SR	04:10	VL	*Und ihr hattet ja auch keine Antwortsatz aufgeschrieben.*
		V	*Ja das stimmt. Das ist vielleicht manchmal nicht so gut.*
		[...]	
		V	*Also dadurch, dass man das ja nicht so im Unterricht macht, rechnet man meistens ja (..), halt einfach irgendwie auf Schmierpapieren und relativ unordentlich. Das ist halt so, wie wenn ich jetzt irgendwie Lohn für Nachhilfestunden ausrechne. Und dann brauche ich halt keinen Antwortsatz. (VL: Ja.) Aber, ist halt natürlich doch schon schlau.*

Vivien zufolge entspricht die Verschriftlichung des Paares eher Notizen, wie
sie bei Mathematikaufgaben häufig auf einem Schmierzettel gemacht werden –
und diese enthalten keinen Antwortsatz. Sie räumt zwar ein, dass Antwortsätze

prinzipiell sinnvoll sind, scheint diese jedoch als nicht notwendig zu erachten für den regulären Mathematikunterricht.

8.1.2.3 Samuel & Nathalie

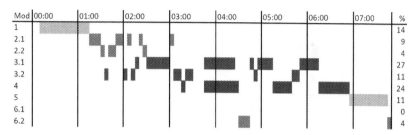

Abbildung 8.23 Codeline zur Feuerwehr-Aufgabe (Samuel & Nathalie)

Der Bearbeitungsprozess von Samuel und Nathalie ist etwa acht Minuten lang (Abbildung 8.23). Nachdem Samuel die Aufgabe laut vorliest (Mod 1) und Nathalie den Mindestabstand als relevant heraushebt (Mod 2.1), beginnt Samuel eine Skizze von dem Sachverhalt zu erstellen.

| 01:44 | N | Also wenn hier ((zeigt auf die Skizze)) das Auto stehen würde, (S: sind) sind das ja ((zeigt auf die Skizze)) diese 12 Meter Abstand. |

Währenddessen entnehmen sie dem Text relevante Informationen (Mod 2.1), pflegen sie in die Skizze ein (Mod 2.2) und erkennen, dass es sich um ein rechtwinkliges Dreieck handelt (Mod 3.2). Im Folgenden gehen die Meinungen der Beiden darüber auseinander, welcher mathematische Ansatz zu verfolgen ist.

| 02:09 | S | Also ich glaube hier ((zeigt auf den spitzen Winkel zwischen Hypotenuse und Grundseite)) brauche ich den Winkel, um das errechnen zu können, oder? (…) |
| 02:15 | N | Ja, aber ist das nicht einfach mit dem Pythagoras, dass man einfach diese dritte Seite (.) rechnet? |

Samuel möchte mithilfe von „Sinus, Kosinus oder Tangens" (02:30) einen Winkel ausrechnen, während Nathalie den Satz des Pythagoras anwenden möchte. Sie können sich nicht einigen und so kommt es dazu, dass Nathalie den Satz des Pythagoras anwendet und Samuel erneut in der Aufgabe liest. Samuel klinkt sich nach dem Lesen bei Nathalies Prozess ein und merkt an, „ich glaube, wenn man den Winkel errechnet, (.) können wir glaube ich mit Hilfe des Winkels diese Länge ((zeigt auf die fehlende Dreiecksseite a)) errechnen." (03:21). Im nachträglichen Gespräch führt Samuel fort,

> [...] sie hatte ja geguckt, ähm, ob wir das mit dem Satz des Pythagoras ausrechnen können. Aber ich dachte, also ich weiß nicht, ob es auch funktioniert hätte, aber ich war eher der Meinung, das mit Sinus, Kosinus oder Tangens auszurechnen, weil wir das gerade im Unterricht machen. (Samuel, stimulated recall, 03:35)

Samuel möchte trigonometrische Sätze anwenden, mit der Begründung, dass diese eben erst im Unterricht behandelt wurden. Nathalies Ansatz zum Satz des Pythagoras wertet er zwar nicht als grundlegend falsch, zeigt aber kein Interesse diesen zu verfolgen oder sich mit ihren Überlegungen diesbezüglich auseinanderzusetzen. So kommt es dazu, dass sie auf zwei unterschiedlichen Zetteln arbeiten. Nathalie führt den Satz des Pythagoras fort und Samuel schreibt Gegebenes und Gesuchtes auf, als Grundlage für die Anwendung trigonometrischer Sätze. Nathalie hält die Formel zunächst allgemein fest und stellt die Gleichung anschließend so um, dass die gesuchte Seite a alleine steht (Abbildung 8.24).

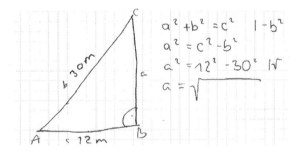

Abbildung 8.24 Lösungsansatz (Nathalie)

In ihrer Gleichung stellt c die Hypotenuse dar, während c in der Skizze die Grundseite des Dreiecks darstellt. So kommt es dazu, dass sie die Werte falsch einsetzt und in der Wurzel einen negativen Wert stehen hat. Nathalie beschließt daher, „Okay, das geht nicht." (04:26, Mod 6.2) oder „Hätte das vielleicht doch gehen sollen?" (04:35., Mod 6.2) Samuel unterbricht seinen Ansatz kurz und betrachtet Nathalies Lösungsweg. Im stimulated recall wird er darauf angesprochen.

SR   04:35   VL   *Da hast du dir kurz nochmal ihren Ansatz angeschaut.*
                     Was hast du da gedacht?

                     [...]

          S   *Also wir hatten ja jetzt am Anfang zwei, quasi zwei,*
                     Lösungswege [...]. Und dann ja, sie hat dann das schnell
                     fertig gerechnet. Und dann kam halt etwas heraus, was
                     nicht so realistisch ist. Ja. Und dann habe ich weiter
                     gemacht.

Samuel beschäftigt sich nicht ausführlicher mit Nathalies Ansatz, sondern tut ihn als unplausibel ab. Daher deckt er den Fehler nicht auf und widmet sich stattdessen wieder seinem Ansatz, ohne auf Nathalies Frage einzugehen. Nathalie steigt daher in sein Vorgehen ein. Der Satz des Pythagoras wird im Lösungsprozess des Paares keine Rolle mehr spielen. Nathalie wird ihren Ansatz am Ende der Bearbeitung als falsch werten (Mod 6.2, 07:46). Ihre Skizze hingegen (Abbildung 8.24) wird verwendet, um die trigonometrischen Sätze korrekt zu verwenden (04:48). Mithilfe der Winkelfunktion Kosinus ermitteln sie so die Größe des Winkels zwischen Grundseite und Hypotenuse (Abbildung 8.25).

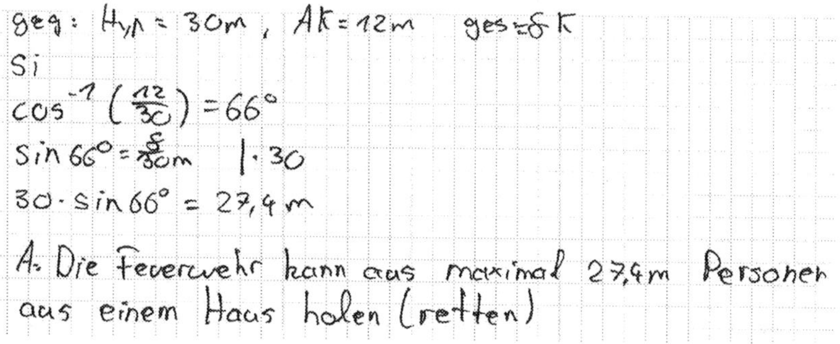

Abbildung 8.25 Lösungsweg (Samuel & Nathalie)

Samuel trägt den Winkel 66° in die Skizze ein (Mod 3.2, 05:08) und das Paar entscheidet sich dazu die Winkelfunktion Sinus anzuwenden, um die fehlende Seite zu ermitteln (Mod 3.1, 06:06). Diese berechnen sie anschließend (Mod 4, 06:47). Sie lesen sodann erneut die Aufgabenstellung durch (Mod 2.1, 07:00), damit „explizit auf die Frage geantwortet" (Samuel, stimulated recall, 07:05) werden kann. Daraus formulieren sie einen Antwortsatz und halten diesen schriftlich fest (Mod 5): „Die Feuerwehr kann aus maximal 27,4 m Personen aus einem Haus holen (retten)". Der Prozess von Samuel & Nathalie enthält keine Hinweise darauf, dass Höhe, Länge oder Breite des Fahrzeugs in ihrem Modell mitberücksichtigt werden.

8.1.2.4 Dawid & Leon

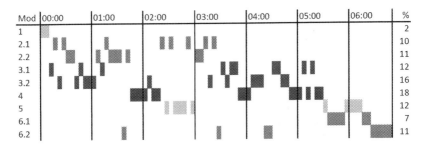

Abbildung 8.26 Codeline zur Feuerwehr-Aufgabe (Dawid & Leon)

Nachdem das Paar die Aufgabe kurz leise liest, benennt Dawid, „wir machen ähm Satz des Pythagoras." (00:11, Mod 3.1, Abbildung 8.26). Diese erste Assoziation erscheint ihm naheliegend, denn „wir hatten sehr sehr viele Aufgaben zum Satz des Pythagoras." (stimulated recall, 00:11) Die Jungen gehen unmittelbar darauf dazu über, relevante Informationen zu identifizieren (Mod 2.1) und anhand eines Dreiecks zu veranschaulichen (Mod 3.2, Abbildung 8.27).

Abbildung 8.27 erste
Skizze (Dawid & Leon)

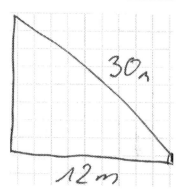

Dawid erklärt dabei, dass die Leiter ausgestreckt sein muss, damit sie die Länge von 30 m erreichen kann und zeigt dabei auf das Foto (Mod 2.2). Er führt weiter aus, „Dann rechnen wir einfach 30 m² minus 12m², dann haben wir die Höhe ((zeigt auf die Höhe des Dreiecks))." (00:11, Mod 3.1) Damit liefert er im ersten Wortbeitrag der Bearbeitung einen zu berechnenden Term. Nun kommt Leon das erste Mal zu Wort und widerspricht: „Ja, macht ja keinen Sinn. (D: Warum nicht?)." (00:49)

Abbildung 8.28 zweite
Skizze (Dawid & Leon)

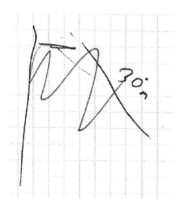

Er begründet dies anhand der zweiten Skizze (Abbildung 8.28) damit, dass es noch eine Lücke gibt zwischen der Leiter und dem Haus. Dawid relativiert diesen Einwand, indem er erwidert, „Ja, je nachdem wo die Leiter am Auto dran ist, nh?" (01:02) Kurz darauf erkennt Leon den Fehler in seinem Gedankengang: „Es geht ja darum, dass der Korb 12 m ((zeigt auf den Korb im Bild)) (..) Achso, das Auto muss 12 m." (01:15) Nicht der Korb muss 12 m vom Haus entfernt sein, sondern das Fahrzeug, also „macht [das] ja gar kein Sinn hier ((streicht Skizze oben rechts durch))." (Leon, 01:36, Mod 6.2) Dennoch hat Leon damit eine Diskussion angestoßen:

01:22   D   [...] Das heißt, wenn wir dann das Auto mitrechnen ((zeigt auf die Maße im Text)), wenn das weiter hinten ist ((zeigt auf den hinteren Teil des Bildes)), dann würde ich [...], das ist ja schon wichtig.

01:29   L   (Andersherum hinstellst?) Dann kann das ja auch/ Wenn das Auto dann hier so steht mit ((zeichnet Pfeil an die Skizze)).

01:33   D   Ey, dann können wir (L: unv.) beides ausrechnen, einfach, wenn das Auto frontal steht und, wenn das/

         [...]

01:38   D   [...] und wenn das Auto rückwärts steht

Sie erkennen, dass es für den weiteren Lösungsprozess relevant ist zu entscheiden, wie das Fahrzeug ausgerichtet ist, also ob sie die Länge des Fahrzeugs in das Modell aufnehmen oder nicht (Mod 2.2). Das Paar möchte sich nicht für eine der beiden Varianten entscheiden und beschließt, zwei Modelle zu entwickeln und umzusetzen. Im stimulated recall (01:15) macht Dawid im Hinblick auf die Sachsituation deutlich, warum es sinnvoll sein kann, beide Berechnung durchzuführen:

[...] wir hatten ja hier oben das so gerechnet, wenn die Leiter direkt da wäre, also hier vorne, also direkt nach den 12 Metern. Ähm, dann hatten wir uns gedacht, das Fahrzeug steht aber, denke ich, nicht immer so. Weil es jetzt vielleicht nicht passt von der Einfahrt, wie auch immer. Wenn es jetzt so schlechtmöglichst, ähm, stehen würde, [...] dann haben wir einfach gerechnet, wenn die Leiter ganz hinten ist, dann sind es zehn Meter (.)

Damit wäre es u. a. abhängig von der Beschaffenheit der Zufahrt zum Gebäude, wie das Auto ausgerichtet werden kann, sodass in Abhängigkeit davon das entsprechende Modell zu verwenden ist. Im Interview relativiert er dies. Es hätte „den zweiten Ansatz nicht unbedingt gebraucht (.) weil man ja nur die Maximalhöhe [...] gebraucht hatte." (01:02) Der erste Ansatz ist somit der relevantere, „weil das wäre die Maximalhöhe, wenn es rückwärts stehen würde." (Dawid, Interview, 01:44) Damit beleuchtet er die Modelle auf der einen Seite im Hinblick auf die reale Situation und einmal auf den zu erfüllenden Arbeitsauftrag.

Das Paar berechnet nun mithilfe des Satzes des Pythagoras die Länge der fehlenden Seite in der ersten Skizze. Es wird nicht zunächst die Formel festgehalten und es wird keine zu lösende Gleichung aufgestellt. Stattdessen ermitteln die Beiden direkt den Wert des Terms $30^2 - 12^2$. Die Jungen ermitteln das mathematische Resultat 27,5 (Mod 4) und halten, nachdem sie erneut in den Aufgabentext schauen (Mod 2.1), eine Antwort fest (Mod 5): „(Wenn das Fahrzeug rückwärts zum Haus steht.)" Dies stellt weniger eine Antwort auf die Frage dar, als eher eine realitätsbezogene Bedingung für ihre Fallunterscheidung.

Im Anschluss starten sie die Entwicklung des zweiten Modells und erstellen dazu eine Skizze. Sie zeichnen zunächst einen rechteckigen „Kasten" (02:58), der das Fahrzeug symbolisiert und dessen Höhe und Länge berücksichtigt (Mod 2.2). Als Leon die Skizze vorantreibt fällt Dawid auf, dass sie in dem vorherigen Modell die Höhe nicht berücksichtigt haben (Mod 6.2, 03:25). Daher kehren sie zum ersten Ansatz zurück, beschließen die Höhe zu addieren (Mod 3.1, 03:47) und ermitteln das neue mathematische Resultat 30,69 m (Mod 4). Daraufhin kehren sie zum zweiten Ansatz zurück. Eine Interpretation des neuen mathematischen Resultats findet nicht statt. Im Rahmen der Entwicklung des neuen Modells stoßen sie dabei auf eine Hürde, da sich aufgrund des eingezeichneten Kastens kein Dreieck identifizieren lässt: „Ja, aber dann macht das hier [...] keinen Sinn, von der Höhe, weißt du? (.) Da ist ja die Höhe anders" (Leon, 03:56).

04:36	D	Wir können das auch genauso wieder rechnen wie gerade und am Ende (unv.)
04:38	L	Ne, warte, doch, wenn hier der rechte Winkel ist, dann macht das wieder Sinn. Jaja.
04:41	D	Dann rechnen wir wie gerade und dann einfach mit dem/
04:43	L	(unv.) Punkt dahin ((ergänzt rechten Winkel in der Skizze)) so dann, dann ist das ja (D: Jaja, deswegen ja), so ((deutet eine Vertikale an, die rechtwinklig zum Boden der Skizze steht)) (.)
04:48	D	Und dann rechnen wir es einfach so ((zeigt auf Horizontale)) und dann einfach die Höhe dazu

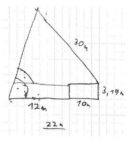

Die Problematik des nicht identifizierbaren Dreiecks führt bei den Jungen zu einer längeren Auseinandersetzung mit dem Modell. Leon erkennt den rechten

Winkel in der Zeichnung und die Jungen identifizieren eine zum Boden parallele Hilfslinie, mithilfe derer das Dreieck ersichtlich wird. Dawid begründet im
stimulated recall, „wenn man das [die Höhe] dann aber von Anfang an mitgerechnet hätte, könnte man kein Satz des Pythagoras machen. Das heißt, wir
haben das dann einfach am Ende drangehangen." $(03:25)^2$ Im Anschluss berechnen sie den neuen, aufgestellten Term und addieren die Höhe des Fahrzeugs
(Abbildung 8.29).

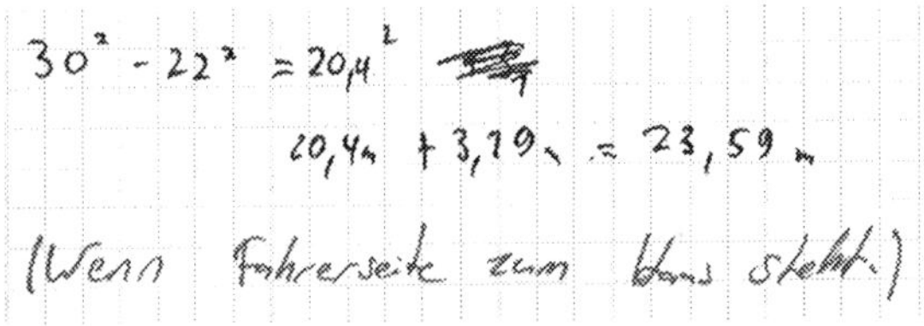

$$30^2 - 22^2 = 20{,}4^2$$

$$20{,}4 + 3{,}19 = 23{,}59 \text{ m}$$

(Wenn Fahrerseite zum Haus steht.)

Abbildung 8.29   Rechenweg und Antwort zum zweiten Modell (Dawid & Leon)

Auch diese Antwort stellt eher die Bedingung des Modells dar. Die Interpretation bleibt zumindest in der verschriftlichten Form implizit. Währenddessen
validieren sie ihr Resultat, indem sie die Ergebnisse der beiden Modelle vergleichen. Leon ist verwundert darüber, dass die Resultate so weit auseinander
liegen (05:37, Mod 6.1). Dawid erklärt ihm, „Ja, klar. Du musst ja überlegen, das
sind ja auch 10 m weiter weg." (05:41), was Leon dann akzeptiert, sodass sie
das Ergebnis als passend ausmachen (05:43). Abschließend validieren sie noch
die Notwendigkeit des Mindestabstandes, wenn das zugehörige Gebäude nicht
brennen sollte (06:18) und bewerten mit Bezug zur Skizze ihr mathematisches
Resultat als plausibel. Damit beenden sie ihren Lösungsprozess.

---

[2] Seine Begründung bezieht sich auf das erste Modell, liefert aber ebenso eine Erklärung für
das zweite Modell.

8.1.2.5 Kaia & Mila

Mod	00:00	01:00	02:00	03:00	04:00	05:00	06:00		%
1									9
2.1									24
2.2									21
3.1									9
3.2									7
4									10
5									18
6.1									0
6.2									1

Abbildung 8.30 Codeline zur Feuerwehr-Aufgabe (Kaia & Mila)

Nachdem die Beiden die Aufgabe jeweils leise durchlesen, benennt Kaia als Strategie aufgabenrelevante Daten zu markieren. Daher liest das Paar in einem längeren Prozess wiederholt selektiv, identifiziert relevante Daten und markiert die Länge der Leiter und den Mindestabstand (Mod 2.1, Abbildung 8.30). Im nachträglichen Gespräch begründet sie ihr Vorgehen damit, dass wenn „ich markiere, dann habe ich vielleicht einen besseren Fokus, ähm was vielleicht wichtig ist. Also dann sehe ich auf einen Blick, so darauf will ich hinaus." (stimulated recall, 01:39) Kaia schlägt im Anschluss vor, von der Länge der Leiter den Mindestabstand zu subtrahieren, womit beide einverstanden sind (Mod 3.1). Eine weitere Begründung für diesen Ansatz findet sich nicht. Bevor sie diesen Ansatz festhalten, lesen sie zunächst noch selektiv im Text, erfassen potentiell relevante Informationen (Mod 2.1) und setzen sich danach mit der Position der Leiter auseinander. Mithilfe des Fotos erklärt Kaia, dass sie die Leiter auf dem Boden angebracht vermutet (02:29), während Mila darlegt, warum sie auf dem Fahrzeug startet (Mod 2.2):

02:42	M	Ja die ist halt hier unten ((zeigt auf den hinteren Teil des Bildes)) und dann geht das halt so nach oben ((zeigt auf dem Bild)) (.) gefahren. (.) Denke ich. (..)
02:49	K	Können Sie uns vielleicht beantworten wie so eine Leiter steht?
02:52	VL	Ich kann euch da leider nichts zu sagen.

Da der Interviewer Kaia keine Auskunft über die Position der Leiter liefert, entscheiden sie sich dafür, bei dem obigen Ansatz zu bleiben und halten diesen schriftlich fest. Mila unterbricht Kaia dabei und zweifelt die Sinnhaftigkeit des Ansatzes an.

03:33   M   Obwohl, wenn man einfach nur 30
              minus 12 macht, das ist ja nicht die
              maximale Höhe, oder nicht? Muss
              man da nicht noch rechnen? Weil ich
              mein das Haus ist ja dann so ((zeigt
              eine senkrechte Wand mit der
              Hand)) das steht dann halt so und
              dann steht das Auto da hinten ((zeigt
              es)) und dann muss das ja so.
              ((deutet kurz eine Diagonale an)).

Mit diesem Einwand von Mila wird dieser Ansatz verworfen. Stattdessen erstellt das Paar eine Skizze um den Sachverhalt dazustellen (Abbildung 8.31).

Abbildung 8.31   Skizze
(Kaia & Mila)

Kaia erstellt eine Skizze, die realweltliche Elemente, wie das Auto und das Haus, enthält. Ebenso wie bei Dominik & Krystian führt die Leiter in der Skizze an dem Fahrzeug vorbei und reicht bis zum Boden. Damit greift sie nicht Milas vorherige Erläuterungen auf, in der die Leiter auf dem Fahrzeug angebracht ist. Darüber hinaus identifiziert Kaia den Mindestabstand von 12 m, skizziert diesen jedoch nicht parallel zum Boden. Als Mila diese Skizze sieht, stellt sie in den Raum, ob sich die Aufgabe nicht mit dem Satz des Pythagoras lösen ließe (Mod 3.1, 04:37).

04:38   K   Das wollte ich gerade sagen. Wir müssen so haben ((zeichnet die
              Skizze zu einem Dreieck)) dann wissen wir 30/ (4)

04:47   M   Warte und das hier sind dann 12 ((zeichnet ein)) und dann ist hier
              der rechte Winkel ((zeichnet)) und dann ist das hier x ((zeichnet))

Abbildung 8.32 Skizze
mit Realitätsbezug (Kaia &
Mila)

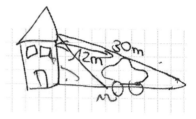

Das Paar ergänzt die Skizze so, dass die darin enthaltenen mathematischen
Strukturen, die für den Satz des Pythagoras notwendig sind, ersichtlich werden (Mod 3.2, Abbildung 8.32). Dazu gehören das Dreieck, die unbekannte
Variable und der rechte Winkel. Für eine „bessere Übersicht" (Kaia, stimulated
recall, 04:37) erstellt Kaia eine neue, rein innermathematische Skizze, die das
aufgestellte Modell auf die wesentlichen Elemente reduziert (Abbildung 8.33).

$$x^2 + 12^2 = 30^2$$
$$x^2 + 144 = 900 \quad |-144$$
$$x^2 = 756 \quad | \sqrt{}$$
$$x = 27,49 \, [m]$$

Abbildung 8.33 Innermathematische Skizze und Rechenweg (Kaia & Mila)

Auf Grundlage des Modells stellen sie den Satz des Pythagoras, bezogen auf
das mathematische Modell auf. Sie blättern dazu nicht in der Formelsammlung
und stellen die Formel nicht allgemein auf. So wie ihre realweltliche Skizze die
Position der Leiter und des Fahrzeugs nicht adäquat wiedergibt, finden sich auch
in ihrem mathematischen Modell sowie in ihrem Rechenweg weder die Höhe des
Fahrzeugs noch eine Auseinandersetzung mit der Ausrichtung des Fahrzeugs. Ihr
Lösungsweg verarbeitet, wie ihr erster Ansatz auch, lediglich Informationen über
den Mindestabstand und die Länge der Leiter – ebenjene Informationen, die als
einzige im Text markiert wurden. Ihr mathematisches Resultat interpretieren sie
und halten dieses in Form eines Antwortsatzes fest: „Die maximale Höhe aus der
die Feuerwehr mit dem Fahrzeug retten Kann beträgt 27,49 Meter."

8.1.2.6 Amba & Bahar

Abbildung 8.34 veranschaulicht den Modellierungsprozess von Amba und Bahar.

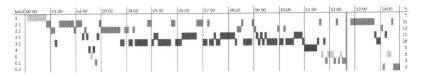

Abbildung 8.34 Codeline zur Feuerwehr-Aufgabe (Amba & Bahar)

Nach erstmaligem, lautem Vorlesen lesen sie selektiv im Text und erfassen, dass der Mindestabstand von zwölf Metern relevant ist (Mod 2.1). Anhand des Bildes veranschaulicht Bahar, wo der Mindestabstand räumlich zu verorten ist (Abbildung 8.35).

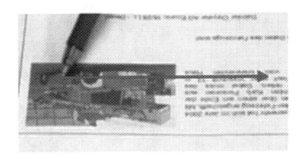

Abbildung 8.35 Veranschaulichung des Mindestabstands (Amba & Bahar)

Daraus folgert sie „es wird abstehen" (01:06) und deutet mit dem Arm einen Winkel an (Mod 2.2). Amba greift diesen Ansatz auf und folgert daraus: „Es ist eine Schräge. Es wird (B: Ja.) ein Dreieck oder so sein." (01:07) Mit dieser Aussage überträgt sie die Situation in eine mathematische Repräsentation. Bevor sie diesen Ansatz weiterverfolgen, beschließen sie zunächst wichtige Informationen schriftlich festzuhalten. Dazu lesen sie den Text erneut und halten relevante Informationen schriftlich fest (Mod 2.1). Im stimulated recall berichtet Amba zu diesem Vorgehen: „Ich habe notiert was wir gemacht haben. Weil ich persönlich habe immer einen besseren Überblick, wenn ich alle Sachen die gesucht, oder die da sind, aufschreibe" (stimulated recall, 01:54). Das Paar setzt sich in dieser Phase beispielsweise mit der Frage auseinander, welche Bedeutung die Höhe des

Fahrzeugs für die Aufgabenbearbeitung hat. Amba zählt die Höhe zunächst zu den irrelevanten Informationen (02:11). Bahar kann sie jedoch von der Relevanz überzeugen:

02:19   B   Doch die Höhe vom Auto, weil
            das fängt (A: Die Höhe vom/) ja
            nicht schon vom Boden an ((zeigt
            auf den hinteren Teil des Bildes)).
            Das heißt wir müssen (A: Ah
            stimmt.) (zusätzlich?)/

02:23   A   Stimmt, warte. ((schreibt auf
            „Fahrzeug h")) Ich schreibe das
            auch noch auf.

Bahars Begründungen, sowohl zum Mindestabstand als auch zur Höhe des Fahrzeugs, werden von ihr mithilfe des Bildes veranschaulicht (Mod 2.2). Amba scheint aus dieser Information heraus eine einfache Lösung des Problems zu entdecken und schlägt vor, die Höhe des Fahrzeugs und die Länge der Leiter zu addieren.

Abbildung 8.36 Notizen
(Amba & Bahar)

Abstand = 11m

Leiter h = 30 m

Fahrzeug h = 3,19m

insgesamte h = 33,19 m

Das Paar ermittelt so eine „Insgesamte Höhe" (Bahar, 02:38) von 33,19 m (Abbildung 8.36). Dabei handelt es sich um ein unplausibles Resultat, das lediglich in einem Modell plausibel ist, bei dem das Fahrzeug direkt an der Hauswand steht und die Leiter senkrecht hochgefahren wird. Diesen Ansatz lassen sie unkommentiert stehen und das Paar benennt mehrere, andere handlungsweisende Ansätze:

Ähm wie müssen wir hier die Winkel ausrechnen? ((greift nach der Formelsammlung)) Ich bin mir sicher wir brauchen gleich eine von diesen Formeln. Also, aus welcher maximalen Höhe (B: Mach mal schonmal eine Zeichnung wie das ungefähr sein würde.) kann die Münchener Feuerwehr/ ((zeichnet)) Also wenn du/ (Amba, 02:50)

Zunächst nimmt Amba Bezug zur Formelsammlung und stellt heraus, dass es sicherlich eine Formel zu verwenden gilt (Mod 3.1), ohne zu begründen, warum dies der Fall ist. Zum zweiten Mal im Prozess (s. a. 02:11) benennt Amba, dass bei dieser Aufgabe ein Winkel ausgerechnet werden muss. Ein Bezug zu einer konkreten Formel bzw. Operationalisierung wird erst zwei Minuten später auftauchen. Nach erneutem selektivem Lesen schlägt Bahar vor eine Skizze anzufertigen (02:50). Amba setzt dies unmittelbar darauf um. In den folgenden dreieinhalb Minuten entwickeln Amba und Bahar eine Skizze (Abbildung 8.37), die als Modell für ihre Rechnung dient. Die erste Hälfte dieses Prozesses weist mehrheitlich einen realweltlichen Bezug auf (Mod 2.2), während die zweite Hälfte vermehrt mathematische Relationen und Strukturen in der Skizze in den Blick nimmt (Mod 3.2).

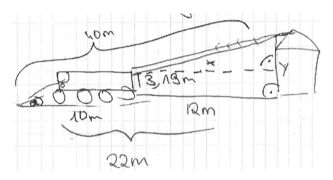

Abbildung 8.37 Skizze (Amba & Bahar)

Mehrere mögliche mathematische Modelle lassen sich dieser Skizze (Abbildung 8.37) entnehmen. In einer längeren Auseinandersetzung diskutiert das Paar, an welcher Stelle die Leiter ansetzt. Anhand des Fotos und anhand der Skizze macht das Paar deutlich, dass das Fahrzeug mit dem hinteren Teil zum Gebäude zeigt, denn „die Leiter kommt von hier oben ((zeigt auf den hinteren Teil des Bildes)) von hinten, von hinten vom Wagen. ((zeigt auf die Skizze))" (Bahar, 03:21). Abbildung 8.37 lässt sich entnehmen, dass die Fahrerkabine vom Gebäude weg zeigt. Im weiteren Verlauf beschriftet das Paar die Leiter mit der Variablen x (Mod 3.2), in der Überzeugung, dass diese Länge berechnet werden muss (04:06). Amba verändert das skizzierte Haus so, dass es ein Flachdachhaus darstellt. Dies stellt eine Vereinfachung des Modells dar und wird von Amba als „schlauer"

(04:20) empfunden. Aufgrund der Annahme, dass die Strecke x berechnet werden muss, zieht sich der Lösungsprozess des Paares in die Länge. Dadurch kommt es auch dazu, dass Amba im Text nach Informationen über die Höhe des Hauses sucht (Mod 2.1, 04:50), obwohl dies die gesuchte Größe darstellt. Zum jetzigen Zeitpunkt enthält die Skizze die Werte 12 m und 3,19 m. Bahar schlägt nun Operationalisierungen vor.

05:06	B	Glaubst du wir müssen Satz des Pyth/ Glaubst du wir müssen Winkel berechnen mit Sinus oder Kosinus und sowas machen?
05:10	A	Warte mal, ich glaube schon, weil wir (B: Ja aber wir haben hier ja den rechten) wollen ja/
05:12	B	Winkel, das heißt wir müssen Tangens machen.

Sie deutet den Satz des Pythagoras kurz an, schwenkt jedoch über zu Sinus und Kosinus.

05:17	B	[Ja und wir haben] Nur die Ankathete ((zeigt in der Skizze)). (A: Okay.) Aber das ist die Hypotenuse. ((zeigt auf die Leiter))
05:20	A	Ja genau die Hypotenuse müssen wir rausfinden. (..) Ähm.
05:25	B	Was ist die Gegenkathete von dem hier? ((zeigt auf die Skizze))
05:26	A	Die Gegenkathete ist von/ Also wir müssen ja noch einen Winkel haben, um das anzuwenden.

Auch hier liegt die Vorstellung vor, dass x die gesuchte Größe darstellt. In diesem Zuge erweitert das Paar die Skizze um weitere Größenangaben, um zunächst Alpha ermitteln zu können und entscheidet sich auch dafür, dass die Länge des Fahrzeugs aufgabenrelevant ist (Mod 2.1, 05:41), obwohl das Fahrzeug mit dem hinteren Teil zum Gebäude positioniert ist. Nachdem sie sich für den Tangens entscheiden (06:08, Mod 3.1), diesen aufstellen und die dazugehörigen Katheten identifizieren und ihnen Werte zuordnen möchten, erkennen sie, dass ein Winkel als Berechnungsgrundlage fehlt.

06:35	B	Alpha haben wir noch gar nicht.
06:36	A	Dann muss man das anders anwenden. Man muss (.)/
06:39	B	Wir können nicht direkt/

06:39   A   Länge durch Länge geht auch nicht, das funktioniert auch nicht. (.)
              Mh. (.) Warte mal. (.) Ich muss mir das nochmal durchlesen. ((zieht
              das Aufgabenblatt zu sich rüber)) Die Münchener Feuerwehr hat
              sich im Jahr 2004 ein neues ((flüstert vor sich hin)). (..) Okay, das
              sind 10 ((zeigt auf das Auto in der Skizze)), das sind auf jeden Fall
              22 Meter ((zeigt auf die untere Dreiecksseite)), ich glaube das haben
              wir noch nicht falsch gemacht. (…) Leistung?

Amba und Bahar gehen daher den Aufgabentext erneut durch und suchen nach
relevanten Informationen für eine Berechnungsgrundlage. Im weiteren Verlauf
fällt Amba auf, dass die Höhe des Hauses die gesuchte Größe darstellt (07:19),
welche sie mit y beschriften (07:39, Mod 3.2). Dabei kann das Problem, dass
Werte fehlen, nicht aufgelöst werden.

07:40   B   […] ja das macht gar keinen Sinn, wir haben zwei (unv.) (A: Zwei
              Sachen die fehlen.) nicht gegeben.

07:48   A   Aber man kann doch Sinus, wollen wir mal gucken, ob die Formel
              Dingens/ ((greift nach der Formelsammlung))/ (B: Ja.) Ob da hier
              was drauf ist? ((schaut durch die Formelsammlung))

Da sie die fehlenden Werte nicht identifizieren können, widmen sie sich der
Formelsammlung und suchen nach etwas, das sie in ihrem Prozess voranbringt
(Mod 3.1). Sie gehen in der folgenden Minute auf die Formelsammlung, auf die
Skizze und die bekannten Werte und Strukturen ein. Sie kommen jedoch nicht
voran und erkennen, „ich glaube das bringt uns gar nicht weiter." (Amba, 08:30)
Bahar betrachtet in dieser Phase die vorab festgehaltenen Notizen erneut und
spricht Amba darauf an:

08:50   B   […] Glaubst du wir könnten schon damit was anfangen? ((zeigt auf
              eine der Notizen)) (.) Dass die Leiter […] 30 Meter lang ist.

08:58   A   Die Leiter ist 30/ Stimmt! Das haben wir voll vergessen.

Mithilfe der Leiterlänge können sie die Größe des Winkels Alpha bestimmen
(Mod 3.1, 09:06). Zur Ermittlung der Gegenkathete y fehlt ihnen jedoch noch die
Länge der Hypotenuse (09:40). Diese legen sie auf 40 m fest (09:55), indem sie
zu der Länge der Leiter die Länge des Fahrzeugs hinzuaddieren (09:52). Bahar
äußert kurz einen Zweifel an der Plausibilität der 40 m langen Strecke, verwirft
dies jedoch ohne weitere Ausführungen wieder (09:58), sodass das Paar diese
Länge im weiteren Verlauf verwendet. Nach kurzer Auseinandersetzung mit den
Katheten fällt Bahar ein anderer Ansatz ein:

10:30	B	Das ist doch der rechte Winkel. ((zeigt auf den rechten Winkel))
10:31	A	Ja.
10:31	B	Das heißt das sind die beiden Katheten, das ist die Hypotenuse. ((zeigt es in der Skizze)) [...] Wir haben jetzt die Hypotenuse, das heißt wir können einfach Satz des Pythagoras anwenden: 22^2 (A: Stimmt!) plus y^2 (A: Und dann haben wir 40.) ist gleich 40. (A: Oh mein Gott wie einfach). Warte ich schreib das kurz auf.
SR	B	*Erstmal haben wir dann gedacht, dass wir ähm, Tangens anwenden sollten. Und dachten, dass wir Alpha wieder rausfinden müssen. Aber das stimmt ja gar nicht. Und, ähm, ja. Wir haben immer wieder versucht, neue Ideen herauszufinden und weiter zu kommen. Das hat ein bisschen länger gedauert. [...] Da haben wir einfach, ähm, Satz des Pythagoras hingeschrieben. Wir haben dann gemerkt, dass wir überhaupt keine ähm, Winkelzeichen oder Winkelzahlen brauchen. Und haben dann nur mit den Zahlen gearbeitet, weil wir dann fast alles hatten, was wir brauchten.*

Nachdem das Modell hinreichend viele Informationen enthält, wird dem Paar unmittelbar ersichtlich, dass das Dreieck rechtwinklig ist (Mod 3.2) und daher der Satz des Pythagoras anzuwenden ist (Mod 3.1). Ohne die Formel nachzuschlagen oder sie allgemein festzuhalten, stellen sie mit den relevanten Informationen eine Gleichung auf (10:44, Abbildung 8.38).

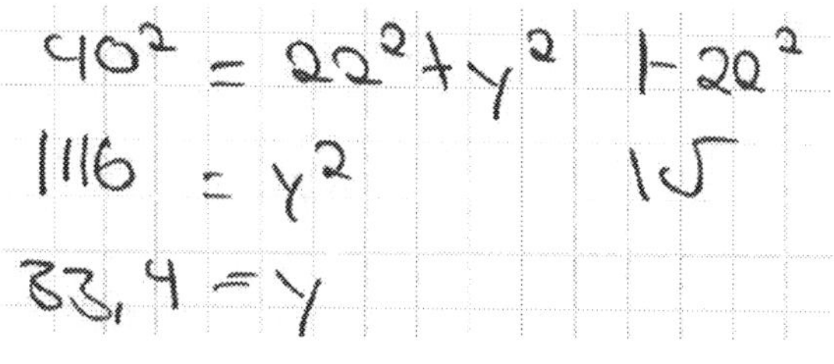

Abbildung 8.38 Satz des Pythagoras (Amba & Bahar)

Diese Gleichung wird mathematisch gelöst (Mod 4), das Paar beschriftet die Skizze mit der ermittelten Information (Mod 3.2), sie lesen erneut den Arbeitsauftrag (Mod 2.1) und interpretieren das mathematische Resultat als die Höhe des Hauses (Mod 5). Bahar fragt sich, ob dies bereits die Lösung sein kann, was Amba bejaht (Mod 6.1, 11:52). Da Amba anschließend doch unsicher ist,

ob „das die Antwort ist" (Mod 6.1, 11:58) und auch Bahar verwirrt ist, lesen sie
den Arbeitsauftrag erneut (Mod 2.1, 12:15; 12:22). Zum Schluss des Prozesses
validiert das Paar das Resultat als angemessen, da es „dann ja nur 3 Meter mehr"
(Bahar, 12:36) sind als die Länge der Leiter. Dass die Rettungshöhe nicht höher
liegen kann als die Summe aus Länge der Leiter und Höhe des Fahrzeugs, bleibt
hier unerkannt.

Nachdem sie die andere Modellierungsaufgabe bearbeiten, kehren sie zur
Feuerwehr-Aufgabe zurück.

SR   12:50   VL   *Jetzt lest ihr nochmal alles durch.*

             A   *Ja. Achso wir fahren fertig, und bevor wir abgeben und*
                wenn wir sogar noch Zeit haben, das mache ich meistens
                auch bei Arbeiten, ähm, dann lesen wir alles nochmal
                durch, kontrollieren oder gucken, ob wir das ähm, ob wir
                irgendwelche Fehler finden. Deswegen machen wir das
                nochmal mit beiden Aufgaben.

Es ist sinnvoll, so Amba, den gesamten Lösungsweg erneut durchzugehen, um
etwaige Fehler aufzudecken. Dazu lesen sie den Text erneut durch, sprechen über
den Mindestabstand (12:50), die technischen Daten (13:12), den Hubraum (13:22)
und weitere Informationen. Darüber hinaus schauen sie sich den Rechenweg und
die Skizze an. Letztlich kommen sie in einer abschließenden Bewertung zu der
folgenden Erkenntnis.

14:31   A   […] Ich glaube wir haben nichts vergessen. (.)
14:40   B   Ich glaube auch nicht.

Das erneute Durcharbeiten führt bei dem Paar zu keiner Anpassung ihres
Lösungsweges. Der Einbezug der Höhe des Fahrzeugs wird auch nach erneuter
Durchsicht nicht thematisiert.

8.2   Vergleich der Fälle

Im vorherigen Kapitel wurden die Prozesse einzelner Schüler:innenpaare anhand
eines verstehend-interpretativen Ansatzes in den Blick genommen. Die Nähe
zum Wortlaut der Schüler:innen ebenso wie Ausschnitte aus den Diskussionen der Schüler:innen und die Visualisierungen der non-verbalen Handlungen
machten die Prozesse intersubjektiv nachvollziehbar und erlebbar. Anhand der

Ergänzungen von Informationen aus den stimulated recalls und den Interviews konnten die internen und externen Prozesse der Schüler:innen plausibel dargestellt werden. Eine Einbettung der verwendeten Kategorisierungen und die Codelines ermöglichten zudem die Betrachtung der Prozesse als Ganzes. Verschiedenste mathematische und realitätsbezogene Ansätze konnten so offengelegt werden. Nachdem bislang die einzelnen Fälle im Vordergrund standen, wird im Folgenden versucht fallübergreifendende Vergleiche auf Grundlage der aufgestellten Modellierungskategorien anzustellen.

Die Fälle, die dieser Untersuchung zugrunde liegen, werden einem Vergleich unterzogen, um Aspekte aufzudecken, die über den eigentlichen Fall hinausgehen. Anhand eines Fallvergleichs sollen so systematische Unterschiede und Gemeinsamkeiten zwischen den Schüler:innenpaaren unterschiedlicher sozialer Herkunft identifiziert und erklärt werden. Die Besonderheiten unterschiedlicher sozialer Gruppen lassen sich anhand von vergleichenden Analysen aus dem Material entnehmen (Glaser & Strauss, 1967/1999; Lamnek & Krell, 2016, S. 107). In diesem Kapitel stehen die verwendeten Kategorien im Vordergrund der Analysen. Dennoch werden beim Vergleichen der Fälle immer auch Ausschnitte aus den Transkripten abgebildet, sodass die Analysen nah am Material und somit nachvollziehbar bleiben.[3] „Auch nach der Zuordnung zu Kategorien bleibt der Text selbst, d. h. der Wortlaut der inhaltlicher [sic!] Aussagen, relevant und spielt auch in der Aufbereitung und Präsentation der Ergebnisse eine wichtige Rolle." (Kuckartz, 2016, S. 48) Daraus ergibt sich eine notwendige Nähe zum Material und eine gleichzeitige Darstellung zentraler Vorgänge in einer abstrahierten und systematisierten Form. Die Analysen dienen als Grundlage für die Formulierung generalisierter Hypothesen.

Die folgenden Fallvergleiche werden auf Grundlage der aufgestellten Kategorien strukturiert. Hinzu kommen Analysen der Modellierungsprozesse aus einer makroskopischen Perspektive mit Blick auf die Prozessverläufe. Untersucht werden verbale und non-verbale Aktivitäten, Mitschriften, Bearbeitungsdauern, Phasenwechsel und das generelle Vorkommen von Kategorien. Quantitative Vergleiche werden dabei um qualitative Auswertungen ergänzt und durch die Informationen aus den Fallbeschreibungen gestützt. Die Forschungsfrage (Kapitel 5), die der Forschungsarbeit und diesem Kapitel zugrunde liegt, lautet:

---

[3] Zur Erinnerung: Zur einfacheren Lesbarkeit und schnelleren Wiedererkennung werden den sozial benachteiligten Schüler:innen *zweisilbige* Vornamen zugeordnet und den sozial begünstigten Schüler:innen *dreisilbige* Vornamen.

Inwiefern lassen sich beim mathematischen Modellieren Gemeinsamkeiten und Unterschiede der Bearbeitungsprozesse von Schüler:innenpaaren mit ihrer sozialen Herkunft in Verbindung bringen und erklären?

Herausgehoben werden anhand der Codierungen auffällige Gemeinsamkeiten und Unterschiede zwischen den Paaren. Von Gemeinsamkeiten ist hierbei die Rede, wenn aufgrund der Vergleiche davon auszugehen ist, dass sich gewisse Aspekte eher gleichermaßen bei sozial begünstigten und benachteiligten Schüler:innen finden und sich die Ausprägungen nicht mit ihrer sozioökonomischen Stellung erklären lassen. Von Unterschieden ist die Rede, wenn davon auszugehen ist, dass gewisse Aspekte häufiger bei einer der beiden Gruppen auftreten als bei der Anderen. Erklärungsansätze für die gefundenen Auffälligkeiten werden ebenfalls thematisiert. Eine Anknüpfung an Forschungsliteratur findet sich im Anschluss in der Diskussion (Abschnitt 8.2.2).

8.2.1   Riesenpizza-Aufgabe

Die Fallvergleiche werden zunächst für die Riesenpizza-Aufgabe vorgenommen. Anschließend folgt die Analyse für die Feuerwehr-Aufgabe (8.2.2). Tabelle 8.2 stellt eine Zusammenfassung der Modellierungen der Paare dar, indem sie einen Überblick über die Teilschritte liefert. Die Tabelle kann mit Blick auf die folgenden Analysen zu Rate gezogen werden. Dargestellt werden der relative Anteil am gesamten Bearbeitungsprozess und die absolute Anzahl an codierten 5-Sekunden-Segmenten[4].

---

[4] Der Lesbarkeit wegen ist anstatt von *5-Sekunden-Segementen* nur von *Segmenten* die Rede.

Tabelle 8.2 Übersicht über die Codierung der einzelnen Fälle für die Riesenpizza-Aufgabe – absolut (Anzahl an Segments) und relativ (Anteil am gesamten Prozess)

	Julia & Florian	Dominik & Krystian	Vivien & Oliver	Tobias & Benedikt	Samuel & Nathalie	Michael & Paulina	Aram & Sofi	Kaia & Mila	Amba & Bahar	Lena & Pia	Dawid & Leon	Ronja & Hürrem
Restkategorie[a]	9	3	4	2	7	1	12	4	3	4	5	8
	11%	4%	3%	4%	4%	1%	7%	4%	3%	8%	6%	8%
Verstehen	7	3	3	3	5	5	4	6	3	7	3	4
	8%	4%	2%	6%	3%	5%	2%	6%	3%	14%	4%	4%
Vereinfachen	0	4	20	4	33	9	23	20	50	10	7	9
	0%	5%	15%	8%	21%	9%	13%	21%	45%	19%	8%	9%
Organisieren	30	12	24	4	5	21	9	9	10	8	2	13
	35%	16%	18%	8%	3%	20%	5%	10%	9%	15%	2%	13%
Annahmen Treffen	14	15	15	6	33	26	9	24	6	1	10	11
	16%	20%	11%	12%	21%	25%	5%	26%	5%	2%	12%	11%
Intention Explizieren	1	2	5	1	4	1	1	1	7	0	2	1
	1%	3%	4%	2%	3%	1%	1%	1%	6%	0%	2%	1%
Operationalisieren	2	8	16	8	25	4	38	5	9	7	16	8
	2%	11%	12%	15%	16%	4%	22%	5%	8%	14%	19%	8%
Visualisieren	0	4	0	0	0	0	0	0	0	2	0	0
	0%	5%	0%	0%	0%	0%	0%	0%	0%	4%	0%	0%
Mathematisch Arbeiten	1	14	21	14	14	0	26	5	0	0	25	25
	1%	18%	15%	27%	9%	0%	15%	5%	0%	0%	29%	24%
Interpretieren	12	7	17	6	22	18	24	18	13	11	10	15
	14%	9%	12%	12%	14%	18%	14%	19%	12%	21%	12%	15%
Überprüfen	10	3	8	4	10	18	18	0	11	2	1	6
	12%	4%	6%	8%	6%	18%	10%	0%	10%	4%	1%	6%
Bewerten	0	1	4	0	3	0	9	2	0	0	4	3
	0%	1%	3%	0%	2%	0%	5%	2%	0%	0%	5%	3%
Summe	86	76	137	52	161	103	173	94	112	52	85	103
Dauer [in Min.]	07:10	06:20	11:25	04:20	13:25	08:35	14:25	07:50	09:20	04:20	07:05	08:35

[a]Die Restkategorie zeichnet sich im Wesentlichen durch längere Sprechpausen aus, denen keine aufgabenbezogenen Tätigkeiten entnommen werden können. Eine induktive Herausarbeitung weiterer Kategorien aus der Restkategorie war nicht möglich. Es zeigen sich zudem keine Auffälligkeiten in Bezug auf die soziale Herkunft, sodass die Restkategorie nicht näher beleuchtet wird.

Die Riesenpizza-Aufgabe stellt eine Modellierungsaufgabe dar, bei der es multiple Lösungsmöglichkeiten gibt. Die Schüler:innen entscheiden eigenständig welche Bedeutung sie dem Foto beimessen, in welchem Ausmaß sie mithilfe von Vergleichsobjekten Schätzungen durchführen und inwieweit sie Mathematik zur Lösung der Aufgabe verwenden. Entsprechend zeigen sich verschiedenste Ansätze bei der Lösung der Aufgabe. Drei auffällige Ansätze lassen sich unterscheiden:

- Es gibt zum einen Paare (Dominik & Krystian, Vivien & Oliver, Tobias & Benedikt, Samuel & Nathalie, Dawid & Leon), die ein mathematisches Vorgehen wählen, indem sie den Durchmesser der Riesenpizza und einer gewöhnlichen Pizza schätzen, deren Flächeninhalte bestimmen, diese in Verhältnis zueinander setzen und daraus ein reales Resultat generieren. Für die einfachere Zuordnung in den folgenden Abschnitten wird dieser Ansatz zusammengefasst als ‚Flächeninhaltsberechnung‘.
- Darüber hinaus wählen einige Paare (Julia & Florian, Samuel & Nathalie, Michael & Paulina, Kaia & Mila, Ronja & Hürrem) ein außermathematisches Vorgehen, bei dem die Riesenpizza visuell zerteilt wird und daraus auf die Anzahl der zu bestellenden Riesenpizzen geschlossen wird. Dieser Ansatz wird zusammengefasst als ‚visuelle Zerlegung‘.
- Ebenso gibt es Paare (Amba & Bahar, Lena & Pia, teilweise Aram & Sofi), bei denen das Resultat eher geraten wird. Dieser Ansatz wird zusammengefasst als ‚Raten‘.

Auf die unterschiedlichen Ansätze und ihre Bedeutung innerhalb der einzelnen Subkategorien wird in den Abschnitten dieses Kapitels eingegangen. Letztlich gelangen alle Paare zu einem Endresultat – einige Paare über direktem Wege (u. a. Tobias & Benedikt), andere Paare über verschiedene Ansätze (u. a. Samuel & Nathalie). Es fällt zunächst auf, dass sich die beiden Gruppen sozialer Herkunft hinsichtlich der Bearbeitungsdauer kaum unterscheiden. Die Prozesse dauern im Durchschnitt in beiden Gruppen knapp achteinhalb Minuten. Auch im Hinblick auf die kürzeste Bearbeitungsdauer, auf die längste Bearbeitungsdauer und auf die Standardabweichung zeigen sich im Durchschnitt kaum Unterschiede zwischen den sozial benachteiligten und begünstigten Paaren. Trotz dessen wird die Riesenpizza-Aufgabe von den einzelnen Paaren recht unterschiedlich lange bearbeitet. Lena & Pia sowie Tobias & Benedikt arbeiten knapp über 4 Minuten an der Aufgabe, während es bei Aram & Sofi über 14 Minuten sind. Die abgebildeten Diagramme fassen zusammen, wie viel Prozent (Abbildung 8.39) und wie viele Segmente (Abbildung 8.40) ihres Prozesses sich Paare sozial begünstigter (rosa-gepunktet) und benachteiligter (beige-schraffiert) Herkunft durchschnittlich einer jeweiligen Kategorie widmen.

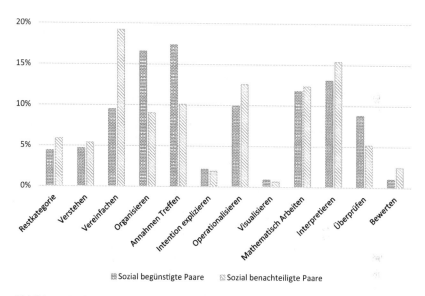

Abbildung 8.39 Durchschnittliche Anteile der Kategorien am gesamten Prozess (Riesenpizza-Aufgabe) – Vergleich der Gruppe der sozial begünstigten Paare mit der Gruppe der sozial benachteiligten Paare

Die Abbildungen drängen bereits Fragen u. a. danach auf, warum sich die sozial benachteiligten im Durchschnitt länger mit dem Vereinfachen auseinandersetzen als die sozial begünstigten Schüler:innen und warum es sich beim Annahmen Treffen eher anders herum verhält. Auffälligkeiten finden sich auf den Ebenen der Haupt- und der Subkategorien. Worin sich die Lösungsprozesse in den beiden Gruppen unterscheiden und welche Gemeinsamkeiten bestehen, soll in diesem Kapitel vertieft untersucht werden.

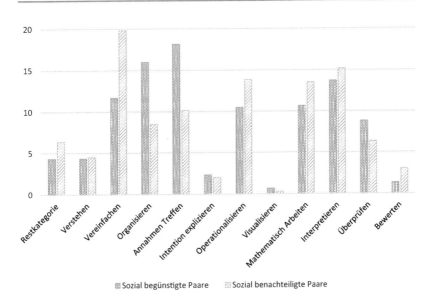

▨ Sozial begünstigte Paare   ▨ Sozial benachteiligte Paare

Abbildung 8.40 Durchschnittliche Anzahl Codierungen (Riesenpizza-Aufgabe) – Vergleich der Gruppe der sozial begünstigten Paare mit der Gruppe der sozial benachteiligten Paare

8.2.1.1 Vereinfachen

Die Hauptkategorie Vereinfachen/Strukturieren (Mod 2) nimmt bei den meisten Paaren den größten Teil der Modellierung ein. Die sozial begünstigten Paare verbringen durchschnittlich 46 % ihres Prozesses in dieser Kategorie, während es bei den sozial benachteiligten Paaren durchschnittlich 40 % sind. Auffällige Unterschiede zeigen sich insbesondere beim Blick in die Subkategorien (Abbildung 8.39). Die sozial begünstigten Paare verbringen durchschnittlich unter 10 % ihres Prozesses mit dem Vereinfachen und damit weniger als halb so viel wie die sozial benachteiligten Paare. Zwei Herangehensweisen an den Text stechen dabei heraus: Paare, die nach einfachem oder mehrfachem Erfassen der Informationen die Intention der Aufgabe oder einen Handlungsplan ausmachen, und Paare, die den Text regelmäßig aufs Neue selektiv lesen und nach Informationen filtern. Die meisten Paare Vereinfachen zu Beginn des Bearbeitungsprozesses, indem sie den Text selektiv lesen und nach relevanten und irrelevanten Informationen filtern. Den folgenden Paaren ist gemein, dass sie sich nach den jeweiligen, abgebildeten Stellen aus den Transkripten nahezu nicht mehr vereinfachend mit dem Arbeitsmaterial auseinandersetzen. Stattdessen werden Lösungsschritte formuliert und umgesetzt.

Krystian	00:40	Hä? Hier ((zeigt auf das Blatt)) steht nichts.
Dominik	00:42	Mhm. (.) Okay, 80 Gäste. Sagen wir (.) wir müssen einfach schätzen denke ich mal.
Vivien	03:49	[Vereinfachen etwa 30 Sekunden] Ja. ((schauen etwa 6 Sekunden in die Aufgabe)) Was wenn wir hier jetzt einfach diese Armlänge ((zeigt auf einen Arm)) nehmen?
Benedikt	00:36	Da steht ja nichts.
Tobias	00:38	Ne. Also außer: „Du plantst eine Party für 80 Gäste." Aber wir können ja ungefähr ausrechnen, man kann ja gucken, wie groß da so ein Typ ist ((zeigt auf das Bild)) und dann sagen ca. so breit ist die ((zeigt auf die Pizza)). (..) Und dann berechnen wie viel isst jeder.
Michael	00:39	[...] Die größte lieferbare Pizza der Welt. Du planst eine Party mit 80 Gästen. Wie viele Pizzen solltest du bestellen?
Paulina	00:49	Das kann man eher so schätzen, nh?
Michael	00:52	Hab jetzt auch erstmal gedacht.
Dawid	00:32	[...] ((Leon schaut etwa 8 Sekunden auf die Aufgabe)). (unv.) (keine?) Maße, dann kann man die gar nicht rechnen.
Leon	01:07	Warte. (unv.) Wenn wir Maße hätten, dann könnte man auch nicht für 80 Gäste sagen, weil du weißt ja nicht wie viele 80 Gäste (.) essen so. (Dawid: Ja.) (.) Also ich schätze, dass wir dann so schätzen sollen ((zeigt mit einer Handbewegung auf die Breite der Pizza)) (.) ungefähr.
Kaia	01:43	[...] ((schauen sich etwa 34 Sekunden lang die Aufgabe an)) (..)
Mila	02:41	Das ist richtig kacke einzuschätzen.
Kaia	02:43	Ja, wir müssen ja schätzen. Also (.) wenn man sagt, wenn man eine Party mit 80 Gästen plant, ich plane die, also muss (Mila: Mhm.) man davon ausgehen, dass die Leute in unserem Alter sind.
Ronja	01:33	[Vereinfachen etwa 35 Sekunden] Also ich denke mal, das ist jetzt eher eine Schätzaufgabe.

Häufig wird bereits früh im Prozess, nach dem Vereinfachen erkannt, was die wahrgenommene Intention der Aufgabe ausmacht oder welche Lösungsschritte folgen. Den Ausschnitten ist auch zu entnehmen, dass Vivien & Oliver und Kaia & Mila sich zu Beginn länger mit dem Vereinfach auseinandersetzen. Vivien & Oliver beispielsweise betrachten in den ersten Minuten regelmäßig selektiv den Text, da sie sich nicht darauf einigen können, wie bei der Aufgabe vorzugehen ist. Dies drückt sich über das selektive Lesen hinaus auch darin aus, dass sie die Formelsammlung auf der Suche nach nützlichen Informationen durchblättern: „((blättert ca. 7 Sek. Durch die Formelsammlung)) [...] Also eine Salamigröße gibt es nicht in der Formelsammlung." (Oliver, 01:41)

Andere Paare kehren im Laufe des Lösungsprozesses immer wieder zu Vereinfachungen zurück. Hier stechen die Paare Samuel & Nathalie, Aram & Sofi, Amba & Bahar und Lena & Pia heraus. Zudem handelt es sich bei diesen Schüler:innen um drei der vier Paare mit der längsten Bearbeitungsdauer und das Paar mit der kürzesten Bearbeitungsdauer.

Aram	02:40	[...] Gibt es auf dem Bild irgendwelche Hinweise? ((Schaut auf das Aufgabenblatt)) (8) Hm. (4) Eine Heizvorrichtung mit einem Drehkreuz. (7)
Aram	05:44	[...] (Wir haben auch?) gar keine Angaben. (4) Die größte Pizza der Welt. (8) So ((liest)) (13) ((blättert etwa 21 Sekunden in der Formelsammlung)) (..)
Aram	07:35	[...] vielleicht steht hier irgendwo wie groß die Pizza ist. ((schaut erneut aufs Aufgabenblatt))
Amba	03:49	Ich (sag?) nochmal ganz langsam durch. Also in Schloss Holte-Stuk/ (Bahar: Das ist so egal!) Stukenbrock gibt es die größte Pizza der Welt. So.
Amba	06:46	Haben wir irgendwas überlesen? (.)
Bahar	06:48	Nein ich hatte extra (Amba: 06.09.2018) (nochmal kurz was nachgesehen?)
Amba	06:50	Texte und Fotos aus der Neuen Westfälischen sind urheberechtlich/ Es ist nichts nötiges. (.)
Amba	08:47	[...] Die größte lieferbare Pizza der Welt kommt aus Ostwestfalen. Das ist noch nichtmal wichtig. Nur, dass es die größte ist. (..) Geliefert wird die Pizza
Samuel	00:35	So die größte lieferbare Pizza der Welt kommt aus Ostwestfalen. ((flüstert))
Nathalie	00:42	Hm. (.) Du planst eine Party für 80 Gäste. (4) Hä? (.) Es gibt ja gar keine Maße um (Samuel: Ja.) das auszurechnen. (.)
Samuel	00:52	Kein Radius, kein Durchmesser, kein gar nichts. (.) Oder? (.)
Nathalie	00:57	((nimmt die Formelsammlung)) Aber hier steht ja auch nichts. ((schaut durch die Formelsammlung))
Samuel	03:28	Speziellen Anhänger, ausgestattet mit einer Heizvorrichtung und einem Drehkreuz. (.) Okay, das ist ja uninteressant. (..)
Nathalie	03:36	Ja aber was mich stört, dass wir keine ähm wir haben ja keine Angaben/
Nathalie	09:49	[...] aber ey, (..) ich meine, wenn man jetzt, wüsste wie viele an einer Pizza, an so einer Pizza ((zeigt aufs Bild)) essen. (5) Hm. (7) Die größte lieferbare Pizza der Welt. (6) Oh man. (.)
Pia	02:20	(..) Ja, (.) es reicht eine Pizza. (4) Ja. ((schauen auf die Aufgabe)) (bescheuert?) (4) ((schaut in die Formelsammlung))

Die Ausschnitte veranschaulichen, dass die Paare zu verschiedenen Zeitpunkten im Bearbeitungsprozess zur Tätigkeit Vereinfachen zurückkehren, meist indem sie den Text selektiv lesen und nach relevanten Informationen suchen. Bei Lena & Pia, Amba & Bahar und teilweise Aram & Sofi geht dies damit einher, dass sie den Paaren zugeordnet werden, die das Endresultat eher raten. Insbesondere Lena & Pia beschließen recht früh das Ergebnis zu raten und den Prozess so zu beenden. Bei Nathalie & Samuel ist es eher so, dass Nathalie Zweifel äußert und Samuel auf diese nicht eingeht und seine Handlungspläne nicht kommuniziert. Bei Lena, bei Amba und bei Samuel handelt es sich zudem um die Schüler:innen, die im Interview nicht angeben zufrieden mit ihrem Ergebnis zu sein. Darüber sind Aram und Samuel die einzigen Schüler, die angeben, dass der abgebildeten Pizza für sie keine aufgabenrelevante Bedeutung zukommt. Auf diese Aspekte wird im späteren Verlauf noch eingegangen.

Zusammenfassend verbringen die sozial benachteiligten Paare im Durchschnitt etwa doppelt so viel Zeit mit dem Vereinfachen wie die begünstigten Paare. Es zeigen sich herkunftsübergreifend Paare, die recht früh aufhören sich vereinfachend mit dem Material auseinanderzusetzen und Lösungsschritte aufgreifen.

Auch lassen sich Paare beobachten, die im Laufe des Prozesses immer wieder zum Vereinfachen zurückkehren, meist indem sie den Text selektiv lesen und nach relevanten Informationen durchforsten. Der letztgenannte Fall scheint mit leichter Tendenz eher bei den sozial benachteiligten Paaren vorzukommen. Zudem zeigen sich auffällig lange oder kurze Bearbeitungsdauern bei Paaren, die sich auch im fortgeschrittenen Verlauf des Prozesses noch mit Vereinfachungen auseinandersetzen. Es scheint, als könnten sehr kurze oder lange Bearbeitungen darüber erklärt werden, dass die Paare nicht erkennen, welche Handlungsschritte zur adäquaten Lösung des Problems beitragen. Dies könnte sich dann in Lösungen mit hauptsächlich ratendem Fokus widerspiegeln.

8.2.1.2 Intention der Aufgabe

Die Riesenpizza-Aufgabe bezweckt Modellierungsprozesse anzuregen. Der Arbeitsauftrag ist so offen formuliert, dass es den Schüler:innen selbst überlassen ist, worin sie die Kernintention bzgl. der Problembearbeitung sehen. Es gibt keine Hinweise darauf, ob das Foto zu verwenden ist, inwiefern mathematisiert werden soll und ob Schätzungen und Stützpunktwissen verwendet werden sollen. Da die Aufgabe unterbestimmt ist, stoßen die Paare auf Hürden bei der Aufgabenbearbeitung. Bei allen Paaren (bis auf Lena & Pia) führt dies dazu, dass sie Gedanken über die Intention der Aufgabe kommunizieren. Die meisten Paare benennen, dass das Schätzen einen zentralen Bestandteil der Aufgabe darstellt:

Florian	03:59	Wir könnten ja nur schätzen.
Dominik	00:42	[...] Sagen wir (.) wir müssen einfach schätzen denke ich mal.
Tobias	00:00	[...] Das ist ja eher mal eine Schätzfrage. (..)
Nathalie	06:42	Kann es sein, dass man die Aufgabe [...] einfach gar nicht lösen kann? (...)
Samuel	06:46	Ja, nicht mit, also nicht konkret, weil man ja keine Zahlen hat, aber mit so schätzen.
Paulina	00:49	Das kann man eher so schätzen, nh?
Kaia	00:41	[...] Also sollten wir lieber schätzen.
Amba	02:24	[...] Das ist eine Schätzungsaufgabe.
Leon	01:07	[...] Also ich schätze, dass wir dann so schätzen sollen
Ronja	01:33	Also ich denke mal, das ist jetzt eher eine Schätzaufgabe.

Einige erkennen dies unmittelbar zu Beginn des Prozesses, andere erst im späteren Verlauf. Gleichzeitig unterscheiden sich die Paare deutlich darin, was sie unter dem Begriff Schätzen verstehen und welche Konsequenz sie aus der Erkenntnis für die Aufgabenbearbeitung ziehen. Dieser Abschnitt ist dreigeteilt nach den eingangs drei benannten Ansätzen, da der gewählte Ansatz Auswirkungen darauf hat, welche Intention die Paare der Aufgabe zuschreiben.

Zum Ansatz ,Raten' gehören Amba & Bahar, Lena & Pia und Aram & Sofi. Amba & Bahar benennen nach mehreren Schleifen des selektiven Lesens, dass es sich um eine Schätzaufgabe handeln muss. Zu Beginn hingegen treffen sie eine andere Entscheidung:

Amba   01:16   Ist das eine Schätzungsaufgabe? (.)

Bahar   01:18   Könnte sein.

Amba   01:19   Wahrscheinlich würde da dann stehen schätze. Dann nicht.

Eine Aufgabe, in der Schätzen gefordert wäre, würde dies – so der Begründung von Amba – deutlich machen. An weiteren Stellen im Prozess entscheiden sie sich dann dafür, dass es sich um eine Schätzaufgabe handelt und dass bei der Aufgabe nicht gerechnet werden muss (u. a., 02:24; 02:44; 06:43). Bahar erklärt, was es statt des Rechnens zu tun gilt. „Ich glaube wir sollen da gar nichts berechnen, [...] wir sollen einfach nur sagen wie viele Pizzen, ob das reicht." (03:22) Im nachträglichen Gespräch führt Amba dies aus.

SR^5 VL   *01:16*   *„Ist das eine Schätzungsaufgabe?", hast du gesagt.*

    Amba   *Ja. Also eine Aufgabe, wo man einfach schätzen muss und nicht wirklich rechnen muss. So vom Gefühl her sagt man dann wie viel man braucht oder nicht braucht. [...]*

    VL   *Mhm. Und was wäre dann der Unterschied zwischen dieser Schätzungsaufgabe und einem (.) einer anderen Aufgabe?*

    Amba   *Achso. Bei einer Schätzungsaufgabe kann man einfach/ Da muss man nicht viel nachdenken. Ich glaube, man kommt schneller auf eine Antwort und muss nicht wirklich einen Rechenweg dafür haben und nichts berechnen. Und bei ähm. Bei einer Rechenaufgabe mit Zahlen dann müsste man schon ein bisschen mehr aufschreiben und notieren.*

Die Ausführungen von Bahar und von Amba machen deutlich, dass die Schülerinnen unter Schätzen nicht verstehen, dass gedankliche Vergleiche mithilfe geeigneter Repräsentanten angestellt werden, sondern es handelt sich um eine Aufgabe, bei der man nicht rechnen muss. In den Erklärungen können Rechnen und Schätzen als Gegensätze verstanden werden. Auch bei Lena beispielsweise

---

[5] INT steht für Interview, SR für stimulated recall und VL für Versuchsleitung.

wird im Interview deutlich, dass das Ergebnis „eher so geraten" (Lena, Interview, 01:06; siehe auch Aram, Interview, 02:11) wurde.

Während die meisten Paare dieser Studie das Schätzen während der Bearbeitung thematisieren, sind es zwei der drei eher ratenden Paare, bei denen sich keine Ausführungen zum Schätzen in der Aufgabenbearbeitung finden lassen. Angelehnt an den verwendeten Terminus der Paare, gehen sie die Bearbeitung mit einem Gefühl an, bei dem man eher irgendwelche Zahlen rät. Es handelt sich um drei sozial benachteiligte Paare. Eine mögliche Erklärung dafür, dass sich die Schüler:innen verschiedener Herkunft beim Bearbeiten der Modellierungsaufgabe Riesenpizza unterscheiden, mag darin liegen, dass sie die Intention der Aufgabe unterschiedlich wahrnehmen.

In Abgrenzung zu den bisherigen Schüler:innen wählen andere Paare (Julia & Florian, Samuel & Nathalie, Michael & Paulina, Kaia & Mila, Ronja & Hürrem) ein ‚visuell zerlegendes' Vorgehen. Ronja erklärt im nachträglichen Gespräch, „dass man eher schätzen müsste, und [...] ungefähre Angaben machen, damit mit damit überhaupt rechnen kann." (01:33) Für die Schätzaufgabe seien sowohl Annahmen als auch Mathematik von Bedeutung. Darüber hinaus erläutert sie auf die Frage, warum das Paar nach vollendeter Lösung des Problems noch einen weiteren Ansatz ausprobiert hat, „Weil mir das zu ungenau war. Und beim Schätzen geht es ja darum, möglichst genau zu sein." (Interview, 01:57) Es sei demnach mit ungefähren Annahmen zu hantieren und dabei gleichzeitig möglichst genau zu arbeiten. Ebenso benennen auch Michael & Paulina früh im Prozess, dass geschätzt werden muss (00:49). Als zentrale Anforderung der Aufgabe muss geschätzt werden, weil notwendige Informationen fehlen. Für Michael gehört zum Schätzen in dieser Aufgabe, dass Annahmen getroffen, Stützpunktwissen aktiviert und Vergleiche angestellt werden (stimulated recall, 00:52). Während das Realmodell und das visuelle Vorgehen bei seinem Konzept des Schätzens von großer Bedeutung sind, stellt er rechnerische Ansätze in den Hintergrund. Dabei hebt er die Rolle des Fotos hervor und erkennt es als Bestandteil der gegebenen Informationen an. Damit wird das Foto als essentiell erachtet. Auch Kaia & Mila kommen früh im Prozess zu der Erkenntnis, dass geschätzt werden soll.

SR	Kaia	00:41	*[...] Da steht nichts von Maßen. Dann kann man ja ungefähr sehen, wie viele Pizzen da ungefähr rein passen von denen die wir kennen. Und davon wissen wir ungefähr wie viel man so schafft.*
INT	VL	01:09	*[...] Und bei der Pizza-Aufgabe hast du [...] am Ende doch irgendwie mit der Zeichnung noch was gemacht.*

> *Kaia   01:17   Ja, genau weil, das, das war im Prinzip nur meine*
> *Schätzung. Also, weil man muss ja irgendwie ein*
> *bisschen vor Augen haben, wie groß ist diese Pizza. [...]*
> *Und da ist ja das Bild, dann habe ich eine grobe*
> *Vorstellung davon und kann dementsprechend eine*
> *Schätzung so ungefähr dareinsetzten.*

Kaia macht deutlich, dass hier ein visueller Ansatz angestrebt wird, bei dem Riesenpizza und gewöhnliche Pizza anhand einer groben Vorstellung miteinander verglichen werden. Gleichzeitig kombiniert sie das ungefähre Vorgehen mit einer mathematischen Rechnung. Denn „Wenn ich da keine [Angaben] habe, dann muss ich irgendetwas schätzen und mit der Schätzung rechnen." (Interview, 05:29)

Bei den ‚visuell zerlegenden' Paaren finden sich vertiefte Erklärungen dazu, worin die Intention der Aufgabe liegt. Das Erkennen von Größenvergleichen in dem Bild wird hierbei mehrfach herausgestellt. Die Paare heben hervor, dass bei dieser Aufgabe ungefähr zu schätzen ist, wie viele gewöhnliche Pizzen in die Abbildung passen würden. Damit stellen Ausführungen zu der Intention der Aufgabe bei diesen Paaren Erklärungen dar, warum die Paare einen eher ‚visuell zerlegenden' Ansatz verfolgen. Unterschiede zu den ‚ratenden' Ansätzen zeigen sich insbesondere mit Blick auf die Bedeutung eines fundierten Lösungsweges und mit Blick darauf, dass alle ‚visuell zerlegenden' Paare Schätzen innerhalb der Bearbeitung als aufgabenrelevant äußern. Dies stellt auch eine Ähnlichkeit zu den ‚flächeninhaltsvergleichenden' Ansätzen dar. Ähnlichkeiten zu den ‚ratenden' Ansätzen zeigen sich teilweise mit Blick darauf, dass grobe Vorstellungen als hinreichend benannt werden und teilweise, dass Rechnungen bei dieser Aufgabe eher nebensächlich sind. Dies stellt einen Unterschied zu den folgenden Ansätzen dar. Die Paare, die sich diesem Ansatz zuordnen lassen, finden sich gleichermaßen bei den sozial benachteiligten und den sozial begünstigten Paaren, sowie leistungsstärkeren und leistungsschwächeren Paaren.

Die Paare mit einem ‚flächeninhaltsvergleichenden' Ansatz (Dominik & Krystian, Vivien & Oliver, Tobias & Benedikt, Samuel & Nathalie, Dawid & Leon) schätzen den Durchmesser der Riesenpizza und einer gewöhnlichen Pizza. Vivien vergleicht den Kontext der Aufgabe mit einer für sie alltäglichen Situation und zieht daraus eine Konsequenz darüber, wie die Aufgabe zu bearbeiten ist.

| Oliver | 02:46 | Ja 80 Gäste ist ja das einzige, was wir haben sozusagen. |
| Vivien | 02:49 | Ja ich weiß das, aber wir müssen irgendwie, (..) also wir sollen das ja irgendwie ausrechnen und ich denke, man soll sich das so vorstellen, wie wenn man jetzt auf einer Internetseite dieses Bild sieht und sich jetzt denkt ich bestell die, aber ich weiß nicht, wie groß die ist. Wie viel brauch ich? Und dann macht man ja zu Hause halt, guckt man ja auch ungefähr, wie groß die ist. |

SR	Vivien	*Ja also, es war halt keine normale Matheaufgabe. Deswegen ist es ja, also diese Seite, dieses Bild da halt. Es sieht ja auch aus wie, ja es ist ja eine Anzeige. Und ähm, die Aufgabe steht ja nur so ein bisschen da drunter. Deswegen dachte ich mir, das wäre halt, so wie wenn man das/ Also jetzt nicht mathematisch unbedingt richtig mit Zahlen ausrechnen will.*
	VL	*Mhm. Ähm, das ist keine normale Matheaufgabe?*
	Vivien	*Also in einer normalen Matheaufgabe hat man mehr Zahlen. Es ist halt/ Zumindest ist es nicht eine Schulmatheaufgabe. Ähm, es ist halt eher realitätsnah.*

Sie macht die Aufgabe als realitätsnahe Aufgabe aus, bei der nicht mit exakten Werten gerechnet werden muss. Zum einen hebt sie es deutlich von – aus ihrer Sicht – üblichen Mathematikaufgaben ab. Zum anderen bettet sie die Aufgabe in eine für sie lebensweltnahe und erfahrungsbezogene Situation ein. Entsprechend dieses Verständnisses möchte sie an der Aufgabe arbeiten. Auf die Interviewfrage nach ihrem Plan, erklärt Vivien:

> Also da war unser Plan, dass wir ähm, ein ähm, aus dem Bild einen Maßstab nehmen den wir abmessen können, in der Realität. Und also, jetzt bei uns halt. Und den dann ähm, als Einheit nehmen. Und dann die Zahlen aus der Realität auf diese Einheit übertragen und ähm, das vergleichen. (00:51)

Ihre Ausführungen verdeutlichen, dass Vivien bei dieser Aufgabe einen rechnerischen Ansatz als zentral ansieht. Den Sachverhalt zu mathematisieren wird dabei als wesentlich dargestellt, um mathematisch arbeiten zu können. Das mathematische Resultat erachtet sie als sehr genau, unter der Prämisse, dass der gewählte Maßstab angemessen ist (Interview, 02:38). Es scheint, als trenne Vivien klar zwischen dem intendierten mathematischen und dem realitätsbezogenen Kern der Aufgabe. Bei einem anderen Paar erklärt Tobias, warum das Schätzen im Vordergrund ihrer Bearbeitung steht: „Ja es ist ja eine Schätzaufgabe, insofern weil man ja nicht genau weiß ähm, wie groß die Pizza ist (.) Aber, wir haben uns halt so an logischen Punkten orientiert" (Interview, 03:11). Unter ‚orientieren' scheint

Tobias zu verstehen „Werte da heraus[zu]kriegen, auch wenn wir eigentlich keine haben." (Interview, 00:54) Tobias macht deutlich, dass zum Schätzen gehört anhand von logischen Punkten bzw. Vergleichsobjekten Werte zu beschaffen. Dieses Verständnis grenzt sich vom Raten ab, sodass es für Tobias nicht in Frage kommt unmittelbar ein Endergebnis zu vermuten (ebenso Dominik, stimulated recall, 01:15). Vielmehr ist es sein Plan, rechnerisch einen Vergleich zu schaffen zwischen einer gewöhnlichen Pizza und der Riesenpizza (Interview, 00:20). Analog zu Vivien hebt Tobias hervor, dass das Ergebnis gut ist unter Berücksichtigung der Ungenauigkeit der getroffenen Annahmen. Für Tobias scheint die Nachvollziehbarkeit des Lösungsweges relevanter zu sein als die Genauigkeit des Ergebnisses. Auch für Dawid ist die Orientierung relevant, wenn er erklärt, „wir hatten ja schnell erkannt, dass da keine Angaben waren von der Größe. Das heißt, man musste das ungefähr rechnen. Das heißt man hat versucht, sich irgendwo zu orientieren." (Interview, 02:04) Es gilt einen rechnerischen Ansatz umzusetzen, aber mit ungefähren Werten, an denen sich orientiert wird. Die Genauigkeit des Ergebnisses scheint nicht so zentral zu sein, sondern eher, dass es ungefähr stimmt (Interview, 04:17). Dabei hebt er Stützpunktwissen und, wie auch Vivien, die Realitätsnähe der Aufgabe als zentrale Aspekte hervor. Dominik beispielsweise macht in seinen Ausführungen klar, dass es bei dieser Aufgabe einerseits um gewissenhaftes Arbeiten gehe, wozu auch Schätzen und Vergleichsobjekte gehören (Interview, 03:24). Andererseits sei es aber auch nicht so bedeutend, wie groß exakt ein Parameter gewählt wird (Dominik, Interview, 04:07). So erklärt er, dass der Lösungsweg gleichzeitig richtig (berechnet) aber nicht richtig (gelöst) sein kann und führt damit eine Begründung an, die sich auch bei Tobias und bei Vivien wiederfinden lässt.

Die Paare mit einem ‚flächeninhaltsvergleichenden' Ansatz beschreiben Notwendigkeiten der Aufgabe, die sich bei den Paaren zuvor nicht oder in geringem Maße wiederfinden lassen. Gerade das Orientieren an logischen Punkten, das Verwenden von Vergleichsobjekten und das Ermitteln von Maßstäben finden sich bei diesen Paaren deutlicher wieder. Es wird ersichtlich, dass es diesen Paaren häufig um einen Lösungsweg mit logisch nachvollziehbaren Prämissen geht. Damit heben sich die Erklärungen dieser Paare von Erklärungen einzelner ‚visuell zerlegender' Paare ab, für die sowohl die visuelle Zerlegung der Riesenpizza als auch das Vergleichen von Flächeninhalten einen ungefähren Ansatz darstellt, sodass es nicht notwendig ist den letzteren, aufwendigeren Ansatz zu verfolgen. Während bei den ratenden Ansätzen die sozial benachteiligten Paaren häufiger vertreten sind, sind die meisten Paare des ‚flächeninhaltsvergleichenden' Ansatzes sozial begünstigt und finden sich sowohl im oberen als auch unteren Leistungsbereich wieder. Die wahrgenommenen Anforderungen der Aufgabe scheinen mitunter erklären zu können, auf welche Weise die Aufgabe von den Paaren angegangen wird und worin sich bei der Riesenpizza-Aufgabe die Modellierungstätigkeiten sozial benachteiligter und begünstigter Paare unterscheiden. Eine diesbezüglich weitere Auffälligkeit besteht darin, dass sich bei den vier längsten Bearbeitungsprozessen (Aram & Sofi, Samuel & Nathalie, Vivien & Oliver und Amba & Bahar) erst im späteren Verlauf eine Auseinandersetzung mit der Intention der Aufgabe finden lässt oder eine wiederkehrende Unsicherheit in Bezug auf die Intention. Ein frühes, sicheres Identifizieren der Intention der Aufgabe und damit einhergehend eines Handlungsplans kann somit als Erklärung dafür dienen, warum einige Prozesse weniger lange dauern als andere. Diese Auffälligkeit findet sich gruppenübergreifend bei sozial benachteiligten wie begünstigten Paaren, sodass von einem herkunftsübergreifenden Phänomen die Rede sein kann.

8.2.1.3 Organisieren und Annahmen Treffen

Inwieweit sich die Paare dahingehend unterscheiden, ob sie Vergleichsobjekte und Stützpunktwissen verwenden, um Annahmen zu treffen, und wie sie mit dem abgebildeten Foto umgehen, also ob sie messen, zeichnen oder es überhaupt nutzen, wird in diesem Abschnitt thematisiert. Die sozial benachteiligten Paare vereinfachen (Mod 2.1) durchschnittlich deutlich länger als die sozial begünstigten Paare. Bei den Kategorien Organisieren (Mod 2.2) und Annahmen Treffen (Mod 2.3) ist Umgekehrtes der Fall. So organisieren die sozial begünstigten Paare mit 17 % ihres Prozesses fast doppelt so viel wie die sozial benachteiligten Paaren mit durchschnittlich 9 %. Ebenso verhält es sich mit dem Treffen von Annahmen (Mod 2.3), das bei den sozial begünstigten Paaren stärker vertreten ist (17 %) als bei den sozial Benachteiligten (10 %). Die sozial begünstigten Paare scheinen verstärkt planerisch vorzugehen, Schätzungen durchzuführen und Prämissen festzulegen. Auf diese Prozesse soll im Folgenden ein vertiefter Blick gerichtet werden, um Unterschiede und Gemeinsamkeit zwischen den betrachteten Gruppen herauszuheben.

Maße der Riesenpizza

Beim Treffen von Annahmen zeigen sich merkbare Unterschiede zwischen den betrachteten Gruppen. Sechs der zwölf Paare treffen Annahmen über die Maße der Riesenpizza. Das abgebildete Diagramm veranschaulicht, um welche Paare es sich handelt (grauhinterlegte Kästchen in Abbildung 8.41).

Vier der Paare lassen sich der sozial begünstigten Gruppe zuordnen und zwei der Paare der sozial benachteiligten. Dominik & Krystian diskutieren Werte zwischen 1,5 m und 2 m und entscheiden sich schließlich für einen Durchmesser von

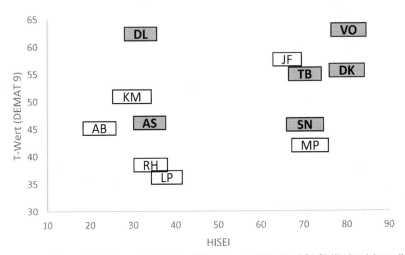

Anmerkung: Jedes Kästchen symbolisiert ein Paar. LP beispielsweise steht für Lena & Pia. Die Kästchen sind so positioniert, dass sie den durchschnittlichen HISEI und T-Wert der Schüler:innen abbilden. Grauhinterlegte Kästchen veranschaulichen die Paare, für die eine bestimmte Bedingung zutrifft (in diesem Beispiel, dass diese Paare Annahmen über
die Maße der Riesenpizza treffen).

Abbildung 8.41   Paare, die Annahmen über die Maße der Riesenpizza treffen

1,8 m. Vivien & Oliver setzen den Durchmesser auf 1,36 m, Tobias & Benedikt
auf 1,8 m, Samuel & Nathalie sowie Aram & Sofi auf 2 m und Dawid & Leon
auf 2,5 m bzw. 3 m. Fünf dieser sechs Paare schätzen den Durchmesser anhand
eines Vergleichsobjektes.

Lediglich Aram & Sofi scheinen den Durchmesser zu raten. Mehrere Transkriptausschnitte legen diesen Befund nahe. Während des Bearbeitungsprozesses
legt Aram (07:05) dar:

[…] wir gehen jetzt mal einfach würd ich sagen davon aus, dass die Pizza 2 Meter
groß ist. (.) So eine ne große Pizza gibt es. (..) Ist doch bestimmt die größte Pizza der
Welt. Wir haben ja keine Zahl, wir müssen jetzt was machen, nh?!

Hier wird nicht anhand des Bildes argumentiert, sondern darüber, dass es möglich
ist, dass eine solche Pizza existiert und dass aufgrund fehlender Werte irgendeine
Zahl anzunehmen sei. Ferner heißt es im stimulated recall:

SR Aram 02:40 *[...] Dann ist mir wieder eingefallen halt, also uns eingefallen, dass wir keinen Radius halt haben (.) und dann haben wir halt die ganze Zeit geredet und dann einfach uns dazu entschieden (.) irgendeinen Radius zu nehmen (.) so ausgehend (.) 2 m ist, klingt schon ein bisschen groß für eine Pizza (.) und haben (2 m?) genommen (.) [...]*

VL *Warum habt ihr 2 m genommen?*

Aram *[...] ich meine, ich habe irgendwo auch gehört, dass 2 m die größte Pizza sein muss oder so (.) und (.) ja (..) weil es halt einfach keine Zahlen gab (.) also wir jetzt keine gesehen haben (.) und dann hatten wir uns einfach für 2 m entschieden (VL: Mhm).*

VL *Also hätten es auch 20 m sein können?*

Aram *Es könnten auch 20 sein.*

VL *Oder 100?*

Aram *Ja (Versuchsleitung: OK). Aber ich glaube niemand macht eine 20 m lange Pizza.*

VL *Also mit dem Foto hatte das nichts zu tun, die 2 m?*

Aram *Ne. Weil, wir haben ja jetzt nichts erkannt auf dem Foto.*

Aram bezieht sich bei seiner Schätzung darauf, dass die größte Pizza der Welt einen Durchmesser von 2 m haben könnte, relativiert dies jedoch mit der darauffolgenden Begründung, dass sie sich für 2 m entschieden haben, weil es keine Zahlen gab. Aram erklärt, dass sich das Paar letztlich „einfach eine Zahl ausgedacht [hat], einfach irgendeine Zahl genommen" (Interview, 02:11). Die Ausschnitte aus Beobachtung, stimulated recall und Interview legen nahe, dass das Foto bei der Entscheidung für den Durchmesser nicht von Bedeutung gewesen ist, sondern der Durchmesser eher geraten wird. Es scheint keine Vergleichsobjekte zu geben. Das Paar wird daher im Folgenden nicht benannt, wenn es um Paare geht, die den Durchmesser der Riesenpizza tatsächlich *schätzen*.

Bei den anderen fünf Paaren hingegen wird die Verwendung von Vergleichsobjekten entweder während der Bearbeitung oder im stimulated recall thematisiert. Dominik & Krystian beziehen sich bei der Schätzung zunächst auf die neben der Pizza stehenden Frau, deren Körpergröße sie auf 1,75 m schätzen. So entscheiden sie sich für einen Durchmesser von 2 m. In einem weiteren Schritt prüfen sie die Plausibilität dieser Schätzung, indem sie auf dem Foto die empfundene Größe einer gewöhnlichen Pizza darstellen und ändern ihre Schätzung auf 1,8 m. Auch Dawid & Leon und Vivien & Oliver verwenden „eine Person als Hilfsgröße" (Vivien, 01:22). Als Repräsentanten diskutieren Vivien & Oliver darüber hinaus unter anderem die Größe einer Salamischeibe, verwenden letztlich aber den Unterarm der dargestellten Frau und ermitteln dessen Länge, indem sie die Längen ihrer eigenen Unterarme ausmessen und schätzen. Dawid & Leon diskutieren während der Bearbeitung eine Schätzung für den Durchmesser der Riesenpizza, lassen jedoch keine Verwendung eines Vergleichsobjektes erkennen. Die Jungen kommunizieren die Herkunft ihrer angenommenen Werte nicht, einigen sich jedoch schnell auf einen Wert. Während des stimulated recall und des Interviews wird von Dawid die fotografierte Frau als Repräsentant hervorgehoben. Tobias & Benedikt beziehen sich auf die durchschnittliche Körpergröße eines erwachsenen Mannes. Es wird nicht auf die links von der Frau stehende Pizza verwiesen, sondern auf die Menschen im Bild generell. Samuels & Nathalies Schätzung des Durchmessers weicht von bisherigen Vorgehensweisen ab. Sie schätzen den Durchmesser der Riesenpizza anhand der geschätzten Maße des transportierenden Anhängers:

> Weil natürlich die im Straßenverkehr, ja so bei 2,30. Oder läng/ breiter geht das halt nicht. Und dann kann die Pizza ja auch keine drei Meter breit sein. Man kann die ja auch nicht senkrecht da reinstellen oder so. Und damit können wir das schon ein bisschen begrenzen. (Samuel, stimulated recall, 02:11)

Die Argumentation bezieht sich nicht auf das abgebildete Foto, sondern knüpft an die Tatsache an, dass sich die Pizza in einem Anhänger, der im normalen Straßenverkehr unterwegs ist, befindet. Daher soll der Anhänger eine gewisse Breite nicht überschreiten.

Diese fünf Paare, die den Durchmesser der Riesenpizza schätzen, sind auch diejenigen, die einen mathematischen Ansatz verfolgen, bei dem sie die Flächeninhalte der Riesenpizza und einer gewöhnlichen Pizza ermitteln und in Verhältnis zueinander setzen. Die Schätzung des Durchmessers der Riesenpizza scheint somit ein gutes Indiz dafür zu sein, ob Paare Mathematisierungen der Flächen vornehmen. Vier der fünf Paare sind sozial begünstigter Herkunft. Es scheint, als neigen sozial begünstigte Paare eher als sozial benachteiligte dazu, der Abbildung Größen zu entnehmen und auf Grundlage dessen zu mathematisieren. Das Schätzen des Durchmessers scheint erklären zu können, inwiefern sich sozial begünstigte und benachteiligte Paare beim Treffen von Annahmen unterscheiden.

Stützpunktwissen, Vergleichsobjekte und Prämissen
Neben diesen Annahmen gibt es eine Vielzahl an weiteren Auseinandersetzungen
mit Schätzungen und Prämissen, die die Paare als relevant für die Aufgabenbearbeitung erachten. Die Anzahl unterschiedlicher Vergleichsobjekte, die diskutiert
werden, variiert dabei von Paar zu Paar. Tabelle 8.3 fasst zusammen, welches
Stützpunktwissen in der Gruppe der sozial begünstigten und benachteiligten Paare
während der Bearbeitungsphase kommuniziert wird, welche Vergleichsobjekte
hinzugezogen werden und welche weiteren lebensweltbezogenen Prämissen in
Form von aufgabenrelevanten Annahmen einfließen.

Tabelle 8.3
Stützpunktwissen,
Vergleichsobjekte und
Prämissen der Paare

sozial benachteiligte Paare	sozial begünstigte Paare
Durchmesser einer gewöhnlichen Pizza	**Durchmesser einer gewöhnlichen Pizza**
Pizza pro Gast	**Pizza pro Gast**
Breite eines Menschen	Breite eines Menschen
Geschlecht / Alter der Gäste	Geschlecht / Alter der Gäste
Vergleich mit Schulklasse/ Schulstufe	Vergleich mit Schulklasse/ Schulstufe
Größe des Winkels eines Pizzastücks	
	Körpergröße eines Menschen
	Größe einer Familienpizza
	Größe einer Salamischeibe
	Länge bzw. Spannweite einer Hand
	Unterarmlänge
	Größe eines Bleches Pizza
	Maße eines Anhängers
	Größe eines Brötchens
	Dauer der Feier
	Sättigungsgrad / Dicke der Riesenpizza
	Andere Lebensmittel auf der Party

Anmerkung: Fettmarkierte Aspekte finden sich bei mehr als
einem Paar.

Die Paare verwenden ein breites Spektrum an Stützpunktwissen sowohl in Bezug auf Pizzen als auch auf Partys. Einige Aspekte finden sich in beiden Gruppen und viele weitere Aspekte finden sich nur in der Gruppe der sozial begünstigten Paare. Sechs Paare dieser Studie setzen sich mit dem Durchmesser einer *gewöhnlichen* Pizza auseinander. Fünf von ihnen tauchen im vorherigen Absatz als diejenigen auf, die den Durchmesser der *Riesenpizza* schätzen. Als sechstes Paar schätzen Kaia & Mila, die zu den visuell zerlegenden Paaren gezählt werden, den Durchmesser einer gewöhnlichen Pizza (04:33). Nach ihrer Schätzung beginnt Kaia die Riesenpizza mit kleinen Kreisen, die gewöhnliche Pizzen symbolisieren, auszufüllen (Kaia, 04:45). Die Riesenpizza zerteilen sie in 20 gewöhnliche Pizzen, worauf im späteren Verlauf dieses Abschnittes eingegangen wird.

Viele Paare setzen sich mit der Frage auseinander, wie viel Pizza ein einzelner Gast im Durchschnitt erhält. Der Arbeitsauftrag „Wie viele von diesen Pizzen solltest du bestellen?" liefert keinen Hinweis darauf, ob die Riesenpizza die Gäste sättigen soll. Während einige Paare mit durchschnittlichen Pizzen rechnen ohne Bezug zu den Gästen zu nehmen (u. a. Dawid & Leon, Tobias & Benedikt), thematisieren andere Paare die Menge an Pizza, die jeder Gast isst. Die meisten Paare, die dies thematisieren, entscheiden sich für eine gewöhnliche Pizza pro Gast:

Amba	06:26	Wie viele große normale Pizzen isst man so normalerweise? (.) So eine kleine Pizza kann jeder schaffen. (..)
Dominik	03:10	Und sagen wir (.) wie, wie viel isst eine Person? (...) Eine halbe Pizza? Wenn wir nett rechnen. Weil sonst/ ich ess eine ganze, du auch glaube ich, nh?
Vivien	07:28	Okay und dann gehen wir jetzt mal davon aus, dass jeder eine Pizza isst bei deiner Party/
Michael	04:50	[...] Jeder isst, eigentlich, wenn man normale Pizza bestellen würde, jeder Eine.
Samuel	05:46	Aber so, wenn man jetzt in einer Pizzeria n/ so eine Pizza, die hat ja meistens so irgendwie 28 cm Durchmesser oder so.
Nathalie	05:53	Ja.
Samuel	05:53	Und dann isst man eine.

Als Stützpunkt für diese Entscheidung wird häufig auf eigene Erfahrungen zurückgegriffen. Die Paare machen dabei auch deutlich, dass sie betrachten, wie viel Pizza *sie* schaffen könnten oder in einer Alltagssituation essen würden. Es scheint, als sollten die Gäste auf der Party durch Pizza gesättigt werden. Auch Kaia & Mila sprechen über diese Thematik und nehmen dafür eine Party als Grundlage, die sie selber planen würden. Dazu gehört, wie viele männliche und weibliche Gäste kommen und, dass Frauen im Durchschnitt weniger essen als

Männer. Männer auf ihrer Party essen im Durchschnitt eine ganze Pizza und Frauen Dreiviertel einer Pizza. Alle bisher betrachteten Paare gehen von runden Pizzen aus. Zwei andere Paare (Julia & Florian, Ronja & Hürrem) zerteilen das Foto skizzenhaft in Stücke und bestimmen anhand dessen, wie viel jeder Gast erhält. Bei Ronja & Hürrem wird die Riesenpizza erst zerteilt und anschließend diskutiert, wie viele Stücke jeder Gast erhält. Sie gehen nicht von der Prämisse aus, dass jeder Gast eine fixe Anzahl an Stücken erhält, sondern ermitteln auf Grundlage verschiedener Stückzahlen pro Person ein Ergebnis, bei dem möglichst wenig Pizza übrigbleibt (Abbildung 8.42).

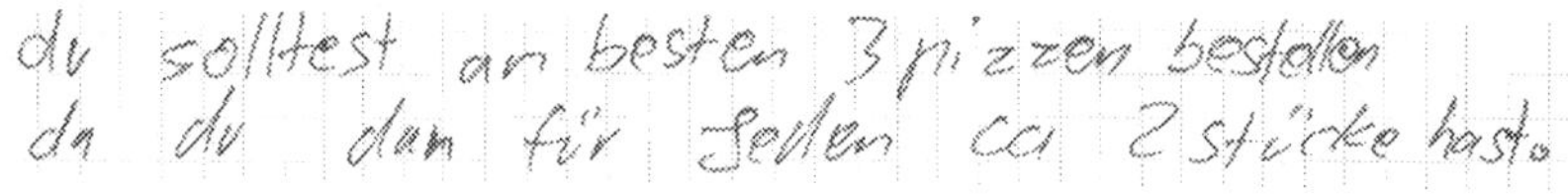

Abbildung 8.42 Antwortsatz (Ronja & Hürrem)

Die meisten Paare treffen Annahmen, indem sie Stützpunktwissen aktivieren, über Erfahrungen sprechen und Vergleichsobjekte in ihrer Argumentation einbeziehen. Dies trifft sowohl auf die sozial benachteiligten wie auch die sozial begünstigten Paare zu. In beiden Gruppen sozialer Herkunft thematisieren mehrere Paare den Durchmesser einer gewöhnlichen Pizza und den durchschnittlichen Pizzakonsum eines Gastes. Auch andere Aspekte werden herkunftsübergreifend von mehreren Paaren angesprochen. Dazu gehören u. a. Alter und Geschlecht der Gäste oder Überlegungen zum Esskonsum der eigenen Schulklasse bzw. Schulstufe. Dass Paare eigenständig Annahmen treffen, auch wenn die Aufgabe dies nicht einfordert, kann herkunftsübergreifend festgestellt werden. Darüber hinaus kann bei den sozial begünstigten Paaren eine Palette an weiteren Vergleichsobjekten und weiteren Prämissen für die Feier festgestellt werden, die sich bei den sozial benachteiligten Paaren nicht beobachten lässt. Die sozial begünstigten Paare verbringen durchschnittlich nicht nur mehr Zeit mit der Kategorie Annahmen Treffen, es zeigt sich auch ein breiteres Spektrum an getroffenen Annahmen für die Entwicklung eines Realmodells. In dem Bild werden Vergleichsobjekte identifiziert, wie die Körpergröße und -breite eines Menschen, die Länge und Spannweite einer Hand, die Unterarmlänge eines Menschen und die Größe einer Salamischeibe. Stützpunktwissen über diese Objekte wird ergänzt um Stützpunktwissen über die Größen einer Familienpizza, eines Pizzablechs, eines Anhängers und eines Brötchens. Hinzu kommt, inwiefern sich die Dauer der Party auf die Menge auswirkt, die die Gäste essen und, dass es noch andere Lebensmittel wie

Kuchen geben kann, die auch sättigen. Das Anführen mehrerer Vergleichsobjekte und von Stützpunktwissen muss dabei nicht zu einem exakteren Ergebnis führen. Aber es macht – um es in Dominiks Worten zusammenzufassen – deutlich, dass es darum geht „entweder eine Aufgabe gewissenhaft [zu] lösen oder halt nicht gewissenhaft [zu] lösen." (Interview, 03:24) Es kann die Plausibilität des Lösungsweges und des Ergebnisses steigern, wenn „logisch nachzuvollziehen [ist], woran wir uns orientiert haben" (Tobias, Interview, 01:51). Das Treffen von Annahmen scheint insgesamt erklären zu können, inwiefern sich die Entwicklung von Realmodellen bei sozial begünstigten und benachteiligten Paaren unterscheidet.

Skizzieren

Das abgebildete Foto gilt als essentiell für die Aufgabenbearbeitung. Der Arbeitsauftrag enthält jedoch keinen Hinweis darauf, dass das Foto zu verwenden ist. So ergeben sich unterschiedliche Umgangsweisen mit dem Foto. Alle Paare setzen sich mit dem Foto auseinander. Dabei finden sich bei zwei Paaren Hinweise darauf, dass das Foto als illustrativ angesehen wird. Auf eine Rückfrage diesbezüglich erklärt Aram, dass die Schätzung des Durchmessers nicht auf das Foto zurückzuführen ist, „Weil, wir haben ja jetzt nichts erkannt auf dem Foto." (stimulated recall, 02:40) Auch Samuel (stimulated recall, 01:38) möchte das Foto nicht verwenden und begründet:

> Ja. Ich dachte halt so, ich kann halt schlecht kein ein Bild messen. Das ist auch wie in so einem Mathebuch mit so einer Zeichnung. Weil man geht natürlich immer von den Werten aus. Aber da da keine Werte waren, fand ich das jetzt auch so, ja das ist bestimmt nicht richtig. Weil man weiß ja nicht [...] den Maßstab des Bildes [...]

Damit bezieht sich Samuel auf die Bedeutung von Bildern in Mathematikbüchern, die eine illustrative Bedeutung tragen und denen keine Informationen entnommen werden können.

Gerade bei den visuell zerlegenden Paaren stellen Skizzieren und Zählen, aber auch Annahmen Treffen zentrale Aspekte der Lösungsprozesse dar. Julia & Florian entscheiden sich im späteren Verlauf ihres Prozesses dazu die Pizza zu zerteilen .

Julia	05:10	((zeichnet weiter im Bild)) Meinst du die essen so ein Stück ((zeigt auf eines)), oder noch weniger? (.) Weil das ist schon (.) lang. (....)
Florian	05:26	Wenn du das Ding (teilst?) (..) das (unv.) der Frau sind […].

Julia	05:32	((zeichnet: teilt Pizza in Stücke)) Wir teilen mal alle. Upsala. ((zeichnet weiter)) Also (.) guck mal (.) ungefähr, ich glaube so ein Stück ((zeigt es auf dem Bild)) (..) könnte das passen, von der Größe her, dass das ungefähr ist wie ein Blech Pizza? (.) Oder was glaubst du? Oder ist das noch größer? (4)
Florian	06:07	(unv.) Man könnte mal zweiten Ring durchziehen ((zeigt auf dem Bild was er meint)), weil wenn du hier durchteilen würdest, hast du ja trotzdem noch (.)/

SR	*Julia*	*Ja ich habe probiert, so ein bisschen das Verhältnis, ähm, klar zu machen. Und dann hatte ich halt den Vergleich, man weiß ja ungefähr, wie groß ein Blech Pizza ist. Und ähm (..) ja dann kann man halt auch, also meine Idee dahinter war dann (.) herauszufinden, ähm, wie viel (.) oder ob die Größe des Stücks halt passt zu einer Person, weil ich glaube, dass eine Person nicht ein Blech Pizza isst. Und (.) ja.*

Die Pizza wird in 16 gleichgroße Stücke zerteilt. Ein Achtel der Riesenpizza erscheint den beiden zu groß, um von einer Person gegessen zu werden und auch ein Sechzehntel erscheint ihnen recht groß, sodass Florian vorschlägt noch einen Ring durch die Skizze zu ziehen. Um die Plausibilität der Größe der Stücke zu prüfen, werden die Stücke in Relation zu den Vergleichsobjekten Arm und Pizzablech gesetzt. Abschließend zählt Julia die Anzahl der Stücke (06:33) und stellt fest, dass eine Riesenpizza für 32 Personen reichen würde. Samuel & Nathalie zerteilen die Riesenpizza ebenfalls skizzenhaft.[6]

Samuel   11:15   [...] ((zeichnet
                     Kreise)) 4, 5, 6, 7, 8.
                     (.) Und dann hier mit
                     den Zwischenräumen
                     würde vielleicht 10
                     passen, aber/ (...)

Samuel & Nathalie füllen die Riesenpizza mit Kreisen, die gewöhnliche Pizzen repräsentieren. Durch Zeichnen, Zählen und Runden kommen sie darauf, dass eine Riesenpizza für zehn Personen reicht. Ein Vergleichsobjekt zur Repräsentation der Größenordnungen wird bei der Skizzierung nicht hinzugezogen. Michael & Paulina arbeiten intensiv mit Visualisierungen zur Modellierung der Situation. Dabei skizzieren sie nicht in der Abbildung, sondern fertigen Skizzen an (Abbildung 8.43).

---

[6] Am Ende des Prozesses verwendet Samuel – nachdem das mathematisch ermittelte Ergebnis als unplausibel validiert wird und nachdem Nathalie eine physische Repräsentation einer Riesenpizza darstellt – das Bild doch.

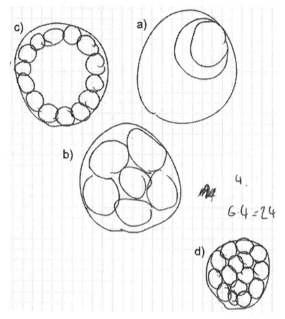

Die Skizzen a) bis d) sind zeitlich nach aufsteigender Reihenfolge entstanden.

Abbildung 8.43 Visualisierungen (Michael & Paulina)

Die Skizzen a) und b) setzen die Riesenpizza und Familienpizzen in Relation zueinander, während die Skizzen c) und d) die Riesenpizza und gewöhnliche Pizzen in Relation zueinander setzen. Der folgende Transkriptausschnitt bezieht sich auf Skizze d).

Michael	03:41	[...] ((zeichnet)) Das sind jetzt. Eins, zwei, drei, vier, fünf, ähm. ((zählt Kreise)) Eins, zwei, drei. Vier, fünf, sechs. Sieben. Acht, neun, zehn, elf, zwölf, 13, 14, 15, 16. 16 St/ Das sind jetzt 16 Pizzen, sage ich jetzt mal passen da rein.

Paulina	03:59	16?
Michael	04:01	Locker passen da 16 Stück rein. ((zeigt auf Foto)) Guck mal hier. Das (unv.) gucken wir noch mal. Ein/ Och Gott. Eins. ((malt Kreise über dem Foto)) Guck mal hier, guck mal die Hand ((zeigt auf die Hand der Frau)) Eins.

Michael & Paulina fertigen Skizzen an und verwenden dabei das Bild und darin enthaltene Objekte zur Plausibilitätsprüfung der Größenverhältnisse. Die Prüfung der Plausibilität führt bei dem Paar zu einer Anpassung der Modellierung.

Auch Lena erstellt eine externe Visualisierung.

Lena	02:10	((zeichnet)) Teil, und dann schauen, dass alle Stücke gleich groß sind. (..)
Pia	02:16	Ja dann reicht doch eine, oder nicht? (.)
Lena	02:18	Ja. (.)

Ihre Skizze nimmt keinen Bezug zu dem Foto, es wird nicht gezählt und kein Vergleich angestellt. Es ist nicht davon auszugehen, dass die Visualisierung zur Lösungsfindung beiträgt. Kaia zeichnet, wie auch Michael & Paulina, Kreise über der Riesenpizza.

Kaia	04:33	[...] Sollen wir jetzt einfach so Pizzen, normale Pizzen einzeichnen? Sind die nicht 24 cm lang, 30? (.)
	[...]	
Kaia	04:45	[...] Wie viele Pizzen denkst du passen hier rein, normale? (.) Ca. (.) 1, 2, 3, ((zeichnet Kreise auf dem Bild nach)) 4, 5, 6, 7, 8, 9, 10, 11, 12, 13, 14, 15, 16, 17, 18, sollen wir einfach sagen 20?

SR Kaia Ja, (ich habe es versucht?) durchzuzählen und weil da ja immer Lücken zwischen sind, habe ich noch einmal zwei Pizzen dazu gegeben. [...] Also sind wir auf eine glatte Zahl gekommen, so eine Schätzungszahl.

INT VL 01:09 Und bei der Pizza-Aufgabe hast du [...] dann am Ende doch irgendwie mit der Zeichnung noch was gemacht.

Kaia 01:17 Ja, genau weil, das, das war im Prinzip nur meine Schätzung. [...] da ist ja das Bild, dann habe ich eine grobe Vorstellung davon und kann dementsprechend eine Schätzung so ungefähr dareinsetzen.

Sie unterteilt die Riesenpizza vollständig in kleine Kreise, zählt dabei mit und rundet das Ergebnis auf 20. Sie bezieht sich dabei auf das Bild. Es ist zu vermuten, dass sie den Durchmesser einer gewöhnlichen Pizza als Vergleichsobjekt verwendet. Ob sie sich auf eine 24 cm oder 30 cm breite Pizza bezieht, bleibt ungewiss. Stattdessen spricht sie im Interview von einer groben Vorstellung. Ähnlich verhält es sich bei Ronja & Hürrem. Das Paar skizziert innerhalb der Abbildung.

| Hürrem | 03:16 | So, dann (ist ja ein Stück?) (unv.) ((zeigt auf die skizzierte Einteilung)) |
| Ronja | 03:18 | So dann sind das 1, 2, 3, 4, 5, 6, 7, 8, 9, 10, 11, 12, 13. ((Hürrem zählt die kleinen Stücke)) |

Ronja teilt ein Viertel der Pizza in kleine Stücke ein, die einem Pizzastück entsprechen sollen. Diese zählt sie und ermittelt daraus, dass die Riesenpizza aus 52 Pizzastücken besteht. Ronja erklärt im nachträglichen Gespräch (02:53), dass sie diese Einteilung vornimmt, weil „für mich sieht das ungefähr so aus, als könnte das ein Pizzastück sein. Da (.) habe ich keine genaue Antwort." Weder in der Beobachtungsphase noch beim nachträglichen Gespräch wird ersichtlich, dass sich Ronja auf ein Vergleichsobjekt bei der Einteilung der Riesenpizza bezieht. Ein anderes Paar, Amba & Bahar, setzt zwei Mal im Lösungsprozess ein visuelles Vorgehen an (05:23; 08:32). Bahar teilt die Riesenpizza schemenhaft ein und zählt die Kreise. Die Vorgehen werden jedoch nicht weiterverfolgt und ihnen entstammen auch keine weiteren Ansätze. Beide Male wird der Prozess abgebrochen und als Endresultat geraten, dass eine Riesenpizza wohl reichen wird. Beim zweiten Prozess wird der Ansatz als Kringel machen abgetan.

Tabelle 8.4 fasst einige Ergebnisse zusammen. Benannt werden in der Tabelle die sieben Paare, die einen visuellen Ansatz verfolgen, bei dem sie entweder in der Abbildung zeichnen oder eine eigene Skizze anfertigen.

Tabelle 8.4 Paare, die einen visuellen Ansatz verfolgen

	Paare, die die Visualisierung nutzen, indem sie die Anzahl der Stücke/ Pizzen **zählen**.	Paare, die aus der Visualisierung heraus ein **reales Resultat** generieren.	Paare, die die Visualisierung in Relation zu einem **Vergleichsobjekt** setzen.
Julia & Florian	✓	✓	✓
Michael & Paulina	✓	✓	✓
Samuel & Nathalie	✓	✓	
Kaia & Mila	✓	✓	
Ronja & Hürrem	✓	✓	
Amba & Bahar	✓		
Lena & Pia			

Die Hälfte aller beobachteten Paare verwendet einen visuellen Ansatz, bei dem die Anzahl von gewöhnlichen Pizzen bzw. Pizzastücken in dem Bild oder einer externen Visualisierung gezählt werden. Fünf davon entwickeln mithilfe ihrer Visualisierung ein reales Resultat. Dazu zerlegen sie die Riesenpizza, einen Teil der Riesenpizza oder eine entsprechende Skizze in Teile, um anschließend zu zählen, wie viele Pizzen bzw. Pizzastücke in die Riesenpizza hineinpassen. Lediglich zwei der Paare lassen in diesem Zuge erkennen, Vergleichsobjekte bei der Entwicklung ihres Realmodells zu nutzen. Der Unterarm der Frau, die Hand der Frau und ein Blech Pizza werden als Vergleichsmaß genommen, um das Realmodell anzupassen und weiterzuentwickeln. Anhand dessen bestimmen die beiden Paare, in welchem Verhältnis die Riesenpizza und eine gewöhnliche Pizza zueinanderstehen. Es scheint hierbei, als würden eher die sozial begünstigten Paare ihre Visualisierungen auf Annahmen über Vergleichsobjekte stützen. Die anderen Paare lassen bei der Einteilung der Riesenpizza keine Verwendung von Vergleichsobjekten erkennen. Es scheint, als könnten Unterschiede in den Gruppen beim Skizzieren auch auf das Verwenden von Vergleichsobjekten und damit das Treffen von Annahmen zurückgeführt werden. Das Verwenden von Vergleichsobjekten scheint eine Erklärung dafür liefern zu können, warum einige Skizzierungen adäquatere Größenverhältnisse abbilden. Sie stellen jedoch keinen Garanten dafür da. Es bleibt hierbei unklar, warum einige Paare die Riesenpizza adäquater einteilen als andere. So können gute Einteilungen, neben der Verwendung von Vergleichsobjekten, beispielsweise auch ein gutes Gefühl für Größenordnungen oder die implizite Verwendung von Vergleichsobjekten andeuten oder auch zufälliger Natur sein. Die Vergleichsobjekte könnten als Unterstützung für angemessenere Einteilungen dienen und ihre Plausibilität erhöhen.

Messen

Drei Paare nehmen Messungen im abgebildeten Foto vor (Abbildung 8.44).

Vivien & Oliver entscheiden sich in ihrem Prozess dafür, den abgebildeten Unterarm der Frau als Vergleichsobjekt zu verwenden. Dazu messen sie ihre Unterarme aus (04:09) und schätzen die Gesamtlänge von Unterarm und Hand der Frau auf 40 cm. Anschließend messen sie den abgebildeten Unterarm. Daraus entwickeln sie für die Abbildung den Maßstab 1:10. Damit können sie ermitteln, dass der Durchmesser der Pizza etwa 3,4 Mal so groß ist wie die Länge eines Unterarms. So ergibt sich in einer Kombination aus Messen und Schätzen ein Durchmesser von 136 cm. Auch Dominik & Krystian entwickeln einen Maßstab, um anhand dessen den Durchmesser der Riesenpizza schätzen zu können. Diesem Maßstab zugrunde liegt eine gewöhnliche Pizza mit einem Durchmesser von 30 cm. Dazu legt Krystian fest, wie breit eine gewöhnliche Pizza auf dem Bild ungefähr wäre und misst mit den Fingern, dass die Riesenpizza einen Durchmesser von etwa 180 cm hat. Als drittes misst Nathalie den Durchmesser der Riesenpizza. Sie misst die Breite und die Höhe der Riesenpizza und stellt fest,

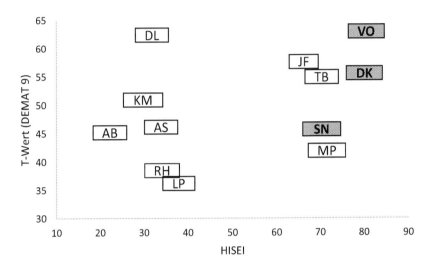

Abbildung 8.44 Paare, die im Bild messen

dass sich die Werte deutlich voneinander unterscheiden. Daher bricht sie diesen
Ansatz ab und liest erneut die Aufgabe.

Im Bild zu messen stellt für zwei Paare (Vivien & Oliver; Dominik & Krystian) eine Strategie dar, um den Durchmesser der Riesenpizza zu bestimmen.
Dies stellt unter Zuhilfenahme eines Vergleichsobjektes – im Vergleich zum reinen Abschätzen anhand eines Vergleichsobjektes – ein präziseres Vorgehen dar.
Nathalies Ansatz wird von dem Paar nicht weiterverfolgt und führt daher auch zu
keiner Schätzung. Das Durchführen von Messungen kann als Erklärungsansatz
aufgefasst werden, wenn die realen Modelle von Schüler:innen nachvollziehbarer
und plausibler sind. Messen im essentiellen Foto wird dabei in dieser Studie nur
von sozial begünstigten Schüler:innen durchgeführt.

Perspektivische Verzerrung
Da die Riesenpizza nicht von oben fotografiert ist, kommt es zu einer perspektivischen Verzerrung der Größenverhältnisse. Misst man die Riesenpizza in der Höhe
und in der Breite, dann ergeben sich unterschiedliche Werte. Bei fünf Paaren
findet sich eine Auseinandersetzung mit der verzerrten Darstellung (Abbildung
8.45).

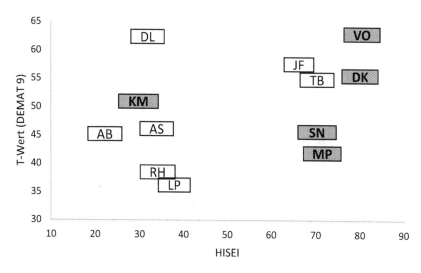

Abbildung 8.45 Paare, die sich mit der perspektivischen Verzerrung des Fotos auseinandersetzen

Eines dieser Paare ist Vivien & Oliver. Vivien kommuniziert im nachträglichen Gespräch, was an der Perspektive der Fotografie problematisch ist:

> Aber es ist ja so, dass, ähm, wenn man in die Ferne guckt, dann sind die Sachen kleiner. Und deswegen ist es schwierig [...] da irgendwie einen ähm, einen Maßstab zu nehmen, den man erstmal weiß. Und zweitens, der halt so weit im Vordergrund ist, dass man ca. die Mitte der Pizza nehmen kann. (Vivien, stimulated recall, 03:13)

Aufgrund der Perspektive, aus der das Foto geschossen wurde, erscheinen Personen weiter im Hintergrund verhältnismäßig klein, während Personen im Vordergrund groß erscheinen. Auch während der Bearbeitung setzt sich das Paar mit der Thematik auseinander und trifft darauf aufbauend eine Entscheidung.

Vivien	04:29	[...] das Problem ist, in (.) durch das Foto wird das hinten ja kleiner, weil das/
Oliver	04:48	Das Foto ist ja auch so von oben, deswegen/
Vivien	04:49	Jaja, genau, weil die ((deutet etwas mit dem Geodreieck an)), das ist ja normal. [...] aber können wir das jetzt einfach so hier durchs Bild ziehen? (.)
Oliver	05:06	Ich glaube nicht, wir müssen halt/

Vivien	05:07	Ich glaube auch nicht, (Oliver: Hm.) obwohl wenn wir diese Schräge ((zeigt sie auf dem Bild)), äh wenn wir die Gerade nehmen ((zeichnet in der Horizontalen den Durchmesser der Pizza nach)), dann passt das ja ca. mit (.) also das ist nicht ko/ die/ genau die Ebene von ihren Händen, aber es ist relativ die Ebene von ihren Händen.
Oliver	05:18	Ja gut, aber ihre Hände wäre trotzdem da drüber sozusagen, nh?
Vivien	05:21	Ja, ich weiß. Aber das ist glaube ich das Einzige was wir benutzen können, weil die anderen sind sehr weit weg. (.) Ist, ist das hier ((zeigt auf Bild)) ca. die Mitte? [...]

Das Paar entscheidet sich schließlich für den Unterarm der Frau als Vergleichs-objekt. Vivien begründet das darüber, dass „man sehen kann, [dass dieser] am nächsten auf dieser Durchmesser Linie" (Vivien, stimulated recall, 04:16) ist. Der Arm der Frau wird, so die Erklärung, am wenigsten verzerrt dargestellt und stellt somit das geeignetste Vergleichsobjekt dar. Ein anderes dieser Paare ist Samuel & Nathalie. Das Paar nimmt die perspektivische Verzerrung als problematisch wahr, da das Foto nicht als maßstabsgetreu erachtet werden kann.

Nathalie	04:49	Hä, aber das kann eigentlich gar nicht, [...] weil das entspricht ja gar nicht so richtig den Maßen. ((misst)) [...] ja das passt ja auch gar nicht. (.)
Samuel	05:03	Ja.
Nathalie	05:03	Weil das ist ja auch, wenn dann gar nicht von oben fotografiert. (..) Dann würde das ja vielleicht noch Sinn machen, aber das hier so schräg [...]

Im späteren Verlauf des Prozesses verwenden sie das Bild dennoch, indem sie die Pizza mit kleinen Kreisen ausfüllen. Auf das Problem der perspektivischen Verzerrung gehen sie nicht mehr ein und die eingezeichneten Kreise berücksich-tigen die Verzerrung nicht. Dominik & Krystian setzen sich an verschiedenen Stellen mit der Perspektive der Fotografie auseinander. Dominik schlägt vor den Durchmesser der Pizza anhand der abgebildeten Frau zu schätzen. Krystian wen-det ein, dass sich der Durchmesser nicht mithilfe der abgebildeten Personen bestimmen lässt (01:32). Dominik stimmt zu (01:35), will anschließend dennoch eine Schätzung durchführen. Die Verzerrung erachtet er nicht als sonderlich pro-blematisch, da sich damit ein ungefähres Ergebnis ermitteln lässt (01:50). Eine ähnliche Auseinandersetzung findet sich auch an anderer Stelle wieder, bei der Krystian einwirft: „Musst du das nicht eher in der Mitte machen? ((zeigt auf dem Bild)) Damit wir den Durchmesser haben?" (02:09) Aufgrund mangelnder Genauigkeit beim Vorgehen zweifelt Krystian Dominiks Verfahren an. Dominik sieht dies jedoch nicht als problematisch an und hebt hervor, dass es als ungefähres Verfahren hinreichend genau ist. Seine Intention liegt nicht darin ein exaktes Ergebnis zu erhalten, sondern mit ungefähren Werten zu arbeiten, anstatt zu raten. Auch Michael merkt an, dass die Perspektive, aus der das Foto geschossen wurde, relevant für ihre Auseinandersetzung sein könnte:

Michael   04:24   Guck mal, aber. Oder das das kann auch sein, dass das ein bisschen täuscht, weil das so schief ist. ((deutet mit den Fingern an, etwas zu kippen))

Denn von oben sähe das bestimmt noch drei Mal größer aus. Guck mal wie klein die dagegen wirken ((deutet auf die Personen im Hintergrund)). Guck mal wie klein das Mädchen dagegen jetzt wirkt ((zeigt auf ein kleines Mädchen)). (.) Also das wirkt ja sau klein, dagegen.

Michael zufolge ist die dargestellte Perspektive relevant für die Aufgabenbearbeitung. Im stimulated recall erklärt er, dass er aufgrund der Verzerrung die Schätzung des Größenvergleichs anpassen muss (04:22). Bei Kaia & Mila wird die Thematik angesprochen, als Kaia vorschlägt visuell vorzugehen und die Pizza zu zerteilen.

Kaia   04:33   [...] Sollen wir jetzt [...] normale Pizzen einzeichnen? Sind die nicht 24 cm lang, 30? (.)

Mila   04:40   Ne, aber dann müssen wir das auch maßgetreu wegen dem Bild machen, das ist ja auch nicht so (.)/

Kaia   04:45   Ja das ist eine Schätzung. Wie viele Pizzen denkst du passen hier rein, normale?

Mila zweifelt an, dass in dem Foto maßstabsgerecht gezeichnet werden kann. Das stellt für Kaia jedoch kein nennenswertes Problem dar, da es sich um einen Schätzansatz handelt, bei dem nicht exakt gearbeitet werden muss.

Alle weiteren Paare setzen sich nicht mit der Perspektive auseinander, aus der das Foto fotografiert wurde. Die Thematisierung der perspektivischen Verzerrung zeigt sich häufiger bei den sozial begünstigten Paaren als bei den sozial benachteiligten. Damit sprechen erstere häufiger einen Aspekt an, der veranschaulicht, dass die Realität komplexer ist als die gewählten Modelle und, dass es sich bei den gewählten Modellen um ein simplifiziertes Abbild der realen Welt handelt. Eine derartige Thematisierung findet sich sowohl bei den flächeninhaltsvergleichenden als auch den visuell zerlegenden Ansätzen wieder. Die Auseinandersetzung mit der perspektivischen Verzerrung kann als Erklärung dafür dienen, warum es bei den sozial begünstigten Paaren eher zur Anpassung der Modelle kommt oder warum Messungen und Schätzungen eher auf Höhe der Frau horizontal vorgenommen werden.

Insgesamt zeigen sich beim Vereinfachen/Strukturieren auffällige Unterschiede und Gemeinsamkeiten zwischen sozial benachteiligten und sozial begünstigten Paaren. Insbesondere durch die Analyse auf der Ebene der Subkategorien Vereinfachen, Organisieren, Annahmen Treffen und Intention Explizieren konnte ein differenzierteres Bild aufgedeckt werden. In den drei zurückliegenden Abschnitten konnten Vorgehensweisen und Charakteristika von Modellierungsteilschritten identifiziert werden, die sich unabhängig von der sozialen Herkunft erkennen ließen und solche, die spezifischer scheinen für eine bestimmte soziale Gruppe.

8.2.1.4 Operationalisieren

Mathematisierungen machen bei den sozial begünstigten Paaren durchschnittlich etwa 11 % ihres Prozesses aus (00:56 Min.) und bei den sozial benachteiligten etwa 13 % (01:11 Min.). Die Subkategorie Visualisieren (Mod 3.2) macht bei der Riesenpizza-Aufgabe durchschnittlich unter 1 % der Bearbeitung aus und taucht lediglich bei zwei Paaren auf. Dominik & Krystian erstellen am Ende ihres Prozesses eine Tabelle, um einen Dreisatz anzuwenden (05:16) und Lena & Pia erstellen eine illustrative Skizze, um die Einteilung eines Kreises in gleichgroße Stücke zu veranschaulichen. In allen anderen Fällen beziehen sich Skizzen auf das abgebildete Foto oder außermathematische Zusammenhänge, sodass die Kategorie Organisieren (Mod 2.2) diesbezüglich primär Anwendung findet. In diesem Abschnitt wird es daher um die Subkategorie Operationalisieren gehen, die bei allen Paaren den zentralen Teil der Mathematisierungen einnimmt.

Zwischen den Paaren zeigen sich deutliche Unterschiede bei der Dauer, die sie mit dem Operationalisieren verbringen. Gerade bei Paaren, die hauptsächlich visuell zerlegend vorgehen, stellt Operationalisieren nur eine marginale Tätigkeit dar, da sie im Wesentlichen außermathematisch tätig sind. Operationalisierungen tauchen bei diesen Paaren meist dann auf, wenn Gleichungen und Terme auf Grundlage einfacher Grundrechenarten aufgestellt werden. Bei den anderen Paaren nimmt es einen deutlich auffälligeren Anteil am Prozess ein (siehe Tabelle 8.2). Einen nicht unwesentlichen Teil davon nimmt die Auseinandersetzung mit der Formelsammlung ein. Solche Auseinandersetzungen finden sich nur bei Paaren, die entweder eher ratend vorgehen oder Flächeninhalte vergleichen. Einige von diesen entnehmen der Formelsammlung gezielt nötige Mathematisierungen. Andere Paare verwenden die Formelsammlung, um relevante Informationen zu finden, die im Aufgabentext fehlen. Letztere werden in den folgenden Transkriptausschnitten dargestellt.

Oliver	01:41	(Vielleicht haben wir ja was da drin.?) ((blättert ca. 7 Sek. Durch die Formelsammlung))
	01:50	[...]
		Also eine Salamigröße gibt es nicht in der Formelsammlung.
Nathalie	00:57	Aber hier steht ja auch nichts. ((schaut durch die Formelsammlung)) Kein Radius. Also wir hätten ja (unv.) das hilft uns ja nicht wirklich viel weiter.
		[...]
	01:22	Hm. (..) Kreis, Radius. ((schaut in die Formelsammlung)) ((Samuel liest)) [...] Ja doch, um auch den Umfang auszurechnen brauchen wir ja auch (.) r. (...)
Aram	03:34	Ja stimmt. (..) Wenn man/ (5) ((liest)) Party für 80 Gäste. (20) Mir fällt grad gar nichts ein. (.) Lass mal hier ein bisschen gucken. ((greift nach der Formelsammlung)) Vielleicht gibts hier irgendwas dazu.
Aram	05:44	[...] So ((liest)) (13) ((blättert etwa 21 Sekunden in der Formelsammlung))
Amba	06:50	Texte und Fotos aus der Neuen Westfälischen sind urheberechtlich/ Es ist nichts Nötiges. (.) Denkst du/
Bahar	06:55	(Hier hinten?) Nein.
Amba	06:56	Drehkreuz ist best/ ist das wichtig? (.) Es geht (Bahar: Steht da irgendetwas? ((greift nach der Formelsammlung))) um einen Kreis.
Bahar	07:01	Irgendwas (Amba: Ja.) steht da.
Pia	02:20	[...] ((schauen auf die Aufgabe) (bescheuert?) (4) ((schaut in die Formelsammlung)) Hiermit ((zeigt auf Kreissektor in der Formelsammlung)) würde man doch bestimmt die Pizzastücke rauskriegen, oder nicht? (5) Weißt du wie ich meine?
Dawid	00:32	Hä. (..) Warte mal. Irgendwo finden wir bestimmt was. Du planst eine Party für 80 Gäste. (unv.) der Welt kommt aus Ostwestfalen. Geliefert wird die Pizza in einem speziellen Anhänger ausgestattet mit einer Heizvorrichtung (4) ähm (4). ((greift nach der Formelsammlung)). Guck du mal, ob du irgendwelche Maße findest. ((schaut etwa 8 Sekunden in die Formelsammlung)) ((Leon schaut etwa 8 Sekunden auf die Aufgabe)).

Häufig zeigt sich ein ungeplantes Durchsuchen der Formelsammlung. Dies drückt sich u. a. darin aus, dass Paare beim Umgang mit der Formelsammlung zeitnah auch selektiv das Aufgabenmaterial betrachten und hierbei auch längere Pausen vorzufinden sind. Diese Gemeinsamkeit zwischen der Auseinandersetzung mit der Formelsammlung und dem Aufgabentext klingt bereits in Abschnitt 8.2.1.1 zum Vereinfachen durch. Paare, die im Laufe des Prozesses immer wieder zum Vereinfachen zurückkehren scheinen dabei auch eher die Formelsammlung zur Suche nach relevanten Informationen in den Blick zu nehmen.

Hierunter befinden sich auch die vier Paare mit dem längsten Bearbeitungsprozess. Dieses gekoppelte Phänomen aus Suche im Text und Suche in der
Formelsammlung kann als Erklärung dafür dienen, warum einzelne Prozess eine
hohe Bearbeitungsdauer aufweisen. Aussagen über die abschließende Qualität der
Modelle können daraus nicht gezogen werden. Die Transkriptausschnitte legen
nahe, dass die ungeplante Suche nach relevanten Informationen im Text (Mod 2.1,
Vereinfachen) und in der Formelsammlung (Mod 3.1, Operationalisieren) eher bei
sozial benachteiligten Paaren vorzufinden ist, wobei es auch bei sozial begüns-
tigten Paaren beobachtet werden kann. Wiederholtes Auftauchen eines solchen
Phänomens kann als Indiz dafür angesehen werden, dass Paare wiederkehrend
Unsicherheiten in Bezug auf den Umgang mit der Aufgabe zeigen.

8.2.1.5 Interpretieren

Die Schüler:innen verbringen im Durchschnitt 14 % ihres Prozesses mit dem
Interpretieren (sozial benachteiligte Paare: 15 %; sozial begünstigte Paare:
13 %). Zu dieser Kategorie gehört die Entwicklung realer Resultate mündlicher
oder schriftlicher Art. Dabei handelt es sich um spontane Vermutungen eines
Endergebnisses, Übersetzungen von innermathematischen Zwischen- und Ender-
gebnissen in den Sachkontext und das Niederschreiben von Antwortsätzen. Alle
Paare halten eine Antwort schriftlich fest (Abbildung 8.46).

Einige Interpretationen finden im Laufe der Bearbeitung statt. Diese äußern
sich beispielsweise in spontanen Vermutungen eines realen Resultats: „Also ich
würde erstmal 3 bestellen, aber das ist grob geschätzt." (Vivien, 02:22) Die meisten Interpretationen hingegen finden eher am Ende des Bearbeitungsprozesses
statt. Dies zeigt sich insbesondere bei den Paaren, die einen flächeninhaltsvergleichenden Ansatz wählen. Das kann darüber erklärt werden, dass diese Paare
eher damit beschäftigt sind Annahmen zu treffen, mathematische Modelle aufzustellen und mathematisch zu arbeiten, während bei den anderen Paaren – gerade
bei jenen mit eher ratendem Ansatz – das reale Resultat eher im Fokus der
Aufgabenbearbeitung liegt.

a: Man braucht zwischen 8 und 10 Pizzen.

Man bestellt 3 oder 4 ~~immer~~ abhängig von Magenvolumen
der Gäste.

du solltest am besten 3 pizzen bestellen
da du dann für jeden ca. 2 stücke hast.

2 Pizzen bestellen

ca. 2,5 Pizzen

Wir planen 2,5 große Pizzen ein.

A: Man braucht eine Pizza, welche man in
80 stücke schneidet. Ein stück gleich 0,04m².

S Es werden 2 Pizzen für 80 Leute
gebraucht

A: Wir schätzen, dass man für eine Party mit 80 Gästen
um die $3\frac{1}{2}$ riesen Pizzen benötigt.

Antwort : Man muss 2 Pizzen bestellen.
A: Es müssen 8 von den großen Pizzen bestellt werden.
A: Eine Pizza sollte man für 80 Gäste
bestellen.

Abbildung 8.46 reale Resultate (Riesenpizza)

Die Ergebnisse reichen dabei von einer bis zehn Riesenpizzen (Abbildung 8.46). Ein plausibles Resultat liegt – je nach Prämissen – zwischen zwei und fünf Riesenpizzen. Acht Paare erzielen ein plausibles Resultat. Diese finden sich bei allen vorgefundenen Lösungsansätzen (ratend, visuell zerlegend und flächeninhaltsvergleichend). Lena & Pia raten, dass zwei Pizzen reichen:

Pia   03:06   [...] Aber wir haben keinen Radius. (...) (Ah, voll die (.)
                  Kacke?) (9) Wir sind einfach nur für eine Pizza. (...) Es mag
                  doch bestimmt eh nicht jeder Pizza. (.) Also ja. (...)

Lena   03:48   Sollen wir uns jetzt darauf einigen, dass es nur eine Pizza ist?

Pia   03:51   Ja wir können auch vorsichtshalber 2 falls (.) doch/

Die anderen Paare ermitteln mit ihren visuellen und mathematischen Ansätzen als Endergebnisse 2; 2; 2,5; 2,5; 3; 3,5 und 3 bis 4 Riesenpizzen. Es kristallisieren sich drei Arten von Ergebnissen heraus: Ganzzahlige Ergebnisse, nicht-ganzzahlige Ergebnisse und Lösungsintervalle.

Auch bei der Riesenpizza-Aufgabe gilt es das Resultat situationsangemessen zu runden. Eine situationsangemessene Rundung würde ein ganzzahliges Ergebnis liefern, da halbe Pizzen nicht bestellt werden können. Tobias & Benedikt beispielsweise runden schon ein Zwischenergebnis. So gelangen sie zu einem ganzzahligen Resultat, das nicht mehr weiter gerundet werden muss.

Tobias   03:22   [...] sagen wir mal rundest du mal auf, einer isst [...]
                  ein bisschen mehr [...] einer ein bisschen weniger [...]
                  40, ja.

$$25446 : 706 \approx 36 \approx 40$$
$$40 \cdot 2 = 80$$

SR Tobias   03:34   *Ähm, 36 kommt jetzt (.) sehr nah an 40 ran. Dann habe*
                      ich gesagt, ähm (.) zwei gehen dann genau auf. Das
                      sind ja 80 Leute (..) und ähm, wenn eine Pizza
                      ungefähr für 40 Leute reicht, bestellt man einfach zwei.
                      Dann geht das glatt auf.

Zwei andere Paare möchten sich bei ihrer Rundung nicht auf ein ganzzahliges Ergebnis reduzieren, sondern geben stattdessen ein Lösungsintervall an. Vivien & Oliver beispielsweise ermitteln das mathematische Resultat 3,2 und umgehen es, sich auf ein ganzzahliges Ergebnis festzulegen, indem sie im Antwortsatz die Prämisse einbauen, dass „3 oder 4 abhängig vom Magenvolumen der Gäste" (Antwortsatz, Vivien & Oliver) bestellt werden müssen.

Paare, die nicht-ganzzahlige Ergebnisse angeben, antworten nicht präzise auf die Aufgabenstellung unter Berücksichtigung des Sachkontextes. Beobachtungen und nachträgliche Gespräche lassen bei diesen Paaren keine kritische Auseinandersetzung damit erkennen:

SR	Dominik	05:58	*[...] 2,5 würde einfach alle füttern. Das wäre ja der nächste Wert. Man hätte auch 2,3 sagen können, aber das wäre nicht so genau gewesen für mich. Habe ich dann einfach so geschätzt dann.*
SR	Kaia	06:50	*Weil in der Frage steht ja, wie viel, ähm (.) wenn man ähm eine Party mit 80 Gästen plant, wie viel Essen, also wie viele Pizzen man braucht. Und deswegen braucht man schätzungsweise, laut unserer Rechnung, dreieinhalb Pizzen für alle zusammen.*
	Florian	06:50	[...] Äh dann brauchen wir zweieinhalb Pizzen, wenn wir das so sehen würden.

Kaia u. a. macht deutlich, dass sich ihre Antwort darauf bezieht, wie viele Riesenpizzen gebraucht werden und nicht, wie viele bestellt werden. So kann erklärt werden, warum einige Paare keine Notwendigkeit darin sehen, ein ganzzahliges Ergebnis festzuhalten.

Unplausible Resultate finden sich bei drei sozial benachteiligten Paaren und bei einem sozial begünstigten Paar. Diese sind bei allen Lösungsansätzen vorzufinden und somit auch auf unterschiedliche Gründe zurückzuführen. Amba & Bahar raten *eine* Riesenpizza als Endergebnis, denn „es ist die größte Pizza der Welt musst du dir vorstellen" (Bahar, 08:12). Aram & Sofi ermitteln ebenfalls *eine* Riesenpizza als Resultat, mit der Begründung, dass die Riesenpizza in 80 gleichgroße Stücke á 0,04 m^2 zerlegt wird. Samuel & Nathalie zerlegen die Riesenpizza visuell grob in zehn gewöhnliche Pizzen und erhalten so ein Endergebnis von acht Riesenpizzen. Diese Zerlegung findet am Ende ihres Prozesses statt. Zuvor wurde ein mathematischer Ansatz verfolgt, bei dem eine Riesenpizza für 51 Personen gereicht hätte. Aufgrund eines Rechenfehlers ermitteln sie jedoch 5,1 Personen pro Riesenpizza. Das Ergebnis erkennen sie als unplausibel, können jedoch den Fehler nicht entdecken und gehen daher kurz vor Ende zu einem kurzen visuellen Ansatz über. Auch Dawid & Leon begehen einen mathematischen Fehler. Sie stellen ein falsches mathematisches Modell auf, bei dem sie die Umfangsformel des Kreises verwenden anstatt die Flächeninhaltsformel. Ohne diese mathematischen Fehler, hätte sich bei beiden Paaren ein adäquates Ergebnis von zwei Riesenpizzen ergeben können. So wie auch Vivien & Oliver geben Dawid & Leon ein Lösungsintervall an, weil sie sich nicht auf einen Durchmesser der Riesenpizza festlegen wollen, sondern beide Ansätze gleichwertig nebeneinanderstehen lassen. Auch ein reales Resultat runden sie von 9,6 zunächst auf 9,5 Riesenpizzen (05:03) und anschließend auf 10 Riesenpizzen (05:12).

Paare, die sich nicht auf ein ganzzahliges Ergebnis festlegen, finden sich sowohl bei den sozial benachteiligten wie begünstigten Paaren. Einen Zusammenhang zur sozialen Herkunft der Paare ist hier nicht ersichtlich. Es zeigt sich jedoch die Tendenz, dass die sozial begünstigten Paare eher plausible Ergebnisse generieren als die sozial benachteiligten Paare. Erklärungen dafür können den unterschiedlichen Lösungsansätzen entnommen werden (siehe vorherige Kapitel). Geratene Ergebnisse führen hierbei tendenziell eher zu inadäquaten Resultaten als (visuelle oder mathematische) Schätzansätze. Fehler mathematischer Art sind eher selten zu beobachten. Sie finden sich am ehesten beim Umrechnen von Größeneinheiten. Insgesamt ist festzuhalten, dass alle Paare ein reales Resultat generieren und einen Antwortsatz formulieren, der sich auf die Fragestellung und somit auf den Kontext der Aufgabe bezieht.

8.2.1.6 Validieren

Der Teilschritt Validieren umfasst das Überprüfen (Mod 6.1), bei dem reale Resultate validiert werden, und das Bewerten (Mod 6.2), bei dem mathematische Resultate und Modelle validiert werden. Ein Bewerten von mathematischen Modellen oder Resultaten findet sich bei sieben Paaren, darunter drei sozial begünstigte und vier benachteiligte. Es nimmt bei diesen sieben Paaren durchschnittlich 3 % des Bearbeitungsprozesses ein und kommt im Durchschnitt zwei Mal in jedem Prozess vor. Dem Überprüfen widmen sich alle bis auf ein Paar. Die sozial begünstigten Paare verbringen im Durchschnitt 9 % ihres Prozesses mit dem Überprüfen. Bei den sozial benachteiligten Paaren sind es durchschnittlich 5 %. In den Transkriptausschnitten lassen sich dabei vier mehrfach vorkommende Arten von Validierungen ausmachen:

- Die Größenordnungen von realen Resultaten werden miteinander verglichen oder anhand von Vergleichsobjekten geprüft.
- Die Plausibilität eines realen Resultates wird unter Bezugnahme zum Kontext Party geprüft.
- Die Plausibilität eines realen Resultates wird mathematisch gerechtfertigt.
- Die Plausibilität eines realen Resultates wird ohne weitere oder anhand einer inadäquaten Begründung angenommen, angezweifelt oder abgelehnt.

In Abgrenzung zur letzten Art der Validierung werden die ersten drei Arten als adäquate Validierungen bezeichnet. Abbildung 8.47 gibt einen Überblick über die validierenden Paare.

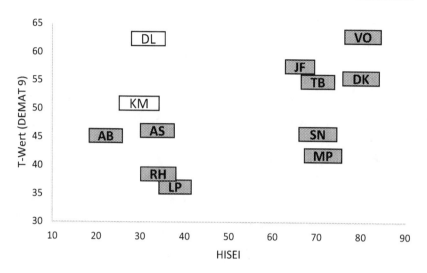

Abbildung 8.47 Paare, die eine adäquate Validierung durchführen

Immer wieder im Prozess geben Schüler:innen an, ein Ergebnis anzuzweifeln, abzulehnen oder anzunehmen. Dabei unterscheiden sich die Validierungen deutlich dahingehend, inwieweit diese begründet werden. Die vier identifizierten Arten von Validierungen werden im Folgenden thematisiert.

Die Größenordnungen von realen Resultaten werden miteinander verglichen oder anhand von Vergleichsobjekten geprüft
Auch beim Validieren können Vergleichsobjekte verwendet werden, um Resultate abzuwägen. Ein Großteil der Versuchspersonen (sieben Paare) führt solche Validierungen durch. Diese Art der Validierung scheint in keinem Zusammenhang zum gewählten Lösungsansatz zu stehen.

	Julia	02:48	Aber überleg mal, wenn man die (...) so (.) das Stück hier so ((zeigt eine Stückgröße auf dem Bild)) wäre so breit wie die Frau. (...) Das ist schon viel.
	Florian	03:01	Das ist schon extrem viel. (..) Gehen wir mal mit nur 2 am besten.
SR	*VL*	*09:18*	*Mhm. Und wie hast du denn dann für dich entschieden, dass das passt?*
	Vivien		*Ähm. Das ist eine gute Frage. Ähm. (..) Erstmal halt, weil die Zahl stimmte. Und ich hatte mir das so ca. angeguckt. Und ich dachte mir, okay das ist schon echt viel Pizza. Also wenn man jetzt hier so ein Viertel nimmt und man davon ausgeht, dass das ähm, ja, sechs Personen essen. Dann dachte ich mir, das kann schon sein.*
	Tobias	04:11	((liest nochmal die Aufgabe)) Jo.
	Benedikt	04:18	Jo.
SR	*VL*		*Du hast dir das nochmal im Detail angeguckt (Tobias: Mhm) Und dann am Ende so „jo'. (Tobias: Joa) Was hat es damit auf sich?*
	Tobias		*Na, einfach nochmal gucken, ob das ungefähr so hinkommt, ob das aufgehen würde denke ich die Rechnung. Ob das von den Proportionen, von den Verhältnissen, so (.) ähm wie wir das ausgerechnet haben, ob das so zum Bild passen würde.*
	VL		*Und du würdest zu der Erkenntnis kommen, dass das passen würde? [...]*
	Tobias		*Ähm. Ich fand einfach, sieht schon/ Die Pizza ist relativ groß und der Durchmesser 1,80 ähm, könnte gut passen und dass das für 40 Personen dann reicht (..) fand ich, klingt logisch.*
	Samuel	08:35	[... eine gewöhnliche Pizza] kann ja nicht größer sein als die Pizza, ((zeigt auf das Bild)) mit einem Durchmesser von einem Meter. (.)
	Nathalie	08:40	Ne, das ist ein bisschen unrealistisch. (.)
	Samuel	10:29	Aber (.) das 5 Leute diese Pizza essen ist auch sehr unrealistisch. (...)
	Nathalie	11:01	Ja. Es ist halt schon echt viel, nh, weil wenn man mal so denkt, dass das vielleicht hier so ((zeigt ein Stück auf dem Bild)) ein normales Pizzastück ist,/
	Michael	05:10	[...] Also brauchen wir acht Pizzen davon. Acht große/ Aber das kommt schon viel/ Aber 80 sind auch schon viele Leute, nh?
	Paulina	05:32	[...] Würde unsere Klasse das schaffen? So eine?
	Michael	05:40	Ja. (Logisch?). Ja locker. (Paulina: Nein. Würde ich nicht sagen.) Doch wir sind 30. [...] Das ist eine Salamischeibe, nh? ((zeigt auf eine Salamischeibe))
	Paulina	05:48	Deswegen ja.
	Michael	05:49	Das ist/ (Paulina: Aber es kann/) Das ist ein Brötchen. ((malt kleinen Kreis über einer Salamischeibe))
	Aram	05:20	[...] aber genau (.) dann wäre ein Pizzastück, jetzt hätte ungefähr einen Winkel von 4,5 Grad. ((zeigt es mit den Fingern)) (..) Aber der wär trotzdem ((zeichnet ein Pizzastück auf dem Bild nach)) so groß. (..) Sag ich mal (..) Man könnte die auch einfach halt viele schmale Stücke machen. (.)
	Bahar	05:45	Guck mal 80, wir sind ja ungefähr, wir sind sogar ungefähr 80 in der Stufe.
	Amba	05:48	Okay. (Bahar: Glaubst du unsere Stufe/) Würde das reichen? [...]
	Bahar	05:52	Kommt halt drauf an (Amba: Ja, nh?) unsere/ die Jungs in der Stufe sind Vielfresser.

Fünf der sieben Paare sind sozial begünstigt, wobei Vivien & Oliver und Tobias & Benedikt erst auf Rückfrage im stimulated recall erklären, worauf sich ihre Validierungen beziehen. Die Transkriptausschnitte machen an vielen Stellen deutlich, dass das abgebildete Foto bei Plausibilitätsüberlegungen hinzugezogen wird. Einige Paare (z. B. bei Julia & Florian, Michael & Paulina) beziehen sich beim Vergleich von Größenordnungen dabei auf konkrete Vergleichsobjekte im Foto, wie die Breite der Frau oder der Salamischeibe. Weitere Plausibilitätsüberlegungen der realen Resultate beziehen sich unter anderem auf einen Vergleich mit dem Essverhalten der Schulklasse bzw. der Schulstufe (Amba & Bahar, Michael & Paulina).

Ein nennenswerter Anteil an Paaren führt eigenständig Validierungen zu Größenordnungen von realen Resultaten durch. Derartige Validierungen treten insgesamt bei sozial begünstigten wie benachteiligten und leistungsstärkeren wie leistungsschwächeren Paaren auf. Sie finden sich jedoch vermehrt bei den sozial begünstigten Paaren. Ob die Paare Größenordnungen von Resultaten vergleichen, kann schon erste Erklärungsansätze dafür liefern, inwiefern sich die Validierungsprozesse verschiedener Paare und teilweise auch die sozial benachteiligte und begünstigte Gruppe voneinander unterscheiden.

Die Plausibilität eines realen Resultates wird unter Bezugnahme zum Kontext Party geprüft
Daneben finden sich mehrere Validierungen, die sich nicht auf die Größenordnungen des realen Resultates, sondern auf den Kontext beziehen, in den die Aufgabe eingebettet ist. Sieben Paare führen in diesem Sinne Plausibilitätsüberlegungen zum realen Resultat durch:

Dominik	04:56	Das heißt ungefähr 2 (.) und eine Normale. (.) Wenn man ungefähr 80 Leute füttern
Krystian	05:02	will.
Dominik	05:05	Ja ich glaube man muss dann jetzt so sagen Zweieinhalb oder sowas halt.
		Ja sagen wir Zweieinhalb, dann sind alle satt. (..) Oder?
Oliver	09:57	Das ist 3,2. Musst du bestellen ((schreibt nebenbei)).
		[...]
	10:14	Jo. (.) Und dann (.) bei 3,2 (.) wir wissen ja auch nicht, ob jeder so viel isst, nh?!
		[...]
	10:26	Es isst ja auch nicht jeder eine 27er, es sind ja eher (.) vielleicht sind da auch Kinder dabei
Nathalie	11:34	Ja sollen wir einfach mal sagen, dass dann/ (Samuel: Ja 10 Leute.) Aber dann [...] bräuchten die ja [...] 8 Anhänger. Dann müssten die ja 8 so riesen Pizzen/(4) Hm.
Paulina	06:15	Ich würde zwei sagen.
Michael	06:18	Nein. Nicht für 80 Leute. [...] Guck doch mal wie viel Kuchen es da gibt. Und was es da alles gibt, (unv.). Hä wobei, ist auch wieder, nh?
Paulina	06:25	Deshalb, jeder isst unterschiedlich viel, nh?
		[...]
Michael	07:01	Ein, zwei Stücke ist zu wenig. [...] Ich denk, dass das müssen die ja nicht innerhalb von einer halben Stunde aufessen. Ich denk mal, die haben ja ein bisschen mehr Zeit. [...]
		[...]
	07:29	Ja, das ist schwierig. Vor allem/ Ähm. Ja, das ist halt schon sättigend wahrscheinlich/ Guck mal wie viel Käse/ Ja doch, ich glaube zwei hast du schon recht. Das sättigt wahrscheinlich schon
Aram	12:43	[...] Aber das ist ja dann trotzdem (unv.) (..) Fast nen halben Quadratmeter Pizza [pro Person], ist doch schon viel. (..)
Pia	03:06	[...] Wir sind einfach nur für eine Pizza. (...) Es mag doch bestimmt eh nicht jeder Pizza.
		[...]
	03:51	Ja wir können auch vorsichtshalber 2 falls (.) doch/
Lena	03:55	Falls jemand großen Hunger hat.
Ronja	05:36	Oder/ Ich weiß nicht, ob man viereinhalb bestellen kann, aber/ [...]
Hürrem	05:41	Ja dann bleiben ein paar über. Aber ist ja auch nicht so schlimm.
Ronja	05:44	Ein paar. Das sind ganz schön viele.

Der Party-Kontext, in den die Aufgabe eingebettet ist, scheint dabei viele Plausibilitätsüberlegungen zu den realen Resultaten zu aktiveren. So soll beispielsweise sichergestellt werden, dass alle Gäste satt werden bzw. möglichst wenig von der Pizza übrigbleibt (u. a. Dominik & Krystian, Ronja & Hürrem). Darüber hinaus sind die Gäste auf einer langandauernden Party (Michael & Paulina) und könnten daher auch im Laufe des Abends noch Hunger verspüren. Neben solchen Begründungen mehr Riesenpizzen (als ausgerechnet) zu bestellen, finden sich auch Argumente dafür weniger Riesenpizzen zu bestellen. Nicht alle Gäste müssen mit großem Hunger auf die Party kommen oder es kann noch andere sättigende Lebensmittel wie Kuchen geben oder Kinder können anwesend sein, die verhältnismäßig wenig essen (Michael & Paulina, Vivien & Oliver, Lena & Pia). Weiterhin erscheint es einem Paar als unplausibel, wenn eine große Anzahl an speziellen Anhängern zur Party anfährt (Samuel & Nathalie). Vier der Paare gehören zu der sozial begünstigten und drei zu der sozial benachteiligten

Gruppe an. Vertreten sind zudem leistungsstarke, mathematisch durchschnittliche und leistungsschwache Schüler:innen sowie auch Paare mit unterschiedlichsten Lösungsansätzen.

Die Plausibilität eines realen Resultates wird mathematisch gerechtfertigt
Drei Paare rechtfertigen das reale Resultat anhand der mathematischen Resultate.

	Oliver	10:14	Jo. (.) Und dann (.) bei 3,2 (.) wir wissen ja auch nicht, ob jeder so viel isst,
	Vivien	10:20	nh?!
	Oliver	10:22	Ja genau, also eigentlich würde man jetzt ja abrunden.
	Vivien	10:24	Ich würde eher abrunden.
			Ich auch, weil 75 liegt halt auch näher dran.
	Tobias	03:22	[...] sagen wir mal rundest du [36] mal auf, einer isst [...] ein bisschen mehr [...], einer ein bisschen weniger (Benedikt: Jeder muss halt eine Hälfte.) 40, ja.
SR	VL	03:34	*Warum hast du das gemacht?*
	Tobias		*Ähm, 36 kommt jetzt (.) sehr nah an 40 ran. Dann habe ich gesagt, ähm (.) zwei gehen dann genau auf. Das sind ja 80 Leute (..) und ähm, wenn eine Pizza ungefähr für 40 Leute reicht, bestellt man einfach zwei. Dann geht das glatt auf.*
	Ronja	07:15	Aber dann passt das mit drei Pizzen. Und dann würde ich [...] drei Pizzen bestellen. Dann passt das dann. Dann hat vielleicht einer nur ein Stück, aber dann (Hürrem: Mhm. Ja.) ist das viel genauer, weil dann fehlen nur noch vier Stücke so gesehen.
SR	VL		*[...] Warum hast du das so entschieden?*
	Ronja		*Ähm, durch die Rechnung 80 mal zwei sind wir ja darauf gekommen, dass es 160 Stücke sind. Und ähm, drei Stücke mal 52 also, eine ganze große Pizza, sind dann 156. Das heißt, das kommt sehr nah an der 160. Und deswegen habe ich für mich persönlich entschieden, dass dann drei Pizzen sehr gut passen würden, dass jeder dann zwei Stücke bekommen würde, oder fast.*

Die Transkriptausschnitte verdeutlichen, dass sich die Paare für ein bestimmtes reales Resultat entscheiden, weil es aus mathematischer Sicht sinnvoll ist. Vivien & Oliver ermitteln drei Riesenpizzen für 75 Personen. Sie erachten es als sinnvoller drei Riesenpizzen zu bestellen als vier, weil das Ergebnis näher an die 80 herankommt. Es sei mathematisch gesehen angemessener Riesenpizzen für 75 als für 100 Personen zu bestellen. Die Validierung eines anderen Paares, Tobias & Benedikt, stellt eine Simplifizierung dar, mit der einfacher weitergearbeitet werden kann. Das Ergebnis 40 wird als hinreichend plausibel erachtet, da die anwesenden Personen ohnehin unterschiedlich viel essen. Ronja & Hürrem ermitteln zwei reale Resultate und entscheiden sich für dasjenige, das eine geringere Differenz zwischen vorhandener und benötigter Stückanzahl liefert. Das Paar optimiert ihre Lösung und entscheidet sich dann dafür, dass das zweite Ergebnis hinreichend genau ist. Ein Zusammenhang zur Leistung oder sozialen Herkunft der Schüler:innen ist nicht ersichtlich.

*Die Plausibilität eines realen Resultates wird ohne weitere oder anhand einer
inadäquaten Begründung angenommen, angezweifelt oder abgelehnt*
Daneben zeigen sich auch inadäquatere Validierungen.

	Florian	02:11	Ich würde etwas höher schätzen, ich glaube ich würden dann 3 nehmen.
	Julia	02:13	Meinst du wirklich? (.) Ich find die Pizza ist schon richtig groß. (...)
	Florian	02:18	Vielleicht. (14)
	Julia	02:34	Guck mal das ist halt auch die größte Pizza der Welt, deswegen/ (...)
	Paulina	06:04	Guck mal, die müsste in einem Anhänger geliefert werden. Dann (Michael: Ja, das stimmt schon.) würden wir das nicht schaffen [die zu essen]. Und/
	Bahar	02:37	Nein, ich glaube nicht das/ Ist das genügend? Das ist genügend für 80, oder? Guck dir doch mal die Pizza an, das ist doch genügend für 80. (...)
SR	VL	06:16	*Und dann habt ihr euch für eine Pizza entschieden?*
	Amba		*Ja [...] wenn man darüber nachdenkt, dass es die größte Pizza der Welt ist, müsste das eigentlich reichen.*
	Dawid	05:10	Ja, ich denke, das passt dann auch.
SR	VL		*Wieso hast du das gedacht?*
	Dawid		*Ähm. Ja. Weiß ich auch nicht. Ich weiß, wir haben das dann ausgerechnet, und dann. Ähm (.) Weil das ist ja eine sehr sehr große Pizza. Und ich dachte dann, wenn wir würden, ähm. Weiß nicht, wie ist das dann? Wenn acht Leute dann eine Pizza essen (.) dann essen ja dann 80 Leute zehn Pizzen. Dann passt das einfach. Ich habe einfach so, weil wir haben das ja ausgerechnet.*

Die Transkriptausschnitte zeigen Validierungsprozesse, bei denen eine Begründung angeführt wird, die sich in keinen logischen Zusammenhang mit der Plausibilität des Ergebnisses bringen lässt. Dennoch erklären diese Paare ein reales Resultat für plausibel, weil es sich schließlich um die größte Pizza der Welt handelt oder weil die Riesenpizza in einem Anhänger geliefert wird. Solche Validierungen regen keine Weiterentwicklungen der Modelle an, sondern dienen eher als Rechtfertigung.

Der Arbeitsauftrag der Riesenpizza-Aufgabe gibt keinen Hinweis darauf, dass die realen Resultate in Bezug auf den Kontext überprüft werden sollen. Dennoch führen die meisten Paare eigenständig Plausibilitätsüberlegungen zu den realen Resultaten durch, indem sie sich auf einen Vergleich von Größenordnungen stützen, mathematische Argumente anführen oder sich auf weitere Aspekte des Kontextes stützen. Alle identifizierten Arten von Validierungen finden sich bei sozial benachteiligten, sozial begünstigten, leistungsschwachen und leistungsstarken Schüler:innen. Doch gerade Validierungen, die Größenordnungen von realen Resultaten anhand von Vergleichsobjekten prüfen, lassen sich eher bei den sozial begünstigten Paaren finden. Eine Erklärung dafür kann darin bestehen, dass die sozial begünstigten Paare im Durchschnitt ein breiteres Spektrum an Annahmen und Vergleichsobjekten verwenden, welche wiederum in die Validierungen miteinfließen können. Die meisten Paare führen adäquate Validierungen durch (siehe Abbildung 8.47). Abbildung 8.48 veranschaulicht darüber hinaus bei welchen

Paaren sich mindestens zwei der drei adäquaten Validierungsarten beobachten lassen.

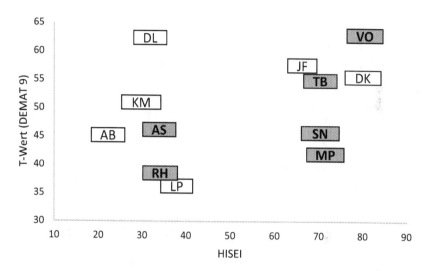

Abbildung 8.48 Paare, bei denen sich mindestens zwei adäquate Validierungsarten beobachten lassen

Sechs Paare gehören hierzu. Die Hälfte der Paare nimmt damit Validierungen aus mehreren Perspektiven vor. Vier der Paare gelten als sozial begünstigt, sodass hier ein Überhang im Vergleich zu den sozial benachteiligten Paaren besteht. Dennoch tauchen hier auch sozial benachteiligte Paare auf und sie treten unabhängig von der Mathematikleistung oder des gewählten Ansatzes auf.

Insgesamt können adäquate Validierungen dazu beitragen, die aufgestellten Modelle zu hinterfragen und somit auch weiterzuentwickeln. Auf Grundlage dessen werden Modelle und Resultate verändert, ausgewählt und abgelehnt, wie die folgenden Ausschnitte beispielhaft darstellen:

Florian	06:50	[...] Also (verrücken wir von unserer?) Schätzung auf Zweieinhalb.
Sofi	13:00	((schreibt ersten Ansatz erneut ab)) Also ist das falsch? ((zeigt auf die Lösung mit 8 Stücken)) Soll ich wegstreichen?
		Das ist, ja kannst du wegstreichen. ((Sofi streicht weg)) Das ist nicht falsch, aber auch
Aram	13:21	nicht/ (Sofi: Ja.) (.)

Eine Erklärung für die vielen Validierungsprozesse der Paare kann in der Offenheit der Aufgabe liegen. Aufgrund der fehlenden Informationen müssen sich die Schüler:innen eigenständig Daten beschaffen zur Lösung des Problems. Überprüfungen von realen Resultaten können sich somit auf deutlich mehr beziehen als die Fragestellung oder die Plausibilität der Größenordnung. Dadurch, dass die Offenheit des realen Sachverhalts hier sehr präsent ist, muss auch mit der entsprechenden Ungenauigkeit des Resultats umgegangen werden. Zudem steht die Art der Validierung in keinem Zusammenhang zum gewählten Lösungsansatz. Es scheint, als würde die Riesenpizza-Aufgabe unabhängig von der Vorgehensweise Validierungsprozesse anregen. Zudem wurde in diesem Abschnitt deutlich, dass die meisten Paare auf die eine oder andere Art validierend tätig werden.

Zum Validieren gehört auch zu beurteilen, ob die Fragestellung zufriedenstellend beantwortet wurde (Blum, 1985). Im Interview wurden die Schüler:innen daher mit der Frage „Wie zufrieden bist du mit eurem Ergebnis?" konfrontiert. Samuel ist unzufrieden mit dem Resultat „Weil ich weiß ja nicht, ob das überhaupt der falsche oder richtige Ansatz war." (Interview, 02:55) Lena sowie Amba sind sich eher unsicher. Die meisten Befragten hingegen sind eher zufrieden mit ihrem Ergebnis, unterscheiden sich aber in ihren Erklärungen darüber, worauf sich ihre Zufriedenheit bezieht. Während beispielsweise Aram (Interview, 00:05), Kaia (Interview, 03:20) oder Ronja (Interview, 01:04) nicht auf die durchgeführten Prozesse verweisen, nehmen Dawid (Interview, 04:40) und Julia (Interview, 02:35) Bezug zu der Angemessenheit ihrer Schätzungen. Michael (Interview, 05:44) begründet die Zufriedenheit anhand einer Validierung, mit der Schulklasse als Vergleichsobjekt. Dominik (Interview, 02:27) betont den Aushandlungsprozess mit seinem Partner. Vivien (Interview, 02:38) und Tobias (Interview, 01:51) heben hervor, dass das Ergebnis abhängig ist von den getroffenen Annahmen. Das Ergebnis kann somit gleichzeitig richtig (gerechnet) und falsch (gelöst) sein, sodass eher Nachvollziehbarkeit und Plausibilität bei ihnen im Fokus stehen. Dabei sind insbesondere die Paare zufrieden mit ihrem Ansatz, die nach einfachem oder mehrfachem Erfassen der Informationen einen Handlungsplan ausmachen (siehe 8.2.1.1). Es zeigt sich insgesamt kein Zusammenhang der Zufriedenheit mit der sozialen Herkunft. Unabhängig davon, ob geraten, die Pizza visuell zerlegt oder Flächeninhalte verglichen werden, finden sich Schüler:innen, die zufrieden mit ihrem Ergebnis sind. Eine Erklärung dafür kann die Offenheit der Aufgabe darstellen, die keinen mathematischen Ansatz einfordert.

8.2.1.7 Realitätsnahe und mathematiknahe Modellierungstätigkeiten

Einige Tätigkeiten können eher der Welt der Mathematik zugeordnet werden und einige Tätigkeiten eher der realen Welt. So zielen die folgenden Aktivitäten auf Modelle und Resultate

- in der Realität: Verstehen, Vereinfachen/Strukturieren, Interpretieren und Überprüfen
- in der Mathematik: Mathematisieren, mathematisch Arbeiten und Bewerten

Hier sei diesbezüglich von realitätsnahen und mathematiknahen Modellierungstätigkeiten die Rede.

Tabelle 8.5 durchschnittlicher Anteil realitätsnaher und mathematiknaher Modellierungstätigkeiten am gesamten Bearbeitungsprozess (Riesenpizza-Aufgabe) – Vergleich sozial benachteiligter und begünstigter Paare

	Realitätsnahe Modellierungstätigkeiten	Mathematiknahe Modellierungstätigkeiten
Sozial begünstigte Paare	72 %	24 %
Sozial benachteiligte Paare	66 %	28 %

Tabelle 8.5 veranschaulicht, dass bei beiden Gruppen die realitätsnahen Tätigkeiten einen deutlich größeren Teil des Bearbeitungsprozesses ausmachen im Vergleich zu den mathematiknahen Modellierungstätigkeiten. Dieser Unterschied fällt bei den sozial begünstigten Paaren im Durchschnitt etwas größer aus als bei den sozial benachteiligten Paaren. Werden jedoch die einzelnen Kategorien betrachtet, ergibt sich ein ambivalenteres Bild. Es gibt Kategorien, die etwa gleich verteilt sind zwischen den beiden Gruppen. Hinzu kommen Kategorien, die bei den sozial benachteiligten oder den sozial begünstigten Paaren viel häufiger codiert werden. Zudem ist die Spannweite zwischen den Fällen sehr groß in beiden Gruppen sozialer Herkunft. So liegen die mathematiknahen Modellierungstätigkeiten bei den einzelnen Paaren zwischen 3 % (Julia & Florian) und 53 % (Dawid & Leon). Insgesamt zeigt sich, dass sich bis auf ein Paar alle intensiver mit realitätsbezogenen Modellierungstätigkeiten auseinandersetzen als mit mathematiknahen Modellierungstätigkeiten. Es zeigen sich jedoch kaum auffällige Unterschiede zwischen sozial begünstigten und benachteiligten Paaren.

8.2.1.8 Verlauf der Modellierungsprozesse

Wie schon die Codelines zeigen, springen die Paare in ihren Bearbeitungspro-
zessen häufig zwischen den Teilschritten des Modellierens hin- und her. Einige
Kategorien wechselwirken dabei deutlicher miteinander als andere. Um die Beziehung zwischen zwei Kategorien zu erfassen, wird gezählt, wie oft es bei den
Paaren zu einem Wechsel zwischen den Kategorien kommt, d. h. wie oft ein
Phasenwechsel auftritt.[7] Für die Auswertung sollen bei den Paaren *markante*
Phasenwechsel betrachtet werden. Die Wechselbeziehung zwischen zwei Kategorien wird innerhalb eines Paarprozesses als markant gewertet, wenn ein Wechsel
zwischen zwei Kategorien mindestens drei Mal im Prozess auftaucht *und* mindestens 10 % aller Wechsel ausmacht. Dieses Vorgehen ist angelehnt an die Analyse
von Codelandkarten von MAXQDA (o. D.).[8] Ziel ist es festzustellen, welche
Kategorien häufig miteinander korrespondieren und welche Wechsel sich eher
auf den idealisierten Routen des Modellierungskreislaufes befinden. So sollen
möglicherweise zufällig auftretende Phasenwechsel losgelöst werden von solchen,
die in großem Umfang (relativ und absolut) vorkommen. Abbildung 8.49 veranschaulicht zu den einzelnen Kategorien, bei wie vielen Paaren markante Wechsel
stattfinden.

---

[7] Hierfür wird auf die Codierungen des Event-Sampling zurückgegriffen.

[8] Ergänzende Hinweise zur methodischen Durchführung: Phasen, in denen sich die beiden
Schüler:innen eines Paares mindestens 30 Sekunden mit unterschiedlichen Teilschritten des
Modellierens auseinandersetzen, werden parallel codiert (vgl. Kirsten (2021, S. 161)). Das
betrifft in dieser Studie nur drei Phasenwechsel von Samuel & Nathalie. Für die Analyse
dieser drei Phasenwechsel wird Nathalies Ansatz ausgewertet. Zudem kommt es insgesamt
äußerst selten vor, dass die Paare an unterschiedlichen Teilschritten unabhängig voneinander arbeiten. Kommt dies doch vor, stellt es meist kurze Anmerkungen zum Redebeitrag des
Partners bzw. der Partnerin in Form von Einschüben dar oder der Partner bzw. die Partnerin
beginnt den nächsten Teilschritt, bevor die andere Person ihren Satz beendet. Solche Einschübe werden nicht als Phasenwechsel gewertet: „Um das Feuerwehrauto jetzt ((schaut in
den Text)). ((Dawid fängt an Antwortsatz zu schreiben)) Dann wäre das einfach. Hä, Maße
des Feuerwehrautos 10 m […]" (Leon, 02:20). Während Leon sich den Aufgabentext erneut
anschaut (Mod 2.1), beginnt Dawid bereits einen Antwortsatz zu schreiben (Mod 5). Damit
befinden sich die beiden kurzzeitig in unterschiedlichen Phasen. An den Transkriptausschnitt
knüpft eine Auseinandersetzung mit dem Antwortsatz an (Mod 5). Für diesen Transkriptausschnitt wird *kein* Phasenwechsel codiert von Mod 2.1 zu Mod 5 zurück zu Mod 2.1. Solche
Einschübe kommen im Durchschnitt ein Mal bei jedem Paar vor, sodass das Auslassen beim
Zählen der Phasenwechsel als kaum relevant für die Ergebnisse erachtet werden kann.

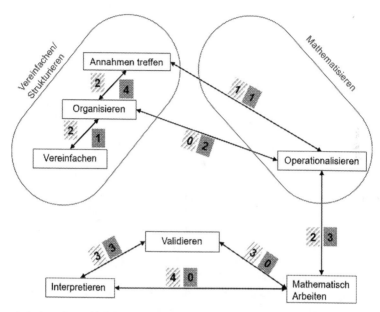

Anmerkung: Veranschaulicht sind markante Wechsel, die bei mehr als einer Person auftreten.

Abbildung 8.49 Codelandkarte – Anzahl der sozial benachteiligten (beige-schraffiert) und begünstigten (rosa-gepunktet) Paare mit markanten Wechseln zwischen zwei Kategorien (Riesenpizza-Aufgabe)

Diverse Kategorien weisen Korrespondenzen zueinander auf. Zunächst sticht die Wechselwirkung zwischen dem Organisieren und dem Treffen von Annahmen heraus. Bei sechs Paaren (davon vier sozial begünstigt) finden sich auffällige Wechselbeziehungen zwischen diesen beiden Kategorien.

Dominik	02:02	Ja, und sagen wir die normale Pizza ist ungefähr so ((zeigt mit den Fingern eine Größe auf dem Bild der Pizza)).
Krystian	02:05	Ja.
Dominik	02:06	30, 60 ((misst mit den Fingern auf dem Bild ab)) 90, 120, 150.
Kaia	04:23	[...] sollen wir/ können wir einzeichnen? (.)
VL	04:32	Ihr könnt machen was ihr wollt.
Kaia	04:33	Bemalen können wir, okay. Sollen wir jetzt einfach so Pizzen, normale Pizzen einzeichnen? Sind die nicht 24 cm lang, 30? (.)

Der Ausschnitt von Dominik & Krystian veranschaulicht einen Übergang vom Schätzen der Größe einer gewöhnlichen Pizza hin zum Messen im Bild (Annahmen Treffen → Organisieren). Kaias Ausschnitt dagegen veranschaulicht den Übergang von der Entwicklung des Plans gewöhnliche Pizzen in die Abbildung einzuzeichnen, hin zum Schätzen des Durchmessers einer gewöhnlichen Pizza (Organisieren → Annahmen Treffen). Die dargestellten Transkriptausschnitte lassen die Verwobenheit der beiden Kategorien gerade beim Umgang mit der Abbildung deutlich erkennen. Die markanten Beziehungen zwischen zwei Kategorien können beispielsweise darüber erklärt werden, dass Kategorien bei gewissen Paaren insgesamt häufig vorkommen, sodass auch Korrespondenzen zu anderen Kategorien wahrscheinlicher werden. Gleichzeitig können Kategorien jedoch auch häufig vorkommen und dennoch wenig mit anderen korrespondieren, da sie eher als Bündel auftauchen und weniger Sprünge zu anderen Kategorien aufweisen. Weitere deutliche Wechselbeziehungen finden sich beim mathematischen Arbeiten zu der vorgeschalteten Kategorie Operationalisieren, zum nachgeschalteten Interpretieren und zum Validieren. Gerade zum Interpretieren und zum Validieren zeigen sich die auffälligen Beziehungen zum mathematischen Arbeiten bei keinem sozial begünstigten Paar, hingegen schon bei vielen sozial benachteiligten Paaren.

Dawid	05:03	Das wären Neuneinhalb Pizzen etwa.
Leon	05:04	((schreibt Rechnung auf))
Dawid	05:10	Ja, ich denke, das passt dann auch.
Aram	10:54	((tippt in den Taschenrechner)) 0,4. Ist schon glaub ich ein bisschen realistischer. ((schreibt)) Das wäre jetzt halt so groß wäre jetzt ein Pizzastück. ((zeigt auf das Ergebnis)) (.)
Sofi	11:15	Mhm. (.)
Aram	11:15	Das wäre jetzt ein Pizzastück. (..) Also, (.) 8 mal (.) (unv.) ((tippt in den Taschenrechner)) wenn man das jetzt machen würde, 8 mal (.) die 0,4 ((tippt)) (.)

Ausschnitte wie diese kommen bei den sozial benachteiligten Paaren in einer Vielzahl vor. Dabei wird die Bedeutung von mathematischen Resultaten im Sachzusammenhang interpretiert und die Resultate und Modelle (in Ansätzen) geprüft. Auch bei den sozial begünstigten Paaren finden sich Übergänge zwischen beispielsweise dem mathematischen Arbeiten und dem Validieren. Doch tauchen diese nicht als markante Phasenwechsel in der Abbildung auf, da es nicht zu häufigen Wechseln zwischen den Tätigkeiten kommt:

Vivien	10:20	Ja genau, also eigentlich würde man jetzt ja abrunden.
Oliver	10:22	Ich würde eher abrunden.
Vivien	10:24	Ich auch, weil 75 liegt halt auch näher dran.
Oliver	10:26	Es isst ja auch nicht jeder eine 27er, es sind ja eher (.) vielleicht sind da auch Kinder dabei, oder/
Vivien	10:31	Ja. Oder wir lassen das einfach so (Oliver: (was weiß ich?)) ((zeigt auf das Ergebnis)) mathematisch stehen, oder? Weil/
Oliver	10:34	So lassen wir es immer stehen. ((unterstreicht das Ergebnis))
Vivien	10:37	Genau.

Nachdem Vivien & Oliver ein mathematisches Resultat ermitteln, validieren sie das Ergebnis im Sachzusammenhang und bewerten es im Hinblick auf Erfahrungen aus dem Mathematikunterricht. Es kommt zu einem Wechsel vom mathematischen Resultat zum Validieren, mit dem sie sich längere Zeit auseinandersetzen. In diesem Transkriptausschnitt finden sich keine häufigen Wechsel zwischen den beiden Kategorien. So kann erklärt werden, dass es bei den sozial begünstigten Paaren zu weniger Wechseln zwischen diesen Kategorien kommt, obwohl im Durchschnitt etwa genau so viel mathematisch gearbeitet und validiert wird. Eine weitere Erklärung kann darin liegen, dass die sozial begünstigten Paare eher am Ende ihres Lösungsprozesse validierend tätig werden, während die sozial benachteiligten Paaren häufiger über den gesamten Lösungsprozess verteilt validieren.

In einer alternativen Auswertungsmöglichkeit, werden die zentralen Tätigkeiten der Schüler:innenpaare innerhalb eines 30-Sekunden-Segementes mit Blick auf die Hauptkategorien betrachtet. Eine solche Auswertung bietet sich ebenfalls an, um die kleinschrittigen Tätigkeiten und Phasenwechsel auf die zentralen Tätigkeiten der Modellierung zu reduzieren. Zudem können so die Modellierungsverläufe miteinander verglichen werden. Bei 76 % aller Übergänge zwischen zwei Segmenten bleiben die Schüler:innen entweder innerhalb derselben Tätigkeit oder sie wechseln zur darauffolgenden Tätigkeit im Modellierungskreislauf. Damit bewegen sich die Schüler:innen bei einem Großteil ihrer Tätigkeiten auf dem Pfad des idealisierten Modellierungskreislaufes. 24 % aller Übergänge führen zu einer anderen, nicht auf der idealisierten Route liegenden Tätigkeit. Auch hier zeigen sich keine Unterschiede bezüglich der sozialen Herkunft der Schüler:innen.

8.2.2 Feuerwehr-Aufgabe

Nachdem im vorherigen Kapitel die Fälle zur Riesenpizza-Aufgabe verglichen wurden, folgt nun eine Analyse für die Feuerwehr-Aufgabe. Tabelle 8.6 stellt eine Zusammenfassung der Modellierungen der Paare dar, indem sie einen Überblick über die Teilschritte liefert. Die Tabelle kann mit Blick auf die folgenden Analysen zu Rate gezogen werden. Dargestellt werden der relative Anteil am gesamten Bearbeitungsprozess und die absolute Anzahl an codierten Segmenten.

Tabelle 8.6 Übersicht über die Codierung der einzelnen Fälle für die Feuerwehr-Aufgabe – absolut (Anzahl an Segmenten) und relativ (Anteil am gesamten Prozess)

	Julia & Florian	Dominik & Krystian	Vivien & Oliver	Tobias & Benedikt	Samuel & Nathalie	Aram & Sofi	Kaia & Mila	Amba & Bahar	Lena & Pia	Dawid & Leon	Ronja & Hürrem
Restkategorie	5	4	1	1	5	6	1	4	44	0	6
	8%	7%	2%	2%	5%	11%	1%	2%	20%	0%	3%
Verstehen	9	4	9	7	13	11	8	9	9	2	3
	13%	7%	16%	14%	13%	20%	9%	5%	4%	2%	2%
Vereinfachen	2	5	9	7	8	3	22	37	18	8	24
	3%	9%	16%	14%	8%	6%	24%	21%	8%	10%	13%
Organisieren und Annahmen Treffen	9	8	11	6	4	4	19	22		9	53
	13%	14%	19%	12%	4%	7%	21%	12%	8%	11%	29%
Operationalisieren	8	8	4	12	25	2	8	29	57	10	31
	12%	14%	7%	25%	25%	4%	9%	16%	25%	12%	17%
Visualisieren	11	14	8	6	10	9	6	50	25	13	38
	16%	24%	14%	12%	10%	17%	7%	28%	11%	16%	21%
Mathematisch Arbeiten	14	7	13	6	23	9	9	8	42	15	15
	21%	12%	23%	12%	23%	17%	10%	5%	19%	18%	8%
Interpretieren	9	6	0	4	10	8	16	8	11	10	8
	13%	10%	0%	8%	10%	15%	18%	5%	5%	12%	4%
Überprüfen	0	0	0	0	0	2	0	6	1	6	2
	0%	0%	0%	0%	0%	4%	0%	3%	0%	7%	1%
Bewerten	0	2	2	0	4	0	1	4	0	9	1
	0%	3%	4%	0%	4%	0%	1%	2%	0%	11%	1%
Summe	67	58	57	49	102	54	90	177	224	82	181
Dauer [in Min.]	05:35	04:50	04:45	04:05	08:30	04:30	07:30	14:45	18:40	13:45	15:05

Die Feuerwehr-Aufgabe stellt eine Modellierungsaufgabe mit multiplen möglichen Lösungswegen dar. Ebenso wie bei der Riesenpizza kann hierbei ein visueller Ansatz verfolgt werden anhand einer Konstruktionszeichnung. Auch ein rechnerischer Ansatz mithilfe des Satzes des Pythagoras oder Sätzen der Trigonometrie ist möglich. Das Foto vom Fahrzeug kann in die Argumentation miteinbezogen werden, es trägt im Gegensatz zur Fotografie der Riesenpizza aber keine essentielle Funktion. Dennoch können der Abbildung relevante Informationen entnommen werden u. a. bzgl. der Position der Leiter. Ein wesentlicher Unterschied zur Riesenpizza-Aufgabe liegt darin, dass diese Aufgabe überbestimmt ist und beinahe alle zentralen Informationen zur Lösung des Problems gegeben sind. Damit ist eine Datenbeschaffung zur Bearbeitung nicht zwingend notwendig. Dennoch können beispielsweise Annahmen darüber getroffen werden, wie das Fahrzeug zu positionieren ist oder auf welcher Höhe die Leiter beginnt.

Alle Paare ermitteln die maximale Höhe des Gebäudes anhand eines rechnerischen Ansatzes, der die Länge der Leiter und den Mindestabstand berücksichtigt. Dazu zeichnen alle Paare eine Skizze, in der eine Dreiecksstruktur ersichtlich wird und die die Höhe des Dreiecks als gesuchte Größe identifiziert. Außerdem wenden alle Paare geometrische Sätze an. Kein Paar fertigt eine Konstruktionszeichnung an. Eine Erklärung hierfür kann darin liegen, dass der Satz des Pythagoras oder trigonometrische Sätze erst vor Kurzem im Unterricht behandelt wurden. Konstruktionszeichnung hingegen sind curricular in der unteren Mittelstufe zu verorten, sodass diese für die Zehntklässler:innen zeitlich weiter zurückliegen. Auch die Teilnehmenden selbst merken dies an:

INT	Amba	02:08	Die [Feuerwehr-Aufgabe] ist glaube ich sogar wie wir das jetzt im Unterricht machen, so eine Aufgabe, die wir in der zehnten Klasse machen würden. Also so ungefähr im Unterricht besprechen wir das ja auch.
	Lena	00:52	[...] Das haben wir in Mathe gemacht.
INT	Lena	04:46	Ja wir haben zurzeit das Thema Trigonometrie. (VL: Mhm.) Und ähm, da kamen auch so Aufgaben dran, dass wir halt Seiten berechnen müssen, und Winkel.
SR	Samuel	03:35	[...] ich war eher der Meinung, das mit Sinus, Kosinus oder Tangens auszurechnen, weil wir das gerade im Unterricht machen.

Deutliche Unterschiede zwischen den beiden Gruppen zeigen sich in Bezug auf die Dauer der Lösungsprozesse. Die Prozesse der sozial begünstigten Paare dauern durchschnittlich etwa 05:30 Minuten (Min = 4:05 Min.; Max 8:30 Min.), während es bei den sozial Benachteiligten durchschnittlich über 11 Minuten (Min = 4:30 Min.; Max = 18:40 Min.) sind. Damit arbeiten die sozial benachteiligten Paare durchschnittlich mehr als doppelt so lange an der Aufgabe. Unter den sozial begünstigten Paaren arbeiten alle bis auf ein Paar zwischen vier und fünfeinhalb Minuten an der Aufgabe. Deutlich länger arbeiten die meisten sozial benachteiligten Paare, zwei davon etwa 7 Minuten, zwei davon etwa 15 Minuten und ein Paar über 18 Minuten.

Die abgebildeten beiden Diagramme vergleichen die durchschnittlichen Codierungen bei den sozial begünstigten und benachteiligten Paaren absolut (Abbildung 8.50) und relativ (Abbildung 8.51).

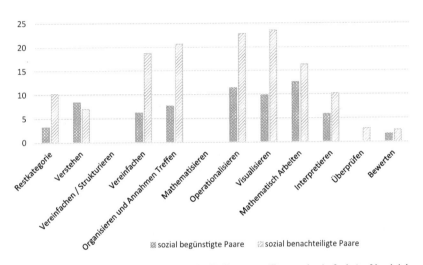

Abbildung 8.50 Durchschnittliche Anzahl Codierungen (Feuerwehr-Aufgabe) – Vergleich der Gruppe der sozial begünstigten Paare mit der Gruppe der sozial benachteiligten Paare

Da die Bearbeitungsprozesse der sozial benachteiligten Schüler:innen im Durchschnitt deutlich länger dauern als die der sozial begünstigten, relativieren sich die Unterschiede aus Abbildung 8.50 in Abbildung 8.51 teilweise. Den Abbildungen kann entnommen werden, in welchen Kategorien die bedeutendsten Unterschiede auftreten. Die erste Abbildung zeigt, wie viel Zeit die Schüler:innen mit gewissen Tätigkeiten verbringen. Die zweite Abbildung betrachtet, wie viel Prozent ihres eigenen Prozesses die Schüler:innen einer gewissen Tätigkeit widmen. Die Abbildungen drängen bereits u. a. Fragen danach auf, warum sich die sozial benachteiligten Schüler:innen im Durchschnitt so viel länger mit dem Vereinfachen auseinandersetzen als die sozial begünstigten Schüler:innen oder warum sich bei den sozial begünstigten Paaren keine Überprüfungen finden lassen. Neben der Restkategorie zeigen sich die größten Unterschiede bei den Kategorien, die zur Entwicklung eines Modelles beitragen. Beim Realmodell sind dies die Kategorien *Vereinfachen* sowie *Organisieren und Annahmen Treffen* und

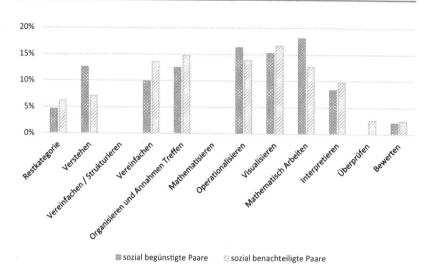

▨ sozial begünstigte Paare   ▨ sozial benachteiligte Paare

Abbildung 8.51 Durchschnittliche Anteile der Kategorien am gesamten Prozess (Feuerwehr-Aufgabe) – Vergleich der Gruppe der sozial begünstigten Paare mit der Gruppe der sozial benachteiligten Paare

beim mathematischen Modell sind es *Operationalisieren* sowie *Visualisieren*. Ein genauerer Blick in die Codierungen der einzelnen Paarprozesse zeigt auffällige Abweichungen von den Mittelwerten. Worin sich die Lösungsprozesse in den beiden Gruppen unterscheiden und welche Gemeinsamkeiten bestehen, soll in diesem Kapitel vertieft untersucht werden.

8.2.2.1 Organisieren und Annahmen Treffen und Visualisieren

Erstellen die Schüler:innen eine Skizze, dann kommen die Kategorien Organisieren und Annahmen Treffen (Mod 2.2) und Visualisieren (Mod 3.2) zum Einsatz. Organisieren und Annahmen Treffen (Mod 2.2) umfasst, dass ein außermathematischer Bezug hergestellt wird und Visualisieren (Mod 3.2), dass der Bezug innermathematisch ist.[9] So kann es zu einem häufigen Wechsel zwischen diesen beiden Kategorien kommen. In diesem Abschnitt wird auf verschiedene Aspekte

---

[9] Ausschlaggeben für die Codierung ist das, was die Schüler:innen verbal oder non-verbal kommunizieren (vgl. Borromeo Ferri (2011)). Es kann daher an innermathematischen Skizzen auch ein außermathematischer Bezug hergestellt werden (Organisieren) oder an außermathematischen Skizzen ein innermathematischer Bezug, beispielsweise die Identifikation von Variablen oder Winkeln, hergestellt werden (Visualisieren).

dieser Subkategorien eingegangen: Die Skizzenanfertigung, die Auseinandersetzung mit dem Foto, die Höhe des Fahrzeugs, die Ausrichtung des Fahrzeugs und die Phasendauern.

Skizzenanfertigung
Eine deutliche Auffälligkeit besteht darin, dass alle Paare zu dem Sachverhalt eine Skizze anfertigen (Tabelle 8.7). Die Skizzen dienen den Paaren als Grundlage für eine Operationalisierung. Die meisten Paare fertigen Skizzen an, die mathematische Strukturen enthalten, beispielsweise einen rechten Winkel oder Variablen. Viele Skizzen enthalten auch außermathematische Merkmale, wie ein Fahrzeug oder ein Haus.

Tabelle 8.7   Überblick über die Skizzen der Paare

Paar	Skizzen
Julia & Florian	
Dominik & Krystian	
Vivien & Oliver	

(Fortsetzung)

Tabelle 8.7 (Fortsetzung)

Paar	Skizzen
Tobias & Benedikt	
Samuel & Nathalie	
Dawid & Leon	
Sofi & Aram	
Kaia & Mila	
Amba & Bahar	

(Fortsetzung)

Tabelle 8.7 (Fortsetzung)

Paar	Skizzen
Lena & Pia	
Ronja & Hürrem[a]	

[a] Dieses Paar hat noch weitere, zu den hier abgebildeten, ähnliche Skizzen angefertigt

Bei allen Paaren findet sich der Mindestabstand von 12 Metern und die Länge der Leiter von 30 m in den Skizzen wieder. Fünf Paare erstellen eine Skizze, die außermathematische Informationen enthält und die meisten Paare (neun) erstellen eine rein innermathematische Skizze. Fünf von elf Paaren erstellen mehr als eine Skizze. Es lassen sich zu keinem dieser Aspekte Zusammenhänge erkennen, weder zur sozialen Herkunft der Paare noch zu deren Mathematikleistung. Die Skizzenerstellung wird von einigen Schüler:innen zudem als wegweisend herausgestellt (u. a. Vivien, Interview, 00:20; Amba, Interview, 00:19).

> Das erste, was wir gemacht haben, war eine Skizze zu zeichnen. Weil ich glaube wir sind gar nicht erst zurechtgekommen am Anfang. Ähm, wir wussten gar nicht wo wir anfangen sollen. Was das Wichtige und nicht nicht Wichtige ist. Aber wenn man sich das so bildlich vorstellt, das eine Bild auf dem, ähm, Arbeitsauftrag hat uns nicht wirklich weitergeholfen. (Amba, Interview, 00:19)

Zusammenfassend erstellen nicht nur alle Paare eine Skizze zum Sachverhalt, auch wird regelmäßig hervorgehoben, wie wichtig es ist, eine Skizze anzufertigen. Sie dient als Unterstützung, um sich die Situation zu veranschaulichen, mathematische Strukturen aufzudecken, fehlende Seiten zu identifizieren und Lösungsschritte zu erkennen.

Auseinandersetzungen mit dem Foto

Die meisten Paare setzen sich zudem mit dem repräsentativen Foto in der Aufgabe auseinander. Sie erkennen beispielsweise, dass die Leiter *auf* dem Feuerwehrauto befestigt ist. Sie veranschaulichen den Verlauf der Leiter, sie erkennen den Mindestabstand oder sie betrachten die Ausrichtung des Fahrzeugs anhand des Fotos:

Florian	01:09	[...] Höhe 3,19 sind und das Ding ist ja (.) so oben drauf. (.) ((zeigt auf das Feuerwehrauto))
Dominik	01:19	Achso du meinst hier (Krystian: Mindestabstand.) ((zeigt es auf dem Bild)) da und da, da wäre das Haus (Krystian: Ja.) und hier müssen (Krystian: Genau.) 12 Meter, ((zeigt es mit den Händen)) (Krystian: Genau.) achso okay.

Oliver	01:02	Ja, aber weiß man wo die Leiter angebracht ist? Ist die (.) mit der Höhe irgendwie? (.)
Vivien	01:07	Das ist die Frage. (.) Hmm (.)/
Oliver	01:09	Die ist da (Vivien: Hier sieht ((zeigt auf das Bild))/) oben drauf, nh? Oder?
Benedikt	01:18	Aber, wenn du den ja drehst ((macht eine Drehbewegung vor)) ist ja trotzdem die, der Leiteranfang auf der anderen Seite ((zeigt auf den hinteren Teil des Feuerwehrautos)). (.) Dann musst (B: Ja okay, dann/) du ja trotzdem/

Dawid	01:22	Jaja. (Das wäre das?) Auto, deswegen. Das heißt, wenn wir dann das Auto mitrechnen ((zeigt auf die Maße im Text)), wenn das weiter hinten ist ((zeigt auf den hinteren Teil des Bildes)), dann würde ich [...], das ist ja schon wichtig.
Mila	02:42	Ja die ist halt hier unten ((zeigt auf den hinteren Teil des Bildes)) und dann geht das halt so nach oben ((zeigt auf dem Bild)) (.) gefahren. (.) Denke ich. (..)

Bahar	00:58	[...] wir wissen den Abstand, das heißt ((probiert es am Bild zu veranschaulichen)) dieser/ Warte, das muss 12 Meter vom Haus entfernt sein immer. [...]
Bahar	02:19	Doch die Höhe vom Auto, weil das fängt (Amba: Die Höhe vom/) ja nicht schon vom Boden an ((zeigt auf den hinteren Teil des Bildes)).

Häufig werden relativ zu Beginn des Prozesses die Informationen aus dem Text in Einklang mit dem abgebildeten Foto gebracht. Insgesamt wird sich

herkunfts- und leistungsübergreifend mit dem Foto in der Aufgabe auseinandergesetzt. Viele Schüler:innen verwenden das Foto, um sich eine Vorstellung von
der Situation zu machen.

Die Höhe des Fahrzeugs
Als weitere Qualitätsmerkmale für die Modellierung der Feuerwehr-Aufgabe können die Höhe und die Ausrichtung des Fahrzeugs berücksichtigt werden. Vier von
fünf sozial begünstigten Paaren und drei von sechs sozial benachteiligten Paaren
berücksichtigen in ihrem Resultat die Höhe des Fahrzeugs (Abbildung 8.52).

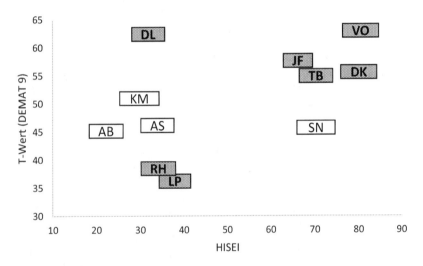

Abbildung 8.52   Paare, die die Höhe des Fahrzeugs berücksichtigen

Von diesen sieben Paare gelten zwei mathematisch als leistungsstark, zwei als
leistungsschwach und drei als durchschnittlich.

Julia	03:36	[...] weil die Leiter ist ja jetzt noch auf dem Fahr/ Feuerwehrauto drauf (.) dann würde ich einfach diese Höhe ((zeigt auf das Ergebnis)) plus nochmal 3 Meter 19.
Dominik	02:15	Weil dann müssen wir das hier, wenn wir das raushaben ((zeigt auf das x)), die Höhe des Autos abziehen.
Oliver	04:10	Wir müssen das dann ja noch ((schreibt)) (Vivien: Ach plus.). 27 Komma 5 (V: Ja.) plus 3,19
Tobias	02:11	Das, und dann (Benedikt: Und dann/) rechnen wir die 3 19 (Benedikt: Ja.) dazu.
Bahar	02:19	Doch die Höhe vom Auto, weil das fängt (Amba: Die Höhe vom/) ja nicht schon vom Boden an ((zeigt auf den hinteren Teil des Bildes)). Das heißt wir müssen [...]
Amba	02:23	[...] Also müssen wir einfach am Ende addieren?
Lena	08:17	[...] Dann können wir (.) das ausrechnen. ((zeigt auf die Gegenkathete)) (.) Dann haben wir die Höhe. (4) Und dann setzen wir nochmal 3 Meter 19 da drauf.
Dawid	03:37	Ja, doch, wir können das ja vom Boden rechnen und dann einfach von der Höhe dazu
Ronja	12:55	[...] Das heißt aber, wir haben ja jetzt noch (..) die (.) Höhe des Fahrzeuges. [...]
Hürrem	13:48	Dann müssen wir glaube ich plus 3, 19 oder minus.
Ronja	13:54	Ich würde sagen, plus.

Einigen Paaren (Julia & Florian, Vivien & Oliver, Benedikt & Tobias, Dawid & Leon) ist es nach wiederholter oder kurzer Auseinandersetzung darüber, wo die Leiter angebracht ist – teilweise auch anhand des Fotos (Florian, 02:11; Oliver, 01:09) oder einer physischen Repräsentation (Benedikt, 01:37) – klar, dass die Höhe zum Ergebnis hinzugerechnet werden muss. Andere Paare haben größere Schwierigkeiten mit dem Einbezug der Höhe. Amba & Bahar benennen die Höhe als relevant, verdeutlichen es anhand des Fotos, verarbeiten es in ihre Skizze und stellen sich die Frage, ob die Höhe am Ende addiert werden muss. Sie setzen dies jedoch nicht bzw. nur sehr indirekt um. Die Höhe wird wahrscheinlich entweder vergessen oder steckt implizit in der Annahme, dass die Hypotenuse 40 m (anstatt 30 m) lang ist. Lena & Pia haben deutliche Schwierigkeiten mit der Aufgabe, denn Lena macht mehrfach deutlich „Die Höhe vom Auto stört mich." (06:08), was ihren Lösungsprozess erheblich verzögert. Letztlich entscheiden sie sich auch dazu, die Höhe am Schluss zu addieren, nachdem sie beschließen sie zunächst wegzulassen. Zwei andere Paare (Ronja & Hürrem, Dominik & Krystian) führen einen Austausch darüber, ob die Höhe letztlich addiert oder subtrahiert werden muss. Ronja & Hürrem entscheiden sich für eine Addition. Dominik & Krystian diskutieren dies und entscheiden sich letztlich für die Subtraktion vom Endergebnis. Diese Fehlvorstellung lässt sich vermutlich auf das fehlerhafte Modell zurückführen, in dem die Leiter durch das Fahrzeug bis zum Boden verläuft (siehe Abbildung 8.19). Am Ende des nachträglichen Gesprächs wird nach einer Begründung für die Subtraktion gefragt.

SR	*Dominik*	*03:22*	*Weil es wurde ja abgezogen. Ich glaube (.) Obwohl ich glaube, dass könnte sogar falsch sein. Dürfen Sie uns das sagen, oder ist das?*
	VL		*Ich kann da nichts zu sagen. Ne. (Dominik: Achso, okay.)*
	Dominik		*Also, es macht Sinn die Aufgabe. Diese Lösung, dieser Lösungsweg. Aber es könnte auch plus sein. Ich müsste mich damit nochmal mit befassen.*
	VL		*Was hast du denn gedacht, als du Minus gemacht hast?*
	Dominik		*Mh. Ich wollte (..) Die Höhe minus/ (.) Das ist falsch glaube ich. Das ist falsch die Aufgabe. Weil die Höhe von dem Auto bestimmt ja auch die Höhe des, die maximale Höhe des Gebäudes. Weil wenn das Auto nur drei Meter groß ist, so hoch wie es ja jetzt ist, da kann das Gebäude ja kleiner sein, als wenn das Auto fünf Meter groß ist. Dann kann es ja zwei Meter höher sein das Gebäude. Also hätten wir plus rechnen können. Sollen, denke ich mal.*

Der Impuls seitens der Versuchsleitung lässt Dominik an dem Vorgehen zweifeln. Er beginnt, sich erneut mit der Thematik auseinanderzusetzen und gelangt zu der Erkenntnis, dass mit einem höheren Fahrzeug eine größere Rettungshöhe einhergeht. Ebenso wie bei diesem Paar erstellen auch Kaia & Mila eine fehlerhafte Skizze, in der die Leiter an dem Fahrzeug vorbeiführt und bis zum Boden reicht (siehe Abbildung 8.32). Sie abstrahieren daraus ein Dreieck, das Informationen über den Mindestabstand und Leiterlänge enthält. Die Höhe des Fahrzeugs wird nicht miteinbezogen. Die anderen beiden Paare, die die Höhe nicht berücksichtigen, erstellen keine Skizze mit Realitätsbezügen. Stattdessen wird eine innermathematische Skizze entwickelt, die Informationen über den Mindestabstand und die Leiterlänge enthält.

Zusammenfassend setzen sich viele Paare mit der Höhe des Fahrzeugs und ihrer Bedeutung für die Modellierung auseinander. Darunter finden sich Paare in beiden Gruppen sozialer Herkunft und verteilt über das Leistungsspektrum. Unter den sozial begünstigten Paaren berücksichtigen die meisten (alle bis auf ein Paar) die Höhe des Fahrzeugs in ihrer Modellierung. Unter den sozial Benachteiligten ist es die Hälfte. Es scheint hier schwache Tendenzen an Unterschieden zwischen sozial begünstigten und sozial benachteiligten Paaren zu geben. Da sich die Paare gleichermaßen über das Leistungsspektrum verteilen, wird die mathematische Leistung nicht als erklärender Faktor erachtet. Gleichzeitig sind es auch fünf Paare, die die Höhe nicht oder falsch in ihre Modelle einbauen.

Während die Höhe des Fahrzeugs für viele Paare keine Hürde darstellt – da sie die Höhe nicht berücksichtigen oder sie sich über die Implementierung der Höhe einig sind – stellt sie für andere Paare einen schwierigkeitsgenerierenden und prozessverlängernden Faktor dar.

Die Ausrichtung des Fahrzeugs
Die Schüler:innen können Annahmen darüber treffen, wie das Fahrzeug zum Gebäude ausgerichtet ist. Je nachdem, ob das Fahrzeug vorwärts, rückwärts oder seitwärts steht, ergeben sich andere maximale Rettungshöhen. Den Skizzen der Paare lässt sich entnehmen, ob die Länge bzw. die Breite des Fahrzeugs in dem Modell berücksichtigt wird. Darüber hinaus kann den Transkriptausschnitten entnommen werden, ob die Schüler:innen sich aktiv mit der Ausrichtung des Fahrzeugs auseinandersetzen. Das repräsentative Foto suggeriert, dass das Fahrzeug mit der Fahrerseite zum Gebäude zeigt. Es bedarf daher konkreter Annahmen, wie das Drehleiter-Modell zum Gebäude ausgerichtet ist. Fünf Paare – davon zwei begünstigt und drei benachteiligt – lassen eine solche Auseinandersetzung erkennen (Abbildung 8.53).

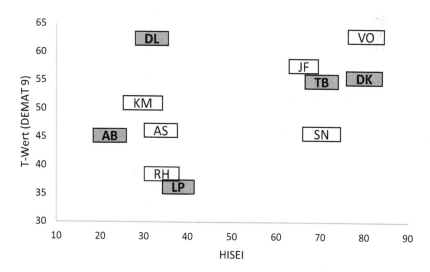

Abbildung 8.53 Paare, die sich mit der Ausrichtung des Fahrzeugs auseinandersetzen

Davon ist ein Paar leistungsstark, drei sind durchschnittlich und eines ist leistungsschwach. Beispielsweise Amba & Bahar setzen sich im Rahmen ihrer realitätsbezogenen Skizze intensiv mit der Ausrichtung des Fahrzeugs auseinander (siehe Abbildung 8.37). In der Skizze des Paares zeigt das Fahrzeug mit der Rückseite zum Gebäude, wie an der Ausrichtung der Leiter und der Fahrerkabine deutlich wird.

Amba	03:17	Ab wo kommt denn die Leiter? Weiß ich nicht. Ist gar nicht wichtig, nh?! Wenn (Bahar: Doch) ich/
Bahar	03:21	Ich glaube schon. Weil wenn die Leiter, nein die Leiter kommt von hier oben ((zeigt auf den hinteren Teil des Bildes)) von hinten, von hinten vom Wagen. ((zeigt auf die Skizze))
Amba	03:25	[...]
Bahar	03:29	Das Ende vom Fahrzeug und das ist der Vorderteil ((zeigt auf die Skizze)). Die Leiter geht von hier aus so hoch ((zeigt erst auf das Bild und dann in die Skizze)).

Anhand des Fotos und anhand der Skizze macht das Paar deutlich, dass die Leiter am hinteren Teil des Fahrzeugs startet. Damit wäre die Fahrzeuglänge für den Lösungsprozess irrelevant. Dennoch gelangen sie im weiteren Verlauf des Prozesses wieder zum Aufgabentext und diskutieren, dass die Länge relevant für die Aufgabenbearbeitung ist (05:41). Die Fahrzeuglänge wird in die Skizze eingepflegt und als aufgabenrelevant deklariert. Einen Bezug zu der vorherigen Entscheidung, dass das Fahrzeug mit der Rückseite zum Gebäude steht, findet sich nicht. Es ergibt sich also insgesamt ein widersprüchliches Bild, bei dem das Fahrzeug rückwärts ausgerichtet beschrieben, anschließend jedoch nicht berücksichtigt wird. Die Ausrichtung des Fahrzeugs (Realmodell) und die notwendigen mathematischen Größen (mathematisches Modell) können nicht in Einklang gebracht werden. Die Kombination aus rückwärtspositioniertem Fahrzeug und Einbezug der Länge des Fahrzeugs führt letztlich auch dazu, dass sie der Hypotenuse fälschlicherweise eine Länge von 40 m zuschreiben.

Tobias & Benedikt entscheiden sich als einziges Paar dazu die Breite des Fahrzeugs zu berücksichtigen. Die Länge des Fahrzeugs macht Tobias als irrelevant aus, denn sie „ist ja egal. Kannst es ja seitlich stellen, kannst es ja drehen." (01:01) Stattdessen diskutieren die Beiden die Breite des Fahrzeugs. Zunächst besprechen sie, dass auch diese Größe vernachlässigt werden kann. Benedikt erklärt die Breite jedoch als relevant, da sich auch der Leiteranfang bei entsprechender Drehung des Fahrzeugs ändert (01:18). Tobias fasst dies im stimulated recall (01:29) zusammen:

Wenn man das Feuerwehrfahrzeug schräg stellt (.) und ähm sich die Leiter dann dreht (..) dann ähm ist die Leiter ja sozusagen auf der anderen Seite. Also der Anfang der Leiter auf der anderen Seite vom Fahrzeug, deswegen (.) haben wir geguckt ob wir noch 2,5, die Fahrzeugbreite, dazu rechnen müssen.

Dawid & Leon verwenden zwei unterschiedliche Modelle, die sich in der Ausrichtung des Fahrzeugs unterscheiden. In einer Auseinandersetzung diskutieren sie in Bezug auf die Ausrichtung des Fahrzeugs: „dann können wir [...] beides ausrechnen, einfach, wenn das Auto frontal steht und, wenn das" (01:33) „und wenn das Auto rückwärts steht" (01:38). Im Interview erklärt Dawid, dass der Ansatz mit der berücksichtigten Fahrzeuglänge nicht notwendig gewesen wäre, da der Arbeitsauftrag ja darin bestand die maximale Höhe zu ermitteln (01:02). Die maximale Höhe wird erreicht, wenn das Fahrzeug rückwärts steht (01:44). Dennoch rechtfertigt er beide Ansätze im stimulated recall (01:15):

> [...] wir hatten ja hier oben das so gerechnet, wenn die Leiter direkt da wäre, also hier vorne, also direkt nach den 12 Metern. Ähm, dann hatten wir uns gedacht, das Fahrzeug steht aber, denke ich, nicht immer so. Weil es jetzt vielleicht nicht passt von der Einfahrt, wie auch immer. Wenn es jetzt so schlechtmöglichst, ähm, stehen würde, [...] dann haben wir einfach gerechnet, wenn die Leiter ganz hinten ist, dann sind es zehn Meter (.)

Dawid betrachtet die Situation damit aus einer für die Feuerwehr alltagspraktischen Perspektive, da die Ausrichtung des Fahrzeugs auch von den Eigenschaften der Zufahrt zum brennenden Haus abhängt. Die Interviewaussage über die Notwendigkeit nur des einen Ansatzes bezieht sich eher darauf, das Problem gemäß des Arbeitsauftrags zu erfüllen.

Die Ausführungen machen deutlich, dass sich die Mehrheit der Paare nicht (hinreichend) mit der Ausrichtung des Fahrzeugs auseinandersetzt. Eine differenzierte Abwägung der Ausrichtung findet sich in den Bearbeitungsprozessen recht selten. Diese ist für die bloße Ermittlung eines mathematischen und realen Resultats nicht notwendig, was als Grund für die mangelnde Auseinandersetzung betrachtet werden kann. Es kann zwar prinzipiell davon ausgegangen werden, dass Paare, die die Breite und Länge des Fahrzeugs nicht berücksichtigen, das Fahrzeug implizit rückwärts stellen würden, sodass diese Informationen für das Modell auch nicht notwendig sind. Die Transkriptausschnitte aus Bearbeitung, stimulated recall und Interview lassen jedoch eher darauf schließen, dass diese unberücksichtigt bleiben. Gleichzeitig gibt es Paare, die sich in Auseinandersetzung mit der realen Situation dazu entscheiden, das Fahrzeug vorwärts, rückwärts bzw. seitwärts hinzustellen. Solche realitätsnahen Annahmen finden sich sowohl bei den sozial begünstigten wie sozial benachteiligten Paaren und bei solchen, aus dem oberen, mittleren und unteren Leistungsbereich. Dieser Faktor scheint Unterschiede zwischen Schüler:innen unterschiedlicher sozialer Herkunft nicht aufdecken zu können. Eine Erklärung kann darin liegen, dass es keine Hinweise darauf gibt, dass die Ausrichtung relevant sein könnte und die Modellierung auch ohne Einbezug zu plausiblen Ergebnissen führen kann.

Phasendauern
Die sozial benachteiligten Paare verbringen im Durchschnitt 15 % ihres Prozesses mit dem Organisieren und Annahmen Treffen und 17 % mit dem Visualisieren. Bei den sozial begünstigten Paaren sind es 13 % und 15 %. Die Dauer der Tätigkeiten wird in Tabelle 8.8 abgebildet. Hinzu kommt ein Vergleich mit der Tätigkeit Vereinfachen.

Tabelle 8.8 Dauer, die sich Paare mit dem Organisieren, Annahmen Treffen oder Visualisieren sowie Vereinfachen auseinandersetzen

	Organisieren und Annahmen Treffen oder Visualisieren		Vereinfachen	
	Dauer [in Min.]	Ø	Dauer [in Min.]	Ø
Julia & Florian	01:40	01:27	00:10	00:31
Dominik & Krystian	01:50		00:25	
Vivien & Oliver	01:35		00:45	
Tobias & Benedikt	01:00		00:35	
Samuel & Nathalie	01:10		00:40	
Aram & Sofi	01:05	03:41	00:15	01:33
Kaia & Mila	02:05		01:50	
Amba & Bahar	06:00		03:05	
Lena & Pia	03:30		01:30	
Dawid & Leon	01:50		00:40	
Ronja & Hürrem	07:35		02:00	

Die sozial benachteiligten Paare verbringen durchschnittlich 3:41 Min. mit einem dieser beiden Prozesse. Bei den sozial begünstigten Paaren ist es mit durchschnittlich 1:27 Min. weniger als halb so lange. Die sozial begünstigten Paare verbringen allesamt eine bis zwei Minuten mit diesen Prozessen, während vier der sozial benachteiligten Paare (Kaia & Mila, Lena & Pia, Amba & Bahar, Ronja & Hürrem) mehr als zwei, drei, sechs bzw. sieben Minuten damit verbringen. Dabei steht die Dauer der Auseinandersetzung mit Skizzen in keinem merklichen Zusammenhang mit der Qualität der Skizzenerstellung in Bezug auf die Maße des Fahrzeugs und deren Bedeutung. Dennoch dauert es bei den teilnehmenden Paaren deutlich unterschiedlich lange, bis sie zu einer Skizze gelangen, auf Grundlage derer sie mathematische Formeln anwenden. Die meisten Paare beginnen in der ersten Minute nach erstmaligem Lesen bereits eine Skizze anzufertigen (Julia & Florian; Dominik & Krystian; Tobias & Benedikt; Samuel & Nathalie; Dawid & Leon; Aram & Sofi; Lena & Pia). Vivien & Oliver beginnen in der zweiten Minute nach dem Lesen und drei weitere Paare (Kaia & Mila; Amba & Bahar; Ronja & Hürrem) beginnen in der dritten Minute danach. Bei Vivien ist dies beispielsweise darauf zurückzuführen, dass sie zu Beginn erwartet, „dass man die [Leiter] im 90 Grad Winkel zum Boden machen könnte" (stimulated recall, 01:11). Es zeigt sich, dass beinahe alle und insbesondere die sozial begünstigten Paare früh beginnen eine Skizze anzufertigen. Es scheint jedoch keinen Zusammenhang zur Dauer der gesamten Aufgabenbearbeitung zu geben. Ronja & Hürrem verwenden zu Beginn relativ lange darauf wichtige Angaben zu unterstreichen und diese in das abgebildete Foto einzutragen. Auch Kaia & Mila unterstreichen zunächst im Text und diskutieren einen alternativen Lösungsweg: „dann rechnen wir 30 minus 12 und dann haben wir doch die maximale Höhe." (Kaia, 01:42). So verzögert sich der Beginn der Skizze und damit das Aufstellen eines adäquaten mathematischen Modells. Ähnlich verhält es sich bei Amba & Bahar. Sie widmen sich zu Beginn dem Text, welchen sie erneut selektiv lesen, um relevante Daten erfassen zu können. Sie veranschaulichen die Daten anhand des Fotos, halten relevante Daten fest und erkennen, dass es sich um ein Dreieck handeln muss. Sie erkennen damit bereits die mathematische Struktur. Dennoch widmen sie sich statt einer Skizze dem Aufgabentext und diskutieren – wie Kaia & Mila – eine alternative Lösung (33 + 3,19). Erst im Anschluss an diesen Ansatz wird eine Skizze von der Situation angefertigt.

Zudem beginnen die meisten Paare bereits in den ersten 60 Sekunden und häufig sogar direkt nach dem ersten Lesen Skizzen anzufertigen. Von den vier Paaren, die erst später mit der Skizzenanfertigung beginnen, lassen sich drei der sozial benachteiligten Gruppe zuordnen. Die Schüler:innen entwickeln zunächst fehlerhafte Vorstellungen von der Situation (siehe Abschnitt 8.2.2.4). Das Anfertigen von Skizzen kann diese jedoch in weiten Teilen ausräumen. Außerdem setzen sich die sozial benachteiligten Schüler:innen durchschnittlich doppelt so lange mit Skizzen auseinander wie die sozial begünstigten Schüler:innen. Eine Erklärung kann in den Prozessen des Vereinfachens ausgemacht werden, bei denen sich ein ähnliches Bild zeigt. Die vier Paare, die am meisten Organisieren bzw. Visualisieren, sind auch diejenigen die am meisten Vereinfachen (Tabelle 8.8).

8.2.2.2 Vereinfachen

Zunächst fällt auf, dass alle Schüler:innenpaare die Aufgabe nach relevanten und irrelevanten Informationen strukturieren. Dazu wird beispielsweise im Text unterstrichen oder es werden Informationen rausgeschrieben. Vereinfachungen finden bei den meisten Paaren zu Beginn des Bearbeitungsprozesses statt, indem der Text selektiv gelesen wird und nach relevanten und irrelevanten Informationen sortiert wird. Bei der Feuerwehr-Aufgabe dient das Vereinfachen in weiten Teilen dem Zweck, die relevanten Informationen zu identifizieren, damit diese darauffolgend anhand einer Skizze in ein Modell übertragen werden können.

Hürrem	01:36	((Schreibt in dem Bild über die Feuerwehrleiter des Feuerwehrautos 30 Meter)) 30 Meter. ((Hürrem flüstert und malt in das Bild)) (4) Ähm. ((schaut in den Text)) Länge, Maße des Fahrzeuges.
Lena	01:10	(Warte?) ((liest in der Aufgabe)) ((beschriftet Strecke)) ((liest)) ((zeichnet)) ((liest)) ((zeichnet neue Strecke und beschriftet sie))
Dawid	00:11	[...] Wir haben 12 Meter Abstand ((zeigt auf Angabe im Text)) unten. (unv.) Dreieck ((zeichnet innermathematisches Dreieck)) Und dann haben wir hier 12 m ((beschriftet)) [...]. Die Leiter ist 30 m ((zeigt es im Text)).
Benedikt	00:45	Ja also wir brauchen ja 12 Meter Abstand ((zeigt auf Angabe im Text)).
Tobias	00:47	12/ Komm dann mach ich mal eine Skizze. Hier, das ist ein wunderschönes Haus. ((malt ein Haus)) [...] 12 Meter Abstand, nh? ((zeichnet und beschriftet horizontalen Pfeil))

Dabei verbringen die sozial benachteiligten Paare mit 01:33 Min. durchschnittlich drei Mal so lange mit dem Vereinfachen wie die sozial begünstigten Paare mit 00:31 Min. (siehe Tabelle 8.8). Es fällt zudem auf, dass alle sozial begünstigten Paare weniger als 60 Sekunden mit dem Vereinfachen verbringen. Längere und wiederholt auftretende Vereinfachungen finden sich insbesondere dann, wenn Paare beim Aufstellen von realen und mathematischen Modellen auf Hürden treffen. Gerade bei Paaren, die häufig und lange vereinfachen, ist dies zu beobachten. Abbildung 8.54 bildet die vier Paare ab, die am zeitintensivsten vereinfachen.

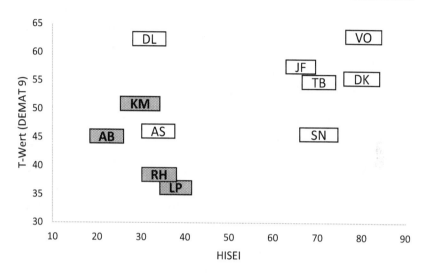

Abbildung 8.54 Vier Paare, die am zeitintensivsten vereinfachen

Bei Amba & Bahar ist wiederholtes Lesen, auch im fortgeschrittenen Lösungsprozess, als Strategie vorzufinden:

> Länge durch Länge geht auch nicht, das funktioniert auch nicht. (.) Mh. (.) Warte mal. (.) Ich muss mir das nochmal durchlesen. ((zieht das Aufgabenblatt zu sich rüber)) Die Münchener Feuerwehr hat sich im Jahr 2004 ein neues ((flüstert vor sich hin)). (Amba, 06:39)

Bei einem anderen Paar äußert sich das im weiteren Verlauf des Prozesses darin, dass Informationen erneut entnommen und schriftlich festgehalten werden:

> Ähm. Ich weiß nicht. Also zwölf, (würde ich sagen?). Ich habe keine Ahnung. (.) (Katheten?) Rechter Winkel. Ich würde einfach gucken, dass wir das ausrechnen. [...] Aber ich/ Maximal/ Aus welcher maximalen Höhe kann die Münchener Feuerwehr mit diesem/ Eigentlich ist diese ganze Rechnung unnötig. [...] Naja. (..) Okay, dann einfach Informationen noch einmal aufschreiben. Was wichtig ist: die Leiter kann bis zu 30 Metern ((schreibt)) groß werden. ((schreibt)) Und Mindestabstand zwölf Meter. ((schreibt)) Dann würde ich eigentlich zwölf Meter von diesen 30 abziehen. (Ronja, 06:41)

Ratlosigkeit führt Ronja dazu die Informationen erneut schriftlich festzuhalten. Auch Lena & Pia werden von Ratlosigkeit dazu geleitet erneut den Text zu betrachten:

Pia	12:30	Weiß ich doch nicht. (.) Och scheiße. (..) Die Angaben sind unnötig. (..)
Lena	12:39	Das ist Verwirrung.
Pia	12:41	Ja, (ach ne?). (6) Das ist scheiße. (30)

Das wiederholte und längere Auseinandersetzen mit Vereinfachungen scheint auf Hürden zurückzuführen zu sein, die beim Erstellen mathematischer Skizzen entstehen. So können die langen Auseinandersetzungen mit den Skizzen insbesondere bei den sozial benachteiligten Paaren unter anderem dadurch erklärt werden, dass sich die Paare unsicher darüber sind, welche Informationen relevant sind, aber auch darüber, dass sie Schwierigkeiten haben sie in die Skizze einzupflegen. So kann auch erklärt werden, warum die Paare, die am längsten Organisieren und Visualisieren auch diejenigen sind, die am meisten Vereinfachen. Diese Schilderungen können Unterschiede in den Bearbeitungsdauern einzelner Prozesse erklären. Aussagen über die abschließende Qualität der Modelle können daraus nicht gezogen werden. Den Ausführungen in diesem und dem vorherigen Abschnitt kann auch entnommen werden, dass auch aufgestellte mathematische Relationen im Bereich der Operationalisierung dafür verantwortlich sind, dass sich wiederholt mit Vereinfachungen auseinandergesetzt wird und dass sich Skizzenanfertigungen zeitlich verzögern.

8.2.2.3 Intention der Aufgabe

Mit der Feuerwehr-Aufgabe wird intendiert, bei den Schüler:innen Modellierungsprozesse anzuregen. Offenheit erfährt die Aufgabe unter anderem dadurch, dass es keine Hinweise darauf gibt, ob die Abbildung zu verwenden ist, inwiefern mathematisiert werden soll und inwieweit Annahmen über die Ausrichtung und Höhe des Fahrzeugs berücksichtigt werden sollen. Da die Aufgabe u. a. überbestimmt ist, stoßen die Paare auf Hürden bei der Aufgabenbearbeitung. Im Gegensatz zur unterbestimmten Riesenpizza-Aufgabe scheinen hier alle relevanten Informationen vorhanden zu sein, sodass die Paare während der Bearbeitung kaum über die wahrgenommene Intention der Aufgabe sprechen. Erkenntnisse hierzu lassen sich hauptsächlich dem Interview entnehmen und in geringen Maßen der Beobachtung und dem stimulated recall. Die Mehrheit der Paare benennt, dass das Filtern von Informationen zu den intendierten Kerntätigkeiten der Aufgabe gehört.

INT	VL	02:00	*[...] Wenn das ein Test wäre, was glaubst du was die testen würde, die Feuerwehr-Aufgabe?*
	Julia	02:08	*(..) Das Verständnis von vielen Zahlen und daraus dann die wichtigsten ähm Maßen oder Angaben vielleicht herauszufiltern?*

INT	VL	01:34	*Und die Feuerwehr-Aufgabe [was wollte die von euch]?*
	Vivien	01:36	*Ähm. Die Feuerwehr-Aufgabe sollte halt herausfinden, wie gut Schüler ähm, wichtige von unwichtigen Zahlen unterscheiden können.*

INT	VL	00:58	*(..) Und die Feuerwehr-Aufgabe [was wollte die von euch]?*
			[...]
	Tobias	01:25	*[...] Man hat ja (.) Werte zum Teil angegeben die überhaupt ähm nicht relevant sind dafür, [...] die Länge des Fahrzeugs spielt ja zum Beispiel auch keine große Rolle. Also das man, sich die wichtigen Daten raus pickt und damit dann die Aufgabe berechnet.*

INT	VL	09:03	*Was glaubst du, was wollte die Feuerwehr-Aufgabe von euch?*
			[...]
	Samuel	09:28	*[...] dass ich jetzt zum Beispiel hier die Daten auch herausfinden kann, was wichtig ist.*

INT	VL	02:21	*Worum ging es denn bei dieser Aufgabe eigentlich?*
	Kaja	02:24	*(..) Eigentlich ums Filtern.*
	VL	02:28	*Aha. Okay.*
	Kaja	02:29	*Meiner Meinung nach. (VL: Mhm) Also es waren hier irgendwie (.) Gesamtgewicht und so, ich meine, das interessiert mich nicht wirklich, um das heraus zu finden, was ich möchte jetzt. [...] Und deswegen, war wahrscheinlich die Aufgabe einfach herauszufinden, wie ich vorgehe und wie ich filtere, wahrscheinlich.*

INT	VL	02:31	*Mhm. Was glaubst du, was die Aufgabe herausfinden wollte von euch?*
	Amba	02:36	*[...] Hier sind ja ganz viele verschiedene Zahlen drauf und ob wir das wichtige heraussuchen und nicht das wichtige heraussuchen. Also was wir weglassen und was wir stehen lassen.*

Diese Schüler:innen benennen, dass die zentrale Anforderung der Aufgabe darin liegt, zu erkennen, welche Informationen relevant bzw. irrelevant für die Bearbeitung sind. Derartige Erklärungen finden sich bei Schüler:innen aus allen Leistungsbereichen, bei sozial benachteiligten wie begünstigten Schüler:innen und unabhängig davon, ob die Paare selbst die Höhe oder die Ausrichtung des Fahrzeugs diskutieren.

Daneben benennt die Mehrheit der Schüler:innen, dass die Aufgabe Rechenprozesse abzuprüfen versucht:

INT	Samuel	05:14	*[...] man hat die Formeln, die klaren Formeln. Man muss natürlich gucken, was man gegeben hat und was man gesucht hat. Und einfach einsetzten und ausrechnen. Und dann ist man fertig.*
INT	Aram	01:27	*Bei der Feuerwehraufgabe, da hatten wir halt einfach, da hatten wir alle Zahlen und so (können wir einfach?) einsetzen und gucken, wie es richtig ist und (.) ausrechnen.*
INT	VL	02:05	*Mhm. Und die Feuerwehr-Aufgabe, was wollte die von euch?*
	Amba	02:08	*Die ist glaube ich sogar wie wir das jetzt im Unterricht machen, so eine Aufgabe, die wir in der zehnten Klasse machen würden. Also so ungefähr im Unterricht besprechen wir das ja auch. Ähm. Weiß ich nicht. Das ist (..) ob das für die zehnte Klasse so gut ist, also die Aufgabe für unser Alter in unserer Klasse.*
INT	VL	03:10	*Mhm. Und, wenn das jetzt so eine Testaufgabe gewesen wäre. Was glaubst du, worum ging es da eigentlich?*
	Lena	03:15	*(11) Um halt zu gucken, wie weit wir so rechnen können mit dieser Formel?*
INT	VL	03:55	*Diese Feuerwehr-Aufgabe. (Dawid: Mhm.) Ähm, was wollte die im Wesentlichen von euch, dass ihr macht? Was wollte die prüfen, im Wesentlichen?*
	Dawid	04:07	*Ähm, ob wir vielleicht mit den Daten die wir haben, schnell erkennen können, was für eine Formel man benutzen kann.*
INT	VL	03:41	*Okay. Und wenn das jetzt eine Testaufgabe gewesen wäre. Was glaubst du, was die von euch testen wollte?*
	Ronja	03:47	*Ob wir Satz des Pythagoras können.*

Die Schüler:innen in den Transkriptausschnitten heben hervor, dass das Rechnen und die Verwendung der richtigen Formel im Vordergrund dieser Aufgabe steht. In vielen Aussagen werden hierbei Routinetätigkeiten des Unterrichts angesprochen. Amba nimmt dabei explizit Bezug zum Mathematikunterricht (ebenso Lena, Interview, 04:46) und beschreibt die Aufgabe als eine, wie sie im Unterricht der zehnten Klasse auftauchen könnte. Hierunter finden sich unter anderem Samuel & Nathalie und Aram & Sofi, zwei der drei Paare,[10] die weder die Höhe noch die Ausrichtung des Fahrzeugs thematisieren. Die Schüler:innen aus den Transkriptausschnitten verteilten sich über das gesamte Leistungsspektrum. Es zeigt sich allerdings eine deutliche Mehrheit an sozial benachteiligten Paaren, die die Bedeutung der Aufgabe entsprechend interpretieren.

Zwei Schüler:innen stechen im Interview dadurch heraus, dass sie die Aspekte der Aufgabe hervorheben, die über die Routinetätigkeiten hinausgehen.

---

[10] Das dritte Paar ist Kaia & Mila, welches im Wesentlichen Schwierigkeiten hat, die Intention der Aufgabe zu benennen.

INT	VL	01:44	*Mhm. Und die Feuerwehr-Aufgabe. Was glaubst du was wollte die von euch?*
	Dominik	01:49	*Ich glaube, uns ein bisschen aus dieser Routine bringen. [...] Ähm, das ist keine gewöhnliche Satz des Pythagoras Aufgabe. Sondern am Ende kommt halt noch dieses Umdenken, dass halt die Höhe des Autos noch eine Rolle spielt. Und das ist bei vielen, ähm, Pythagoras Aufgaben nicht der Fall. Das hat dann bisschen dieses/ Dann muss man halt ein bisschen weiterdenken, also nur dieses Routine-Denken.*
INT	VL	00:58	*(..) Und die Feuerwehr-Aufgabe [was wollte die von euch]?*
	Tobias	01:03	*Ähm, die Feuerwehr-Aufgabe war einfach eine ganz normale Matheaufgabe, aber auch mit ein bisschen logischem Denken auch dabei.*
	VL	01:05	*Mhm. Was meinst du mit logischem Denken?*
	Tobias	01:25	*Ähm, ja. Wie man das Feuerwehrfahrzeug hinstellen kann. Man hat ja (.) Werte zum Teil angegeben die überhaupt ähm nicht relevant sind dafür, was für ein Fahrzeugtyp das ist. Das sagt einem ja erstmal so überhaupt nichts (.) Ähm und, die Länge des Fahrzeugs spielt ja zum Beispiel auch keine große Rolle. Also das man, sich die wichtigen Daten raus pickt und damit dann die Aufgabe berechnet.*

Die beiden Paare heben einerseits hervor, dass es sich um eine gewöhnliche Mathematikaufgabe mit Routineanteilen handelt. Darüber hinaus legen sie dar, dass bei dieser Aufgabe noch weitergedacht werden muss, als bei gewöhnlichen Pythagoras-Aufgaben und dass logisches Denken erforderlich ist. Thematisiert werden die Höhe und die Ausrichtung des Fahrzeugs.

Resümierend benennt ein Großteil der Schüler:innen, dass die intendierten Anforderungen der Aufgabe im Wesentlichen darin liegen die relevanten von den irrelevanten Informationen zu trennen und routinierte Rechenprozesse durchzuführen. Das Fokussieren auf Rechenprozesse und Formeln wird dabei ausschließlich von Schüler:innen sozial benachteiligter Herkunft und solchen, die weder die Höhe noch die Ausrichtung des Fahrzeugs thematisieren, benannt. Daneben gibt es zwei sozial begünstigte Paare, die Aspekte der Aufgabenbearbeitung hervorheben, die über das Filtern und routinierte Rechnen und Formelanwenden hinausgehen. Sie benennen logisches Denken und die offenen Aspekte der Aufgabenbearbeitung bei der Beschreibung der wahrgenommenen Intention. Das Beschreiben der wahrgenommenen Intention der Aufgabe scheint also bereits in Ansätzen erklären zu können, inwiefern sich sozial benachteiligte und sozial begünstigte Paare beim Bearbeiten der Modellierungsaufgabe voneinander unterscheiden und, warum sich einige Schüler:innen nicht mit Aspekten wie der Höhe und der Ausrichtung des Fahrzeugs auseinandersetzen. Es ist dabei nicht von der Hand zu weisen, dass die Paare herkunftsübergreifend das Filtern der Informationen als Intention ausmachen und dass sie dies auch allesamt während der Aufgabenbearbeitung umsetzen.

8.2.2.4 Operationalisieren

Die meisten Paare beginnen kurzfristig nach erstmaligem Lesen des Textes eine Skizze. Hierbei handelt es sich insbesondere um Paare, die frühzeitig die mathematische Struktur des Problems benennen und insbesondere *nicht* um die Paare (vgl. Abbildung 8.52), die am längsten vereinfachen:

Julia	00:54	Man könnte das mit dem Satz des Pythagoras [...] machen.
Florian	00:57	((fängt an zu zeichnen))
Dominik	00:00	[...] Safe das ist [...] Satz des Pythagoras.
Tobias	00:41	[...] mit Pythagoras würde ich das ausrechnen.
Dawid	00:11	Das geht, wir machen ähm Satz des Pythagoras.
Sofi	01:18	Also, ich glaube, das muss ein Dreieck sein. (Aram: Jaja.) Also (.)/
Aram	01:24	Erstmal ne Skizze machen

Es handelt sich sogar um die Paare, die insgesamt am wenigsten Vereinfachen. Im Durchschnitt verbringen die sozial begünstigten Paare knapp eine Minute und damit 16 % ihres Prozesses mit dem Operationalisieren und die sozial benachteiligten Paare knapp zwei Minuten und damit 14 %. Die sozial benachteiligten Paare verbringen somit verhältnismäßig etwas weniger ihres Prozesses mit dem Operationalisieren, aber insgesamt etwa doppelt so lange. Dabei zeigen sich deutliche Unterschiede zwischen den Paaren. Gerade die im vorhergehenden Transkriptausschnitt aufgeführten fünf Fälle, die frühzeitig die mathematische Struktur des Problems erkennen, verbringen insgesamt wenig Zeit mit dem Operationalisieren – zwischen 10 und 60 Sekunden. Besonders lange – absolut und prozentual – mit diesem Prozess setzen sich Samuel & Nathalie (02:05 Minuten, 25 %), Amba & Bahar (02:25 Minuten, 16 %), Ronja & Hürrem (02:35 Minuten, 17 %) und Lena & Pia (04:45 Minuten, 25 %) auseinander. Das mag u. a. damit zusammenhängen, dass Samuel & Nathalie sowie Lena & Pia trigonometrische Funktionen Sinus und Kosinus anwenden, anstatt den Satz des Pythagoras und damit mehr gesuchte und gegebene Variablen identifizieren müssen.

Drei Paare (Ronja & Hürrem, Amba & Bahar und Lena & Pia) setzen sich mit der Formelsammlung auseinander. Lena & Pia verwenden die Formelsammlung zur gezielten Suche nach den trigonometrischen Funktionen, werden aber nicht fündig, da diese in der Formelsammlung nicht gegeben sind. Sie rufen die entsprechenden Formeln stattdessen aus dem Gedächtnis ab, wobei sie den Tangens falsch aufstellen. Ronja & Hürrem schauen in einer planlosen Phase in die Formelsammlung und beschließen anschließend erstmals eine Skizze anzufertigen: „Mhm, mhm, mhm. Oh Gott. (5) ((schauen in die Formelsammlung etwa 4 Sek.)) Wir können ja sonst auch zeichnen" (Ronja, 02:23). Es scheint, als bestünde die

Hoffnung, in der Formelsammlung eine Information zu finden, die die Beiden im Prozess voranbringt. An einer anderen Stelle nehmen sie die Formelsammlung zur Hand, um den Satz des Pythagoras aufzustellen (11:12). In dieser Phase kehren sie regelmäßig zu einer Auseinandersetzung mit der Formelsammlung zurück: „Aber steht das hier nicht irgendwo in der Formelsammlung, wie das geht? ((blättert in der Formelsammlung herum)) Noch mit anderen/ [...] Ja dann müssen wir hiermit arbeiten." (Ronja, 12:26) Ronja stört sich daran, dass der Satz des Pythagoras eine Differenz enthält anstatt einer Addition und sucht daher in der Sammlung nach einer anderen, passenden Formel. Sie findet jedoch keine und bleibt daher beim Ansatz von Hürrem. Ronja & Hürrem verwenden die Formelsammlung sowohl zur Erkundung des Problems als auch zur gezielten Suche nach dem Satz des Pythagoras. Eine andere Schülerin, Amba, ist sich im Laufe des Prozesses noch nicht im Klaren über die mathematische Struktur des Problems, da sie erklärt, „((greift nach der Formelsammlung)) Ich bin mir sicher wir brauchen gleich eine von diesen Formeln." (02:50) Damit hebt sie die Bedeutung von Formeln für die Lösung des Problems hervor ohne dabei auf eine konkrete abzuzielen. Im späteren Verlauf des Prozesses wird erneut ersichtlich, dass das Paar die Formelsammlung durchsucht, um eine passende mathematische Formel zu finden:

Amba	07:48	Aber man kann doch Sinus, wollen wir mal gucken, ob die Formel Dingens/ ((greift nach der Formelsammlung))/ (Bahar: Ja.) Ob da hier was drauf ist? ((schaut durch die Formelsammlung)) [...] [...] Mh. (..) Das sind die ganzen Körper.
SR	*VL*	*Du fängst dann an in der Formelsammlung zu suchen?*
Amba		*Mhm, ja. Wir sind nicht weitergekommen und sind dann da stehengeblieben. Und wenn wir schon so einen Formelzettel zur Verfügung haben, dann sollten wir da auch mal drauf gucken*

Amba & Bahar nutzen die Formelsammlung im Wesentlichen zur Erkundung. Ziel ist es eine passende Formel zur Lösung des Problems zu finden, sodass sie auch die Körper und andere Themenfelder durchsuchen.

Insgesamt benötigen die meisten Paare die Formelsammlung nicht und setzen sich auch nicht mit ihr auseinander. Dies spricht dafür, dass die meisten Paare die benötigten mathematischen Fertigkeiten zur Bewältigung der Aufgabe beherrschen – auch, wenn die Schüler:innen dies im DEMAT9 nicht immer zeigen konnten. Drei sozial benachteiligte Paare verwenden die Formelsammlung.

Ein Paar davon verwendet es zur gezielten Suche einer Formel. Die verwendeten Formeln scheinen für die meisten Paare für das mathematische Arbeiten relevant zu sein und werden entsprechend aktiviert und eingesetzt. Bei zwei sozial benachteiligten Paaren zeigt sich ein anderes Muster. Sie scheinen die Formelsammlung wie den Aufgabentext zu lesen – zur Suche nach Informationen. Die sozial benachteiligten Paare setzen sich im Durchschnitt etwa doppelt so lange mit dem Operationalisieren auseinander wie die sozial begünstigten Paare. Erklärt werden kann dies über die Verwendung der Formelsammlung und von trigonometrischen Sätzen einiger sozial benachteiligter Paare.

Eine weitere Mathematisierung tritt bei den sozial benachteiligten Paaren in Augenschein. Vier der sechs Paare (bei den sozial begünstigten sind es Null) verfolgen zeitweise einen Lösungsvorschlag, der sich aus der Anwendung einfacher Grundrechenarten ergibt. Die vier Ansätze werden kurz skizziert.

Pia	07:22	Also es wird, die Maximalhöhe, es würde doch eh nicht höher gehen, wenn das zusammen ist, weißt du? (.) Äh höher als 30 Meter geht die Leiter gar nicht. (.)
Lena	07:31	Ja aber wenn das Auto noch dabei ist/
Pia	07:33	Ja das sind dann halt 30 plus das da.
Lena	07:35	Dann sinds 33,19 Meter.
Pia	07:39	Höher geht doch eh nicht. (...)
Hürrem	06:13	Wir müssen doch eigentlich [...] 30 plus 3, 19. (.) Weil wenn die Leiter [...] jetzt so aufgeht, dann wird das ja quasi so. ((zeichnet senkrecht zum Ende des Feuerwehrautos eine gerade Linie aus dem Bild heraus)) Dann müssten wir ja 30 plus 3/ 3,9 Meter meine ich. [...]
Ronja	06:41	Ähm. Ich weiß nicht. [...] Was wichtig ist: die Leiter kann bis zu 30 Metern ((schreibt)) groß werden. ((schreibt)) Und Mindestabstand zwölf Meter. ((schreibt)) Dann würde ich eigentlich zwölf Meter von diesen 30 abziehen.
Amba	02:29	((schreibt)) 3 19 Meter. Also insgesamt sind es 33 Komma 19 (Bahar: Ja /das/ Soll ich machen?/). Meter/
Kaia	01:42	[...] dann rechnen wir 30 minus 12 und dann haben wir doch die maximale Höhe. (.)
Mila	02:01	Irgendwie schon. (.)

Ronja & Hürrem beispielsweise befinden sich in einer Phase, in der sie mehrere Ansätze aufwerfen und besprechen. Hürrem schlägt vor, die Höhe des Fahrzeugs und die Länge der Leiter zu addieren (ähnlich verfahren Lena & Pia und Amba & Bahar; vgl. 8.1.2.6). Sie ermittelt so ein unplausibles Resultat von 33,19 m. Ronja geht auf den Ansatz nicht vertieft ein und schlägt, wie auch Kaia & Mila, stattdessen vor, von der Länge der Leiter den Mindestabstand zu subtrahieren. Sie scheint jedoch nicht zufrieden mit dem Resultat 18 zu sein und probiert stattdessen die Addition von Werten aus. Letztlich kann sie nicht auflösen, „Ob man die dazu rechnet, oder (.) die nicht dazu rechnet." (Ronja, 08:36) Das Paar legt diesen Gedankengang beiseite und zeichnet stattdessen neue Skizzen, anhand derer es den Sachverhalt darlegt. Letztlich verwerfen alle vier Paare das falsche mathematische Modell, das auf einfachen Grundrechenarten basiert, und entwickeln stattdessen ein adäquateres Modell der Situation und ermitteln ein plausibleres Ergebnis. Dies stellt oft Validierungen (Mod 6.1) dar, die im Abschnitt 8.2.2.6 thematisiert werden.

Nur bei sozial benachteiligten Paaren zeigt sich ein Vorgehen, bei dem eine simple Ersatzstrategie in Betracht gezogen wird, nach der zwei gegebene Werte zur Bestimmung eines Resultats addiert oder subtrahiert werden. Es scheint, als entdeckten sie mit diesem Vorgehen eine Möglichkeit, das Problem schnell und einfach zu lösen. Hierbei handelt es sich auch um die Paare, die am zeitintensivsten Vereinfachen. Zudem verbringen die sozial benachteiligten Paare durchschnittlich etwa doppelt so lange mit dem Operationalisieren. Das hängt u. a. damit zusammen, dass ihre Bearbeitung durchschnittlich länger dauert, dass sie dabei eher in der Formelsammlung nach passenden Formeln oder hilfreichen Informationen suchen, dass sie eher einfache, aber falsche Mathematisierungen anwenden und dass sie später eine Skizze beginnen und damit das Problem später in eine mathematische Struktur bringen. Gleichzeitig gibt es zwei sozial benachteiligte Paare, die keine solche simple Ersatzstrategie verwenden und drei sozial benachteiligte Paare, die keine Auseinandersetzung mit der Formelsammlung zeigen. Zudem entwickeln alle Paare, trotz anfänglicher Schwierigkeiten, Skizzen, die mathematische Strukturen erkennen lassen und stellen mithilfe trigonometrischer Funktionen oder des Satzes des Pythagoras Gleichungen auf, die sie mathematisch bearbeiten.

8.2.2.5 Interpretieren

Die Schüler:innen verbringen im Durchschnitt 9 % ihres Prozesses mit dem Interpretieren. Quantitative Unterschiede bezüglich der sozialen Herkunft oder der Mathematikleistung zeigen sich dabei nicht. Zum Interpretieren gehört das mündliche oder schriftliche Übersetzen mathematischer Resultate in reale Resultate.

Interpretationen finden in aller Regel am Ende des Bearbeitungsprozesses statt. Lediglich bei drei Paaren (Dawid & Leon, Lena & Pia, Amba & Bahar) finden sich Interpretationen außerhalb des letzten Quartals der Aufgabenbearbeitung. Erklärt werden können diese Interpretationen von Lena & Pia und Amba & Bahar darüber, dass diese Paare einen anfänglichen Ansatz verfolgen, bei dem Leiterlänge und Höhe des Fahrzeugs addiert werden (siehe Abschnitt 8.2.2.4). Es handelt sich hierbei um Endergebnisse, die letztlich jedoch verworfen werden. Bei Dawid & Leon ist die Interpretation im Zentrum des Prozesses darauf zurückzuführen, dass sie zwei alternative Modelle verfolgen und zu beiden ein schriftliches Resultat festhalten.

Zeitlich wird ein wesentlicher Teil des Interpretierens vom Festhalten eines Antwortsatzes eingenommen. Dieser wird in aller Regel am Ende der Bearbeitung niedergeschrieben. Interpretationen im Zentrum der Bearbeitung finden selten statt und sie beziehen sich nicht auf Zwischenergebnisse. Zwischenergebnisse im Allgemeinen werden selten interpretiert. Die meisten Zwischenergebnisse bleiben mathematischer Natur, um im Anschluss die Modelle ggf. weiterzuentwickeln oder mit den aufgestellten Modellen weiterzuarbeiten:

| Dawid | 05:01 | Ähm ((tippt)) […] sind etwa 20,4 ((Leon schreibt)). Und dann Plus […] 3,19. |
| Leon | 05:18 | 20,4 m + 3,19 m ((schreibt)) sind dann gleich (.) 23,59 m. |

Die Interpretation des Zwischenergebnisses 20,4 bleibt, falls vorhanden, implizit. Bei zwei Paaren (Lena & Pia, Ronja & Hürrem) findet sich eine Interpretation des Zwischenergebnisses:

| Ronja | 12:55 | […] ((tippt)) 27 […] Komma (.) 5. […] (.) (Hürrem: Ja.) Also, jetzt wissen wir die Höhe. Das heißt aber, wir haben ja jetzt noch (..) die (.) Höhe des Fahrzeuges. ((tippt mit dem Stift auf die Daten des Feuerwehrautos)) |

Das Paar macht die Bedeutung des Zwischenergebnisses 27,5 explizit. Da die Paare im Wesentlichen Interpretieren, um am Ende ihres Prozesses einen Antwortsatz zu formulieren, ist es nicht verwunderlich, dass die zeitliche Beschäftigung mit dem Interpretieren bei den meisten Paaren ähnlich ist. Ein Großteil der Paare setzt sich zwischen 40 und 55 Sekunden mit dem Interpretieren auseinander. Vivien & Oliver interpretieren als einziges Paar nicht und sie halten keinen Antwortsatz fest.

| Oliver | 03:54 | [27] Komma 5, okay. Dann wäre das eigentlich schon, würde ich sagen, die Lösung, oder? (.) |
| Vivien | 04:01 | Ja. (4) |

Bei diesem mathematischen Resultat belassen sie es und nehmen sich die nächste Aufgabe vor. Erst während sie die Riesenpizza-Aufgabe bearbeiten, erkennt Oliver, „Die Aufgabe ((zeigt auf die vorigen Notizen)) ist übrigens noch nicht ganz richtig, nh? […] Wir müssen das dann ja noch ((schreibt)) (Vivien: Ach plus.). 27 Komma 5 (Vivien: Ja.) plus 3,19" (04:10). Auch dieses Ergebnis wird als mathematisches Resultat stehengelassen und sich wieder der anderen Aufgabe gewidmet.

Bis auf ein Paar formulieren alle Paare Antworten, welche allesamt die mögliche Rettungshöhe berücksichtigen, und sich somit angemessen auf den Kontext und die Fragestellung beziehen (Abbildung 8.55).

Abbildung 8.55 reale Resultate (Feuerwehr)

Die Endresultate reichen dabei von 17,2 m bis 33,4 m. Angemessene Resultate liegen je nach Ausrichtung des Fahrzeugs bei etwa 31 m (rückwärts), etwa 29 m (seitwärts) oder etwa 24 m (vorwärts). Dazu gilt es die Höhe des Fahrzeugs zu berücksichtigen und sich aktiv mit der Ausrichtung des Fahrzeugs auseinanderzusetzen.

Zum Interpretieren gehört es auch, Ergebnisse situationsangemessen zu runden. Im Rahmen der Feuerwehr-Aufgabe kann diskutiert werden, welche Rundungsgenauigkeit angemessen ist. Eine metergenaue Angabe oder eine Genauigkeit auf 10 cm erscheint in diesem Sachzusammenhang plausibler als eine zentimetergenaue Angabe des realen Resultats. Kein Paar dieser Untersuchung rundet das Ergebnis auf ganze Meter. Alle Schüler:innen runden das Resultat auf eine oder zwei Nachkommastellen. Kurze Auseinandersetzungen mit Rundungen finden sich bei vier Paaren:

Amba	11:19	Und dann y. (...)
Bahar	11:23	((schreibt)) 33,4. (.)
Amba	11:27	Ja.
Bahar	11:27	Gerundet? Nein ist egal so.
Aram	03:13	[...] und ähm dann die Wurzel ((tippt)), (.) sieben, 27,5. (..) Gerundet. ((Sofi schreibt))
Dominik	02:58	[...] das zum Quadrat wäre, äh das (Krystian: Wurzel.) Wurzel daraus wäre 20,4 gerundet. ((Krystian schreibt parallel mit)). Das heißt wir wissen die Höhe davon ((zeigt auf das x in der innermathematischen Skizze))
Samuel	05:08	[...] Das wäre dann gerundet ein Winkel von 66 Grad. ((schreibt)).

Die in den Transkriptausschnitten dargestellten Thematisierungen der Rundungen sind in Prozesse mathematischen Arbeitens eingebettet. Rundungen scheinen in diesen Fällen lediglich innermathematischer Art zu sein. Zudem finden sich in dieser Untersuchung keine weiteren Thematisierungen von Rundungen. Im Rahmen von Interpretationen gibt es keine Auseinandersetzungen mit Rundungen. Bezüge zur Situation werden nicht hergestellt. Kein Paar setzt sich mit situationsangemessenen Rundungen auseinander.

8.2.2.6 Validieren

Der Teilschritt Validieren umfasst das Überprüfen (Mod 6.1), bei dem reale Resultate validiert werden, und das Bewerten (Mod 6.2), bei dem mathematische Resultate und Modelle validiert werden. Eine deutliche Auffälligkeit besteht darin, dass keinem sozial begünstigten Paar Überprüfungen von realen Resultaten (Mod 6.1) zuzuordnen sind. Bei den sozial benachteiligten Paaren finden sich bei fünf von sechs Paaren Überprüfungen. Bewertungen (Mod 6.2) finden sich bei sieben Paaren (drei sozial begünstigte und vier sozial benachteiligte).

Im vorherigen Abschnitt sind bereits Validierungen von Schüler:innen im Umgang mit den simplen Resultaten angedeutet. Die Überprüfungen von Lena & Pia sowie Kaia & Mila beziehen sich auf die Ermittlung der Gesamthöhe anhand von Addition bzw. Subtraktion zweier gegebener Werte. Die folgenden Ausschnitte zeigen die Zweifel bei beiden Paaren bezüglich dieses Ansatzes.

Lena	07:43	Aber du rettest ja nicht so ((zeigt einen vertikalen Verlauf der Leiter auf dem Blatt)) die Leute, du rettest die so. ((zeigt auf die Skizze))
SR VL		*Kannst du das einmal erklären?*
Lena		*[...] Also Pia hat dann gedacht, dass wir die Leute in maximal 30 Meter Höhe retten können. Aber das geht ja nicht, weil (.) die Leiter ist ja 30 Meter lang und wenn wir die [...] in die Höhe (.) strecken (.) dann ähm (..) sind das halt die 30 Meter, aber wenn man die dann/ Also ein Haus ist ja nicht so in der Luft, das ist ja (.) wie soll ich das erklären, man muss mit der Leiter an das Haus heran. Und das sind dann ja keine 30 Meter mehr.*
Mila	03:33	Obwohl, wenn man einfach nur 30 minus 12 macht, das ist ja nicht die maximale Höhe, oder nicht? Muss man da nicht noch rechnen? Weil ich mein das Haus ist ja dann so ((zeigt eine senkrechte Wand mit der Hand)) das steht dann halt so und dann steht das Auto da hinten ((zeigt es)) und dann muss das ja so. ((deutet kurz eine Diagonale an)).
SR Kaia	07:29	*Also, meine erste Idee (.) war es, das ähm, wenn ich diese Leiter habe und weiß wie hoch sie ist und weiß, dass ich einen Abstand von 12 Metern brauche (.) Das hat einfach keinen Sinn ergeben, weil ich habe einfach gedacht, dass ich eine Leiter habe, davon 12 Meter einfach abziehe und dann weiß wie hoch das Haus ist. Aber das macht keinen Sinn.*

Beiden Erklärungen ist gemein, dass die Leiter nicht senkrecht, sondern schräg verläuft. Die Leiter steht zunächst entfernt vom Haus und muss dann herangefahren werden. Das Resultat bzw. das Modell wird von den Paaren somit als unplausibel validiert, da der Mindestabstand einzuhalten ist. Eine solche Validierung und ein Verwerfen dieses Ansatzes bleibt bei Amba & Bahar und Ronja & Hürrem verborgen. Amba & Bahar validieren den Ansatz nicht aktiv als unplausibel, sondern verwerfen ihn stattdessen, indem sie nicht mehr auf ihn eingehen. Auch Kaia & Mila verwerfen den Ansatz. Ronja validiert zwar „Minus zwölf. 18. [...] Die sind ja eigentlich noch weiter entfernt, nh? Eigentlich plus. ((tippt)) (..) Hmm. (.) Ich bin gerade verwirrt." (07:52), aber merkt einige Zeit später erneut an: „Ich glaube, wir müssen glaube ich, immer noch von die 30 was abziehen." (10:17). Der Ansatz wird eher indirekt dadurch verworfen, dass sie in der Formelsammlung den Satz des Pythagoras entdecken.

Es fällt insgesamt auf, dass nur sozial benachteiligte Paare reale Resultate validieren. Einen Teil davon macht das Validieren der realen Resultate aus, die sich aus den simplen Mathematisierungen ergeben. Alle Paare, die einen solchen verkürzten Ansatz verfolgen, verwerfen diesen. Dabei zeigen sich sowohl vertiefte Validierungen als auch Vorgehen, bei denen Ansätze aufgrund vorhandener, angemessenerer Alternativen verworfen werden. Ein Erklärungsansatz dafür, dass die sozial benachteiligten Paare mehr überprüfen, mag darin liegen, dass diese Paare häufiger Modelle mit simplifizierten Mathematisierungen (z. B. 30 m + 3,19 m) entwickeln und diese Fehler thematisieren.

Weitere Validierungen beziehen sich im Wesentlichen auf die Endergebnisse der Paare.

	Ronja	13:54	[...] Das wären 30,69. ((Ronja und Hürrem schreiben das Ergebnis auf)) Aber irgendwie (.) Na, wird schon passen. Sie können aus einer Maximalhöhe 30,69 [...]
SR	VL		Wird schon passen?
	Ronja		[...] ich habe auch gesehen, dass ich da erstmal keinen anderen Weg gefunden habe, wie ich das machen soll. Und das sah einigermaßen richtig aus. Aber/
	VL		Okay. Kannst das an etwas festmachen, dass das einigermaßen richtig aussah?
	Ronja		Ähm (.) nicht wirklich.
	Aram	03:13	[...] Okay, das müsste eigentlich jetzt stimmen. ((schaut auf das Aufgabenblatt)) (4) Jo, müsste passen.
SR	VL		Du hast gesagt, das müsste passen.
	Aram		Es müsste passen ja.
	VL		Was müsste passen?
	Aram		Die Lösung halt. Weil (.) ähm, klingt auch etwas logisch so, wenn jede Leiter immer 12 m Abstand haben muss, die 30 lang ist (..) und dann so/

Ronja erachtet das Ergebnis als plausibel, erklärt jedoch nicht, warum sie dies annimmt. Auch auf Rückfrage im stimulated recall kann sie nicht erklären, worauf sich ihre Plausibilitätsüberlegung bezieht. Es scheint keine Validierung vorzuliegen, die sich auf konkrete Entscheidungen, Modelle oder Vergleiche im Prozess bezieht. Arams Validierung knüpft an ein zuvor ermitteltes mathematisches Resultat b = 27,5 an, sodass nicht erkennbar ist, worauf sich die Bestätigung bezieht. Den Ausführungen im stimulated recall zufolge scheint es, als nehme der Prozess Bezug zum Sachkontext. Das Ergebnis wird als logisch erachtet, dennoch bleibt – wie bei Ronja & Hürrem – eine Begründung mit

Bezug zu einem realweltlichen Anknüpfungspunkt aus. Bei einem anderen Paar, Amba & Bahar, kommt es am Ende des Prozesses zu mehreren Validierungen:

Amba	11:58	Die maximale Höhe [...] ist 33,4 Meter. (..) Denkst du wirklich, dass das die Antwort ist?
Bahar	12:13	Ich weiß nicht, ich bin voll verwirrt irgendwie.
Amba	12:15	Also (nur nochmal die Frage?) (Bahar: Das hört sich/) aus welcher maximalen Höhe (.) kann die/ Also wenn es eine Höhe ist, dann ist es wahrscheinlich keine Gradzahl.
Bahar	12:22	Nein.

An dieser Stelle validieren sie die physikalische Größe des Resultates, indem sie darlegen, dass die Antwort nicht in Grad gemessen werden kann. So beschließen sie, dass es sich bei dem Wert um die Höhe des Gebäudes handeln muss (Amba, 12:25). Daraufhin validieren sie noch den Wert des Ergebnisses:

Bahar	12:31	Das passt doch so, weil die Leiter ist 30 Meter und wenn sie dann abgeschrägt nach oben ist/(.)
Amba	12:35	Ja.
Bahar	12:35	Weißt du was ich meine?
Amba	12:36	Ich weiß was du meinst.
Bahar	12:36	Das sind dann ja nur 3 Meter mehr. (.)
Amba	12:38	Ich glaube das (Bahar: (ich glaube schon?)) ist richtig.

Bahar knüpft an das aufgestellte Modell an und erachtet das Resultat als richtig, weil die Leiter schräg verläuft. Außerdem unterscheidet sich das Endergebnis nicht wesentlich von der Länge der Leiter, sodass es als plausibel anzusehen ist. Amba zweifelt die Erklärung nicht an und Bahar führt sie nicht weitergehend aus. Damit kann Bahar das Resultat nicht als unplausibel ausmachen, obwohl die Leiter in diesem Lösungsweg höher als die Länge der Leiter und die Höhe des Fahrzeugs zusammen gelangt. Nach erneutem Durchlesen des Textes kommt sie zu der abschließenden Bewertung, dass sie in ihrem Modell nichts vergessen haben (14:31).

Dawid & Leon ermitteln zwei reale Resultate – eine Höhe von 23,59 m, wenn das Fahrzeug vorwärts steht und eine Höhe von 30,69 m, wenn das Fahrzeug rückwärts steht – die sie am Ende des Prozesses miteinander vergleichen.

Dawid	05:35	Doch, 23,59. Doch passt doch. (.)

Leon	05:37	Aber, ist 10 m Unterschied zu dem hier ((zeigt auf das obere Resultat)).
Dawid	05:40	Ja, klar. Du musst ja überlegen, das sind ja auch 10 m weiter weg.
Leon	05:42	Ja, okay. (.)
Dawid	05:43	Das (.) passt in etwa. (.) Warte, sind das genau 10 m? (.) Fast, nh?

SR	VL	*[...] ,Das passt dann in etwa' (Leon: Mhm.) Worauf bezog sich das?*
	Leon	*Ähm. Weil (.) man muss ja überlegen, zehn Meter ist ja schon ein großes Stück. [...] Und, ich dacht zehn Meter unten, wären oben auch relativ viel. Jetzt nicht zehn Meter, es waren dann sieben Meter, aber hat dann auch etwa gepasst.*

Leon ist verwundert darüber, dass sich die Ergebnisse aus den beiden Modellen so deutlich unterscheiden. Dawid hingegen empfindet den Unterschied als angemessen, weil die Leiter im zweiten Modell auch deutlich weiter weg steht. Zum Schluss überprüfen sie die Resultate und Modelle weiter:

Dawid	06:14	Oder haben wir irgendwas vergessen? (.) Aber eigentlich nicht, nh? (.)
Leon	06:18	Ja, im Prinzip können die sich auch einfach direkt neben das Haus stellen, wenn es nicht brennt, weil die eine andere Person vom Haus retten müssen.
Dawid	06:23	Aber die müssen/ Das passt

SR	VL	*Du hast dich gefragt ,Haben wir was vergessen?' Und dann seid ihr nochmal in die Diskussion eingestiegen. (Leon: Mhm.) Was ist da passiert?*
	Leon	*[...] wir haben einmal noch vergessen diese 3,19 Meter zu rechnen. Einfach am Ende nochmal kontrollieren, wie bei einer normalen Mathearbeit. [...] Ähm, hat Dawid ja auch gesagt, dass man seitlich dran konnte. Dann habe ich nochmal geguckt. Man musste ja irgendwie 12 Meter Sicherheitsabstand halten [...]. Einfach immer noch einmal drüber gehen und gucken, ob man irgendetwas vergessen hat. Weil es kann ja immer schnell passieren, wenn man unter Stress ist oder wie auch immer (.) Joa.*

Hier wird noch ein weiterer Fall diskutiert, der eintritt, wenn das Haus nicht brennt und somit der Sicherheitsabstand nicht eingehalten werden muss. Dieser

Fall erscheint jedoch nicht als vertiefungswürdig erachtet zu werden. Stattdessen erklärt Leon im stimulated recall, dass sie Validierungen standardmäßig am Ende eines Prozesses durchführen, auch mit der Begründung, dass sie ja zuvor im Prozess schon beinahe einen Wert vergessen hätten. Die Bewertungen des Paares beziehen sich im Wesentlichen darauf, dass es rückwirkend diskutiert, dass die Höhe noch in das Modell miteinbezogen werden muss. Ebenso bewerten Vivien & Oliver an einer Stelle, als sie rückwirkend feststellen, dass sie die Höhe des Fahrzeugs rechnerisch nicht eingesetzt haben. Die übrigen Bewertungen der anderen Paare beziehen sich eher darauf, dass fehlerhafte oder unnötige Ansätze durchgestrichen werden.

Zum Validieren gehört auch zu beurteilen, ob die Fragestellung zufriedenstellend beantwortet wurde (Blum, 1985). Im Interview wurden die Schüler:innen daher mit der Frage „Wie zufrieden bist du mit eurem Ergebnis?" konfrontiert. Ronja ist unzufrieden mit dem Ergebnis, denn „Ich habe gemerkt, dass ich da sehr große Probleme habe. Ich kann es ja jetzt noch nicht mal sagen, was wir da genau gemacht haben. Weil ich echt keine Ahnung habe." (Interview, 04:01) Die meisten Befragten hingegen sind eher zufrieden bis sehr zufrieden mit ihrem Ergebnis:

INT	Aram	00:16	*Mit der bin ich auch sehr zufrieden, weil (.) das müsste eigentlich richtig sein glaube ich.*
INT	Lena	02:27	*Eigentlich sehr zufrieden.*
INT	Amba	02:55	*Also ich glaube, das kann richtig sein. Also damit bin ich sogar zufrieden.*
INT	Samuel	02:55	*Also bei der, ähm, Leiteraufgabe mit dem Feuerwehrauto. Da bin ich mir auch ziemlich sicher.*
INT	Dawid	04:40	*Ähm, bei der Feuerwehr-Aufgabe sind wir auch sehr schnell darauf gekommen. Ich glaub das ist auch richtig, so wie wir es gerechnet haben (.) Also bin ich eigentlich ganz zufrieden.*
INT	Kaia	03:07	*Weil ich nicht weiß, ob es richtig oder nicht richtig ist, (.) so halb. Aber, ich denke, mein Ansatz ist gar nicht so doof gewesen. Aber es war wahrscheinlich jetzt nicht komplett richtig.*
INT	Julia	02:31	*Bei der Feuerwehr-Aufgabe bin ich zufrieden. Ja.*
INT	Dominik	02:17	*Recht zufrieden eigentlich. Also wir haben das gut gelöst. Die Lösung ist jetzt eigentlich nicht richtig glaube ich. Aber sonst, mit der Lösung bin ich gar nicht mal so unzufrieden.*

| INT | Vivien | 02:04 | *Also bei der Feuerwehr-Aufgabe bin ich ähm, eher so la la zufrieden. Weil ich mich nicht so fühle, als hätte ich wirklich zur Lösung beigetragen. Ähm. Ähm, deswegen also/ Ich bin zufrieden mit der Arbeit. Sagen wir es so. Ähm, vor allem halt das wir noch den letzten Schritt vergessen haben. Aber ich war ähm, in dem Moment erstmal so, okay was ist dieses Fahrzeug ähm.* |
| INT | Tobias | 01:35 | *Sehr zufrieden. Also, für mich klingt es sehr logisch, ich weiß nicht genau ob es jetzt richtig ist aber, ich denke (.) es ist nachzuvollziehen, unser Lösungsweg* |

Den Ausführungen lässt sich auch entnehmen, dass die Paare kaum ausführen, worauf sich die Zufriedenheit bezieht. Die Zufriedenheit bezieht sich teilweise auf das richtige Ergebnis und teilweise auf eine richtige Rechnung bzw. einen angemessenen Ansatz. Tobias hebt als einzige Personen die Nachvollziehbarkeit des Lösungsweges hervor. Es zeigt sich insgesamt kein Zusammenhang der Zufriedenheit mit der sozialen Herkunft. Zudem gibt es Schüler:innen, die zufrieden sind mit ihrem Ergebnis, unabhängig davon, ob sie die Höhe oder die Ausrichtung des Fahrzeugs mitdiskutieren.

Zusammenfassend ist festzustellen, dass das Validieren von Modellen oder Resultaten eher bei den sozial benachteiligten Paaren zu finden ist. Es zeigt sich, dass vor allem die offensichtlich fehlerhaften Modelle und Resultate – auf Grundlage von Addition bzw. Subtraktion zweier gegebener Werte – validiert werden. Alle vier sozial benachteiligten Paare, die einen solchen Ansatz verfolgen, gehen auf diesen überprüfend ein. Bis auf Amba & Bahar findet sich bei allen Paaren eine aktive Entscheidung, den Ansatz zu verwerfen und eine Begründung, beispielsweise anhand von Veranschaulichung des Leiterverlaufs. Vier Paare (alle sozial benachteiligt) validieren ihre finalen Modelle bzw. Resultate. Während zwei davon (Ronja & Hürrem, Aram & Sofi) die Plausibilität einfach hinnehmen, erklären zwei Paare (Amba & Bahar, Dawid & Leon) ihre Validierungen, indem sie die physikalische Größe des Resultates, die Plausibilität der Größenordnung und weitere mögliche, für die Feuerwehr relevante Fälle, thematisieren. Zwei Paare (Dawid & Leon, Vivien & Oliver) bemerken im Laufe ihres Lösungsprozesses, dass sie die Höhe des Fahrzeugs nicht berücksichtigt haben und überarbeiten ihre Zwischenergebnisse. Insgesamt zeigen sich zwar – wie im Abschnitt Operationalisieren dargestellt wurde – bei den sozial benachteiligten Paaren vereinfachte, fehlerhafte Lösungsansätze. Gleichzeitig überprüfen all diese Paare die aufgestellten Modelle bzw. Resultate und entwickeln im Anschluss daran adäquatere Modelle. Viele Paare können fehlerhafte und unvollständige Modelle eigenständig aufdecken und sie entsprechend anpassen. Gleichzeitig bleiben auch bei einigen

Paaren fehlerhafte und unvollständige Modelle unentdeckt, wie in den Kapiteln zuvor dargestellt. Was insgesamt bei allen Paaren selten vorkommt, sind vertiefte Plausibilitätsüberlegungen in Bezug auf die realen Resultate.

8.2.2.7 Realitätsnahe und mathematiknahe Modellierungstätigkeiten

In Tabelle 8.9 ist der Anteil der realitätsnahen und mathematiknahen Modellierungstätigkeiten für die sozial benachteiligten und begünstigten Paare abgebildet (vgl. Abschnitt 8.2.1.7).

Tabelle 8.9 Durchschnittlicher Anteil realitätsnaher und mathematiknaher Modellierungstätigkeiten am gesamten Bearbeitungsprozess (Feuerwehr-Aufgabe) – Vergleich sozial benachteiligter und begünstigter Paare

	Realitätsnahe Modellierungstätigkeiten	Mathematiknahe Modellierungstätigkeiten
Sozial begünstigte Paare	43 %	52 %
Sozial benachteiligte Paare	48 %	46 %

Die Tabelle veranschaulicht im Durchschnitt einen leichten Überhang realitätsnaher Modellierungstätigkeiten bei sozial benachteiligten Paaren und mathematiknaher Modellierungstätigkeiten bei sozial begünstigten Paaren. Wesentlich auffälliger ist jedoch die Gemeinsamkeit, dass beide Gruppen sich durchschnittlich etwa zur Hälfte der Zeit mit mathematiknahen und realitätsnahen Tätigkeiten auseinandersetzen. Mit der Feuerwehr-Problematik wird sich etwa gleichermaßen mathematisch sowie realitätsbezogen auseinandergesetzt. Bei den meisten Paaren zeigt sich ein eher ausgewogenes Verhältnis zwischen realitätsnahen und mathematiknahen Tätigkeiten. Drei Paare stechen heraus: Lena & Pia und Samuel & Nathalie führen mit 25 % bzw. 35 % relativ wenig realitätsnahe Tätigkeiten durch, während Kaia & Mila mit 72 % viel Zeit ihres Prozesses damit verbringen. Bei Lena & Pia ist dies u. a. darauf zurückzuführen, dass bei ihnen mit 20 % erheblich mehr Segmente uncodiert bleiben als bei den anderen Paaren. Darüber hinaus setzen sich Lena & Pia und Samuel & Nathalie einen Großteil ihres Lösungsprozesses mit Mathematisierungen trigonometrischer Funktionen und dem Ermitteln von mathematischen Resultaten auseinander. Die lange Auseinandersetzung ergibt sich dadurch, dass die trigonometrischen Funktionen der Formelsammlung nicht entnommen werden können und dass mehrere mathematische Resultate zu ermitteln sind. Kaia & Mila hingegen widmen sich intensiv realitätsbezogen mit dem Problem und mit dem Erstellen der Skizze. Visualisierungen finden kaum statt.

Auch das Aufstellen von Gleichungen findet nur kurz statt und die Mathematisierungen werden zielstrebig durchgeführt. Der fehlende Einbezug von Position und Höhe des Fahrzeugs führt auch hier zu verkürzten Rechenwegen.

Realitäts- und mathematiknahe Modellierungstätigkeiten scheinen sich bei sozial begünstigten und benachteiligten Paaren im Durchschnitt die Waage zu halten. Die Unterscheidung in diese beiden Tätigkeitstypen scheint keine Erklärung für Unterschiede in den Bearbeitungen sozial benachteiligter und begünstigter Paare darzustellen. Auch bei den Paaren, die auffällig vom Durchschnitt abweichen, scheinen die Unterschiede eher auf individuelle Baustellen zurückzuführen zu sein als auf systematische Unterschiede. Die Analysen liefern keine Indizien dafür, dass sich sozial begünstigte und benachteiligte Schüler:innenpaare bei der Feuerwehr-Aufgabe hinsichtlich der Auseinandersetzung mit realitätsbezogenen und mathematikbezogenen Modellierungstätigkeiten systematisch unterscheiden.

8.2.2.8 Verlauf der Modellierungsprozesse

Abbildung 8.56 veranschaulicht angelehnt an Codelandkarten von MAXQDA (o. D.) zu den einzelnen Kategorien, bei wie vielen Paaren *markante Phasenwechsel*[11] stattfinden.

---

[11] Die Wechselbeziehung zwischen zwei Kategorien wird innerhalb eines Paarprozesses als markant gewertet, wenn ein Wechsel zwischen zwei Kategorien mindestens drei Mal im Prozess auftaucht *und* mindestens 10 % aller Wechsel ausmacht (vgl. Abschnitt 8.2.1.8).

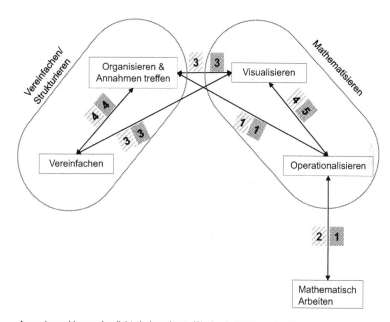

Anmerkung: Veranschaulicht sind markante Wechsel, die bei mehr als einer Person auftreten.

Abbildung 8.56 Codelandkarte – Anzahl der sozial benachteiligten (beige-schraffiert) und begünstigten (rosa-gepunktet) Paare mit markanten Wechseln zwischen zwei Kategorien (Feuerwehr-Aufgabe)

Der Abbildung kann entnommen werden, dass gewisse Kategorien auffälliger miteinander korrespondieren als andere. Zunächst fällt auf, dass die Subkategorien des Vereinfachens/Strukturierens sowie des Mathematisierens bei vielen Paaren in deutlicher Wechselbeziehung zueinanderstehen. Die Kategorien Interpretieren und Validieren hingegen stehen bei keinem Paar in deutlicher Wechselbeziehung zu anderen Kategorien. Grund dafür kann u. a. sein, dass sich die Kategorie Interpretieren meist in einer längeren, zusammenhängenden Phase am Ende des Bearbeitungsprozesses findet. Validieren kommt insgesamt recht selten vor, sodass auch Phasenwechsel selten sind. Darüber hinaus fällt auf, dass sich die Wechselbeziehungen allesamt nahezu gleichermaßen bei sozial begünstigten wie benachteiligten Paaren finden lassen. Die deutlichsten Wechselbeziehungen finden sich innerhalb der Hauptkategorie Mathematisieren bzw. innerhalb von Vereinfachen/Strukturieren. Eine Wechselbeziehung zwischen Vereinfachen und

Organisieren zeichnet sich beispielsweise dadurch aus, dass dem Text Informationen entnommen werden und diese außermathematisch in eine Skizze eingepflegt oder anderweitig zu einem Handlungsplan verknüpft werden:

Pia	02:34	Hä? Das Fahrzeug ist ja nur 10 Meter. (.) ((zeigt auf Information in der Aufgabe))
Lena	02:37	Ja aber das muss jetzt, hier ist dieses Haus, (.)/ ((zeichnet Strecke. [...]))
Benedikt	01:05	[...] Ja trotzdem ist das, wie breit ist das Auto ((zeigt es im Text))? 2 Meter 5. Zwei, 2,5 Meter. (.) Obwohl ne stimmt, (Tobias: Ich glaub das ist egal.) ist ja egal. Jajaja. (..)
Tobias	01:16	Ähm. (..)
Benedikt	01:18	Aber, wenn du den ja drehst ((macht eine Drehbewegung vor)) ist ja trotzdem die, der Leiteranfang auf der anderen Seite ((zeigt auf den hinteren Teil des Feuerwehrautos)).

Ausschnitte wie diese veranschaulichen einen häufigen Umgang mit den gegebenen Informationen. Die meisten Paare verarbeiten auf diese Weise den Aufgabentext. Darüber hinaus gibt es auch intensive Wechsel zwischen dem Vereinfachen (Realität) und dem Visualisieren (Mathematik), bei denen Informationen entnommen und innermathematisch in eine Skizze übertragen werden:

Dominik	01:43	[...] das ist safe unser x ((beschriftet Skizze mit x)), das ist die Höhe (.) (Krystian: Gesamtgewicht.) und dann ist die Länge der Leiter (.) 10, ne, die Länge der Leiter ist ze/ ((liest nochmal)) Wie lang ist die Leiter? (.) 30 Meter.
Krystian	01:56	Ja.
Dawid	00:11	Wir haben 12 Meter Abstand ((zeigt auf Angabe im Text)) unten. (unv.) Dreieck ((zeichnet innermathematisches Dreieck)) Und dann haben wir hier 12 m ((beschriftet)) (Leon: unv.). Die Leiter ist 30 m ((zeigt es im Text)).

So wechselwirkt das Vereinfachen am deutlichsten mit dem Organisieren und dem Visualisieren, indem außer- und innermathematisch skizziert wird und Verknüpfungen hergestellt werden. Keine auffällige Beziehung findet sich hingegen zwischen dem Vereinfachen und dem Operationalisieren. Beispielsweise dem Text Informationen zu entnehmen und diese in eine mathematische Gleichung einzupflegen, ist kaum zu verzeichnen. Stattdessen korrespondiert das Operationalisieren bei fast allen Paaren deutlich mit dem Visualisieren.

Bahar	06:08	Ja aber das, wir haben, wissen schonmal, dass das die Gegenkathete von dem hier ((zeigt auf die Leiter)) (Amba: Ja /) und die Ankathete haben wir auch. (Amba: Das ist die Gegenkathete von (unv.)) Das heißt, wir können jetzt Gegenkathete durch Ankathete machen? Das heißt x (durch Tangens?) (Amba: Ja genau Tangens.) Tangens.
Vivien	02:56	Und die Schräge die wir dann haben ((zeichnet)) ist dann wird/ dann ist das 30 Meter. 30 und dann rechnen wir einfach das ((zeigt auf die 30)) minus das ((zeigt auf die 12)) und dann kriegen wir mit Pythagoras die Höhe raus [...]

Die Ausschnitte aus den Transkripten von Bahar und von Vivien stellen beispielhaft dar, inwiefern Skizzen mathematische Strukturen, Relationen und Operationen entnommen werden.

Es zeigt sich anhand der markanten Wechsel, dass die Schüler:innen kaum vom Vereinfachen zum Operationalisieren wechseln. Das kann so gedeutet werden, dass die Schüler:innen in den häufigsten Fällen die Informationen, die sie selektiv lesen und nach Relevanz sortieren (Vereinfachen), zunächst in außer- und innermathematische Skizzen einpflegen (Organisieren und Visualisieren) bevor mathematische Gleichungen aufgestellt werden (Operationalisieren) und mathematisch gearbeitet wird (Mod 4). Dies entspräche einem idealisierten Durchlaufen eines Teiles des Modellierungskreislaufes. Auch wenn die Paare nicht exakt diesem Strang folgen, sondern häufig zwischen den Teilschritten springen, zeigen sich gerade bei den Verknüpfungen auffällige Wechselbeziehungen, die einem idealisierten Vorgehen zugerechnet werden können. Dies betrifft sowohl die sozial begünstigten wie benachteiligten Paare. Bei der Feuerwehr-Aufgabe scheint es hinsichtlich der sozialen Herkunft keine systematischen Unterschiede bei den Wechselbeziehungen zwischen den Kategorien zu geben. Die auffälligsten Wechselbeziehungen finden sich in beiden Gruppen nahezu gleichermaßen wieder.

Darüber hinaus kann festgestellt werden, dass die Schüler:innen bei 78 % aller Übergänge entweder innerhalb derselben Tätigkeit bleiben oder zur darauffolgenden Tätigkeit im Modellierungskreislauf wechseln (vgl. Vorgehen Abschnitt 8.2.1.8). Damit bewegen sich die Schüler:innen bei einem Großteil ihrer Tätigkeiten auf dem Pfad des idealisierten Modellierungskreislaufes. 22 % aller Übergänge führen zu einer anderen, nicht auf der idealisierten Route liegenden, Tätigkeit. Es zeigen sich keine Unterschiede bezüglich der sozialen Herkunft der Schüler:innen.

Diskussion 9

Ziel dieser Forschungsarbeit ist es zu untersuchen, inwiefern sich beim mathematischen Modellieren Gemeinsamkeiten und Unterschiede von Bearbeitungsprozessen von Schüler:innenpaaren mit ihrer sozialen Herkunft in Verbindung bringen und erklären lassen. Neben familiären und schulischen Bedingungen werden in diesem Zuge auch Eigenschaften von Modellierungsaufgaben zur Erklärung und Interpretation von Auffälligkeiten in den Bearbeitungsprozessen in den Blick genommen. Um dies zu diskutieren und um gezielt auf die Kluft zwischen sozial benachteiligten und sozial begünstigten Schüler:innen reagieren und an ihr Potential anknüpfen zu können, wurden in dieser Arbeit Bearbeitungen von Schüler:innen prozessorientiert betrachtet. Dazu wurden die einzelnen Fälle zunächst mithilfe von transkribierten und codierten Video- und Audioaufnahmen der Aufgabenbearbeitung, des stimulated recalls und des Interviews verstehend-interpretativ (Döring & Bortz, 2016, S. 63; Mayring, 2010, S. 19) beschrieben (Abschnitt 8.1). Zweck dieser Phase war es, sich in die Fälle hineinzuversetzen, sie zu rekonstruieren, zu deuten und eine Grundlage für den Vergleich der Modellierungsprozesse zu schaffen. Die Codierungen basieren auf den Teilschritten mathematischer Modellierungskreisläufe und wurden um induktiv entwickelte Subkategorien erweitert. Damit ermöglichen die Fallbeschreibungen eine hohe Nachvollziehbarkeit der Prozesse und gleichzeitig eine Vorbereitung abstrahierter Analysen. Anhand eines inhaltsanalytischen Fallvergleichs wurden sodann Systematiken zwischen den Paarbearbeitungen unter dem Gesichtspunkt ihrer sozialen Herkunft herausgearbeitet (Abschnitt 8.2). Vergleichende Analysen von Fällen bieten sich an, um im Material die Eigenheiten unterschiedlicher sozialer Gruppen zu identifizieren (Lamnek & Krell, 2016, S. 107). Entlang der entwickelten Kategorien, angelehnt an die Teilschritte mathematischen Modellierens, wurden anhand feingliedriger Analysen verbale und non-verbale Aktivitäten sowie

© Der/die Autor(en), exklusiv lizenziert an Springer Fachmedien Wiesbaden GmbH, ein Teil von Springer Nature 2023
I. Ay, *Soziale Herkunft und mathematisches Modellieren*, Studien zur theoretischen und empirischen Forschung in der Mathematikdidaktik, https://doi.org/10.1007/978-3-658-41091-9_9

Mitschriften, Bearbeitungsdauern und Bearbeitungsverläufe untersucht. Da die Dispositionen von Individuen immer auch Ausdruck ihrer sozialen Umgebung sind, ist es anhand der Analysen aus den Fallvergleichen möglich, individuelle Handlungspraktiken von Schüler:innen als überindividuelle gesellschaftliche Strukturen zu diskutieren (Bourdieu, 1979/1982). Somit ermöglichen Analysen von Modellierungsprozessen auch Rückschlüsse auf gesellschaftliche Phänomene. In diesem Abschnitt werden die gewonnenen Erkenntnisse aus den Analysen diskutiert und anhand von einschlägigen empirischen und theoretischen Befunden in einen größeren Rahmen eingebettet. Daraus resultiert die Formulierung generalisierter Hypothesen.

Tabelle 9.1 gibt einen Überblick über zentrale Gemeinsamkeiten und Unterschiede zwischen Fallbeschreibungen, Fallvergleichen und Ergebnisdiskussionen.

Tabelle 9.1 Unterschiede zwischen Fallbeschreibung, Fallvergleich und Ergebnisdiskussion

	Beschreibung der Fälle (Abschnitt 8.1)	Vergleich der Fälle (Abschnitt 8.2)	Diskussion der Ergebnisse (Abschnitt 9.1)	Tendenz über die Abschnitte hinweg
Nähe zum Einzelfall	hoch	eher hoch	gering	sinkend
Nähe zur konkreten Modellierungsaufgabe	hoch	hoch	eher gering	sinkend
Nähe zum Kategoriensystem	eher gering	hoch	hoch	steigend
Generalisierung der Ergebnisse	gering	eher gering	hoch	steigend

Die jeweiligen Abschnitte erfüllen dabei spezifische Zwecke für diese Untersuchung und bauen aufeinander auf. Während die Nähe zum Einzelfall in den Fallbeschreibungen sehr hoch und auch in den Fallvergleichen noch recht hoch ist, ist die Nähe zum Einzelfall in der Diskussion geringgehalten und dient primär Veranschaulichungszwecken. Ähnlich verhält es sich mit der Nähe zur konkreten Modellierungsaufgabe, die bei Fallbeschreibungen und Fallvergleichen hoch ist, während in diesem Abschnitt in weiten Teilen über die konkrete Aufgabe hinaus diskutiert wird. Entgegengesetzt verhält es sich bei der Betrachtung der Daten aus der Perspektive des Kategoriensystems. In der Fallbeschreibung ist der Fokus der Kategorien eher gering ausgeprägt. Die Fallvergleiche und Diskussion der Ergebnisse weisen eine hohe Orientierung am Kategoriensystem auf. Entsprechend geht mit einer Nähe zum Fall auch eine geringe Generalisierbarkeit einher. Im Sinne der Abstrahierungsabsicht wurden die Daten im Laufe des Ergebnisteils immer weiter verdichtet.

In diesem Abschnitt werden zu den einzelnen Analyseschwerpunkten zentrale Erkenntnisse der Untersuchung zusammengefasst und vor dem Hintergrund der dargelegten Forschungsbefunde diskutiert. Die Diskussion mündet in die Entwicklung verdichteter, fallübergreifender Hypothesen, auf die in weiteren Forschungsarbeiten aufgebaut werden kann. Eine Zusammenfassung der Diskussion und der aufgestellten Hypothesen findet sich in Abschnitt 9.2. Im Anschluss werden die Grenzen dieser Studie thematisiert (Abschnitt 9.3) sowie daran anknüpfend Schlussfolgerungen für die Forschung (Abschnitt 9.4) und die Unterrichtspraxis (Abschnitt 9.5) erörtert.

9.1 Diskussion der Ergebnisse und Hypothesengenerierung

Die folgenden Unterabschnitte sind strukturell, wie auch die Fallvergleiche (Abschnitt 8.2), entlang der entwickelten Kategorien zum mathematischen Modellieren strukturiert. Interpretationen, Erklärungsansätze und Hypothesen basieren auf den dargestellten Ergebnissen (Kapitel 8) und finden sich unter Betrachtung theoretischer und empirischer Befunde aus Mathematikdidaktik, Bildungswissenschaften und Soziologie.

9.1.1 Realitätsnahe und mathematiknahe Modellierungstätigkeiten

Beim mathematischen Modellieren gibt es Aktivitäten, die in der Welt der Mathematik stattfinden und solche, die die Realität betreffen (u. a. Blum & Leiss, 2007; Galbraith & Stillman, 2006; Maaß, 2005; Niss et al., 2007). Strukturen beider Welten gilt es für eine angemessene Modellierung zu berücksichtigen und in Beziehung zueinander zu setzen (Reusser & Stebler, 1997). In diesem Abschnitt wird die Forschungsfrage unter dem Gesichtspunkt der Auseinandersetzung mit realitäts- und mathematiknahen Modellierungstätigkeiten beleuchtet.

Um einen solchen Zusammenhang herauszuarbeiten, wurden die Teilschritte des Modellierens aufgeteilt in jene, die auf ein Modell oder Resultat in der Realität abzielen (Verstehen, Vereinfachen/Strukturieren, Interpretieren, Überprüfen) und solche, die auf ein Modell oder Resultat in der Mathematik abzielen (Mathematisieren, Mathematisch Arbeiten, Bewerten). Die Dauer, mit der sich die Paare mit den realitäts- und mathematiknahen Teilschritten des Modellierens auseinandersetzen, wurde für die Paare sozial begünstigter und benachteiligter Herkunft einander gegenübergestellt. Die Analysen finden sich in den Abschnitten 8.2.1.7 und 8.2.2.7 und resultieren im Vergleich der Teilschritte (Tabelle 9.2).

Tabelle 9.2 durchschnittlicher Anteil realitätsnaher und mathematiknaher Modellierungstätigkeiten am gesamten Bearbeitungsprozess – Vergleich sozial benachteiligter und begünstigter Paare

		Sozial benachteiligte Paare	Sozial begünstigte Paare
Riesenpizza-Aufgabe	Realitätsnahe Teilschritte	66 %	72 %
	Mathematiknahe Teilschritte	28 %	24 %
Feuerwehr-Aufgabe	Realitätsnahe Teilschritte	48 %	43 %
	Mathematiknahe Teilschritte	46 %	52 %

Bei der Feuerwehr-Aufgabe halten sich im Durchschnitt realitäts- und mathematiknahe Modellierungstätigkeiten die Waage. Bei der Riesenpizza-Aufgabe hingegen nehmen Teilschritte, die auf Modelle und Resultate in der Realität abzielen, im Durchschnitt (und auch bei jedem bis auf einem Paar) einen Großteil der Bearbeitungszeit ein. Verschiedene Erklärungen kommen in Betracht: Ärlebäck (2009) deutet darauf hin, dass unterbestimmte Aufgaben[1], bei denen geschätzt werden muss, den Fokus in Teilen von der Mathematik weglenken. Bei der Riesenpizza-Aufgabe fehlen offensichtlich sowohl Zahlenwerte als auch andere notwendige Informationen zur Vorgehensweise. „hätten wir Zahlen angegeben, dann hätten wir wahrscheinlich auch […] gerechnet." (Amba, stimulated recall, 00:16) Damit unterscheidet sich diese Aufgabe von vielen anderen realitätsbezogenen Aufgaben aus dem Mathematikunterricht, denen alle notwendigen Informationen zugrunde liegen (Verschaffel et al., 2000, S. 58–60). Zudem enthält die Aufgabe ein essentielles Foto, sodass die Abbildung zu verwenden ist, um Informationen zu generieren, mit denen gearbeitet werden kann. Dem Foto Informationen zu entnehmen und Werte zu schätzen trägt im Wesentlichen zur

---

[1] Der Autor postuliert dies anhand von Fermi-Aufgaben.

Entwicklung eines Realmodells bei. Ein Überhang realitätsnaher Tätigkeiten kann darüber erklärt werden. Bei der Feuerwehr-Aufgabe im Gegensatz dazu handelt es sich um eine offensichtlich überbestimmte Aufgabe, bei der eine Vielzahl an Werten und Informationen gegeben ist. Die Möglichkeit Mathematik anzuwenden erscheint dadurch naheliegender. Hinzu kommt, dass der Satz des Pythagoras oder trigonometrische Sätze im, zum Zeitpunkt der Durchführung aktuellen, Unterricht behandelt wurden, sodass nahe liegt, dass die Schüler:innen hier mathematische Strukturen und Relationen entdecken: „Wir haben jetzt auch eine Mathearbeit zurückbekommen [...]. Satz des Pythagoras. [...] Und das kann man eigentlich auch direkt erkennen, wenn man/ vor allem auch diese Form." (Dominik, stimulated recall, 00:00) Dass alle Teilnehmenden unterrichtsnahe Mathematisierungen identifizieren und verwenden, anstatt beispielsweise eine Konstruktionszeichnung anzufertigen oder über alternative Modelle nachzudenken, entspricht bisherigen Forschungsbefunden (Möwes-Butschko, 2010; Verschaffel et al., 2000, S. 59). Daneben entspricht die Aufgabe mit einem nicht-essentiellen Foto und scheinbar allen gegebenen nötigen Informationen dem Format bekannter Textaufgaben (vgl. Büchter & Leuders, 2005; Postupa, 2019). Die Aufgabe kann auch gelöst werden ohne beispielsweise Annahmen zu treffen – auch wenn dies zuungunsten einer plausiblen Modellierung gehen kann. Gleichzeitig muss eine Vielzahl an Informationen sortiert und Vorstellungen von der Situation entwickelt werden, was einer realitätsnahen Auseinandersetzung mit dem Kontext entspricht. So kann bei Betrachtung der Feuerwehr-Aufgabe erklärt werden, warum sowohl die mathematische als auch die reale Welt wesentliche Teile der Aufgabenbearbeitung der Teilnehmenden einnehmen. Es kann vermutet werden, dass die unterschiedlichen Aufgabenmerkmale einen Einfluss auf die Auseinandersetzung mit realitäts- bzw. mathematiknahen Modellierungstätigkeiten haben. Dies erscheint auch für die Unterrichtspraxis relevant, da gut überlegt sei, welchen Zweck eine Modellierungsaufgabe erfüllt, welche Prozesse sie tendenziell eher anregt und welche Fähigkeiten gefordert und gefördert werden.

Hypothese 1.1: *Aufgabenmerkmale von Modellierungsaufgaben, wie Über- bzw. Unterbestimmtheit und die Funktion von Abbildungen, haben einen Einfluss darauf, inwieweit sich Schüler:innen realitäts- oder mathematiknahen Modellierungstätigkeiten widmen.*

Bei keiner der beiden Aufgaben zeigt sich ein substanzieller Unterschied zwischen sozial benachteiligten und sozial begünstigten Paaren. Dieser Zusammenhang erscheint zunächst wenig erwartungskonform. Denn diverse Studien können identifizieren, dass gerade sozial benachteiligte Schüler:innen einen zu deutlichen realitäts- bzw. alltagsnahen Fokus auf Aufgaben legen oder einen zu deutlichen mathematiknahen Fokus (B. Cooper & Dunne, 1998; Holland, 1981; Leufer, 2016; Lubienski, 2000). Erklärungsansätze für die unterschiedlichen Erkenntnisse lassen sich in den verschiedenen Analysefokussen und methodischen Vorgehensweisen der Studien ausmachen (vgl. Abschnitt 4.4). In dieser Studie steht das mathematische Modellieren im Mittelpunkt. Damit werden realitätsbezogene Annahmen und Anknüpfungen an Stützpunktwissen ebenso wie das mathematische Modell als besonders aufgabenrelevant erachtet. Zudem werden in dieser Untersuchung die Erkenntnisse aus den Beobachtungen von Schüler:innen sozial benachteiligter Herkunft mit denen sozial begünstigter Schüler:innen abgeglichen. Eine andere Erklärung ist in der Analyseebene zu verorten. Soziale Unterschiede zeigen sich in dieser Studie nicht beim Vergleich realitätsnaher und mathematiknaher Modellierungstätigkeiten. Es liegt die Vermutung nahe, dass eine solche Unterteilung zu grob sein könnte, da in den folgenden Abschnitten soziale Unterschiede auf tieferen Analyseebenen herausgehoben werden können.

Hypothese 1.2:   *Es gibt keinen Zusammenhang zwischen der sozialen Herkunft von Schüler:innen und dem Anteil ihres Modellierungsprozesses, den sie sich mit realitätsnahen bzw. mathematiknahen Tätigkeiten auseinandersetzen.*

Es scheint insgesamt, als seien in Bezug auf die Auseinandersetzung mit realitäts- und mathematiknahen Modellierungstätigkeiten die Merkmale einer Aufgabe relevanter als soziale Unterschiede. Da der Vergleich keine herkunftsbezogenen Auffälligkeiten zeigt, basiert die Diskussion in den folgenden Abschnitten auf einer Analyse der Haupt- und Subkategorien.

9.1.2   Entwicklung eines Realmodells

Das Vereinfachen/Strukturieren stellt eine zentrale Tätigkeit beim mathematischen Modellieren dar, da hierbei Realmodelle gebildet werden (Blum, 1985; Blum & Niss, 1991; Rellensmann, 2019). Sie stellen als vereinfachtes Abbild der realen Situation (Henn, 2002) ein Fundament für die mathematische Weiterarbeit der Problematik dar (Leiss & Tropper, 2014). Um Zusammenhänge zu erkunden, wurden die Transkripte gemäß des Kategoriensystems codiert (Abschnitt 7.1.3) und analysiert (Kapitel 8). Die Daten wurden verglichen auf Ebene der Hauptkategorie Vereinfachen/Strukturieren und auf Ebene der Subkategorien Vereinfachen, Organisieren, Annahmen Treffen und Intention Explizieren

(Abschnitt 8.2). Die Untersuchung der Hauptkategorie lässt keine quantitativen Unterschiede zwischen sozial benachteiligten und begünstigten Paaren erkennen. In beiden Gruppen verbringen die Schüler:innen im Durchschnitt 34 % ihrer Bearbeitung mit dem Vereinfachen/Strukturieren. Ein Erklärungsansatz dafür, dass sich trotz identifizierter Unterschiede in den Subkategorien, keine auf der Ebene der Hauptkategorie ausmachen lassen, kann mit der weitgefächerten Spanne an Aktivitäten begründet werden, die zum Realmodell führen. Auf dem Weg zum Realmodell können sich Modellierende erfassenden, selektierenden, organisierenden und elaborierenden Tätigkeiten widmen (Friedrich & Mandl, 2006; Schukajlow, 2011; Schukajlow & Leiss, 2011). Solche Tätigkeiten können sich deutlich in ihrem Anspruch unterscheiden (Schukajlow et al., 2021), sodass so erklärt werden kann, warum sich auf der Ebene der Hauptkategorie keine Unterschiede zeigen lassen.

Hypothese 2.1: *Es gibt keinen Zusammenhang zwischen der sozialen Herkunft von Schüler:innen und dem Anteil ihres Modellierungsprozesses, den sie sich mit Tätigkeiten des Vereinfachens/Strukturierens auseinandersetzen.*

Dies legt eine Untersuchung auf einer ausdifferenzierteren Analyseebene nahe. Die folgenden Abschnitte beleuchten die Entwicklung von Realmodellen auf der Ebene der Subkategorien.

9.1.2.1 Vereinfachen

Die Subkategorie Vereinfachen zeichnet sich durch selektives Lesen, Erfassen und Sortieren von Informationen aus. Dazu gehören beispielsweise Unterstreichen oder Herausschreiben, Unterteilen gegebener Informationen nach Relevanz und Identifikation fehlender Informationen (Abschnitt 7.1.3). Sich mit dem Vereinfachen auseinanderzusetzen ist ein wichtiger Schritt beim mathematischen Modellieren und kann Schüler:innen bei der Lösungsfindung unterstützen (Leiss & Tropper, 2014, S. 55). Die Analysen zum Vereinfachen finden sich in den Abschnitten 8.2.1.1 und 8.2.2.2. Bei beiden Modellierungsaufgaben zeigen sich in beinahe allen Bearbeitungsprozessen Vereinfachungstätigkeiten. Diese Beobachtung ist erwartungskonform zu den Ergebnissen anderer Studien (Krawitz, 2020; Schukajlow, 2011; Schukajlow & Leiss, 2011). Es ist ein übliches Vorgehen beinahe aller Paare den Text, nach erstmaligem Lesen, nach relevanten und irrelevanten Informationen zu filtern und selektiv erneut nachzulesen. Die Schüler:innen orientieren sich zu Beginn des Bearbeitungsprozesses (vgl. Greefrath, 2015a). Es wird zudem im Text unterstrichen und Gegebenes und Gesuchtes

festgehalten. Dies entspricht einem üblichen und erfolgsversprechenden Vorgehen beim Bearbeiten von Textaufgaben (Bruder, 2003; Verschaffel et al., 2000).
Dass sich die Schüler:innen daran halten, verdeutlicht die Verinnerlichung und
Anwendung schulisch angeeigneter Vorgehensweisen und Normen (Brousseau,
1980; Yackel & Cobb, 1996) im Umgang mit realitätsbezogenen Aufgaben. Die
Schüler:innen können allesamt relevante Informationen, wie die Länge der Leiter, von irrelevanten Informationen, wie dem Hubraum, separieren und bekannte
mathematische Formeln auswählen und anwenden (siehe auch Abschnitt 9.1.4).

Hypothese 2.2:   *Schüler:innen am Ende der Sekundarstufe I[2] sind unabhängig*
von ihrer sozialen Herkunft in der Lage, in mathematikhalti-
gen Texten aufgabenrelevante und -irrelevante Informationen zu
identifizieren.

Tätigkeiten des Vereinfachens finden meist zu Beginn des Bearbeitungsprozesses
statt und schließen an das erstmalige Lesen der Aufgabe an. Im späteren Verlauf der Bearbeitung sind solche Tätigkeiten seltener vorzufinden. Bei einigen
Paaren ist dies dennoch zu beobachten. Eine insgesamt lange Auseinandersetzung mit dem Vereinfachen kommt insbesondere dadurch zustande, dass im Laufe
des Bearbeitungsprozesses immer wieder zum Text zurückgekehrt wird, um den
Text selektiv zu lesen und nach relevanten Informationen zu durchsuchen. Dies
kann auch als Zeichen dafür verstanden werden, „dass zu Beginn der Arbeit
einige Verständnisfragen nicht geklärt wurden." (Greefrath, 2015a, S. 182) Daher
werden solche Tätigkeiten auch zu den oberflächlichen Strategien gezählt (Schukajlow et al., 2021). Häufige und langandauernde Vereinfachungen lassen sich
unter anderem damit erklären, dass Paare Hürden beim Aufstellen ihrer Modelle
begegnen. Bei der Feuerwehr-Aufgabe äußert sich dies darin, dass viele Paare
Schwierigkeiten haben, die gegebenen Informationen in eine Skizze einzupflegen, weshalb sie regelmäßig zu den Informationen im Text zurückkehren. Bei der
Riesenpizza-Aufgabe äußert sich dies im Unmut darüber, dass Angaben fehlen,
weshalb sie regelmäßig zum Text zurückkehren, u. a. in der Annahme, dort weitere Informationen zu finden. Das häufige und langandauernde Auseinandersetzen
mit dem Vereinfachen führt bei den Modellierungsaufgaben ab einem gewissen
Grad zu keinem Mehrwert.

---

[2] Prinzipiell ist die Reichweite aller gebildeten Hypothesen auf Prozesse von Schüler:innen
am Ende der Sekundarstufe I eingeschränkt (vgl. Abschnitt 9.3). An dieser Stelle wird dieses
Merkmal erneut hervorgehoben, da ihm für die Erklärung dieser Hypothese eine besondere
Bedeutung zukommt. Selbiges gilt für Hervorhebungen der Sozialform (wie in Hypothese
6.1) oder der zeitlichen Rahmenbedingungen (Hypothese 6.3).

Hypothese 2.3: *Tätigkeiten des Vereinfachens finden sich tendenziell zu Beginn des Bearbeitungsprozesses. Schüler:innen, die sich im späteren Verlauf der Bearbeitung noch ausführlich und häufig Vereinfachungen widmen, sehen sich eher mit Hürden beim Aufstellen realer und mathematischer Modelle konfrontiert.*

Die sozial begünstigten Paare verbringen im Durchschnitt 00:45 Min. pro Aufgabe mit dem Vereinfachen, die sozial benachteiligten Paare im Durchschnitt 01:36 Min. – und damit mehr als doppelt so lange. Langandauernde und häufige Auseinandersetzungen mit Tätigkeiten des Vereinfachens finden sich zwar in beiden Gruppen sozialer Herkunft. Sie kommen jedoch häufiger bei sozial benachteiligten Paaren vor. Das heißt, sozial benachteiligte Schüler:innen scheinen häufiger zum Ausgangsmaterial zurückzukehren, um darin selektiv zu lesen und nach relevanten, teilweise bislang unentdeckten, Informationen zu suchen. Erklärungsansätze können in häuslich und schulisch angeeigneten Normen und Regeln gesucht werden. Bisherige Befunde deuten darauf hin, dass Familien sozial benachteiligter Herkunft eher einen Habitus verinnerlichen, der Konformität und Anpassung gegenüber Regeln hervorhebt (Bourdieu, 1979/1982, S. 596–597; Grundmann et al., 2003; Kohn, 1977). Autoritäten, wie eine Lehrperson oder eine gegebene Aufgabe, werden tendenziell nicht angezweifelt. Beispielsweise kann Leufer (2016) beobachten, dass sozial benachteiligte Schüler:innen ihren Ansätzen tendenziell misstrauen. Sozial begünstigte Schüler:innen hingegen stellen eher Rückfragen im Unterricht (Calarco, 2014) und bekommen eher von ihren Eltern vorgelebt, das Recht zu haben, Lehrpersonen überwachen und kritisieren zu dürfen (Lareau, 1987). Dazu kann auch gehören, eine Aufgabe zu hinterfragen. Darüber hinaus scheinen Schüler:innen im Unterricht kaum zu lernen, Normen und Regeln zu hinterfragen (Ladson-Billings, 1997). Es scheint insgesamt, als erfahren sozial benachteiligte Schüler:innen auch Ungleichheit dadurch, dass sie zu Hause tendenziell weniger erfahren, Regeln zu hinterfragen und Schule dies auch in Teilen nicht angeht. Werden bekannte Regelmäßigkeiten und routinierte Tätigkeiten nicht hinterfragt, scheint es nahezuliegen, dass sozial benachteiligte Schüler:innen bei Hürden tendenziell zu bekannten Aktivitäten des Vereinfachens zurückkehren. Damit könnte erklärt werden, warum sozial benachteiligte Schüler:innen bei Hürden eher an bekannten Mustern festhalten.

Hypothese 2.4: *Langandauernde und häufige Auseinandersetzungen mit wiederholenden Tätigkeiten des Vereinfachens sind eher bei sozial benachteiligten Schüler:innen als bei sozial begünstigten Schüler:innen vorzufinden.*

9.1.2.2 Intention Explizieren

Die Subkategorie *Intention Explizieren* zeichnet sich dadurch aus, dass Schüler:innen die in der Aufgabe implizit enthaltenen schwerpunktmäßigen Anforderungen thematisieren. Der subjektiv wahrgenommene Sinn der Aufgabe wird erfasst. Die Analysen finden sich in den Abschnitten 8.2.1.2 und 8.2.2.3. Die Riesenpizza-Aufgabe und die Feuerwehr-Aufgabe unterscheiden sich in ihren impliziten Anforderungen (Abschnitt 6.4). Bei der Riesenpizza-Aufgabe gilt es zu erkennen, dass Schätzen eine zentrale Anforderung der Aufgabe darstellt. Die meisten Schüler:innen benennen dies eigenständig während der Bearbeitung, ohne, dass die Aufgabe einen entsprechenden Hinweis darauf liefert. Einige Paare benennen es unmittelbar zu Beginn des Lösungsprozesses. Andere Paare stören sich zunächst an den fehlenden Zahlen. Sie suchen nach versteckten, unentdeckten Informationen und diskutieren anschließend, dass es sich um eine Schätzaufgabe handeln muss. Es scheint, als führten die fehlenden Informationen früher oder später dazu, sich damit auseinanderzusetzen, wie mit den fehlenden Werten umzugehen ist. Die Riesenpizza-Aufgabe lässt sich für die Schüler:innen offensichtlich nicht mit den Spielregeln von Textaufgaben (Verschaffel et al., 2000) lösen. Daher sprechen die Paare über alternative Vorgehensweisen. Die offensichtliche Unterbestimmtheit der Aufgabe kann möglicherweise erklären, warum die Schüler:innen die wahrgenommenen Anforderungen der Aufgabe thematisieren. Schließlich scheinen gerade Aufgaben im Umgang mit Ungenauigkeiten und fehlenden Werten im Unterricht rar und ungewohnt zu sein (Greefrath & Leuders, 2009; Möwes-Butschko, 2010). Bei der Feuerwehr-Aufgabe stellt das Sprechen über die Intention der Aufgabe keine beobachtbare Tätigkeit dar. Die Schüler:innen scheinen keinen Bedarf darin zu sehen, über die Intention der Aufgabe zu sprechen. Die zentralen Anforderungen an die Bearbeitung werden von den Schüler:innen erst auf Rückfrage im Interview thematisiert. Erklärungsansätze liegen möglicherweise darin, dass die Aufgabe den inhaltlichen Anforderungen des aktuellen Mathematikunterrichts entspricht und dass sie die benötigten Werte zur Berechnung eines Resultats enthält.

Hypothese 2.5: *Unterbestimmte Modellierungsaufgaben, in denen offensichtlich Informationen fehlen, regen eher dazu an, eigenständig über die Intention der Aufgabe zu sprechen.*

Bei der Feuerwehr-Aufgabe liegen die impliziten Anforderungen an die Schüler:innen darin, die relevanten Informationen herauszufiltern, Annahmen über die Bedeutung der Ausrichtung und der Höhe des Fahrzeugs zu treffen, ein entsprechendes visuelles Modell aufzustellen und anhand von bekannten mathematischen

Verfahren die fehlende Seite zu ermitteln und zu erkennen, dass es sich um eine überbestimmte Aufgabe handelt. Alle Paare filtern bei der Feuerwehr-Aufgabe die gegebenen Informationen nach Relevanz. Ein Großteil von ihnen benennt dies auch als zentrale Anforderung der Aufgabe. Ein möglicher Erklärungsansatz dafür, dass viele Schüler:innen diese Tätigkeit als zentrale Anforderung herausstellt, mag darin liegen, dass sie zu schulisch erworbenen Herangehensweisen an Textaufgaben gehören (Brousseau, 1980; Bruder, 2003; Verschaffel et al., 2000; Yackel & Cobb, 1996). Schüler:innen am Ende der Sekundarstufe I scheinen in der Lage zu sein dieser Norm zu entsprechen und dies zu kommunizieren. Dies gilt ebenso für die Riesenpizza-Aufgabe, bei der die meisten Schüler:innen das Schätzen als zentral für die Aufgabenbearbeitung herausstellen.

Hypothese 2.6: *Schüler:innen erkennen unabhängig von ihrer sozialen Herkunft einen Teil impliziter Anforderungen von Modellierungsaufgaben.*

Die Hypothesen 2.5 und 2.6 stellen Tendenzen zum Explizieren der Intention dar, die sich unabhängig von der sozialen Herkunft vermuten lassen. Daneben gibt es auch Unterschiede zwischen den sozialen Gruppen. Bei der Riesenpizza-Aufgabe heben die meisten Paare das Schätzen hervor. Dennoch finden sich unterschiedliche Auslegungen darüber, was unter Schätzen zu verstehen ist. Einige Paare sprechen eher von einem „Gefühl" (Amba, stimulated recall, 01:16), bei dem man „nicht wirklich rechnen muss" (Amba, stimulated recall, 01:16), sondern bei dem sich „einfach eine Zahl ausgedacht" (Aram, Interview, 02:11) und „eher so geraten" (Lena, Interview, 01:06) wird. Bei diesen Paaren handelt es sich um sozial benachteiligte Schüler:innen. Andere Paare, die die Riesenpizza im Wesentlichen visuell zerlegen, heben eher die Bedeutung des Fotos und damit einhergehende Größenvergleiche hervor. Paare, die die Flächeninhalte von Riesenpizza und gewöhnlicher Pizza ermitteln und vergleichen, heben vor allem die Rolle von Vergleichsobjekten und Maßstäben hervor. Letztere Paare gehören mehrheitlich der sozial begünstigten Herkunft an. Es scheint, als komme es bei sozial benachteiligten Schüler:innen häufiger vor, dass sie die Aufforderung der Riesenpizza-Aufgabe darin sehen, vom Gefühl her zu argumentieren, während sozial begünstigte Paare häufiger das Schätzen anhand von Vergleichsobjekten in den Vordergrund rückten. Da von einer Schulklasse bzw. Schule jeweils sozial benachteiligte und begünstigte Schüler:innen teilnahmen, ist nicht davon auszugehen, dass die im konkreten Mathematikunterricht geltenden Normen die Unterschiede zu erklären vermögen. Andere häuslich-sozialisierte Bedingungen scheinen eher zu wirken, die dafür verantwortlich sind, dass die Schüler:innen

die Anforderungen der Aufgabe unterschiedlich wahrnehmen. So legen bisherige Studien nahe, dass sozial benachteiligte Schüler:innen weniger gut in der
Lage sind die Anforderungen an Aufgaben zu erkennen und entsprechend zu handeln (B. Cooper, 2007; B. Cooper & Dunne, 1998; Leufer, 2016; Morais et al.,
1992). Es gehe hierbei insbesondere nicht um kognitiv unterschiedliche Fähigkeiten (Bernstein, 2005), sondern um soziokulturell unterschiedliche Dispositionen
von Kindern (B. Cooper & Dunne, 2000).

Auffälligkeiten zeigen sich auch bei der Feuerwehr-Aufgabe. Zunächst
benennt die Mehrheit der Paare das Filtern von Informationen als intendierte
Kerntätigkeit der Aufgabe. Hierbei zeigt sich kein Zusammenhang zur sozialen Herkunft, zur Mathematikleistung oder zum gewählten Lösungsansatz. Mehr
als die Hälfte der Paare spricht das Abprüfen von Routinetätigkeiten als wahrgenommene Intention der Aufgabe an. Im Vordergrund ständen Rechnen und
das Verwenden richtiger Formeln. Unter diesen Paaren, finden sich mehrheitlich
auch diejenigen, die weder die Höhe noch die Ausrichtung des Fahrzeugs in
ihrer Modellierung thematisieren. Gerade Letztere bearbeiten die Frage im Sinne
einer Routineaufgabe, bei der es den Kontext zu entkleiden gilt. Bis auf ein
Paar sind alle Paare, die Routinetätigkeiten als schwerpunktmäßige Anforderung
der Aufgabe ansprechen, sozial benachteiligter Herkunft. Ein Zusammenhang zur
Mathematikleistung zeigt sich nicht. Zwei Paare heben darüber hinaus hervor,
dass bei der Aufgabe weitergedacht werden muss als bei gewöhnlichen Aufgaben zum Satz des Pythagoras. „Logisches Denken" (Tobias, Interview, 01:03) sei
darüber hinaus erforderlich, womit sich die Paare auf die Höhe und die Ausrichtung des Fahrzeugs beziehen. Beide Paare sind sozial begünstigter Herkunft. Es
scheint, dass die sozial benachteiligten Schüler:innen eher die Routinetätigkeiten der Aufgabe hervorheben, während das Hervorheben darüberhinausgehender
Tätigkeiten eher bei den sozial begünstigten Paaren beobachtet werden kann.
Erklärungsansätze können in der häuslichen Sozialisation ausgemacht werden.
In sozial benachteiligten Familien finden sich häufiger autoritäre Erziehungsstile, Konformität gegenüber Autoritäten und direkte Anweisungen (Grundmann
et al., 2003; Kohn, 1977; Weininger & Lareau, 2009). Mit diesem Konformitätsprinzip gehe ein pragmatisches und funktionalistisches Denken einher
(Bourdieu, 1979/1982, S. 591). Erlernen Schüler:innen im Mathematikunterricht
Spielregeln im Umgang mit Textaufgaben und fokussiert die häusliche Sozialisation eher Konformität, so erscheint es nicht verwunderlich, wenn insbesondere
sozial benachteiligte Schüler:innen auch Modellierungsaufgaben versuchen nach
bekannten Strukturen zu lösen und sich davor scheuen diese anzuzweifeln.

Hypothese 2.7: *Schüler:innen – insbesondere sozial benachteiligter Herkunft, aber auch sozial begünstigter Herkunft – nehmen Modellierungsaufgaben aus der Perspektive altbekannter, schulisch erworbener Vorgehensweisen wahr und können dadurch versteckte Anforderungen an eine Modellierungsaufgabe übersehen.*

9.1.2.3 Organisieren und Annahmen Treffen

Die Subkategorien Organisieren und Annahmen Treffen zeichnen sich durch Aktivierung von Stützpunktwissen, durch Entnahme von im Material implizit enthaltenen Informationen und durch planerische Zusammensetzung von Informationen aus. Dazu gehören u. a. Messen im Bild, Zeichnen, Skizzieren oder Einteilen, Schätzen und Plausibilitätsüberlegungen im Rahmen des Realmodells (Abschnitt 7.1.3). Die Analysen zum Organisieren und Annahmen Treffen finden sich in den Abschnitten 8.2.1.3 und 8.2.2.1. Bei beiden Modellierungsaufgaben zeigen sich Aspekte dieser Tätigkeiten in allen beobachteten Bearbeitungsprozessen. Alle Paare skizzieren und/oder setzen sich mit den gegebenen Abbildungen auseinander (siehe auch Abschnitt 9.1.3). Darüber hinaus aktivieren alle Paare Erfahrungen oder Stützpunktwissen, indem sie beispielsweise den durchschnittlichen Pizzakonsum einer Person schätzen, die Ausrichtung einer Drehleiter auf einem Fahrzeug besprechen oder die Höhe von Gebäuden schätzen. Ein möglicher Grund liegt darin, dass Feuerwehr, Pizza sowie Party lebensweltnahe Kontexte darstellen, die im Alltag der Schüler:innen auftauchen können. Sowohl bei der Riesenpizza-Aufgabe als auch der Feuerwehr-Aufgabe können Stützpunktwissen und Alltagserfahrungen beim Aufbau eines Realmodells verwendet werden. In beiden Gruppen sozialer Herkunft finden sich solche Aspekte des Annahmen Treffens, obwohl die Aufgaben dies nicht unmittelbar von den Schüler:innen einfordern. Es finden sich Annahmen und Diskussionen zu dem Durchmesser der Riesenpizza, dem Durchmesser einer gewöhnlichen Pizza, zum Essverhalten des Gäste, zur Breite eines Menschen, zum Geschlecht bzw. dem Alter der Gäste, zur Größe der Riesenpizza in Relation zum Essverhalten der eigenen Schulklasse/-stufe, zur Bedeutung der Höhe des Fahrzeugs, zur Position der Leiter und zur Ausrichtung des Fahrzeugs. Solche Annahmen finden sich herkunftsübergreifend in den Modellen der Schüler:innen und können fruchtbare Ansätze entstehen lassen. Insbesondere Partys und Pizzen scheinen lebensweltnahe Situationen darzustellen, die die Aktivierung von Erfahrungen anregen können. Darüber hinaus liegt eine mögliche Erklärung für die intensivere Auseinandersetzung mit Alltagserfahrungen und Stützpunktwissen bei der Riesenpizza-Aufgabe darin, dass sie unterbestimmt ist. Eine aktive Auseinandersetzung mit dem Kontext scheint sich den Schüler:innen eher anzubieten, da keine weiteren Angaben zur Verfügung stehen, anhand derer mathematisch gearbeitet werden kann. Eine mögliche Erklärung findet sich auch bei Krawitz et al. (2018). Die Autor:innen können teilweise feststellen, dass Aufgaben mit offensichtlich fehlenden Informationen (wie die Riesenpizza-Aufgabe) signifikant häufiger auf Grundlage realistischer Annahmen gelöst werden als Aufgaben, bei denen die fehlenden Informationen nicht offensichtlich sind (wie die Feuerwehr-Aufgabe). Auch in anderen Studien zu Modellierungsaufgaben kann beobachtet werden, dass Schüler:innen alltägliche Erfahrungen in ihre Argumentation miteinbeziehen (B. Cooper & Dunne, 1998; Lubienski, 2000; Potari, 1993). Ein übermäßiger Einsatz von alltäglichen Erfahrungen stellt in den benannten Studien häufig ein Spezifikum für sozial benachteiligte Schüler:innen dar und wird als defizitär diskutiert, weil es verhindern könnte, dass die Schüler:innen die hinter der Situation liegende Mathematik identifizieren und lernen (B. Cooper & Dunne, 2000; Lubienski, 2000). Die unterschiedlichen Auswertungen der ähnlichen Erkenntnisse sind dabei nicht auf die Aufgaben oder die Ergebnisse der Beobachtungen zurückzuführen, sondern scheinen eher anhand der Erwartungen an die Schüler:innen (Bernstein, 2000; Blum, 2015) erklärt werden zu können. In dieser Studie gelten Alltagserfahrungen und Stützpunktwissen als zentral für die Aufgabenbearbeitung und sollen für die Modellbildung genutzt werden, wie an der folgenden Aussage einer Teilnehmenden deutlich wird: „Da steht nämlich DU und eine Party mit 80 Leuten. Und wenn man so überlegt, Leute im jungen Alter, die laden bestimmt Leute aus der Stufe ein, [...] sind ja ungefähr die Hälfte Mädchen die Hälfte Jungs" (Kaia, stimulated recall, 03:10). So können Modellierungsaufgaben und die dazugehörige Offenheit der Lösungswege einen Rahmen liefern, der das Alltagswissen aller Schüler:innen wertschätzt. Gerade authentische Realitätsbezüge könnten mathematische Probleme so zugänglich machen, da sie anregen zu schätzen und die Struktur des Problems zu diskutieren (Ärlebäck, 2009).

Hypothese 2.8:   *Schüler:innen sozial begünstigter und sozial benachteiligter Herkunft verfügen über Stützpunktwissen und Alltagserfahrungen, die sie beim Modellieren anwenden können.*

Dennoch finden sich nicht alle Aspekte des Organisierens und Annahmen Treffens bei allen Paaren wieder. Bei der Feuerwehr-Aufgabe setzt sich fast die Hälfte der Paare während ihrer Modellierung mit der Ausrichtung des Feuerwehrfahrzeugs auseinander. Aufzeichnungen aus der Beobachtung, dem stimulated recall und dem Interview legen nahe, dass sich alle *anderen* Paare *nicht* mit der Ausrichtung auseinandersetzen. Ein Zusammenhang zur sozialen Herkunft oder zur

Mathematikleistung zeigt sich nicht. Die Höhe des Fahrzeugs wird von mehr als der Hälfte der Paare in ihrem Resultat berücksichtigt. Es deutet sich eine schwache Tendenz an, dass mehr sozial begünstigte Schüler:innen dies tun. Bei der Riesenpizza-Aufgabe schätzt fast die Hälfte der Paare den Durchmesser der Riesenpizza. Mit einem solchen Ansatz geht in dieser Untersuchung auch immer ein mathematischer Ansatz einher, bei dem die Paare den Durchmesser einer gewöhnlichen Pizza schätzen und anschließend die Flächeninhalte der Pizzen bestimmen und in Verhältnis zueinander setzen. Dieses Vorgehen zeigt sich meist bei den sozial begünstigten Paaren. Daneben gibt es einen großen Anteil an Paaren, die die abgebildete Riesenpizza visuell in Stücke zerlegen und daraus ein Resultat ermitteln. Auch bei diesem Vorgehen zeigt sich die Tendenz, dass die sozial begünstigten Paare eher Annahmen treffen, indem die Visualisierungen in Relation zu einem Vergleichsobjekt gesetzt werden (Tabelle 6). Obwohl die meisten Paare (sozial benachteiligt wie sozial begünstigt) im Laufe ihrer Bearbeitung Annahmen treffen, indem sie Stützpunktwissen aktivieren und sich über Alltagserfahrungen austauschen, zeigen sich eine Reihe von Annahmen, die sich ausschließlich bei den sozial begünstigten Paaren beobachten lassen. Dazu gehören Stützpunktwissen und Alltagserfahrungen ...

- zur Körpergröße- oder breite eines Menschen,
- zur Länge und Spannweite von Händen,
- zur Unterarmlänge von Menschen,
- zur Größe von Salamischeiben, Familienpizzen, Pizzablechen, Autoanhängern und Brötchen,
- zur Dauer von Partys und
- zu weiteren verfügbaren Lebensmitteln auf der Party.

Die sozial begünstigten Paare zeigen bei der Riesenpizza-Aufgabe insgesamt ein breiteres Spektrum an Vergleichsobjekten, Stützpunktwissen und Erfahrungen, die sie in die Entwicklung von Realmodellen einbringen.

In dieser Studie zeigten sich beim Organisieren und Annahmen Treffen soziale Unterschiede deutlicher bei der Riesenpizza-Aufgabe als bei der Feuerwehr-Aufgabe. Das kann darüber erklärt werden, dass die offensichtlich nötigen Informationen zur Aufgabenbearbeitung bei der Feuerwehr-Aufgabe im Prinzip gegeben sind (vgl. Krawitz et al., 2018). Es gilt sie zu identifizieren, ihre Bedeutung herauszuheben und sie in die Modelle einzupflegen. Darüber hinaus lassen sich auch ohne Einbezug von Höhe und Ausrichtung des Fahrzeugs plausibel erscheinende Modelle und Resultate ermitteln.

Erklärungsansätze für die identifizierten sozialen Unterschiede können aus den Bedingungen, in denen Schüler:innen sozial unterschiedlicher Herkunft leben, hergeleitet werden. Während beispielsweise Vereinfachen im hiesigen Sinne zu den üblichen Tätigkeiten beim Umgang mit Mathematikaufgaben gehört (vgl. Brousseau, 1980; Bruder, 2003; Verschaffel et al., 2000), stellt das eigenständige Aktivieren von Stützpunktwissen und Alltagserfahrungen und Einpflegen in Modelle eher keine häufige Tätigkeit im Mathematikunterricht dar (Blum, 2015; Christiansen, 2001; Ladson-Billings, 1997; Möwes-Butschko, 2010). Gründe für die gefunden sozialen Unterschiede müssen somit außerhalb der schulischen Sphäre gesucht werden. In der Literatur heißt es dazu, dass sozial begünstigte Familien in der Erziehung eher Neugierde, problemorientiertes Denken, Selbststeuerung und Eigenständigkeit hervorheben (Evans et al., 2010; Kohn, 1977; Weininger & Lareau, 2009). Es ist zu vermuten, dass die Fähigkeit, der Wille und das Durchsetzungsvermögen entsprechendes Alltagswissen in problemhaltigen Modellierungsaufgaben selbstgesteuert einzubringen nicht gleichermaßen in der Gesellschaft verteilt sind. Damit soll insbesondere *nicht* hervorgehoben werden, dass sozial benachteiligte Schüler:innen über weniger Stützpunktwissen und Alltagserfahrungen verfügen. Die Analysen verdeutlichen, dass alle Schüler:innen prinzipiell über solches Wissen verfügen und in der Lage sein können, es zu verwenden. Auch bei den meisten sozial benachteiligten Paaren finden sich Annahmen und Plausibilitätsüberlegungen. Sie wenden dieses Wissen jedoch häufig nicht beim Aufstellen ihrer Modelle an. Diverse in Kapitel 8 dargestellte fruchtbare Ansätze werden von den Schüler:innen letztlich nicht umgesetzt. Diese Beobachtung vermag darüber erklärt zu werden, dass insbesondere sozial benachteiligte Schüler:innen erfahren, dass ihre außerschulischen Praktiken und Handlungslogiken – wie das Orientieren an Alltagserfahrungen (vgl. Bourdieu, 1979/1982) – nicht wertgeschätzt und als defizitär abgewertet werden (Grundmann et al., 2003; Grundmann et al., 2006).

Hypothese 2.9:   *Sozial begünstigte Schüler:innen aktivieren im Vergleich zu sozial benachteiligten Schüler:innen beim mathematischen Modellieren ein breiteres Spektrum an Alltagserfahrungen, Stützpunktwissen und Vergleichsobjekten, das sie in die Entwicklung von Realmodellen einbringen. Gerade bei unterbestimmten Modellierungsaufgaben, in denen offensichtlich Informationen fehlen, scheuen sich sozial benachteiligte Schüler:innen eher davor, eigenständig Stützpunktwissen und Alltagserfahrungen zu aktivieren und in ihre Modelle zu implementieren.*

Mathematisches Modellieren ermöglicht multiple Lösungswege und Ergebnisse (Schukajlow & Krug, 2013) und es ist eng verknüpft mit anderen prozessbezogenen mathematischen Kompetenzen (Blomhøj & Jensen, 2007; Niss & Blum, 2020). Schüler:innen, die Modellierungsaufgaben eher nach einem Gefühl oder wie Routineaufgaben lösen, aktivieren die umfassenden Kompetenzen, die beim Modellieren angesprochen werden können, möglicherweise nicht. Es werden simplere Modelle verwendet, die den vorhandenen inner- und außermathematischen Instrumentenkasten tendenziell unberücksichtigt lassen. So könnte ein problemorientiertes Denken (Evans et al., 2010) und eine höhere Selbststeuerung (Weininger & Lareau, 2009) in Kombination mit einem sense of entitlement – einem Gefühl des Anspruchs und der Berechtigung (Lareau, 2002) – sozial begünstigter Schüler:innen, eine Erklärung dafür liefern, warum diese eher dazu geneigt sind, ihr Stützpunktwissen mit ihren mathematischen Fähigkeiten zu verknüpfen. Anders herum kann ein Gefühl des Zwangs (Lareau, 2002) gepaart mit schulisch und häuslich erworbenen konformitäts- und routineorientierten Herangehensweisen (Anyon, 1981; Bourdieu, 1979/1982; Kohn, 1977) erklären, warum es sich bei sozial benachteiligten Schüler:innen eher entgegengesetzt verhält. Gerade sozial benachteiligten Schüler:innen scheint es an solchen oder gleichwertigen taktischen Fähigkeiten zu mangeln (Edelstein, 2006; Lareau, 1987). Damit vermag in Ansätzen erklärt werden, warum die sozial benachteiligten Schüler:innen in dieser Studie in Tendenz weniger gut in der Lage sind die immanenten Notwendigkeiten (Bourdieu, 1987/1992; B. Cooper & Dunne, 1998) der Modellierung zu erkennen (siehe auch Abschnitt 9.1.9). So kann es passieren, dass Schüler:innen, denen es an erforderlichem taktischem Wissen über Schul- und Unterrichtsstrukturen mangelt, durch die Beteiligung am Modellieren, möglicherweise keinen Zugang zu wertvollen Formen schulmathematischen Wissens erhalten (Jablonka & Gellert, 2011). Gleichzeitig mag hierin das Potential mathematischen Modellierens liegen. Seine authentischen Realitätsbezüge und multiplen Lösungsmöglichkeiten könnten – auch sozial benachteiligte – Schüler:innen darin bestärken, ihre außerschulischen Erfahrungen beim Aufstellen von Modellen zu verwenden. So könnten gerade sozial benachteiligte Schüler:innen von mathematischem Modellieren realitätsnaher Kontexte profitieren (vgl. Sandefur et al., 2022). Einige Forschende fordern daher, die Erwartungen, die für die erfolgreiche Bearbeitung von realitätsbezogenen Mathematikaufgaben erforderlich sind, deutlicher zu machen (B. Cooper, 2007; B. Cooper & Dunne, 1998; Morais et al., 1992). Gerade den sozial benachteiligten Schüler:innen könnte geholfen sein, wenn eine Modellierungsaufgabe hervorhebt, dass Stützpunktwissen und Alltagserfahrungen relevant bei der Aufgabenbearbeitung sind. Da die sozial benachteiligten Schüler:innen bei der Feuerwehr- und der Riesenpizza-Aufgabe vereinzelte, wichtige Aspekte der Aufgabenanforderung identifizieren, sind möglicherweise gezielte Impulse ausreichend, um die Schüler:innen beim Modellieren zu unterstützen.

Dewolf et al. (2014) versehen in ihrer Studie Modellierungsaufgaben mit einem Hinweis, dass es sich um *keine* gewöhnliche Mathematikaufgabe handelt, bei der einfach vorwärtsgearbeitet werden kann. Die Autor:innen vergleichen im Anschluss, ob es Unterschiede in der Bearbeitung gibt zwischen Schüler:innen, die Modellierungsaufgaben mit und ohne einen solchen Hinweis erhalten. Es können keine Unterschiede festgestellt werden in Bezug darauf, ob die Schüler:innen realistische Annahmen treffen. Von so einem simplen und generellen Hinweis sei auch wenig zu erwarten, so die Autor:innen in ihrer Diskussion, wenn dieser in klassische Textaufgaben integriert ist. Solche Hinweise könnten notwendig, aber nicht hinreichend sein, wenn sie nicht in ein entsprechendes Unterrichtssetting implementiert werden (vgl. Jablonka & Gellert, 2011). Zudem könnten spezifischere Hinweise nutzbringend sein. Krawitz et al. (2018) untersuchen, ob ein Hinweis dazu, dass Annahmen bezüglich fehlender Informationen getroffen werden müssen, gepaart mit einem Übungsbeispiel, einen Einfluss darauf haben, dass Schüler:innen realistische Annahmen treffen. Die Autor:innen stellen einen Anstieg realistischer Annahmen für Aufgaben fest, bei denen Informationen offensichtlich fehlen. Für Aufgaben, bei denen es nicht offensichtlich ist, dass Informationen fehlen, zeigen sich keine Unterschiede. Erfahrung im Spiel (Bourdieu, 1987/1992) beispielsweise durch Übungsbeispiele gepaart mit unterstützenden Hinweisen kann Schüler:innen beim Treffen realistischer Annahmen unterstützen. Aufgrund mangelnder Erfahrungen im Modellieren gepaart mit vorhandenen, aber u. U. aufgrund ihrer Dispositionen nicht aktivierten oder eingesetzten Erfahrungen, liefert diese Forschungsarbeit einen Hinweis darauf, dass insbesondere sozial benachteiligte Schüler:innen davon profitieren könnten.

Zudem scheint es trotz der benannten Tendenzen zur sozialen Ungleichheit einigen Schüler:innen herkunftsübergreifend schwerzufallen, die Anforderungen an die Bearbeitung der Modellierungsaufgaben zu erkennen. Das mag daran liegen, dass ein Spiel-Sinn (Abschnitt 2.2.1) über Erfahrungen gesammelt wird (Bourdieu, 1987/1992), über die Schüler:innen beim mathematischen Modellieren häufig nicht verfügen. Ihnen fehlt es im Mathematikunterricht schlicht an Erfahrung im Umgang mit Modellierungen (Blum & Borromeo Ferri, 2009; Reusser & Stebler, 1997). Ohne Erfahrungen im Modellieren liegt es nahe, dass sich Schüler:innen an Erfahrungen aus dem Umgang mit anderen realitätsbezogenen Aufgaben orientieren, welche häufig nur sehr bedingt Modellbildung anregen können (Greefrath et al., 2013). Damit werden auch in dieser Forschungsarbeit Forderungen unterstützt, nach denen Modellierungsaufgaben in variablen

Situationen angewendet und reflektiert werden sollten, um im Unterricht Modellbildung fördern zu können (Leiss & Tropper, 2014, S. 28). Dies stärkt insgesamt die Forderung danach, mehr Erfahrung mit Modellieren sammeln zu lassen, aber auch konkreter darzulegen, wie mathematische Modellierungsprobleme angegangen werden können.

Hypothese 2.10: *Schüler:innen – insbesondere sozial benachteiligter Herkunft – brauchen mehr Erfahrungen mit Modellierungsaufgaben und können davon profitieren, wenn einige ihrer Charakteristika hervorgehoben werden, u. a. durch Angabe eines Operators und Hinweise dazu, dass Stützpunktwissen und Alltagserfahrungen von Bedeutung sein können, dass mathematische Verfahren und Strukturen relevant sein können und wie offen Lösungsweg und Ergebnis sein dürfen.*

Dadurch können die Schüler:innen die Anforderungen an Modellierungsaufgaben eher von denen eingekleideter Aufgaben abgrenzen, ohne dass eine Modellierungsaufgabe von einer Lehrperson in kleinschrittige Teilaufgaben zerlegt wird. Damit kann Forderungen nachgekommen werden, dass Anforderungen an Schüler:innen transparenter gemacht werden sollten (Morais et al., 1992; Wright et al., 2021). So könnte gerade das aufgegriffen werden, was Bourdieu (1997/2001, S. 48) an Schule kritisiert:

> Indem Schule es unterlässt […] allen das zu vermitteln, was einige ihrem familialen Milieu verdanken, sanktioniert sie die Ungleichheit, die alleine sie verringern könnte. Alleine eine Institution, deren spezifische Funktion es ist, […] Einstellungen und Fähigkeiten zu vermitteln, die den Gebildeten ausmachen, könnte […] die Nachteile derjenigen kompensieren, die in ihrem familialen Milieu keine Anregung zur kulturellen Praxis finden.

Im Umkehrschluss könnte also gerade das Vermitteln von dem, was die Schüler:innen tendenziell nicht in ihrem Habitus verinnerlicht haben, dazu beitragen, soziale Ungleichheit aufzufangen.

9.1.3 Skizzen- und Abbildungsnutzung

Ein weiterer wichtiger Aspekt des Organisierens und Annahmen Treffens umfasst das Skizzieren und den Umgang mit den Fotos. Aufgaben können sprachliche und bildliche Elemente enthalten, die einander in der Vermittlung von Informationen ergänzen und eine anregende Wirkung auf die Kommunikation innerhalb des Bearbeitungsprozesses haben können (Schnotz, 2002). Erstellen Schüler:innen zudem eigenständig Skizzen, so kann dies einen positiven Einfluss auf die Modellierung haben (Rellensmann, 2019). Die Feuerwehr-Aufgabe enthält ein *repräsentatives* Foto, da es einen Teil der Situation veranschaulicht und sich ihm ergänzende Informationen über die Situation entnehmen lassen. Die Riesenpizza-Aufgabe enthält ein *essentielles* Foto, da das Foto grundlegend für die Aufgabenbearbeitung ist (vgl. Abschnitt 3.3). Das Anfertigen von Skizzen sowie das Arbeiten mit den Fotos wird im Wesentlichen den Kategorien Organisieren (Realmodell) und Visualisieren (mathematisches Modell) zugeordnet. Analysen hierzu finden sich in den Abschnitten 8.2.1.3 und 8.2.2.1. Weitere Diskussionen zum aufgestellten Realmodell und zum mathematischen Modell finden sich im vorangehenden und anschließenden Abschnitt (9.1.2 und 9.1.4).

Das Nutzen und Erstellen von Fotos und Abbildungen ist für alle Paare der Studie relevant bei der Aufgabenbearbeitung. Bei der Feuerwehr-Aufgabe erstellen alle Paare mindestens eine Skizze zum Sachverhalt. Alle Schüler:innen bilden mit ihren Skizzen die Dreiecksstruktur des Sachverhaltes ab, inklusive des Mindestabstands und der Länge der Leiter (Tabelle 9). Die meisten Paare fertigen Skizzen an, die mathematische Strukturen enthalten, wie rechte Winkel und Variablen. Viele Skizzen lassen zudem auch außermathematische Konstrukte erkennen, wie ein Fahrzeug oder ein Haus. Zudem heben die Paare häufig hervor, wie wichtig es ist, eine Skizze anzufertigen. Die Schüler:innen machen deutlich, dass die Skizzen der Unterstützung dienen, um sich die Situationen zu veranschaulichen, mathematische Strukturen aufzudecken, fehlende Seiten zu identifizieren und Lösungsschritte zu erkennen. Die Skizzen werden als Grundlage für die Anwendung von Mathematik betrachtet. Außerdem zeigt sich im Rahmen der Bearbeitung aber auch während des nachträglichen Gesprächs, dass die Skizzen den Schüler:innen dabei helfen können, fehlerhafte Vorstellungen von der Situation aus dem Weg zu räumen (siehe auch Abschnitt zum Validieren 9.1.6): „ich [habe] das dann auch erst nachher bei der Zeichnung verstanden, ähm, dass das eine Schräge ist." (Vivien, stimulated recall, 01:11). Damit stehen die hiesigen Ergebnisse in Einklang mit bisherigen Studien, die nahelegen, dass die eigenständige Entwicklung und Nutzung von Skizzen insbesondere beim Umgang mit geometrischen Modellierungsproblemen vorteilhaft sein kann (Rellensmann, 2019; Schukajlow, 2011; Schukajlow et al., 2021). Trotz dessen wird in der einschlägigen Literatur auch festgestellt, dass Schüler:innen häufig keine Skizzen anfertigen (Schukajlow et al., 2021), ein Befund, der in dieser Forschungsarbeit nicht bestätigt werden kann. Es scheint, als erkennen alle Schüler:innen eigenständig den strategischen Nutzen hinter den Skizzen. Darüber hinaus finden sich bei den Paaren sowohl situative Skizzen, bei denen „ein Teil der

Objekte entsprechend des realweltlichen Erscheinungsbilds dargestellt ist" (Rellensmann, 2019, S. 248) als auch mathematische Skizzen ohne Realitätsbezug. Einen Zusammenhang zwischen der sozialen Herkunft und der Erstellung situativer und mathematischer Skizzen scheint es dabei nicht zu geben. Erkenntnisse, dass sozial benachteiligte Schüler:innen sich eher realitätsbezogen oder eher mathematisch auf realitätsbezogene Aufgaben fokussieren (B. Cooper & Dunne, 1998; Leufer, 2016; Lubienski, 2000), können anhand der Skizzenerstellung der Schüler:innen nicht bestätigt werden. Die Schüler:innen scheinen die Realmodelle und mathematischen Modelle gleichermaßen skizzenhaft abzubilden.

Hypothese 3.1: *Sozial benachteiligte wie sozial begünstigte Schüler:innen erstellen beim Umgang mit Modellierungsaufgaben zum Satz des Pythagoras gleichermaßen situative und mathematische Skizzen. Es gibt keinen Zusammenhang zwischen der sozialen Herkunft von Schüler:innen und dem Realitätsbezug ihrer Skizzen.*

Bei der Riesenpizza-Aufgabe fertigen die meisten Paare keine externe Skizze an. Stattdessen zeichnen viele Paare in dem abgebildeten Foto. Möglicherweise sehen sie keine Notwendigkeit darin die Riesenpizza zu skizzieren, da das Foto den Sachverhalt in seiner Gänze abbildet und somit weitere, externe Visualisierungen weniger notwendig erscheinen mögen. Dem Foto selbst lassen sich bereits viele relevante Aspekte entnehmen. Bei der Feuerwehr-Aufgabe dagegen erstellen alle Paare Skizzen. Das mag daran liegen, dass das Foto der Feuerwehr nur einen Ausschnitt der Situation abbildet. Viele Aspekte der Situation sind bildlich nicht direkt ersichtlich, sodass die Schüler:innen eine geometrische Veranschaulichung anfertigen.

Unabhängig davon, ob die Paare eine Skizze anfertigen, setzen sich beinahe alle Teilnehmenden mit den Fotos aus beiden Aufgaben auseinander. Sie erkennen an den Fotos, wo die Leiter befestigt ist, welche Bedeutung die Höhe des Fahrzeugs hat, wo der Mindestabstand hinzugedacht werden muss und wie das Fahrzeug positioniert ist. Sie erkennen wie groß eine gewöhnliche Pizza auf dem Foto wäre. Sie zerstückeln die Abbildung. Sie zeichnen Kreise ein. Sie erkennen Personen als Vergleichsobjekte, etc. Die Auseinandersetzung mit den Abbildungen ist herkunftsübergreifend festzustellen. Insgesamt scheinen die meisten Schüler:innen repräsentative und essentielle Fotos als solche zu erkennen und sich eigenständig dazu zu entscheiden, die Fotos in ihre Modellierungen einzubeziehen.

Zwei Paare allerdings stechen dadurch hervor, dass sie sich sowohl bei der Feuerwehr-Aufgabe nicht mit dem Foto auseinandersetzen als auch, dass sie das

Foto der Riesenpizza eher als dekorativ wahrnehmen. Diese beiden Paare berücksichtigen in ihrer Modellierung auch nicht die Höhe und die Ausrichtung des
Fahrzeugs und sie scheinen der fotografierten Pizza keine Informationen zu entnehmen bzw. entnehmen zu wollen. Diesen beiden Paaren scheint – aufgrund
bisheriger Erfahrungen – die Überzeugung zu fehlen, dass Fotos mehr als eine
dekorative Funktion innehaben können. „Das ist ja nur ein Bild, man kann ja
jetzt nicht da messen." (Samuel, 01:38). Denn „das ist auch wie in so einem
Mathebuch mit so einer Zeichnung" (Samuel, stimulated recall, 01:46). Gerade,
wenn Schüler:innen Fotos in Problemsituationen im Kontext traditioneller Mathematikaufgaben betrachten, besteht die Gefahr, dass diese nicht fruchtbar für die
Aufgabenbearbeitung eingesetzt werden (Dewolf et al., 2014). Schüler:innen, die
sich nicht mit repräsentativen und essentiellen Fotos auseinandersetzen, scheinen relevante Aspekte der Aufgabenbearbeitung zu übersehen. Im Umkehrschluss
scheint die Auseinandersetzung mit repräsentativen und essentiellen Fotos in
Modellierungsaufgaben die Konstruktion von Modellen bereichern zu können
(siehe auch Böckmann & Schukajlow, 2018; Elia & Philippou, 2004).

Hypothese 3.2:   *Schüler:innen setzen sich beim Umgang mit Modellierungsauf-*
gaben in aller Regel mit repräsentativen und essentiellen Fotos
auseinander. Schüler:innen, die dies nicht tun, übersehen aufga-
benrelevante Aspekte und treffen weniger realistische Annahmen
beim Aufstellen der Realmodelle.

Ein weiterer Aspekt lässt sich beim Umgang mit dem Foto der Riesenpizza
beobachten. Fast die Hälfte der Paare setzt sich mit der perspektivischen Verzerrung des Fotos der Riesenpizza auseinander (Abbildung 8.45). Es wird u. a.
thematisiert, dass die Perspektive, aus der das Foto geschossen wurde, einen
Einfluss darauf hat, welche Vergleichsobjekte verwendet werden können. Die
Schüler:innen üben hiermit Plausibilitätsüberlegungen dazu aus, inwiefern die
gegebene Situation in ein Realmodell übertragen werden kann. Einige Schü-
ler:innen thematisieren, dass Objekte im Vordergrund verhältnismäßig groß und
Objekte im Hintergrund verhältnismäßig klein wirken. Sie entscheiden sich daher
häufig dafür, Objekte aus der Mitte des Fotos zu verwenden. Obwohl die Situation perspektivisch verzerrt dargestellt ist und damit nicht „maßgetreu" (Mila,
04:40), verwenden die Paare das Foto und begründen dies meist damit, dass es
sich um eine Schätzung handelt und es hinreichend genau ist, wenn die Mitte
des Fotos in der Horizontalen betrachtet wird. Unter diesen Paaren finden sich
vorwiegend solche, die die Riesenpizza visuell zerlegen oder die Flächeninhalte
von Riesenpizza und gewöhnlicher Pizza vergleichen. Unter den Paaren, die die

perspektivische Verzerrung thematisieren finden sich auch diejenigen, die im Bild messen. Es kommt eher zur kritischen Hinterfragung und Anpassung der aufgestellten Modelle und Schätzungen werden eher auf der Höhe der Frau vorgenommen. Die meisten dieser Paare sind sozial begünstigter Herkunft. Andere Paare thematisieren die Verzerrung nicht. Dass sich hierunter auch diejenigen Paare finden, die eher ratend vorgehen oder sich beim Schätzen im allgemeinen auf „die Menschen auf dem Bild" (Tobias, stimulated recall, 01:08) oder den „Mann der da hinten steht" (Dawid, Interview, 02:04) beziehen, lässt vermuten, dass sich diese Paare nicht mit der perspektivischen Verzerrung des Fotos auseinandersetzen. Insbesondere unter den sozial benachteiligten Paaren setzen sich die meisten nicht mit der perspektivischen Verzerrung des Fotos auseinander. Hier kann ein Zusammenhang zur sozialen Herkunft der Schüler:innen vermutet werden.

9.1.4 Operationalisieren

Werden Informationen aus dem Realmodell in mathematische Strukturen, Begriffe und Relationen übersetzt dann wird mathematisiert (u. a. Blum & Leiss, 2007). Ein mathematisches Modell wird gebildet. Eine Tätigkeit des Mathematisierens stellt das Operationalisieren dar. Die Schüler:innen stellen Terme, Gleichungen und Variablen auf oder setzen sich mit dem Inhalt der Formelsammlung auseinander. Analysen zur Subkategorie Operationalisieren finden sich in den Abschnitten 8.2.1.4 und 8.2.2.4.

Bei mehr als der Hälfte der teilnehmenden Paare finden sich Operationalisierungen im Rahmen einer Auseinandersetzung mit der Formelsammlung. Diese kann verwendet werden zur gezielten Suche nach einer benötigten Mathematisierung oder zu Erkundungszwecken. Die Formelsammlung wird von Paaren zu Erkundungszwecken u. a. verwendet, weil „wenn wir schon so einen Formelzettel zur Verfügung haben, dann sollten wir da auch mal drauf gucken" (Amba, Feuerwehr, stimulated recall, 07:56). Was sich beobachten lässt, ist häufig ein ungeplantes Durchsuchen der Formelsammlung. Paare durchblättern die Formelsammlung, um „irgendwelche Maße" (Dawid, Riesenpizza, 00:32) zu finden. Es scheint, als sei es das Ziel, Informationen zu beschaffen, die bislang fehlen. Die Formelsammlung wird hierbei nicht zur gezielten Suche nach passenden Mathematisierungen verwendet. In diesem Zuge setzen sich die Paare oft auch erneut mit dem Ausgangsmaterial auseinander, indem sie Tätigkeiten des Vereinfachens verfolgen. Hier scheint es einen Zusammenhang zu geben zwischen Tätigkeiten des Durchsuchens nach Informationen in der Formelsammlung und Tätigkeiten des Durchsuchens nach Informationen im Text. In beiden

Fällen verfolgen die Paare erkundende Tätigkeiten zur möglichen Generierung von fehlenden Informationen. Dieses gekoppelte Phänomen aus Suchen im Text (Vereinfachen) und in der Formelsammlung (Operationalisieren) scheint insgesamt eher bei den sozial benachteiligten Paaren vorzukommen. Aber auch bei sozial begünstigten Paaren findet sich dieses Phänomen vereinzelt. Im Vordergrund scheint weniger die Mathematisierung selbst zu stehen, sondern eher die Informationsbeschaffung. Solche Wiederholungstätigkeiten gelten als oberflächliche Strategien (Schukajlow et al., 2021) und treten gerade dann auf, wenn der Lösungsprozess der Schüler:innen ins Stocken gerät. Sie führen zu keiner Konstruktion und Strukturierung von Verknüpfungen, da sie im Wesentlichen eine selektive und speichernde Funktion haben (Weinstein & Mayer, 1986). Wiederholungstätigkeiten stellen jedoch häufig zentrale Tätigkeiten im Umgang mit eingekleideten Aufgaben dar. Dass diese Tätigkeiten oft zum Erfolg beim Umgang mit eingekleideten Aufgaben führen, mag auch erklären, warum sich Schüler:innen beim Umgang mit den Modellierungsaufgaben darauf konzentrieren. Diese Handlungsmuster scheinen auch in Einklang zu stehen mit schulischer (Anyon, 1981) und häuslicher (Bourdieu, 1979/1982; Weininger & Lareau, 2009) Orientierung von sozial benachteiligten Gruppen an Routine und Konformität. Darin liegt ein Erklärungsansatz, warum wiederholende Tätigkeiten beim Bearbeiten von Modellierungsaufgaben eher bei sozial benachteiligten Schüler:innen vorzufinden sind. Ein ähnliches Vorgehen der Schüler:innen lässt sich unter Hypothese 2.4 in Bezug auf das Vereinfachen und den wiederholenden Umgang mit dem Aufgabentext beobachten. Auch dort (Abschnitt 9.1.2.1) finden sich Erklärungsstränge dahingehend, dass sozial benachteiligte Schüler:innen ihren eigenen Ansätzen eher misstrauen und bei Hürden tendenziell zu bekannten Aktivitäten zurückkehren. Die Fähigkeit zu erkennen, dass Routinetätigkeiten beim mathematischen Modellieren nicht hinreichend sind, kann angelehnt an Piel und Schuchart (2014) auch als kulturelle Kompetenz verstanden werden. Eine Erklärung liegt darin, dass über das kulturelle Kapital auch Prozesse angeregt werden, die für ein problemorientiertes Denken erforderlich sein können (Evans et al., 2010). Ein problemorientiertes Denken wird gerade dort offenkundig benötigt, wo nicht klar ersichtlich ist, wie von einem gegebenen Anfangszustand zu einem gewünschten Endzustand gelangt werden kann (Greefrath, 2010). Ein Problem liegt also gerade dann vor, wenn, wie bei den Modellierungsaufgaben, die Modelle nicht bereits implizit vorgegeben sind. Sozial begünstigte Schüler:innen verfügen in Summe möglicherweise aufgrund kulturellen Kapitals und häuslicher und schulischer Erfahrungen eher über die Fähigkeit, die Aspekte der Aufgabenbearbeitung in den Blick zu nehmen, die über die Routine hinausgehen.

Hypothese 4.1: *Sozial benachteiligte Schüler:innen verfolgen bei Hürden eher als sozial begünstigte Schüler:innen wiederholende Tätigkeiten des Suchens nach Informationen im Text und in der Formelsammlung.*

Eine weitere Auffälligkeit bezüglich Mathematisierungen lässt sich bei der Feuerwehr-Aufgabe beobachten. Einige Schüler:innen verfolgen einen Lösungsansatz, der eine Mathematisierung beinhaltet, die anhand einfacher Grundrechenarten zwei gegebene Werte aus dem Material miteinander verknüpft. So ergibt sich beispielsweise aus der Leiterlänge 30 m und der Höhe des Fahrzeugs 3,19 m eine Gesamtrettungshöhe von 33,19 m. Dieses unplausible Resultat ergibt sich aus einem fehlerhaften Modell. Plausibel wäre dieses Ergebnis u. U., wenn die Leiter senkrecht an der Hauswand angesetzt werden könnte und kein Mindestabstand eingehalten werden müsste. Dies entspricht einem oberflächlichen Lösungsvorgehen, bei dem die gegebenen Zahlen nach einem bekannten Schema miteinander verarbeitet werden (Blum & Borromeo Ferri, 2009; Burrill, 1993; Verschaffel et al., 2000). Der Großteil der sozial benachteiligten Paare verfolgt einen solchen Ansatz, aber kein sozial begünstigtes Paar. Es scheint einen Zusammenhang zur sozialen Herkunft der Schüler:innen zu geben. Diese Beobachtungen lassen sich auch im folgenden Sinne interpretieren: „Die Schüler:innen mit niedrigem sozioökonomischem Status schienen mehr darauf bedacht zu sein, klare Anweisungen zu erhalten, die es ihnen ermöglichten, ihre Arbeit abzuschließen, und waren weniger geneigt, sich kreativ an eine Lösung heranzuwagen." (Lubienski, 2000, S. 465, übersetzt durch den Autor) Diese Interpretation ist hier jedoch nur eingeschränkt passend. Denn die Paare, die einen solchen Ansatz verfolgen, thematisieren die Ansätze teilweise im Sachkontext. So kommt es auch dazu, dass alle Paare, die einen solchen Ansatz verfolgen, diesen im späteren Verlauf passiv verwerfen oder aktiv als unplausibel validieren (siehe Abschnitt 9.1.6) und stattdessen umfangreichere Modelle aufstellen.

Hypothese 4.2: *Sozial benachteiligte Schüler:innen entwickeln eher als sozial begünstigte Schüler:innen oberflächliche Modelle, bei denen gegebene Werte unreflektiert miteinander verarbeitet werden.*

Eine weitere Möglichkeit sich mit der Formelsammlung auseinanderzusetzen besteht in der gezielten Suche nach benötigten Formeln. Nur wenige Paare führen eine solche Tätigkeit aus. Die meisten Paare rufen die benötigten Formeln zum Satz des Pythagoras, zu trigonometrischen Funktionen und zum Flächeninhalt von Kreisen aus dem Gedächtnis ab. Es scheint, als seien die Schüler:innen der zehnten Jahrgangsstufe hinreichend geübt im Umgang mit den notwendigen mathematischen Formeln. Ein Zusammenhang zur sozialen Herkunft zeigt sich nicht. Eine Auffälligkeit, die sich gerade bei der Feuerwehr-Aufgabe zeigt, liegt darin, dass fünf Schüler:innen bereits zu Beginn des Bearbeitungsprozesses die mathematische Struktur des Problems erkennen und kommunizieren: „wir machen ähm Satz des Pythagoras. Wir haben 12 Meter Abstand ((zeigt auf Angabe im Text)) unten. (unv.) Dreieck ((zeichnet innermathematisches Dreieck))" (Dawid, 00:11). Es handelt sich um jene Paare, die insgesamt auch am wenigsten Zeit mit dem Vereinfachen verbringen. Diese Paare setzen sich nicht mit der Formelsammlung auseinander und sie erstellen auch früh im Prozess im Anschluss an das Erkennen der mathematischen Struktur eine Skizze. Es scheint, als sei es für die Schüler:innen, die die mathematische Struktur bereits für sich entdeckt haben, nicht mehr notwendig, intensiv wiederholend tätig zu werden. Ein Zusammenhang zur sozialen Herkunft zeigt sich hierbei nicht, aber die meisten dieser Schüler:innen gelten als (leicht) überdurchschnittlich bezüglich der mathematischen Leistung. Leistungsstarke Schüler:innen scheinen der Aufgabe schneller die notwendigen mathematischen Strukturen entnehmen zu können. Interessant ist, dass sich diese Auffälligkeit bei der Feuerwehr-Aufgabe, aber nicht bei der Riesenpizza-Aufgabe beobachten lässt. Mehrere Erklärungen kommen dafür in Frage: Der Satz des Pythagoras ist näher am aktuellen Unterrichtsinhalt als Kreise (KMK, 2004); dadurch, dass die notwendigen Informationen zum Aufstellen der Dreiecksstruktur gegeben sind, entspricht das Aufgabenformat der Feuerwehr-Aufgabe eher bekannten Routineaufgaben aus dem Unterricht (vgl. Verschaffel et al., 2000); dadurch, dass die Riesenpizza-Aufgabe unterbestimmt ist, müssen zunächst Anstrengungen in die Entwicklung eines Realmodells gesetzt werden, sodass sich die Entwicklung eines mathematischen Modells verzögert; Schüler:innen verarbeiten im Mathematikunterricht Zahlen, die sie in Aufgaben vorfinden (Verschaffel et al., 2000). Unterbestimmte Aufgaben lassen eher Zweifel entstehen, ob und welche mathematischen Strukturen zu verwenden sind (vgl. Potari, 1993).

9.1.5 Interpretieren

Durch das mathematische Arbeiten ermitteln die Schüler:innen ein mathematisches Resultat. Dieses gilt es anschließend im Sachkontext zu interpretieren. Während das Mathematisieren eine Übersetzung von der Realität in die Mathematik darstellt, handelt es sich beim Interpretieren um eine Übersetzung von der Mathematik zurück in die Realität (u. a. Blum & Leiss, 2007; Niss et al.,

2007). Ein reales Resultat wird gebildet, häufig in Form eines mündlich oder schriftlich formulierten Antwortsatzes. Analysen zum Interpretieren finden sich in den Abschnitten 8.2.1.5 und 8.2.2.5. Alle bis auf ein Paar halten zu beiden Aufgaben schriftlich ein reales Resultat fest. Die Schüler:innen verbringen im Durchschnitt 12 % ihrer Bearbeitungsprozesse mit dem Interpretieren. Interpretationen mathematischer Resultate in reale Resultate finden in aller Regel am Ende des Bearbeitungsprozesses statt. Unterschiede in Bezug auf die soziale Herkunft zeigen sich nicht. Das Verfassen eines Antwortsatzes inklusive Maßzahl und Maßeinheit gehört zur Bearbeitung von Aufgabenstellungen zur Berechnung von Kontextgrößen dazu (S. Bauer & Doktor, 2018). Schüler:innen am Ende der Sekundarstufe I scheinen dieser Norm aus dem Mathematikunterricht in aller Regel zu entsprechen. Sie erfüllen damit einen Teil der Interpretationsleistung.

Die Schüler:innen in dieser Studie gehen in unterschiedlichem Maße auf Rundungen der Resultate ein. Dabei kann es sinnvoll und notwendig sein, Ergebnisse situationsabhängig zu runden (B. Cooper & Dunne, 2000; KMK, 2004; Leiss, 2007). Bei der Riesenpizza-Aufgabe geben drei Paare ein nicht-ganzzahliges Ergebnis an und reagieren damit nicht situationsangemessen auf die Frage, wie viele Pizzen bestellt werden sollten. Vier andere Paare setzen sich mit der Rundung der Resultate mit Bezug zum Sachkontext auseinander. Diese Paare ermitteln zunächst ein exaktes mathematisches Resultat und beschließen anschließend Werte zu runden, um ein ganzzahliges Ergebnis zu erhalten. Diese Paare setzen sich situationsangemessen mit Rundungen von Resultaten auseinander. Ein Zusammenhang zur sozialen Herkunft wird nicht ersichtlich. Bei der Feuerwehr-Aufgabe werden die Ergebnisse von vier Paaren auf eine Stelle nach dem Komma genau angegeben. Zwei davon gelten als sozial benachteiligt und zwei als sozial begünstigt. Die Schüler:innen sind verteilt über das Leistungsspektrum. Alle anderen Paare runden auf zwei Stellen nach dem Komma. Eine zentimetergenaue Angabe des Ergebnisses erscheint hier fragwürdig. Auch eine Angabe auf 10 cm-genaue Werte erscheint in diesem Kontext zumindest diskutabel. Kein Paar gibt im Antwortsatz an, dass es sich um einen ungefähren Wert handelt. Die vier Paare, die auf eine Stelle nach dem Komma runden, besprechen während der Bearbeitung, dass „gerundet" (Aram, 03:13; Bahar, 11:27; Dominik, 02:58; Samuel, 05:08) wird. Ein Bezug zur Situation wird jedoch nicht hergestellt. Die Rundung findet im Rahmen des mathematischen Arbeitens statt. Es scheint, als wirke hier die schulische Konvention, dass es ein exaktes Ergebnis gebe (Verschaffel et al., 2000) und dass mathematische Ergebnisse immer auf zwei Nachkommastellen zu runden seien (Kniedler & Lalla, 2017). Dieser Befund tritt bei sozial benachteiligten und begünstigten sowie leistungsstarken und leistungsschwachen Schüler:innen auf. Darüber hinaus zeigt sich diese Tendenz bei beiden Aufgaben, wobei sie bei der Feuerwehr-Aufgabe stärker ausgeprägt ist als bei der Riesenpizza-Aufgabe. Unterschiede zwischen der Riesenpizza-Aufgabe und Feuerwehr-Aufgabe lassen sich vermutlich auf die geforderte Einheit des Ergebnisses zurückführen. Die Angabe in Metern lässt sich vom Prinzip mit beliebig vielen Nachkommastellen angeben, während die Angabe von Anzahlen ein ganzzahliges Ergebnis erfordert. Darüber hinaus mag ein Grund darin liegen, dass die Schüler:innen bei der Riesenpizza von Beginn an mit Ungenauigkeit konfrontiert werden, während bei der Feuerwehr-Aufgabe mit exakten Werten gerechnet werden kann. Es scheint insgesamt, dass Schüler:innen dazu tendieren, sich beim Interpretieren nicht mit einer situationsangemessenen Rundungsgenauigkeit auseinanderzusetzen.

Hypothese 5:   *Schüler:innen thematisieren beim Interpretieren situationsange-*
messene Rundungen meist nicht.

Das mag darüber erklärt werden, dass das Interpretieren eher nebenher abläuft und Schüler:innen diesem Schritt keine sonderliche Aufmerksamkeit schenken (Borromeo Ferri, 2006). Eine weitere Erklärung liegt darin, dass es Schüler:innen aufgrund eines Mangels an Erfahrung im Modellieren (Blum & Borromeo Ferri, 2009; Reusser & Stebler, 1997) an einem Gespür (Bourdieu, 1987/1992) dafür fehlen könnte, wie eine situationsangemessene Rundungsgenauigkeit aussieht. Schulmathematisch verankerte Regeln wie ‚Runde auf zwei Nachkommastellen' können dabei so tief verinnerlicht sein, dass sich nur schwer davon gelöst werden kann (vgl. Bourdieu, 1987/1992).

9.1.6   Validieren

Validierungstätigkeiten finden statt, wenn Schüler:innen die Angemessenheit von Resultaten überprüfen (Blum & Leiss, 2007; KMK, 2004). Es wird geprüft, ob die Modellierung zu zufriedenstellenden Resultaten führt, sodass es ggf. zur Anpassung der realen und mathematischen Modelle kommt (Blum, 1985). Analysen zum Validieren finden sich in den Abschnitten 8.2.1.6 und 8.2.2.6. Zu der Feuerwehr-Aufgabe wurde bereits in Abschnitt 9.1.4 dargestellt, dass die sozial benachteiligten Paare eher Lösungsschritte verfolgen, bei denen zwei gegebene Werte mithilfe einfacher Grundrechenarten zu einem Endresultat verknüpft werden. Die daraus resultierenden unplausiblen Resultate sind auf fehlerhafte Modelle zurückzuführen. Alle Paare, die einen solchen Ansatz verfolgen, verwerfen diesen im Laufe des Bearbeitungsprozesses. Dabei zeigen sich Validierungen, die deutlich machen, dass die Schüler:innen die ermittelten Resultate aufgrund der ebengenannten fehlerhaften Modellannahmen als unplausibel erkennen sowie Ansätze, bei denen die Schüler:innen ihr Vorgehen ohne vertiefte Begründung verwerfen. Eine Erklärung dafür kann in der Kooperation der Schüler:innen liegen. Die Schüler:innen unterstützen einander, indem sie Hürden durch Erklären und Erfragen thematisieren. Zudem können Überprüfen, Beurteilen und Hinweisen auf Fehler in der Literatur als Tätigkeiten insbesondere beim Kooperieren von Schüler:innen ausgemacht werden (D. Lange, 2014).

Hypothese 6.1: *Schüler:innen in Partnerarbeit können oberflächliche Modelle, bei denen gegebene Zahlen unreflektiert verarbeitet werden, eigenständig als unplausibel ausmachen und verwerfen.*

Auch andere reale Resultate lassen sich validieren. Die Validierungen unterscheiden sich dabei deutlich in ihren Begründungen. Es gibt Validierungen, die in Bezug stehen zum Situationskontext der Aufgabe oder einem darin enthaltenen Vergleichsobjekt und als eher begründet eingestuft werden können, und Validierungen, die eher als unbegründete Plausibilitätsüberlegungen auftreten. Diese Beobachtung steht in Einklang mit empirischen Ergebnissen von Borromeo Ferri (2006), die wissensbasierte Validierungen und intuitive Validierungen beobachtet. Die in den Daten vorgefundenen Validierungstätigkeiten lassen sich clustern und zu vier Arten von Validierungen verdichten. Es zeigen sich Validierungen, bei denen reale Resultate miteinander oder mit anderen Objekten verglichen werden. Diese lassen sich als *vergleichsbezogene Validierungen* bezeichnen. Sie äußern sich beispielsweise darin, dass die Gesamtrettungshöhe verglichen wird mit der Länge der Leiter, zwei unterschiedliche Rettungshöhen miteinander verglichen werden, die ermittelte Anzahl an Pizzen mit dem Esskonsum der Schulklasse verglichen wird oder die Flächen von Riesenpizza und gewöhnlicher Pizza verglichen werden. Andere Validierungen befassen sich mit der Plausibilität der realen Resultate unter Bezugnahme zum Situationskontext. Diese können als *situationsbezogene Validierungen* bezeichnet werden. Thematisiert werden u. a. das Essverhalten der Gäste, die Lieferung der Riesenpizza oder der Standort des Fahrzeugs. Es gibt darüber hinaus Validierungen, die die realen Resultate mathematisch prüfen (*mathematikbezogene Validierungen*). Hierzu gehört u. a. zu erkennen, dass Modelle mathematisch noch angepasst werden müssen oder die Rundungsgenauigkeit in Bezug auf die reale Situation zu prüfen. Diese drei Arten von Validierungen können als *begründet* eingestuft werden und lassen sich in Passung bringen mit den wissensbasierten Validierungen nach Borromeo Ferri (2006). Es zeigen sich zudem *unbegründete Plausibilitätsüberlegungen*, bei denen reale Resultate ohne weitere oder anhand inadäquater Begründungen intuitiv angenommen, angezweifelt oder abgelehnt werden. Hierbei handelt es sich meist um kurze Aussagen dazu, dass das „schon passen" (Ronja, Feuerwehr, 13:54) werde. Dass die Schüler:innen in den nachträglichen Gesprächen auch „nicht wirklich" (Ronja, Feuerwehr, 13:54, stimulated recall) erklären können, worauf sich die Aussage bezieht, stellt ein Indiz dafür dar, dass es sich hier eher um intuitive Validierungen (Borromeo Ferri, 2006) handelt. Weitere Cluster von Validierungstätigkeiten lassen sich in dieser Studie nicht identifizieren, wobei nicht von einer theoretischen Sättigung auszugehen ist. Anhand weiterer Modellierungsaufgaben insbesondere anderer Inhaltsbereiche lassen sich u. U. weitere Tätigkeiten ausmachen. Die hier zusammengefassten Arten von Validierungen lassen sich bei beiden durchgeführten Modellierungsaufgaben allesamt beobachten.

Hypothese 6.2:   *Beim Bearbeiten von Modellierungsaufgaben lassen sich die folgenden vier Arten von Validierungen beobachten: situationsbezogene Validierungen, vergleichsbezogene Validierungen, mathematikbezogene Validierungen und unbegründete Plausibilitätsüberlegungen.*

Bis auf ein Paar validieren alle Paare während der Bearbeitung mindestens eine der beiden Modellierungsaufgaben. Jede der vier Validierungsarten lässt sich bei mindestens fünf Paaren beobachten. Dieses Ergebnis findet sich in Ansätzen auch bei Ärlebäck (2009), der diverse Beispiele für wissensbasierte Validierungen beobachten kann. Die Ergebnisse aus den hiesigen Daten stehen jedoch solchen Befunden entgegen, die postulieren, dass Schüler:innen ihre realen Resultate meist gar nicht auf Angemessenheit prüfen (Blum & Borromeo Ferri, 2009; Maaß, 2004, S. 161) und dies auch nur eine geringe Bedeutung für Schüler:innen hat (Weitendorf & Busse, 2012). Solchen Studien zufolge scheint es, als gehört es zum didaktischen Vertrag – zu den Regeln des Mathematikunterrichts – dass die Lehrperson für die Kontrolle von Ergebnissen zuständig ist (Blum, 2015). Der folgende Ausschnitt veranschaulicht die eher entgegengesetzte Beobachtung:

> bevor wir abgeben und wenn wir sogar noch Zeit haben, das mache ich meistens auch bei Arbeiten, ähm, dann lesen wir alles nochmal durch, kontrollieren oder gucken ob wir das ähm, ob wir irgendwelche Fehler finden. Deswegen machen wir das nochmal mit beiden Aufgaben. (Amba, stimulated recall, 12:50)

Eine Erklärung für die unterschiedlichen Befunde kann darin liegen, dass den Schüler:innen in dieser Laborstudie vor Bearbeitungsbeginn dargelegt wurde, dass die Versuchsleitung während der Bearbeitung nicht eingreift oder Fragen inhaltlicher Art beantwortet (Anhang B). Damit unterscheidet sich dieses Laborsetting (wie auch Klassenarbeiten) von echten Unterrichtssituationen, bei denen die Lehrperson meist präsent ist, sowohl während der Bearbeitungsphase als auch insbesondere der Besprechungsphase (Calarco, 2011). Eine weitere Begründung mag darin liegen, dass die Schüler:innen die Aufgaben ohne zeitliche Beschränkung bearbeiten und überarbeiten konnten. Auch das Format der Partnerarbeit mag eine Erklärung liefern, da Überprüfen und Beurteilen den Tätigkeiten von Kooperation zugeschrieben werden (D. Lange, 2014).

Hypothese 6.3: *Schüler:innen in Partnerarbeit und ohne zeitliche Begrenzungen validieren ihre realen Resultate eigenständig.*

Alle vier Validierungsarten lassen sich bei sozial benachteiligten und bei sozial begünstigten Paaren beobachten. Die situationsbezogenen und mathematikbezogenen Validierungen lassen sich nahezu gleichermaßen bei sozial benachteiligten wie begünstigten Paaren beobachten. Unterschiede bezüglich der mathematischen Leistung zeigen sich für das Validieren nicht. Auch stehen die Validierungsarten in keinem merkbaren Zusammenhang zum gewählten Lösungsansatz. Bei den vergleichsbezogenen Validierungen zeigt sich in Tendenz ein Überhang bei den sozial begünstigten Paaren. Bei den sozial begünstigten Paaren zeigen alle bis auf ein Paar vergleichsbezogene Validierungen und bei den sozial benachteiligten die Hälfte der Paare. Bei den unbegründeten Plausibilitätsüberlegungen zeigt sich lediglich ein schwacher Überhang bei den sozial benachteiligten Paaren. Die Befunde lassen keine oder nur schwache systematische Unterschiede in den Arten von Validierungen zwischen sozial benachteiligten und begünstigten Schüler:innen vermuten. Das ist vor dem Hintergrund wenig erwartungskonform, als dass sozial benachteiligte Schüler:innen eine tendenziell kritiklosere Haltung einzunehmen (Jünger, 2008) und vor Reflexion zurückzuschrecken scheinen (Lubienski, 2000). Die meisten Schüler:innen in dieser Studie führen eigenständig Reflexionen über ihre Ergebnisse durch. Es scheint beim Bearbeiten von Modellierungsaufgaben kein Zusammenhang zwischen der sozialen Herkunft von Schüler:innen und ihren Validierungstätigkeiten zu bestehen. Eine Erklärung dafür könnte sein, dass sich das Laborsetting von echten Unterrichtssituationen unterscheidet. In Schulklassen gibt es vertikal strukturierte soziale Gefüge entlang der sozialen Herkunft von Schüler:innen. Je nach Stellung in diesem Gefüge geben und erhalten gewisse Schüler:innen – vor allem sozial begünstigte – nützlichere Hilfen und mehr Feedback (Oswald & Krappmann, 2004). Calarco (2011, 2014) beobachtet, dass sozial begünstigte Schüler:innen sich bei Hürden aktiver an die Lehrperson wenden und Rückfragen stellen. Da die Versuchsleitung während des Bearbeitungsprozesses – auch auf Rückfrage – nicht intervenierte, kann sich diese Form sozialer Ungleichheit in diesem Laborsetting nicht reproduzieren. Dass die Schüler:innen während der Bearbeitung auf sich alleine gestellt sind, kann eine Erklärung dafür liefern, dass sie die Kontrolle, die häufig in der Hand der Lehrperson liegt (Blum, 2015), eigenständig durchführen. Eine weitere Begründung mag wiederum in den von D. Lange (2014) beobachteten Tätigkeiten beim kooperativen Arbeiten liegen.

Hypothese 6.4: *Alle Arten von Validierungen kommen gleichermaßen bei sozial benachteiligten wie sozial begünstigten Schüler:innenpaaren vor.*

Es fällt darüber hinaus auf, dass sich gerade die situationsbezogenen und vergleichsbezogenen Validierungen häufiger bei der Riesenpizza-Aufgabe als der Feuerwehr-Aufgabe beobachten lassen. Diese beiden Arten der Validierung knüpfen an das außermathematische Wissen der Schüler:innen an (vgl. Borromeo Ferri, 2006). Eine Erklärung kann darin liegen, dass die Riesenpizza eine unterbestimmte Aufgabe ist, bei der offensichtlich Informationen fehlen (vgl. Krawitz et al., 2018). Da bei dieser Aufgabe auch mehr Annahmen getroffen werden auf Grundlage von Erfahrungswissen, liegt die Vermutung nahe, dass diese Aspekte sich bei dieser Aufgabe auch eher in Validierungen äußern. Während bei der Feuerwehr-Aufgabe Validierungen realer Resultate im Durchschnitt 1 % der Bearbeitungsprozesse einnehmen, sind es bei der Riesenpizza-Aufgabe durchschnittlich 7 %. Es kann vermutet werden, dass unterbestimmte Modellierungsaufgaben eher dazu anregen, Bearbeitungswege und Ergebnisse zu hinterfragen.

Hypothese 6.5: *Unterbestimmte Modellierungsaufgaben, in denen offensichtlich Informationen fehlen, regen stärker zur Validierung der realen Resultate auf Grundlage außermathematischen Erfahrungswissens an.*

Beim Validieren wird auch geprüft, ob die Fragestellung zufriedenstellend beantwortet wurde (Blum, 1985). Daher werden die Schüler:innen im Interview gefragt, wie zufrieden sie mit ihrem Ergebnis sind. Dabei wird bei der Feuerwehr-Aufgabe meist Bezug genommen zur Zufriedenheit über das Ergebnis und die Rechnungen und bei der Riesenpizza-Aufgabe zur Zufriedenheit über die Schätzungen, die Annahmen, die generelle Nachvollziehbarkeit und die Validierungen anhand von Vergleichsobjekten. Es zeigt sich kein Zusammenhang zwischen der geäußerten Zufriedenheit mit der Aufgabenbearbeitung und der sozialen Herkunft der Schüler:innen. Beinahe alle Schüler:innen sind mit den Ergebnissen der

Bearbeitungen zufrieden. Die retrospektive Zufriedenheitsbekundung der Bearbeitung steht den Zweifeln und der Unzufriedenheit während der Bearbeitung entgegen. Damit lassen sich Befunde, dass insbesondere sozial benachteiligte Schüler:innen ihren Lösungsansätzen misstrauen (Leufer, 2016), durch die von Schüler:innen retrospektiv vorgenommene Bewertung der Aufgabenbearbeitung nicht bestätigen.

9.1.7 Verlauf der Modellierungsprozesse

Beinahe bei allen Paaren finden sich alle Teilschritte des Modellierens und alle aufgestellten Subkategorien. Anhand der Codelines der einzelnen Bearbeitungsprozesse (Abschnitt 8.1) wird bereits ersichtlich, dass es zu häufigen Wechseln zwischen den codierten Kategorien, also zwischen verschiedenen Aktivitäten des Modellierens, kommt. Solche Phasenwechsel sind prinzipiell zwischen allen Kategorien möglich. Den Analysen in den Abschnitten 8.2.1.8 und 8.2.2.8 (und beispielhaft der abgebildeten Codeline) ist dabei zu entnehmen, dass einige Kategorien deutlicher mit gewissen anderen Kategorien wechselwirken (Abbildung 9.1).

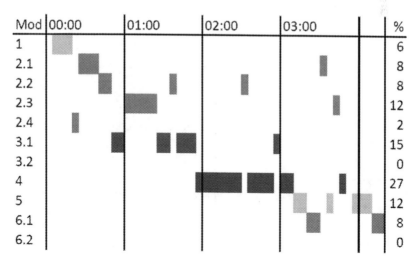

Abbildung 9.1 Codeline zur Riesenpizza-Aufgabe (Tobias & Benedikt)

Ähnliche Veranschaulichungen von Modellierungsprozessen finden sich auch
in zahlreichen anderen Studien. Die Analysen der Codelines können Forschungsbefunde bestätigen, dass es zwischen den Teilschritten des Modellierens zu zahlreichen Phasenwechseln kommt (Ärlebäck, 2009; Leiss, 2007; Möwes-Butschko,
2010). Hierbei treten auch die in der Forschungsliteratur beobachteten Minikreisläufe zwischen Kategorien auf (Borromeo Ferri, 2011; Greefrath, 2015a).
Angelehnt an Codelandkarten (MAXQDA, o. D.) wird dabei untersucht, welche
Teilschritte des Modellierens besonders deutlich miteinander korrespondieren.
Hinweise zum Vorgehen finden sich in Abschnitt 8.2.1.8. Die Analysen dieser
Untersuchung resultieren in Abbildung 9.2.

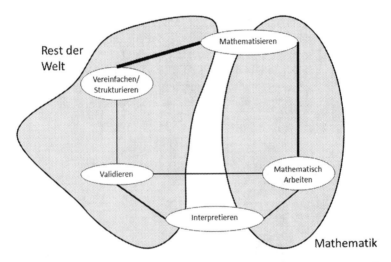

Abbildung 9.2 Teilschritte des Modellierens, die deutlich miteinander korrespondieren
(basierend auf beiden untersuchten Modellierungsaufgaben)

Die sechs Verbindungslinien veranschaulichen, welche Teilschritte des Modellierens deutlich miteinander korrespondieren. Je dicker die abgebildete Linien-
stärke, desto deutlicher korrespondieren die Teilschritte miteinander. Die vier
anderen möglichen Phasenwechsel (z. B. ‚Mathematisieren ↔ Interpretieren') lassen sich nicht auffällig häufig beobachten. Es zeigt sich dafür deutlich, dass unter
den sechs Verbindungslinien aus Abbildung 9.2, alle fünf sind, die auf der Route

idealisierter Modellierungskreisläufe (Blum & Leiss, 2007) liegen, beispielsweise ‚Vereinfachen/Strukturieren ↔ Mathematisieren'. Benachbarte Tätigkeiten des idealisierten Modellierungskreislaufes stehen in dieser Untersuchung in deutlicherer Wechselbeziehung zueinander als nicht-benachbarte Tätigkeiten. Bei 77 % aller Übergänge zwischen zwei Segmenten bleiben die Paare entweder innerhalb derselben Tätigkeiten oder wechseln zur darauffolgenden Tätigkeit im Modellierungskreislauf. Bei 23 % aller Tätigkeiten wechseln die Paare zu einer anderen – nicht auf der idealisierten Route liegenden – Tätigkeit. Ähnliche Erkenntnisse zeigen sich auch in Studien zu Prozessanalysen beim Beweisen (Kirsten, 2021, S. 333). Es scheint insgesamt, als bewegten sich Schüler:innen – mit Blick auf die Teilschritte des Modellierens nach Blum und Leiss (2007) – eher entlang der idealisierten Wege des Modellierungskreislaufes als abseits der Wege.

Hypothese 7: *Schüler:innen bewegen sich beim Bearbeiten von Modellierungsaufgaben häufiger entlang der idealisierten Modellierungsrouten als abseits der Wege.*

Diese Tendenz gilt für sozial benachteiligte und begünstigte Schüler:innen gleichermaßen. Es zeigen sich aber auch Unterschiede zwischen den sozialen Gruppen. Bei den sozial benachteiligten Schüler:innen fallen die Wechsel ‚mathematisch Arbeiten ↔ Validieren' und ‚mathematisch Arbeiten ↔ Interpretieren' deutlicher aus als bei den sozial begünstigten Paaren. Es scheint, als kommt es bei den sozial benachteiligten Schüler:innen häufiger zu Phasenwechseln um das mathematische Arbeit herum. Eine Erklärung kann darin liegen, dass die sozial begünstigten Paare tendenziell eher vergleichsbezogene Validierungen durchführen (Abschnitt 9.1.6), was eine Auseinandersetzung mit dem Realmodell nahelegt. Die sozial benachteiligten Paare in dieser Studie zeigen hingegen eine leichte Tendenz hin zu unbegründeten Plausibilitätsüberlegungen und sind eher bewertend tätig. Dies mag eine deutlichere Nähe zum mathematischen Arbeiten erklären.

9.1.8 Bearbeitungsdauer

Die Bearbeitungsprozesse einzelner Paare können recht unterschiedlich lange dauern und schwanken je Aufgabe zwischen etwa 4 und 19 Minuten. Analysen zur Bearbeitungsdauer auch innerhalb einzelner Teilschritte des Modellierens finden sich in den Unterabschnitten von 8.2.

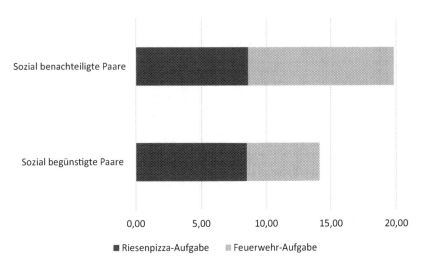

Abbildung 9.3   Durchschnittliche Bearbeitungsdauer [in Minuten] sozial benachteiligter und sozial begünstigter Paare

Mit der Feuerwehr-Aufgabe setzen sich die sozial benachteiligten Paare im Durchschnitt doppelt so lange auseinander wie die sozial begünstigten Paare (Abbildung 9.3). Das ist vor dem Hintergrund zunächst verwunderlich, als dass alle Paare bei der Feuerwehr-Aufgabe einen Ansatz wählen, bei dem eine Skizze erstellt wird und der Satz des Pythagoras oder trigonometrische Sätze angewendet werden. Bei den sozial begünstigten Paaren weichen die Bearbeitungsdauern verhältnismäßig geringfügig voneinander ab. Bis auf ein Paar arbeiten in dieser Gruppe alle Paare zwischen vier und fünfeinhalb Minuten an der Aufgabe. Deutlich länger arbeiten die meisten sozial benachteiligten Paare. Erklärungen dafür lassen sich in den einzelnen Kategorien aufspüren. Differenzen zeigen sich gerade in den Kategorien, die das Aufstellen realer und mathematischer Modelle betreffen. Die sozial benachteiligten Paare befassen sich im Durchschnitt doppelt bis dreimal so lange mit dem Vereinfachen, Organisieren oder Visualisieren wie die sozial begünstigten Paare. Die meisten Paare beginnen in der ersten Minute des Bearbeitungsprozesses eine Skizze anzufertigen. Die Hälfte der sozial benachteiligten Paare (und kein sozial begünstigtes Paar) beginnt in der dritten Minute der Bearbeitung mit einer Skizze. Hinzu kommen unterschiedlich lange Auseinandersetzungen mit Vereinfachungstätigkeiten wie selektivem Lesen und diskutieren (ir)relevanter Informationen. So sind die

Paare, die am längsten Organisieren oder Visualisieren, auch diejenigen, die am längsten Vereinfachen. Wiederholtes und langandauerndes Vereinfachen tritt insbesondere dann auf, wenn Paare Schwierigkeiten haben mit dem Aufstellen realer und mathematischer Modelle. Die Schüler:innen kehren zu Vereinfachungstätigkeiten zurück, weil sie das Vorhandensein vieler relevanter und irrelevanter Informationen als Hürden wahrnehmen. So kann auch erklärt werden, warum sich die Skizzenanfertigung bei den sozial benachteiligten Schüler:innen zeitlich eher verzögert. Erklärungsansätze finden sich auch beim Operationalisieren. Die sozial benachteiligten Paare verbringen durchschnittlich etwa doppelt so lange wie die sozial begünstigten Paare mit dem Operationalisieren. Wie in den Abschnitten zuvor dargestellt, mag dies damit zusammenhängen, dass sie die Formelsammlung eher nach relevanten Informationen und passenden Formeln durchsuchen, dass sie fehlerhaft vereinfachte Modelle aufstellen, bei denen zwei gegebene Werte verarbeitet werden und dass sie aufgrund der später beginnenden Skizzenzeichnung auch erst später mathematische Strukturen und Relationen erkennen.

Mit der Riesenpizza-Aufgabe setzen sich sowohl sozial benachteiligte als auch begünstigte Paare im Durchschnitt etwa achteinhalb Minuten auseinander. Die Bearbeitungsdauern weichen verhältnismäßig geringfügig voneinander ab. Das ist zunächst verwunderlich, als dass in den Fallanalysen sehr unterschiedliche Ansätze bei sozial benachteiligten und begünstigten Paaren festgestellt werden konnten. Längere Bearbeitungsdauern der sozial begünstigten Paare wären im Durchschnitt zu erwarten, da sie häufiger Ansätze verfolgen, bei denen Durchmesser geschätzt und Flächeninhalte ermittelt und verglichen werden. Solche Ansätze erfordern mehr unterschiedliche Tätigkeiten und benötigen daher auch mehr Zeit. Ansätze, bei denen ein Ergebnis geraten wird oder die Riesenpizza visuell grob in Stücke zerlegt wird, erfordern hingegen weniger unterschiedliche Tätigkeiten und sollten daher auch weniger Zeit beanspruchen. Dass sich die Bearbeitungsdauern im Durchschnitt kaum unterscheiden lässt sich mit Blick auf die Codierungen erklären. Die sozial benachteiligten Paare verbringen wesentlich mehr Zeit mit Vereinfachungen als die sozial begünstigten Schüler:innen. Vier Paare kehren im Laufe ihres Bearbeitungsprozesses immer wieder zum Vereinfachen zurück, drei davon sozial benachteiligt und drei davon mit der längsten Bearbeitungsdauer. Schüler:innen, die wiederholt Vereinfachen scheinen auch die Formelsammlung eher in den Blick zu nehmen. Hierunter finden sich auch die vier Paare mit den längsten Bearbeitungsprozessen.

Es kann vermutet werden, dass gewisse Schüler:innen eher langandauernde wiederholende, ‚oberflächliche' (Schukajlow et al., 2021) Tätigkeiten, wie selektives Lesen und Unterstreichen im Text, verfolgen, weil dies in der Regel zu den erfolgsversprechenden Tätigkeiten bei der Bearbeitung von Textaufgaben gehört (Bruder, 2003; Verschaffel et al., 2000). Dass Anpassung und dass Akzeptieren von Autoritäten – wie routinierte Vorgehensweisen beim Bearbeiten von Textaufgaben – eher einem Habitus sozial benachteiligter Herkunft zugerechnet werden (Bourdieu, 1979/1982, S. 596–597; Grundmann et al., 2003; Kohn, 1977), kann als Erklärung dafür dienen, warum ein solches Vorgehen eher sozial benachteiligte Schüler:innen betrifft. Ein weiterer auffälliger Befund liegt darin, dass – entgegen bisheriger Erkenntnisse (Lubienski, 2000) – sozial benachteiligte Schüler:innen *nicht* dazu neigen, Aufgaben schnell hinter sich zu bringen und bei Hürden eher aufzugeben. „Ich glaube, es [das Ergebnis] könnte sogar richtig sein. Und die [Aufgabe] hat mir sogar Spaß gemacht." (Ronja, Interview, 01:04). Stattdessen kehren die Schüler:innen in dieser Untersuchung bei Hürden häufiger zurück u. a. zum Ausgangstext, um weitere Informationen zu beschaffen. Ähnliche Beobachtungen kann Calarco (2014) in Unterrichtssettings machen. In ihrer Studie benötigen sozial benachteiligte Schüler:innen länger, um Arbeitsaufträge zu erfüllen.

Hypothese 8.1:   *Längere Bearbeitungsprozesse beim mathematischen Modellieren ergeben sich bei sozial benachteiligten Schüler:innen aufgrund wiederholender und oberflächlicher Tätigkeiten beim Aufstellen realer oder mathematischer Modelle.*

Die Dauer der Bearbeitung steht jedoch in keinem Zusammenhang mit der Qualität der aufgestellten Modelle. Sowohl bei langen als auch kurzen Bearbeitungsprozessen finden sich u. a. plausible Schätzungen und Annahmen in Bezug auf den Kontext. In diesem Laborsetting scheinen sich gewisse Hürden dadurch auflösen zu können, dass die Schüler:innen unbegrenzt Zeit zur Verfügung haben. Die Schüler:innen scheinen motiviert und gewillt Ergebnisse zu generieren.

Hypothese 8.2:   *Die Bearbeitungsdauer steht in keinem Zusammenhang mit der Qualität der final aufgestellten Modelle.*

Im Unterricht hingegen stellt Zeit eine begrenzte Ressource dar. Bearbeitungsphasen ebenso wie Testsituationen unterliegen einem zeitlichen Rahmen, in dem Schüler:innen Aufgaben bewältigen sollen. Längere Auseinandersetzungen mit wiederholenden oder oberflächlichen Tätigkeiten können also gerade in solchen Settings zu Schwierigkeiten führen, wenn Schüler:innen keine Zeit mehr zur Verfügung steht, sich vertieft mit einer Aufgabe auseinanderzusetzen. Dass insbesondere sozial benachteiligte Schüler:innen hiervon betroffen zu sein scheinen, vermag als Indiz für soziale Ungleichheit im Unterricht verstanden werden. Bisherige Forschungsbefunde können Erklärungen hierfür liefern. Es gibt im Unterricht nicht genügend Zeit, um auf alle Schüler:innen zu warten und auf alle Prozesse einzeln einzugehen. Empirische Befunde legen nahe, dass sozial begünstigte Schüler:innen ihre Arbeitszeit ergiebiger nutzen (Calarco, 2014). Das kann damit zusammenhängen, dass Kinder aus sozial begünstigten Haushalten in ihrer Freizeit eher mit Zeitplänen und Terminierung von Aktivitäten konfrontiert werden, während sozial benachteiligte Kinder eher über viel selbstbestimmte freie Zeit verfügen (Chin & Phillips, 2004; Lareau, 2002; Weininger & Lareau, 2009). Das kann auch damit zusammenhängen, dass sozial begünstigten Schüler:innen eher Habitusmuster zugerechnet werden, die Aufschübe von Bedürfnisbefriedigungen aufweisen, im Vergleich zu sozial benachteiligten Schüler:innen (Bourdieu, 1979/1982, S. 296–297; Bruner, 1975; Jünger, 2008, S. 484). Dies könnte sich in einer ergiebigeren Bearbeitungsphase äußern.

Hypothese 8.3: *Beim Umgang mit Modellierungsaufgaben nutzen sozial benachteiligte Schüler:innen ihre Bearbeitungszeit weniger ergiebig als sozial begünstigte Schüler:innen.*

9.1.9 Bourdieus Spiel-Sinn und die immanenten Notwendigkeiten des Modellierens

Insgesamt lassen sich an verschiedensten Stellen im Modellierungskreislauf Unterschiede zwischen sozial benachteiligten und begünstigten Schüler:innen feststellen. Gleichzeitig lassen sich an anderen Stellen keine substanziellen Unterschiede ausmachen. Dabei zeigen sich Auffälligkeiten in den Bearbeitungsprozessen gerade dort, wo die Schüler:innen mit der Freiheit und Offenheit der Aufgaben umgehen müssen. Viele Regeln, die bei Textaufgaben ihre Gültigkeit haben (Verschaffel et al., 2000), gelten im Umgang mit den Modellierungsaufgaben nicht. Den Hürden und Ansätzen der Schüler:innen während der Aufgabenbearbeitungen lässt sich entnehmen, dass hier andere Regeln angewandt werden. Das Bearbeiten von Modellierungsaufgaben geht mit einem hohen „Maß an Freiheit und Divergenz" (Bruder et al., 2005, S. 141) einher. Damit geht allerdings auch ein Zwang einher, diesem Ausmaß an Freiheit und Divergenz zu begegnen. Bourdieu (1987/1992, S. 84) zufolge ist nichts „zugleich freier und zwanghafter als das Handeln des guten Spielers." Freiheiten in den Handlungsspielräumen befähigen (aber nötigen auch) Schüler:innen dazu, autonom, eigensinnig und individuell zu agieren (vgl. Roslon, 2017, S. 173).

In Anlehnung an Bourdieus Spiel-Sinn (Abschnitt 2.2.1) können daraus auf Grundlage der Analysen dieser Forschungsarbeit immanente Notwendigkeiten im Sinne von Spielregelmäßigkeiten von Modellierungsaufgaben formuliert werden (Tabelle 9.3).

Tabelle 9.3 immanente Notwendigkeiten mathematischer Modellierungsaufgaben (entwickelt auf Grundlage der Analysen)

Situation	In der Situation auftauchende Personen, Objekte, Orte, usw. können wichtig für die Aufgabenbearbeitung sein.
Unterbestimmtheit	Wichtige Informationen zur Bearbeitung der Aufgabe können fehlen. Diese müssen beschafft werden, beispielsweise anhand von Schätzungen, Stützpunktwissen, Alltagserfahrungen oder Recherche.
Überbestimmtheit	Es können irrelevante Informationen in der Aufgabe enthalten sein, die aussortiert werden müssen.
Abbildungen	Abbildungen können relevante Informationen enthalten.
Mathematische Strukturen	Auf Grundlage eines realen Modells sollen mathematische Strukturen verwendet werden.
Komplexität	Die Komplexität der aufgestellten Modelle kann von den Bearbeitenden festgelegt und variiert werden.
Multiple Lösungen	Es kann viele richtige Ergebnisse geben.
Plausibilität	Es geht darum, dass der Lösungsweg und das Ergebnis plausibel nachvollziehbar sind.

Diese Notwendigkeiten fungieren als Logiken der Struktur des Spiels und sind für den gekonnten Umgang mit dem Spiel unabdingbar. Der Spielbegriff kann beim mathematischen Modellieren sinnstiftend herangezogen werden, da hierbei Handlungen betrachtet werden, die sich nicht mit der alltäglichen Ordnung in Deckung bringen lassen (vgl. Roslon, 2017, S. 177). Die immanenten Notwendigkeiten beschäftigen die Schüler:innen während ihrer Bearbeitungsprozesse und die Notwendigkeiten finden deutliche Anknüpfung an die Definition und die Eigenschaften mathematischer Modellierungsaufgaben (Abschnitt 3.3).

Hypothese 9.1:   *Mathematische Modellierungsaufgaben enthalten immanente Notwendigkeiten im Sinne von Spielregelmäßigkeiten, die es für eine erfolgreiche Aufgabenbearbeitung zu erkennen gilt.*

Ein Gespür für den Umgang mit dem Spiel wird durch Erfahrung erworben und funktioniert jenseits des Bewusstseins (Bourdieu, 1987/1992, S. 81). Schüler:innen sammeln allerdings im Mathematikunterricht tendenziell wenig Erfahrung im Modellieren (Blum & Borromeo Ferri, 2009; Borromeo Ferri & Blum, 2018; Reusser & Stebler, 1997). Da außerdem die geläufigen, schulischen Normen zum Umgang mit Realitätsbezügen hier in weiten Teilen nicht gelten, stehen die Modellierenden somit in einem Spannungsverhältnis zwischen Anwendung von bekannten Strukturen und kreativer Neuschöpfung (Roslon, 2017, S. 171). Die Anwendung bekannter Strukturen bezieht sich hierbei auf mathematische Phänomene und die kreative Neuschöpfung findet sich insbesondere im Umgang mit der realen Situation der Aufgabe. Die Analysen deuten an vielen Stellen darauf hin, dass die Schüler:innen Schwierigkeiten mit diesem Spannungsverhältnis aufweisen. Hierbei konnten auch soziale Unterschiede identifiziert werden. Beispielsweise scheinen sozial benachteiligte Schüler:innen eher wiederholende Tätigkeiten des Suchens nach Informationen zu verfolgen (Hypothese 2.4 und 4.1). Dieses Festhalten an Vertrautem und Gewohntem kann als Habitus der Gemeinschaft und der Sicherheit ausgelegt werden (Bourdieu, 1979/1982; vgl. Bremer & Teiweis-Kügler, 2013). Sozial begünstigte Schüler:innen scheinen beispielsweise ein breiteres Spektrum an Alltagserfahrungen und Stützpunktwissen zu aktivieren und in ihre mathematischen Modelle einzupflegen (Hypothese 2.9). Sozial benachteiligte Schüler:innen scheinen insgesamt in einem größeren Spannungsverhältnis aus kreativer Neuschöpfung und bekannten Strukturen zu stehen. Es ist jedoch nicht davon auszugehen, dass sozial benachteiligte Schüler:innen nicht über grundlegende Lebenserfahrungen sowie mathematische Fähigkeiten verfügen. Ihnen scheint es eher an Erfahrungen im Mathematikunterricht zu mangeln, in denen ihre außerschulischen Fähigkeiten und Erfahrungen als Expertenwissen eingesetzt werden können (vgl. Grundmann et al., 2006; Kramer & Helsper, 2010). Das Spannungsverhältnis deutet sich auch in Abschnitt 9.1.8 an, wo geschildert wird, dass gerade sozial benachteiligte Schüler:innen längere Bearbeitungsdauern aufweisen. Ein Spannungsverhältnis kann mit einer größeren Verunsicherung bezüglich des Bearbeitungsprozesses einhergehen und zu mehr Orientierungsphasen und wiederholenden Tätigkeiten führen.

Hypothese 9.2: *Sozial benachteiligte Schüler:innen stehen beim mathematischen Modellieren in einem stärkeren Spannungsverhältnis zwischen bekannten Strukturen und kreativer Neuschöpfung als sozial begünstigte Schüler:innen.*

Gerade in Bezug auf die immanenten Notwendigkeiten der *Situation*, der *Unter-bestimmtheit*, der *mathematischen Strukturen* und der *Komplexität* scheinen sich soziale Unterschiede aufzutun. Die sozialen Unterschiede zeigen sich insbesondere in den Modellierungstätigkeiten, die auf reale und mathematische Modelle abzielen. Gleichzeitig können an vielen anderen Stellen keine Zusammenhänge zwischen der sozialen Herkunft und dem Umgang mit den Notwendigkeiten festgestellt werden. Dies betrifft die immanenten Notwendigkeiten der *Überbe-stimmtheit*, der *Abbildungen* und der *multiplen Lösungen*. Die hier beobachteten Schwierigkeiten und Ansätze zeigen sich herkunftsübergreifend. Vermutungen, dass sozial benachteiligten Schüler:innen ein Spiel-Sinn im Umgang mit realitätsbezogenen Mathematikaufgaben fehlt (B. Cooper, 2007), scheinen hiermit eingeschränkt bestätigt werden zu können. Sozial begünstigte Schüler:innen scheinen in Teilen über einen ausgeprägteren Spiel-Sinn beim Modellieren zu verfügen als sozial benachteiligte Schüler:innen. Gleichzeitig finden sich Aspekte des Spiel-Sinns beim Modellieren, die den Schüler:innen herkunftsübergreifend schwerfallen sowie diverse Stellen, an denen die Notwendigkeiten fruchtbar thematisiert werden. Dabei wird insgesamt ersichtlich, dass grobgliedrige Analysen, wie die der Hauptkategorien, weniger systematische Unterschiede zwischen den sozialen Gruppen aufzudecken vermögen, als die feingliedrigen Analysen auf der Ebene der induktiv entwickelten Subkategorien.

Hypothese 9.3: *Soziale Unterschiede beim mathematischen Modellieren zeigen sich im Wesentlichen beim Aufstellen realer und mathematischer Modelle.*

In der einschlägigen Literatur werden mathematischen Modellierungsaufgaben natürlich differenzierende Eigenschaften zugeschrieben (Abschnitt 3.3). Zentrale Eigenschaften natürlich differenzierender Modellierungsaufgaben können in dieser Untersuchung beobachtet werden: Die Modellierungsaufgaben sind inner- sowie außermathematisch möglichst authentisch konzipiert. Dies zeigt sich anhand der Verwendung mathematischer Verfahren und der realweltlichen Diskussionen bezüglich der Situationen und eigener Erfahrungen. Die Aufgaben sind zudem in einen ganzheitlichen Kontext eingebettet, ohne, dass die Aufgabe in kleinschrittige Teilaufgaben zergliedert wurde. Die Schüler:innen waren bei den Modellierungsaufgaben frei in der Wahl ihres Niveauanspruchs, ihres Lösungsansatzes und bei der Verwendung von Hilfsmitteln und Darstellungsweisen. So zeigen sich in den Beobachtungen eine Vielzahl unterschiedlicher Lösungsansätze auf verschiedensten Niveaustufen. Zudem waren die Aufgaben in einen sozialen Prozess eingebettet, in dem die Schüler:innen Ansätze gemeinsam entwickeln, sich über diese austauschen, sie überarbeiten und letztlich mit einer Vielzahl an alternativen Zugangs- und Denkweisen konfrontiert wurden. So finden sich alle Teilschritte und Subteilschritte mathematischen Modellierens in umfangreichem Maße (vgl. Ärlebäck, 2009) bei sozial benachteiligten und begünstigten Schüler:innen. Alle Schüler:innen gelangen zu realen Resultaten. Bei sozial benachteiligten wie sozial begünstigten Schüler:innen finden sich gleichermaßen situative und mathematische Skizzen, Validierungstätigkeiten und idealisierte Modellierungsrouten. Es scheint, als erfüllten Modellierungsaufgaben zentrale Aspekte natürlicher Differenzierung und könnten daher herkunftsunabhängig zu fruchtbaren Ansätzen bei der Modellbildung anregen.

Hypothese 9.4:   *Mathematische Modellierungsaufgaben wirken über die sozialen Herkunftsgrenzen hinweg partiell natürlich differenzierend.*

Einen weiteren Diskussionsansatz bietet der *Geschmack der Notwendigkeit*, wie er primär sozial benachteiligten Gruppen zugerechnet wird (Bourdieu, 1979/1982). Ein solcher Geschmack sucht tendenziell das Zweckmäßige, das spontan Nützliche, das Funktionale, das praktisch Relevante und den Zusammenhang von Dingen zum Leben. Schwierigkeiten können für sozial benachteiligte Schüler:innen auf Grundlage solcher Dispositionen dort entstehen, wo das Lernen keinen unmittelbaren Nutzen und Lebensweltbezug aufweist (Jünger, 2008, S. 487). Ein Geschmack der Notwendigkeit wird häufig auch mit sozialer Ungleichheit und Defiziten in Verbindung gebracht. Die Befunde dieser Arbeit legen nahe, dass ein Geschmack der Notwendigkeit beim mathematischen Modellieren nicht zwangsläufig zu Defiziten führen muss, sondern auch als fruchtbar diskutiert werden kann. Die Orientierung am praktisch Relevanten mag die Schüler:innen darin bestärken, sich intensiv mit dem Realmodell auseinanderzusetzen und eigene Erfahrungen und Stützpunktwissen in ihre Modellierungen einzupflegen. Die Orientierung am Funktionalen mag sich im Mathematikunterricht darin ausdrücken mathematische Strukturen zu suchen und anwenden zu wollen. Leufer (2016) beispielsweise beobachtet, dass sozial benachteiligte Schüler:innen eher nach dem richtigen Algorithmus suchen, der für die Bearbeitung der Mathematikaufgabe benötigt wird. Ein Geschmack der Notwendigkeit kann im Rahmen mathematischen Modellierens zusammengenommen als Potential von Schüler:innen diskutiert werden. Damit liefert diese Studie einen Hinweis darauf, dass – unter Einschränkung der dargelegten Herausforderungen – anhand von mathematischen Modellierungsaufgaben Schüler:innen unabhängig von ihrer sozialen Herkunft gleichermaßen Lerngelegenheiten angeboten werden können und damit ein Stück weit zu sozialer Gerechtigkeit (OECD, 2018, S. 22) beigetragen werden kann (vgl. Ay et al., 2021; Boaler, 2009).

9.2   Zusammenfassung der Ergebnisse und der Hypothesen

In dieser Forschungsarbeit wurden Modellierungsprozesse von Schüler:innen sozial benachteiligter und sozial begünstigter Herkunft analysiert und verglichen. Ziel war es herauszustellen, inwiefern sich gewisse Bearbeitungscharakteristika beim mathematischen Modellieren auf die soziale Herkunft von Schüler:innen zurückführen lassen. Die Analysen zeigen eine Vielzahl an fruchtbaren Ansätzen sowie Hürden bei der Bearbeitung, die sich herkunftsübergreifend beobachten lassen. Sie zeigen aber auch Unterschiede zwischen den sozialen Gruppen. Daraus lässt sich auf Zusammenhänge zwischen der sozialen Herkunft und Teilschritten und Charakteristiken mathematischen Modellierens schließen. Diese wurden eingeordnet und interpretiert vor dem Hintergrund theoretischer und empirischer Befunde aus der Soziologie, den Erziehungs- und Bildungswissenschaften und der Mathematikdidaktik. Es wurden Ergebnisse bisheriger Studien bestätigt sowie wenig erwartungskonforme Erkenntnisse dokumentiert und diskutiert. Anhand einer Verdichtung und Verallgemeinerung der Beobachtungen aus dieser Studie wurden sodann Hypothesen generiert. Hierbei werden Hypothesen deutlich, die einen Fokus auf die soziale Herkunft der Schüler:innen legen und dabei Gemeinsamkeiten (Tabelle 9.4) oder Unterschiede (Tabelle 9.5) zwischen sozial begünstigten und sozial benachteiligten Schüler:innen erwarten lassen. In Tabelle 9.4 finden sich darüber hinaus herkunftsübergreifende Hypothesen, die keine sozialen Unterschiede erwarten lassen und dabei anhand weiterführender Erklärungen einen Fokus auf die Modellierungsaufgaben und deren Charakteristika sowie deren Bearbeitungen legen.

Tabelle 9.4 Übersicht über die generierten, herkunftsübergreifenden Hypothesen

Herkunftsübergreifende Hypothesen, mit einem Fokus auf …

… Gemeinsamkeiten zwischen sozial begünstigten und benachteiligten Schüler:innen

1.2	Es gibt keinen Zusammenhang zwischen der sozialen Herkunft von Schüler:innen und dem Anteil ihres Modellierungsprozesses, den sie sich mit realitätsnahen bzw. mathematiknahen Tätigkeiten auseinandersetzen.
2.1	Es gibt keinen Zusammenhang zwischen der sozialen Herkunft von Schüler:innen und dem Anteil ihres Modellierungsprozesses, den sie sich mit Tätigkeiten des Vereinfachens/Strukturierens auseinandersetzen.
2.2	Schüler:innen am Ende der Sekundarstufe I sind unabhängig von ihrer sozialen Herkunft in der Lage, in mathematikhaltigen Texten aufgabenrelevante und -irrelevante Informationen zu identifizieren.
2.6	Schüler:innen erkennen unabhängig von ihrer sozialen Herkunft einen Teil impliziter Anforderungen von Modellierungsaufgaben.
2.8	Schüler:innen sozial begünstigter und sozial benachteiligter Herkunft verfügen über Stützpunktwissen und Alltagserfahrungen, die sie beim Modellieren anwenden können.
3.1	Sozial benachteiligte wie sozial begünstigte Schüler:innen erstellen beim Umgang mit Modellierungsaufgaben zum Satz des Pythagoras gleichermaßen situative und mathematische Skizzen. Es gibt keinen Zusammenhang zwischen der sozialen Herkunft von Schüler:innen und dem Realitätsbezug ihrer Skizzen.
6.4	Alle Arten von Validierungen kommen gleichermaßen bei sozial benachteiligten wie sozial begünstigten Schüler:innenpaaren vor.
9.4	Mathematische Modellierungsaufgaben wirken über die sozialen Herkunftsgrenzen hinweg partiell natürlich differenzierend.

… Modellierungsaufgaben und deren Bearbeitungen

2.3	Tätigkeiten des Vereinfachens finden sich tendenziell zu Beginn des Bearbeitungsprozesses. Schüler:innen, die sich im späteren Verlauf der Bearbeitung noch ausführlich und häufig Vereinfachungen widmen, sehen sich eher mit Hürden beim Aufstellen realer und mathematischer Modelle konfrontiert.
3.2	Schüler:innen setzen sich beim Umgang mit Modellierungsaufgaben in aller Regel mit repräsentativen und essentiellen Fotos auseinander. Schüler:innen, die dies nicht tun, übersehen aufgabenrelevante Aspekte und treffen weniger realistische Annahmen beim Aufstellen der Realmodelle.
5	Schüler:innen thematisieren beim Interpretieren situationsangemessene Rundungen meist nicht.

(Fortsetzung)

Tabelle 9.4 (Fortsetzung)

Herkunftsübergreifende Hypothesen, mit einem Fokus auf ...

6.1	Schüler:innen in Partnerarbeit können oberflächliche Modelle, bei denen gegebene Zahlen unreflektiert verarbeitet werden, eigenständig als unplausibel ausmachen und verwerfen.
6.2	Beim Bearbeiten von Modellierungsaufgaben lassen sich die folgenden vier Arten von Validierungen beobachten: situationsbezogene Validierungen, vergleichsbezogene Validierungen, mathematikbezogene Validierungen und unbegründete Plausibilitätsüberlegungen.
6.3	Schüler:innen in Partnerarbeit und ohne zeitliche Begrenzungen validieren ihre realen Resultate eigenständig.
7	Schüler:innen bewegen sich beim Bearbeiten von Modellierungsaufgaben häufiger entlang der idealisierten Modellierungsrouten als abseits der Wege.
8.2	Die Bearbeitungsdauer steht in keinem Zusammenhang mit der Qualität der final aufgestellten Modelle.

... Modellierungsaufgaben und deren Charakteristika

1.1	Aufgabenmerkmale von Modellierungsaufgaben, wie Über- bzw. Unterbestimmtheit und die Funktion von Abbildungen, haben einen Einfluss darauf, inwieweit sich Schüler:innen realitäts- oder mathematiknahen Modellierungstätigkeiten widmen.
2.5	Unterbestimmte Modellierungsaufgaben, in denen offensichtlich Informationen fehlen, regen eher dazu an, eigenständig über die Intention der Aufgabe zu sprechen.
6.5	Unterbestimmte Modellierungsaufgaben, in denen offensichtlich Informationen fehlen, regen stärker zur Validierung der realen Resultate auf Grundlage außermathematischen Erfahrungswissens an.
9.1	Mathematische Modellierungsaufgaben enthalten immanente Notwendigkeiten im Sinne von Spielregelmäßigkeiten, die es für eine erfolgreiche Aufgabenbearbeitung zu erkennen gilt.

Tabelle 9.5 liefert einen Überblick über die aufgestellten Hypothesen, die soziale Unterschiede zwischen sozial begünstigten und sozial benachteiligten Schüler:innen erwarten lassen.

Tabelle 9.5 Übersicht über die generierten, herkunftsbezogenen Hypothesen

Herkunftsbezogene Hypothesen mit Fokus auf Unterschiede zwischen sozial begünstigten und benachteiligten Schüler:innen

2.4	Langandauernde und häufige Auseinandersetzungen mit wiederholenden Tätigkeiten des Vereinfachens sind eher bei sozial benachteiligten Schüler:innen als bei sozial begünstigten Schüler:innen vorzufinden.
2.7	Schüler:innen – insbesondere sozial benachteiligter Herkunft, aber auch sozial begünstigter Herkunft – nehmen Modellierungsaufgaben aus der Perspektive altbekannter, schulisch erworbener Vorgehensweisen wahr und können dadurch versteckte Anforderungen an eine Modellierungsaufgabe übersehen.
2.9	Sozial begünstigte Schüler:innen aktivieren im Vergleich zu sozial benachteiligten Schüler:innen beim mathematischen Modellieren ein breiteres Spektrum an Alltagserfahrungen, Stützpunktwissen und Vergleichsobjekten, das sie in die Entwicklung von Realmodellen einbringen. Gerade bei unterbestimmten Modellierungsaufgaben, in denen offensichtlich Informationen fehlen, scheuen sich sozial benachteiligte Schüler:innen eher davor, eigenständig Stützpunktwissen und Alltagserfahrungen zu aktivieren und in ihre Modelle zu implementieren.
2.10	Schüler:innen – insbesondere sozial benachteiligter Herkunft – brauchen mehr Erfahrungen mit Modellierungsaufgaben und können davon profitieren, wenn einige ihrer Charakteristika hervorgehoben werden, u. a. durch Angabe eines Operators und Hinweise dazu, dass Stützpunktwissen und Alltagserfahrungen von Bedeutung sein können, dass mathematische Verfahren und Strukturen relevant sein können und wie offen Lösungsweg und Ergebnis sein dürfen.
4.1	Sozial benachteiligte Schüler:innen verfolgen bei Hürden eher als sozial begünstigte Schüler:innen wiederholende Tätigkeiten des Suchens nach Informationen im Text und in der Formelsammlung.
4.2	Sozial benachteiligte Schüler:innen entwickeln eher als sozial begünstigte Schüler:innen oberflächliche Modelle, bei denen gegebene Werte unreflektiert miteinander verarbeitet werden.
8.1	Längere Bearbeitungsprozesse beim mathematischen Modellieren ergeben sich bei sozial benachteiligten Schüler:innen aufgrund wiederholender und oberflächlicher Tätigkeiten beim Aufstellen realer oder mathematischer Modelle.
8.3	Beim Umgang mit Modellierungsaufgaben nutzen sozial benachteiligte Schüler:innen ihre Bearbeitungszeit weniger ergiebig als sozial begünstigte Schüler:innen.

(Fortsetzung)

Tabelle 9.5 (Fortsetzung)

Herkunftsbezogene Hypothesen mit Fokus auf Unterschiede zwischen sozial begünstigten und benachteiligten Schüler:innen	
9.2	Sozial benachteiligte Schüler:innen stehen beim mathematischen Modellieren in einem stärkeren Spannungsverhältnis zwischen bekannten Strukturen und kreativer Neuschöpfung als sozial begünstigte Schüler:innen.
9.3	Soziale Unterschiede beim mathematischen Modellieren zeigen sich im Wesentlichen beim Aufstellen realer und mathematischer Modelle.

Auf die aufgestellten Hypothesen kann in weiteren Forschungsarbeiten aufgebaut werden und ihnen können Implikationen für die Unterrichtspraxis entnommen werden, wie in den Abschnitten 9.4 und 9.5 dargelegt wird. Im Folgenden werden zunächst die Grenzen dieser Studie thematisiert.

9.3   Grenzen der Studie

Trotz wohlüberlegter und begründeter methodischer Entscheidungen unterliegt der Geltungsbereich dieser Untersuchung gewissen Grenzen, welche die Ergebnisse einschränken. Solche Limitierungen werden in diesem Abschnitt diskutiert.

Eine Grenze betrifft die Verallgemeinerbarkeit der Ergebnisse. Es liegt in der Natur des qualitativen Forschungszugangs und der kleinen Stichprobe, dass keine statistische Verallgemeinerung der Ergebnisse angestrebt wird. Die Generalisierung der Ergebnisse liegt in Form von Vermutungen und Hypothesen vor, die sich aus der Tiefe und dem Detailreichtum der Analysen ergeben. Um statistisch verallgemeinerbare Erkenntnisse zu gewinnen, kann in quantitativen Forschungsarbeiten an die aufgestellten Hypothesen angeknüpft werden. Weiterhin werden die Ergebnisse durch die Auswahl der Stichprobe eingegrenzt. Bei den Teilnehmenden handelt es sich um Schüler:innen der zehnten Jahrgangsstufe, sodass die formulierten Ergebnisse nur eingeschränkt übertragbar sind auf Schüler:innen anderer Jahrgangsstufen. Schüler:innen am Ende der Sekundarstufe I zeichnen sich im Vergleich zu Schüler:innen der Primarstufe unter anderem durch vieljährige Erfahrungen mit dem Schulsystem und dem Mathematikunterricht aus, sodass sie mehr Erfahrung mit schulischen Konventionen sammeln konnten. Der Habitus der Schüler:innen unterliegt während der schulischen Laufbahn Transformationsprozessen und verändert sich (Kramer, 2014). Es ist daher davon

auszugehen, dass sich die gewonnenen Erkenntnisse eingeschränkter auf Schüler:innen der Primarstufe übertragen lassen, als auf Schüler:innen naheliegenderer
Jahrgangsstufen. Bei den ausgewählten Teilnehmenden handelt es sich zudem
um Schüler:innen eines Gymnasiums oder einer Gesamtschule. Die Auswahl der
Schulen erwies sich als günstig, da damit Schüler:innen aus allen Leistungsbereichen abgedeckt werden konnten. Zudem verfügen die ausgewählten Schulen
über sechs Jahrgangsstufen in der Sekundarstufe I, sodass die zehnte Klasse der
Sekundarstufe I zuzuordnen ist. Dies erleichtert die Vergleichbarkeit der Schüler:innen unterschiedlicher Schulen. Darüber hinaus gehören die Schulen einem
Standorttypen an, der eine sozial heterogene Schülerschaft erwarten lässt. So
konnte die Vorerhebung Schüler:innen aus allen Leistungs- und Herkunftsbereichen erfassen. Dazu wurden Fragebögen und Leistungstests in Erweiterungs-
und Grundkursen angewendet. In der finalen Stichprobe befanden sich allerdings nur Schüler:innen aus Erweiterungskursen. In den Grundkursen konnten
keine Schüler:innenpaare gefunden werden, die die Teilnahmebedingungen in
Bezug auf die mathematische Leistung und die soziale Herkunft erfüllten und
bei denen Einverständniserklärungen und vollständig ausgefüllte Fragebögen vorlagen. Eingrenzend gelten die Ergebnisse demnach nicht für Schüler:innen aus
Grundkursen. Hiermit bestätigen sich Hürden bezüglich fehlender Daten, die
sich auch in großangelegten Vergleichsstudien zeigen. Es ist davon auszugehen,
dass bei freiwilligen Angaben fehlende Informationen bei Teilnehmenden in der
Regel nicht zufällig auftreten, sondern mit sinkender mathematischer Leistung
der Teilnehmenden wahrscheinlicher werden (Mahler & Kölm, 2019). Dennoch konnten insgesamt aus beiden Gruppen sozialer Herkunft innerhalb einer
Schulklasse bzw. eines Kurses Schüler:innenpaare aus allen Leistungsbereichen
identifiziert werden. Sowohl unter den sozial benachteiligten als auch den sozial
begünstigten Teilnehmenden finden sich Schüler:innen unterdurchschnittlicher,
durchschnittlicher und überdurchschnittlicher mathematischer Leistung. Es erwies
sich lediglich als schwierig, mehrere leistungsstarke Schüler:innenpaare sozial
benachteiligter Herkunft zu identifizieren und akquirieren. Dies steht in Einklang
mit Ergebnissen großangelegter Studien, nach denen es deutlich unwahrscheinlicher ist, unter sozial benachteiligten Schüler:innen leistungsstarke zu entdecken
als unter sozial begünstigten (vgl. u. a. Mahler & Kölm, 2019; Sirin, 2005). In
dieser Forschungsarbeit gelang es dennoch Schüler:innen aus allen Leistungs-
und Herkunftsbereichen zu identifizieren und akquirieren. Damit war es möglich die Ergebnisse unter Kontrolle der mathematischen Leistung zu betrachten.
Darüber hinaus finden sich in beiden Gruppen sozialer Herkunft nahezu gleichermaßen Schüler:innen mit guten, befriedigenden und ausreichenden Schulnoten
im Fach Deutsch. In beiden Gruppen finden sich Jungen und Mädchen sowie

gleichgeschlechtliche und gemischtgeschlechtliche Paare. Das Ziel bei der Auswahl der Teilnehmenden war es, zwei Gruppen zu erzeugen, die sich primär in ihrer sozialen Herkunft unterscheiden. Ein qualitativer Forschungszugang ermöglicht dies jedoch aufgrund der geringen Stichprobe nur eingeschränkt. Es bleibt ungewiss, ob die Ergebnisse auch stabil sind unter Kontrolle weiterer Merkmale wie Sprachkompetenz, Migrationshintergrund, Geschlecht, Motivation, etc. Dafür könnten die Befunde dieser Arbeit anhand eines quantitativen Zugangs geprüft werden. Eine weitere Eingrenzung betrifft die Dichotomie der Unterteilung. Dort wo Schüler:innen unterteilt werden in ‚über dem Mittelwert' und ‚unter dem Mittelwert', ist die Gefahr der Defizitorientierung groß: „When students are homogenised in this way, difference becomes a problem rather than a potential resource and strength" (P. Thomson, 2013, S. 176). Sozial benachteiligte und sozial begünstigte Schüler:innen stellen keine so homogenen Gruppen dar, wie die Verwendung der Begriffe den Anschein erwecken lassen könnten. Soziale Gruppen sind keine homogenen Gebilde, in denen die Individuen wie Teilchen im Raum „von äußeren Kräften mechanisch angezogen oder abgestoßen werden." (Bourdieu & Wacquant, 1996, S. 140) Gleichzeitig stimmen Individuen derselben sozialen Klasse in ihren Dispositionen mit hoher Wahrscheinlichkeit stärker überein als Individuen unterschiedlicher sozialer Klassen (Bourdieu, 1972/2015). Gerade bei Personen aus den Randgebieten des sozialen Raums zeigt sich eine besondere Prägekraft des sozialen Umfeldes (Stein, 2005). Ein Vergleich von Schüler:innen, die im sozialen Raum möglichst weit auseinander liegen, ist daher als geeignet zu bewerten.[3] Außerdem ist die Einordnung der Schüler:innen entsprechend ihres HISEI und ihres PARED als differenzierte und umfassende Abbildung der sozialen Herkunft der Schüler:innen zu bewerten (Abschnitt 6.3.2). In größer angelegten Studien kann es sich anbieten den HOMEPOS und den ESCS vertieft zu betrachten. Für eine statistisch reliable Ermittlung dieser Konstrukte war die Stichprobe nicht umfangreich genug. Auch Analysen entlang mehrdimensionaler Modelle sind in diesem Zusammenhang denkbar (vgl. Bremer & Lange-Vester, 2014). Methodische Grenzen lassen sich außerdem in Bezug auf die Verwendung des DEMAT-9-Tests zur Erfassung der mathematischen Leistung aufzeigen. Der Test ermöglicht im Rahmen einer Unterrichtsstunde einen lehrplanorientierten, schulformübergreifenden, schulformspezifischen, themenbereichsspezifischen und themenbereichsübergreifenden Leistungsvergleich der Schüler:innen (S. Schmidt et al., 2013). Er beschränkt sich jedoch im Wesentlichen auf den Umgang mit mathematischen

---

[3] Auseinandersetzungen hierzu finden sich in Abschnitt 2.2.2. Weitere, kritische Auseinandersetzungen mit Bourdieus Konzepten finden sich in Abschnitt 2.2.5.

Objekten. Die dadurch erfasste Leistung vernachlässigt eine umfassende Kompetenzorientierung gemäß der Bildungsstandards (KMK, 2004, 2022). Zudem zeigten Rückmeldungen der Schüler:innen, dass sie den Leistungstest mit seiner blockweisen, zeitlichen Taktung als stressig und demotivierend empfunden hatten. Es ist davon auszugehen, dass mit der Durchführung des Tests eine negative Auswirkung auf die Teilnahmebereitschaft einhergeht. Ein alternatives Maß zur Erfassung der mathematischen Leistung, das die benannten Kritikpunkte aufgreift, stellt die Durchführung der Vergleichsarbeiten (VERA) der achten Jahrgangsstufe dar. Anhand der Vergleichsarbeiten kann ermittelt werden, inwieweit die Schüler:innen über die Kompetenzen aus den Bildungsstandards verfügen (IQB, 2020, S. 46).

Mit der Wahl der Modellierungsaufgaben gehen weitere Limitierungen bezüglich der Reichweite der Ergebnisse einher. Inhaltlich-thematisch sind die Aufgaben auf die Geometrie begrenzt. Eine Übertragung der Ergebnisse auf andere Themenbereiche ist somit nicht ohne weiteres möglich. Die Aufgaben sind zudem so ausgewählt, dass alltägliche Situationen dargestellt werden, sodass keine herkunftsabhängigen Hürden in Bezug auf den realen Sachkontext zu erwarten waren. Mit den Modellierungsaufgaben soll kein spezielles Weltwissen abgeprüft werden. Die Beobachtungen weisen nicht darauf hin, dass die Schüler:innen die realen Kontexte als ungeläufig und lebensfern empfanden. Auch sind die Aufgaben so konzipiert, dass sowohl auf der Lese- als auch der Sprachproduktionsebene nicht von einem kognitiven overload der Schüler:innen auszugehen ist. Sprachbarrieren können damit nicht ausgeschlossen werden, aber möglichst reduziert werden. Dennoch ist es als Eingrenzung der Ergebnisse zu betrachten, dass sprachlich-schwierigkeitsgenerierende Elemente von Modellierungsaufgaben in dieser Studie nicht untersucht wurden. Eine solche Thematisierung findet sich unter anderem bei Dexel und Witte (2021), die sich mit mathematischen Problemlöseaufgaben ohne Sprachbarrieren auseinandersetzen.

Diskutiert werden kann darüber hinaus das Setting, in dem die Aufgaben bearbeitet wurden. Die Schüler:innen arbeiteten in Partnerarbeit in einem Laborsetting im Rahmen von drei Phasen (Beobachtung, stimulated recall und Interview) an den Modellierungsaufgaben (Abschnitt 6.5). Das Arbeitssetting sollte möglichst authentisch für die Schüler:innen sein und gleichzeitig möglichst ähnliche Untersuchungsbedingungen gewährleisten. An das Laborsetting mit der Videoaufnahme und der fremden Versuchsleitung scheinen sich die Schüler:innen schnell gewöhnt zu haben. Dennoch können die Erkenntnisse aus dem Laborsetting nur eingeschränkt auf echte Unterrichtssituationen übertragen werden, in denen weitreichendere Interaktionen und andere kommunikative Prozesse auf den Lernprozess einwirken. Hinzu kommt, dass die Untersuchungsergebnisse zunächst nur für Paarbearbeitungen gültig sind. Es lassen sich daraus keine Aussagen über Modellierungsprozesse einzelner Schüler:innen ziehen. Die Entscheidung für die Partnerarbeit wurde in Abschnitt 6.5 diskutiert und vorab im Vergleich zur Bearbeitung in Einzelarbeit erprobt (6.2). Die Partnerarbeit erwies sich insgesamt als zielführende Methode. Wird zugrunde gelegt, dass kommunikative und kognitive Prozesse häufig parallel zueinander verlaufen, kann davon ausgegangen werden, dass durch die kooperativen Verbalisierungen der Schüler:innen ein Großteil der mentalen, handlungsrelevanten Prozesse offengelegt wird (Kirsten, 2021, S. 366). Die Durchführung der Erhebung in drei Phasen erwies sich als geeignete Methode, um ein facettenreiches Bild über die internen und externen Prozesse der Schüler:innen zu erhalten (vgl. Busse & Borromeo Ferri, 2003). In der Bearbeitungsphase konnten die Schüler:innen von der Versuchsleitung unbeeinflusst arbeiten, sodass davon ausgegangen werden kann, dass die hiesige Bearbeitung echten Bearbeitungsprozessen relativ nahekommt. Die Daten aus dem stimulated recall und dem Interview konnten an vielen Stellen der Analysen an die Beobachtungen anknüpfen und die Erkenntnisse untermauern.

Auch bei Betrachtung der Auswertungsmethode ergeben sich Grenzen. In dieser Untersuchung wurde eine vergleichende Analyse von Tätigkeiten beim mathematischen Modellieren durchgeführt. Die Auswertung beruht dabei auf Teilschritten des Modellierens. Diese sind zentral für die Bearbeitung von Modellierungsaufgaben. Dennoch kann gezeigt werden, dass Modellierungskompetenz weit mehr umfasst als das Durchlaufen eines Modellierungskreislaufes (Maaß, 2006). Dazu gehören beispielsweise positive Einstellungen gegenüber Mathematik und Modellieren. Damit gehen Limitationen durch die Wahl des Kategoriensystems und durch die Entwicklung der induktiven Subkategorien einher. Andere Ergebnisse hätten sich ergeben können, wenn andere Forschende das Material betrachtet hätten, andere deduktive Kategorien (des Modellierens oder auch anderer Forschungsrichtungen) verwendet worden wären oder andere Bearbeitungsprozesse betrachtet worden wären. Auch die Wahl des Codierverfahrens kann einen Einfluss auf die Ergebnisse haben. Durch die Unterteilung der Transkripte in 5-Sekunden-Segmente, bildet die Anzahl der codierten Segmente die tatsächlich vorkommende Dauer einer jeweiligen Kategorie näherungsweise ab. Dennoch stellt die Anzahl der codierten Segmente nur einen Näherungswert für die tatsächliche Zeit dar, die sich die Paare mit einer Tätigkeit des Modellierens auseinandersetzen. Aufgrund der feingliedrigen Unterteilung der Transkripte und Verwendung von event- und time-sampling, ist das gewählte Verfahren als angemessen und zielführend einzuschätzen. Darüber hinaus ist eingrenzend anzumerken, dass die Prozesse und die Produkte der Schüler:innen in dieser Studie nur eingeschränkt bewertet wurden. Folgestudien könnten die Teilschritte des

Modellierens sozial benachteiligter und sozial begünstigter Schüler:innen einer kategoriengeleiteten Bewertung unterziehen. Thematisiert werden Bewertungen von Modellierungskompetenzen unter anderem bei Greefrath und Maaß (2020). In Bezug auf die Untersuchungsebene wurden die deduktiven Hauptkategorien um induktive Subkategorien erweitert. Dieses Vorgehen erwies sich als besonders relevant und zielführend, da die Analysen auf der Ebene der deduktiven Hauptkategorien und weiterer grober Vergleiche kaum systematische Auffälligkeiten aufdecken konnten. Primär die ausdifferenzierte und feingliedrige Analyse auf der Ebene der induktiven Subkategorien vermochte soziale Unterschiede und vertiefte Erklärungsansätze aufzudecken.

9.4 Implikationen für die Forschung

Ziel dieser Untersuchung war es, das mathematische Modellieren mit seinen spezifischen Eigenschaften und Tätigkeiten aus dem Blickwinkel der sozialen Herkunft zu beleuchten. Die lückenhafte sowie kontroverse Diskussion um die Chancen und Herausforderungen mathematischen Modellierens soll damit aufgegriffen und fortgeführt werden. Dazu wurden Modellierungsprozesse von sozial benachteiligten und sozial begünstigten Schüler:innenpaaren der zehnten Jahrgangsstufe analysiert und verglichen. Die Fallvergleiche resultieren in generalisierten Hypothesen. Die im empirischen Material sichtbar werdenden Klassifikationen können so als überindividuelle Strukturen entschlüsselt werden (Bremer & Teiweis-Kügler, 2013): „Die von den sozialen Akteuren im praktischen Erkennen der sozialen Welt eingesetzten kognitiven Strukturen sind inkorporierte soziale Strukturen." (Bourdieu, 1979/1982, S. 730) Die beim Bearbeiten mathematischer Modellierungsaufgaben erforschten sozialen Strukturen führten zusammengenommen dazu, die Chancen und Herausforderungen beim Lehren und Lernen mathematischen Modellierens und die daraus resultierenden Anknüpfungsmöglichkeiten besser zu verstehen. Aus den hiesigen Untersuchungsergebnissen ergeben sich weitere Fragen, die in anschließenden Forschungsvorhaben thematisiert werden können.

Es liegt in der Natur qualitativer Forschungszugänge, dass der Stichprobenumfang keine repräsentativen Erkenntnisgewinne ermöglicht. Dennoch ließen sich überindividuelle Phänomene identifizieren, die auf strukturelle Merkmale der Bedingungen des sozialen Raums schließen lassen. Es stellt sich die Frage, ob sich die vorgefundenen Ergebnisse auch bei Vergrößerung des Stichprobenumfangs replizieren lassen. Eine solche Vergrößerung ist sinnvoll, um die aufgestellten Hypothesen möglichst zu bestärken.

Die Ergebnisse dieser Studie deuten darauf hin, dass spezifische Eigenschaften von Aufgaben Auswirkungen auf die Tätigkeiten beim Modellieren haben können. Weitere Untersuchungen auf Grundlage von Variationen des Untersuchungsgegenstandes liegen dabei nahe. In anderen qualitativen Untersuchungsstudien könnten weitere Aufgaben eingesetzt werden, in denen beispielsweise essentielle Fotos verwendet werden oder Aufgaben, die offensichtlich unterbestimmt sind. Es ist denkbar, bestimmte Merkmale von Aufgaben systematisch zu variieren, um Aufgabenformate miteinander zu vergleichen. Auch ist es möglich, zu einem gewissen Aufgabenformat mehrere Aufgaben zu stellen, um weitere Aussagen zu einem Aufgabentypen formulieren zu können. So kann vertieft untersucht werden, inwiefern spezifische Eigenschaften von Modellierungsaufgaben Auswirkungen auf die Bearbeitung unterschiedlicher sozialer Gruppen haben können. Ebenso sollten in Anschlussarbeiten andere curriculare Themengebiete, u. a. der Algebra oder der Stochastik, untersucht werden, um zu prüfen, ob sich die Ergebnisse übertragen lassen und die Reichweite der Ergebnisse zu erhöhen.

Eine weitere Frage, die sich stellt, ist die, ob sich bei Variationen des untersuchten Kategoriensystems, die vorgefundenen Ergebnisse ebenfalls identifizieren lassen und welche neuen Erkenntnisse generiert werden könnten. In weiteren qualitativen Untersuchungen könnten andere Merkmale beim Bearbeiten von Modellierungsaufgaben untersucht werden, die der Diskussion zufolge ebenfalls Auffälligkeiten in Bezug zur sozialen Herkunft erwarten lassen. Da die Untersuchung Auffälligkeiten in Bezug auf wiederholende und elaborierte Tätigkeiten andeutet (u. a. Hypothese 4.1), können auch kognitive und metakognitive Problemlösestrategien (Schukajlow et al., 2021; Schukajlow & Leiss, 2011) als Kategorien beim Bearbeiten von Modellierungsaufgaben vor dem Hintergrund der sozialen Herkunft analysiert werden. Ebenso könnten kooperative Tätigkeiten im Fokus der Untersuchung stehen (vgl. D. Lange, 2014). Weitere Forschungsvorhaben könnten zudem Habitusmuster kategorienbasiert in den Blick nehmen und konkrete Modellierungsaufgaben verwenden, die gezielt Dimensionen eines Habitus ansprechen (vgl. Bremer & Teiweis-Kügler, 2013). Die Ergebnisse dieser Studie deuten bereits spezifische Orientierungen eines Habitus gewisser Schüler:innengruppen an. Dazu gehört unter anderem ein sicherheitsorientierter und ein gemeinschaftlicher Habitus. In dieser Untersuchung konnten zudem immanente Notwendigkeiten von Modellierungsaufgaben aufgestellt werden (Tabelle 9.3) und für einzelne unter ihnen soziale Unterschiede identifiziert werden. Anhand weiteren Materials und weiterer Leitfadeninterviews könnte empirisch vertieft untersucht werden, ob gewisse Notwendigkeiten von gewissen Schüler:innengruppen verstärkt thematisiert werden. Gezielte Aufgabenvariationen und Interviewfragen könnten hierbei soziale Unterschiede für einzelne Notwendigkeiten aufdecken und verifizieren. Darüber hinaus sollten auch weitere theoretische und empirische Diskussionen zur natürlichen Differenzierung von mathematischen Modellierungsaufgaben folgen. Die Merkmale natürlich differenzierender Modellierungsaufgaben (Abschnitt 3.3) könnten anhand weiteren Materials untersucht werden. Es stellt sich beispielsweise die Frage, in welchem Maße eine bestimmte Aufgabe natürliche Differenzierung anregt oder die Frage, ob ein bestimmtes Aufgabenmerkmal natürliche Differenzierung verstärken kann. Dazu könnten Modellierungsaufgaben entsprechend der Eigenschaften natürlich differenzierender Modellierungsaufgaben klassifiziert und anhand einer Bepunktungsgrundlage bewertet werden (vgl. Greefrath & Vos, 2021). Anhand weiterer Prozessdaten könnten auch Analysen durchgeführt werden, bei denen Aufgaben nach einzelnen Aufgabenmerkmalen variiert und die dazugehörigen Bearbeitungsprozesse anhand der Eigenschaften natürlich differenzierender Modellierungsaufgaben evaluativ miteinander verglichen werden (vgl. Kuckartz, 2016). Diese Studie deutet bereits an, dass die benannten, weiteren Untersuchungsschwerpunkte interessante Befunde und Diskussionen in Bezug auf die soziale Herkunft von Schüler:innen erwarten lassen.

In dieser Studie wurden Schüler:innen so zu Paaren zusammengesetzt, dass sie möglichst homogen waren in Bezug auf ihre mathematische Leistung und ihre soziale Herkunft. Unter der Annahme, dass sich Individuen von sich aus tendenziell zu homogenen Gruppen zusammenschließen, liegt auch dieses Untersuchungsdesign nahe. Da es in der Unterrichtspraxis ebenso gewöhnlich ist, dass Schüler:innen sich nicht zu homogen Gruppen zusammenschließen oder gezielt von der Lehrperson zusammengesetzt werden, ergibt sich daraus die Frage nach der Übertragbarkeit der Ergebnisse bei Variation der Erhebungsmethode. Weitere Untersuchungen könnten heterogene Paarzusammensetzungen untersuchen. Es kann geprüft werden, welche Ergebnisse sich auch bei herkunftsgemischten Gruppen finden lassen. Auf Grundlage dessen kann eine Debatte um die Chancen und Herausforderungen sozial heterogener und homogener Gruppenzusammensetzungen geführt werden. Eine weitere in der Schulpraxis häufig verwendete Methode liegt darin, Schüler:innen zunächst in Einzelarbeit und anschließend in Partnerarbeit zusammenzusetzen. Für die Forschung bietet ein solches Erhebungsdesign die Möglichkeit, sowohl individuelle als auch kooperative Prozesse in den Blick zu nehmen. Zudem kann damit das Potential des diskursiven Austausches für verschiedene soziale Gruppen abgeschätzt werden.

Diese Studie wurde in einem Laborsetting durchgeführt. Als Implikation für die Forschung ergibt sich daraus die Frage, inwiefern die Ergebnisse übertragbar sind bei Variation des Untersuchungssettings. In weiteren Erhebungen sollten die aufgestellten Ergebnisse in Unterrichtsbeobachtungen geprüft werden. Darüber hinaus sollten auch andere Schulformen in diesem Zusammenhang untersucht werden. Die Reichweite der Ergebnisse kann dadurch erhöht werden, dass auch Real-, Haupt- und Grundschulen betrachtet werden.

Darüber hinaus wurden in dieser Studie Unterstützungsmöglichkeiten beim mathematischen Modellieren diskutiert. Denkbar ist die Unterstützung von Schüler:innen beim mathematischen Modellieren beispielsweise durch Sprachfördermaßnahmen (vgl. Hagena et al., 2018), durch Hinweise und Aufforderungen zur Skizzennutzung und -erstellung (vgl. Rellensmann, 2019) oder durch verschiedene Formen von Hilfen (vgl. Zech, 2002). In diesem und insbesondere dem folgenden Abschnitt zu den Implikationen für die Unterrichtspraxis werden schwerpunktmäßig sogenannte Lösungspläne zum mathematischen Modellieren als Unterstützungsmöglichkeit thematisiert (vgl. Beckschulte, 2019), da sie an die Hürden und Ansätze der Schüler:innen dieser Arbeit anknüpfen können. Als weitere Untersuchung wäre eine Interventionsstudie zum Einsatz von Lösungsplänen möglich, in der analysiert wird, welche soziale Gruppe an Schüler:innen besonders von strategischen Unterstützungsangeboten profitieren könnte. Hier ist ebenso eine Videostudie ähnlich zu dieser Erhebung denkbar, in der analysiert wird, wie Schüler:innen unterschiedlicher sozialer Herkunft Unterstützungsgerüste wie einen Lösungsplan verwenden.

In dieser Forschungsarbeit konnten Hypothesen generiert werden, die statistische Zusammenhänge erwarten lassen. Eine naheliegende Implikation für die Forschung liegt in der Wahl quantitativer Forschungszugänge auf Grundlage der hier vorgefundenen Ergebnisse. In quantitativen Forschungsarbeiten könnte den aufgestellten Hypothesen nachgegangen werden. Anhand eines Tests zum mathematischen Modellieren beispielsweise könnten die Modellierungskompetenzen auf der Ebene der Teilschritte und auf holistischer Ebene gemessen und in Zusammenhang mit der sozialen Herkunft gebracht werden. Da diese Untersuchung Hinweise darauf liefert, dass soziale Unterschiede im Wesentlichen beim Bilden von realen und mathematischen Modellen präsent sind, wäre es relevant, dies anhand von atomistischen Modellierungsaufgaben (Blomhøj & Jensen, 2003) zu prüfen. Hinzu kommt, dass Tätigkeiten wie das Validieren bei der Bearbeitung holistischer Modellierungsaufgaben tendenziell erst beim Auftreten von Hürden aktiviert werden. Um vertiefte Befunde zu einzelnen Teilschritten wie dem Validieren erhalten zu können, ist es daher sinnvoll, gezielt atomistische Aufgaben zu untersuchen und zu verwenden, die auf gewisse Tätigkeiten, Hürden oder Ansätze abzielen. Bei quantitativen Zugängen sollten weitere Kontrollvariablen zur sozialen Herkunft erhoben werden, wie der Migrationshintergrund, Mehrsprachigkeit und die Verwendung von Sprache. Um eine schlüssige und umfassendere Vorstellung von Bildungsgerechtigkeit in den Blick zu nehmen, gilt es zudem auch

Aspekte wie Begabung, Ehrgeiz und Motivation zu erfassen (Buchholtz, Stuart & Frønes, 2020).

9.5 Implikationen für die Unterrichtspraxis

Mathematisches Modellieren ist anspruchsvoll und erfordert die Aktivierung einer Vielzahl an Kompetenzen und Fähigkeiten. Gleichzeitig ermöglicht Modellieren, sich mit authentischen, lebensweltnahen, mathematikhaltigen Situationen auf individuellem Wege auseinanderzusetzen und knüpft so an die Ziele von Mathematikunterricht an, indem „beim Lösen von Aufgaben und im Umgang mit Problemen individuelle Zugänge bzw. kreative Lösungen entwickelt, ausgetauscht und diskutiert" (MSB NRW, 2019, S. 9) werden. Der Theorieteil dieser Arbeit liefert Hinweise darauf, dass die Sozialisation von Kindern auch Auswirkungen auf Haltungen und Handlungsmuster im Unterricht haben kann. In dieser Forschungsarbeit konnten im Rahmen der Teilschritte mathematischen Modellierens Aspekte aufgedeckt werden, die für die Existenz sozialer Ungleichheit sprechen (u. a. Hypothese 2.9 und 4.1). Daneben konnten diverse Aspekte mathematischen Modellierens identifiziert werden, die herkunftsübergreifend zu Schwierigkeiten oder zu fruchtbaren Ansätzen führten. Die Befunde leiten unweigerlich dazu, die Rolle mathematischen Modellierens für die Unterrichtspraxis zu diskutieren. Die Zusammenfassung zentraler Forschungserkenntnisse ebenso wie die Befunde dieser Untersuchung liefern Hinweise dazu, worauf auch Lehrpersonen im Mathematikunterricht achten können, um die Stärken und Hürden von Schüler:innen unterschiedlicher sozialer Herkunft im Blick zu behalten. Dieser Abschnitt setzt sich mit den Chancen und Herausforderungen des Modellierens für einen sozialisationssensiblen Mathematikunterricht auseinander. Zudem werden aus den diskutierten Ergebnissen dieser Forschungsarbeit Anregungen für das Lehren und Lernen mathematischen Modellierens abgeleitet.

Die Ergebnisse dieser Untersuchung deuten darauf hin, dass mathematische Modellierungsaufgaben über die sozialen Herkunftsgrenzen hinweg partiell natürlich differenzierend wirken (Hypothese 9.4). Dazu gehört die inner- und außermathematische Authentizität, der ganzheitliche Kontext, die individuelle Wahl des Niveauanspruchs, des Lösungsansatzes und der Darstellungsweisen sowie die Einbettung in ein soziales Lernen. Zudem gelangen die Schüler:innen herkunftsübergreifend zu realen Resultaten, stellen Modelle auf und setzen sich vielfältig mit den Teilschritten des Modellierens auseinander. In Unterrichtssituationen kann natürliche Differenzierung vertieft dadurch angeregt werden, dass im Plenum niedrigschwellig an die Thematik herangeführt wird (Krauthausen & Scherer, 2016, S. 53) und dass die Schüler:innen in einen Austausch über die verschiedenen, entwickelten Lösungswege kommen (vgl. Boaler, 2009), um so noch intensiver mit alternativen Zugangs- und Denkweisen konfrontiert zu werden. Die Schüler:innen werden damit auch mit alternativen Modellen unterschiedlicher Komplexitätsstufen konfrontiert und erkennen, dass die aufgestellten Modelle nicht richtig oder falsch sind, sondern mehr oder weniger plausibel (Blum, 1985). Außerdem könnte die Authentizität und Ganzheitlichkeit im Unterrichtssetting dadurch gesteigert werden, dass die Schüler:innen eigene Fragestellungen zu einer gegebenen Situation entwickeln. Das kann auch im Rahmen größer angelegter Modellierungsprojekte passieren (English, 2006).

Die Untersuchungsergebnisse deuten auch darauf hin, dass die Teilschritte des Modellierens Vereinfachen/Strukturieren, Mathematisieren, Interpretieren und Validieren spezifische Hürden bereithalten (u. a. Hypothesen 2.3 und 5). Es kann sich anbieten, neben der Durchführung holistischer Aufgaben – bei denen der gesamte Modellierungskreislauf durchlaufen wird – auch atomistische Modellierungsaufgaben einzuüben, die einzelne Teilschritte des Modellierens in den Blick nehmen. So können Teilaspekte des Modellierens an einer Fülle von verschiedenen Situationen gezielt und in kurzer Zeit gefördert werden. Anhand der abgebildeten Beispiele (Abbildung 9.4) können Schüler:innen der Sekundarstufe dazu angehalten werden, (a) reale Resultate zu validieren, (b) relevante Annahmen zum Aufstellen eines Realmodells zu identifizieren und (c) ein mathematisches Resultat situationsangemessen zu interpretieren.

(a)

Heiko fährt von der A1 bei Münster ab und sieht das abgebildete Verkehrsschild. „Schau mal", erklärt Heiko seiner kleinen Schwester. „Dem Schild kann man entnehmen, dass Münster und Warendorf 29 km voneinander entfernt sind."

Hat er recht? Begründe deine Antwort kurz.

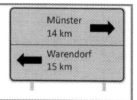

Münster
14 km

Warendorf
15 km

(b)

In einem Wald soll eine Futterkrippe für Wildtiere aufgestellt werden. Kreuze alle der folgenden Fragen an, die du für wichtig hältst, um den optimalen Standort zu bestimmten.

○ Wo halten sich die Tiere meistens auf?

○ Aus welchem Holz ist die Futterkrippe gemacht?

○ Wie weit entfernt liegt die nächste Straße?

○ Wie groß muss der Platz zum Aufstellen sein?

○ Welche Farbe soll die Futterkrippe haben?

○ Wie gut ist die Stelle zugänglich, um das Futter zur Krippe zu bringen?

(c)

Emanuel bearbeitet die folgende Aufgabe.

312 Schüler:innen und 12 Lehrer:innen nehmen an einem Schulausflug teil. Die Schule organisiert Busse für den Transport. Jeder Bus kann bis zu 40 Gäste mitnehmen.

Wie viele Busse müssen bestellt werden?

Emanuel berechnet: $\frac{312+12}{40} = 8,1$

Schreibe für Emanuel einen Antwortsatz.

Antwortsatz: ....

Abbildung 9.4 Atomistische Modellierungsaufgaben: (a) Validierungsaufgabe Verkehrsschild (nach Beckschulte, 2019), (b) Vereinfachungs-/Strukturierungsaufgabe Futterkrippe (nach Beckschulte, 2019) und (c) Interpretationsaufgabe Schulbusse

Die Schüler:innen werden angeregt, vertieft über die aufgestellten Modelle nachzudenken. So lassen sich auch Unterschiede zu eingekleideten Mathematikaufgaben aufdecken. Das erworbene Wissen kann sodann im Umgang mit holistischen Aufgaben oder größer angelegten Modellierungsprojekten vernetzend angewendet werden.

Es ist trotz der beobachteten sozialen Unterschiede insgesamt *nicht* davon auszugehen, dass sozial benachteiligte Schüler:innen *nicht* in der Lage sind, elaborierte Modelle aufzustellen oder Daten zu beschaffen und Annahmen zu treffen (u. a. Hypothesen 2.8 und 3.1). Stattdessen liefert die Untersuchung Hinweise darauf, dass Schüler:innen sozial benachteiligter Herkunft eher die Erfahrung machen, dass ihre außerschulischen Praktiken und Erfahrungen von der Schule weniger wertgeschätzt werden (Grundmann et al., 2006; Kramer & Helsper, 2010). Es zeigt sich ein Habitus der Sicherheit (Bremer & Teiweis-Kügler, 2013) bei den sozial benachteiligten Schüler:innen mit einer Orientierung an Routinen und Vertrautem. Schüler:innen sollten darin bestärkt werden, ihren Fundus an inner- und außermathematischen Fähigkeiten eigenständig und selbstsicher zu aktivieren. Diverse Forschende empfehlen Schüler:innen mithilfe eines Gerüsts bei Modellbildungsprozessen zu unterstützen. Wie in Abschnitt 3.1 erläutert, können Modellierungskreisläufe wie der von Blum und Leiss (2007) geeignete Instrumente zur Analyse kognitiver Prozesse darstellen. Sie sind jedoch mitunter zu anspruchsvoll und zu abstrakt, um Schüler:innen bei der Modellbildung zu helfen (Borromeo Ferri & Kaiser, 2008). Maaß (2004) schlägt vor, im Unterricht mit einfacheren Kreisläufen zu arbeiten. Auf Grundlage dessen entwickelten zahlreiche Forschende sogenannte Lösungspläne zum Modellieren (siehe u. a. Beckschulte, 2019; Blum & Schukajlow, 2018), die Schüler:innen bei der Bearbeitung von Modellierungsaufgaben unterstützen können (Greefrath, 2015b), indem sie die wesentlichen Teilschritte des Modellierens in schülergerechter Sprache darstellen.

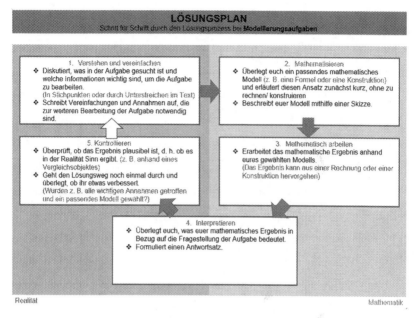

Abbildung 9.5 Lösungsplan nach Beckschulte (2019, S. 79)

Lösungspläne wie in Abbildung 9.5 stellen ein Gerüst mit im Wesentlichen allgemein-strategische Hilfen dar (nach Zech, 2002), die vereinzelt durch inhaltsorientierte strategische Hilfen ergänzt werden (Greefrath, 2015b). Dabei wird vermutet, dass Lösungspläne selbst auch Hürden darstellen können, wenn die Auseinandersetzung mit diesen für die Schüler:innen als weitere kognitive Anstrengung aufgefasst wird (Schukajlow et al., 2010). Die Befunde dieser Arbeit, dass es für Schüler:innen tendenziell natürlich ist, sich entlang der idealisierten Modellierungsrouten zu bewegen (Hypothese 7), sprechen in Teilen eher gegen eine solche Vermutung. Lösungspläne stellen somit Instrumente dar, die den Forderungen in der Diskussion nachkommen können (Hypothese 2.10). Lösungspläne streben zudem an, die Selbsttätigkeit von Schüler:innen anzuregen und die Lehrperson als primäre Kontrollinstanz zu ersetzen (Schukajlow et al., 2011). Gerade Schüler:innen, die zu Hause kaum Fähigkeiten erwerben, die als sozial begünstigt gelten – wie Selbststeuerung, Verhandlungen, Treffen von Plänen und Besprechung von Strategien (Evans et al., 2010; Hill & Tyson, 2009; Kohn, 1977; Lareau, 2002; Weininger & Lareau, 2009) – könnten mit einem solchen Instrument beim mathematischen Modellieren unterstützt werden. Gleichzeitig ist zu erwarten, dass solche Instrumente ihre Wirkung nicht voll entfalten, wenn sie in traditionelle Test- und Unterrichtssettings von Textaufgaben eingebettet werden (vgl. Dewolf et al., 2014). Spezifischere Hinweise könnten erforderlich sein, die beispielsweise die Offenheit der Aufgaben präsent machen. Mögliche konkretere Hinweise, beispielsweise in Form von Impulsen, von Tippkarten oder als Ergänzungen im Lösungsplan, könnten folgendermaßen lauten: „Fehlen Informationen zur Bearbeitung der Aufgabe, dann kannst du Informationen, beispielsweise durch Schätzen, Messen oder Recherchieren, beschaffen" oder „Überlege, ob dein Ergebnis im Sachzusammenhang noch (anders) gerundet werden sollte". Erkennen die Schüler:innen, dass z. B. auch eigenständige Annahmen relevant sein können, dann könnten die Schüler:innen dazu angeregt werden, die realen Situationen der Sachkontexte ernster zu nehmen. Vorhandenes Erfahrungs- und Stützpunktwissen aller – auch sozial benachteiligter – Schüler:innen könnte dadurch als Chance begriffen werden und im Mathematikunterricht Anklang finden (Civil, 2007; Nasir & Cobb, 2007a). Realweltliche Erfahrungen ebenso wie mathematische Fähigkeiten könnten dadurch aktiviert und verknüpfend eingesetzt werden. Fachdidaktische Empfehlungen und Materialien zum Einsatz mathematischen Modellierens im Mathematikunterricht finden sich beispielsweise in Schürmann und Greefrath (2022).

Zudem legen die Befunde dieser Untersuchung nahe, dass Schüler:innen gewisse Tätigkeiten kaum als eigenständige Teilschritte mathematischen Modellierens wahrnehmen und thematisieren (u. a. Hypothese 5). Die Unterstützung durch ein Gerüst, z. B. Lösungspläne zum Modellieren oder aufgabenspezifische Hilfen (Ay & Tobschall, 2022; Beckschulte, 2019; Dewolf et al., 2014), kann Schüler:innen die Notwendigkeit aufzeigen, beispielsweise das Interpretieren und das begründete Validieren (Hypothese 6.2) als eigenständige Anforderungen und als Teilschritte des Modellierens aufzufassen und zu thematisieren.

In dieser Untersuchung wurde der Befund diskutiert, dass sozial benachteiligte Schüler:innen ihre Arbeitszeit weniger ergiebig zu nutzen scheinen als sozial begünstigte Schüler:innen (Hypothese 8.3). Für sozial benachteiligte Schüler:innen kann sich dadurch soziale Ungleichheit ergeben, dass in gewissen zeitlich-begrenzten Unterrichtssettings keine Zeit mehr zur Verfügung steht, sich vertieft mit einer Aufgabe auseinanderzusetzen. In der Unterrichtspraxis könnte dies bereits angegangen werden, wenn Lehrpersonen dafür sensibilisiert werden, dass zeitliche Verzögerungen beim Bearbeiten von Aufgaben (und im weitesten Sinne im Umgang mit Zeitplanung und Materialien) u. U. nicht auf kognitive oder motivationale Hürden von Schüler:innen zurückzuführen sind. Auch lässt sich in diesem Zuge diskutieren, ob Gleitzeitmodelle eher als fixe Bearbeitungszeiten sozialer Ungleichheit entgegenwirken könnten.

Ein weiterer Aspekt betrifft die Entwicklung und Auswahl von Aufgaben. In dieser Untersuchung konnte offengelegt werden, dass Modellierungsaufgaben unterschiedlichste Eigenschaften aufweisen können, die jeweils unterschiedlich stark ausgeprägt sein können. Auch konnten Hypothesen dazu aufgestellt werden, dass sich gewisse Aufgabenmerkmale auf die Prozesse von Schüler:innen – auch vor dem Hintergrund ihrer sozialen Herkunft – auswirken können (u. a. Hypothese 2.5). Die Aufgaben haben u. a. einen Einfluss darauf, wie intensiv sich die Schüler:innen mit Datenbeschaffungen, Plausibilitätsüberlegungen, mathematischen Strukturen, usw. auseinandersetzen. Werden beispielsweise die in dieser Studie verwendeten Aufgaben betrachtet, lässt sich feststellen, dass die Feuerwehr-Aufgabe die Schüler:innen am ehesten dazu anregt, mathematische Strukturen identifizieren zu wollen und den Satz des Pythagoras anzuwenden. Das mag mit der Überbestimmtheit zusammenhängen, mit der Nähe zum aktuellen Unterrichtsinhalt und mit den vorhandenen Werten zur Anwendung bekannter Sätze (Abschnitt 9.1.4). Die Riesenpizza-Aufgabe dagegen regt die Schüler:innen eher zur Datenbeschaffung und zu Validierungen an. Das mag mit der offensichtlichen Unterbestimmtheit und dem essentiellen Foto zusammenhängen und ebenso damit, dass die Nähe zum Unterrichtsinhalt nicht so deutlich gegeben ist (Hypothese 6.5). Für Lehrpersonen, die (Modellierungs)aufgaben auswählen oder entwickeln, sollte dies bekannt sein, damit sie gezielt auch solche Aufgaben auswählen können, die gewisse Tätigkeiten anregen.

Schlusswort 10

Mit dieser Arbeit soll offengelegt werden, dass Schüler:innen unterschiedlichste Grundvoraussetzungen, tief im Habitus verankert, mit in die Schule bringen, welche sich auf die Bearbeitung von Modellierungsaufgaben auswirken können. Lehrpersonen sollten diese Grundvoraussetzungen kennen, denn sie verpflichten sich dazu, „die individuellen Potenziale und Fähigkeiten aller Schülerinnen und Schüler zu erkennen, zu fördern und zu entwickeln." (Lehrerausbildungsgesetz, 2022, § 2 Abs. 2) Diese Arbeit kann anhand eines Vergleichs von Modellierungsprozessen systematische Unterschiede ebenso wie Gemeinsamkeiten zwischen sozial benachteiligten und sozial begünstigten Schüler:innenpaaren offenlegen. Als methodisches Grundgerüst dieser Arbeit dient eine qualitative Inhaltsanalyse unter Betrachtung von Tätigkeiten mathematischen Modellierens. Das theoretische Denkwerkzeug liefert Bourdieus Habitustheorie anhand derer Systematiken in den individuellen Handlungen als überindividuelle, gesellschaftliche Phänomene interpretiert werden können. Mit dieser Arbeit können soziale Unterschiede identifiziert werden, die auf Hürden insbesondere sozial benachteiligter Schüler:innen hindeuten. Gleichzeitig zeigen sich auch unabhängig von der sozialen Herkunft der Schüler:innen Hürden und fruchtbare Ansätze im Modellierungsprozess. Ein Unterricht vermag sozialisationssensibel zu sein, wenn er diese Hürden und Potentiale aller Schüler:innen in den Blick nimmt. Mathematisches Modellieren scheint insgesamt Aspekte innezuhaben, die diesem Anspruch gerecht werden können. Es scheint, als könne anhand mathematischen Modellierens an die Habitusmuster und außerschulischen Handlungslogiken sozial benachteiligter ebenso wie begünstigter Schüler:innen angeknüpft und diese wertgeschätzt werden. Eine mathematische Modellierungsaufgabe alleine scheint jedoch nicht auszureichen, um alle Schüler:innen im Mathematikunterricht zu fördern und zu fordern. Stattdessen braucht es einen Raum, in dem Schüler:innen in Austausch

I. Ay, *Soziale Herkunft und mathematisches Modellieren*, Studien zur theoretischen und empirischen Forschung in der Mathematikdidaktik,

miteinander kommen können, in dem sie dazu angeregt werden, ihre außerschulischen Alltagspraktiken- und Erfahrungen einzubringen, in dem die Plausibilität von Modellen und Resultaten statt der Korrektheit der Ergebnisse im Vordergrund steht und in dem eine Lehrperson strategisch unterstützt und die Dispositionen der Schüler:innen im Blick behält. Schüler:innen könnten so unabhängig von ihrer sozialen Herkunft mit dem Spannungsverhältnis aus Freiheiten und Zwängen mathematischen Modellierens umgehen.

Diese Untersuchung liefert Hinweise darauf, dass mathematisches Modellieren Aspekte enthält, die Unterricht sozial gerechter machen könnten. Insgesamt bieten die aufgestellten Hypothesen zu sozialen Unterschieden und Gemeinsamkeiten, ebenso wie die Implikationen für Forschung und Praxis ein differenziertes Bild von den Herausforderungen und Potentialen mathematischen Modellierens. Eine sozialisationssensible Perspektive auf Unterrichtsstrukturen und Wissensvermittlung ist Grundvoraussetzung dafür. Diese Forschungsstudie gibt Einblicke darin, zu verstehen, warum Schüler:innen unterschiedlicher sozialer Herkunft anders an mathematische Modellierungsaufgaben herangehen könnten und folglich, wie Schüler:innen beim mathematischen Modellieren unterstützt werden könnten. Ebenso wie sicher ist, dass soziale Gerechtigkeit ein Thema auf politischer Ebene sein muss, konnte mit dieser Untersuchung auch veranschaulicht werden, wie Lehrpersonen und Schulen bereits auf der Ebene des Unterrichts aktiv werden können, um zu sozial gerechteren Verhältnissen beizutragen.

Literaturverzeichnis

Abels, H. & König, A. (2016). *Sozialisation: Über die Vermittlung von Gesellschaft und Individuum und die Bedingungen von Identität* (2. Aufl.). *Studientexte zur Soziologie.* Springer. https://doi.org/10.1007/978-3-658-13229-3

Achmetli, K., Krug, A. & Schukajlow, S. (2015). Multiple Lösungsmöglichkeiten und ihre Nutzung beim mathematischen Modellieren. In G. Kaiser & H.-W. Henn (Hrsg.), *Werner Blum und seine Beiträge zum Modellieren im Mathematikunterricht: Festschrift zum 70. Geburtstag von Werner Blum* (S. 25–42). Springer Spektrum.

Anyon, J. (1981). Social Class and School Knowledge. *Curriculum Inquiry, 11*(1), 3–42.

APA. (o. D.). *Socioeconomic status.* https://www.apa.org/topics/socioeconomic-status/

Aristoteles. (ca. 330 v. Chr./2006). *Politik: Staat der Athener* (Olof Gigon, Übers.). Artemis & Winkler. (Erstveröffentlichung ca. 330 v. Chr.)

Ärlebäck, J. B. (2009). On the Use of Realistic Fermi Problems for Introducing Mathematical Modelling in School. *The Mathematics Enthusiast, 6*(3), 331–364. https://doi.org/10.54870/1551-3440.1157

Aufschnaiter, C. von. (2014). Laborstudien zur Untersuchung von Lernprozessen. In D. Krüger, I. Parchmann & H. Schecker (Hrsg.), *Methoden in der naturwissenschaftsdidaktischen Forschung* (S. 81–94). Springer Spektrum.

Aulenbacher, B., Dammayr, M., Dörne, K., Menz, W., Riegraf, B. & Wolf, H. (2017). Einleitung: Leistung und Gerechtigkeit – ein umstrittenes Versprechen des Kapitalismus näher betrachtet. In B. Aulenbacher, M. Dammayr, K. Dörre, W. Menz, B. Riegraf & H. Wolf (Hrsg.), *Leistung und Gerechtigkeit: Das umstrittene Versprechen des Kapitalismus* (S. 9–27). Beltz Juventa.

Autorengruppe Bildungsberichterstattung. (2012). *Bildung in Deutschland 2012: Ein indikatorengestützter Bericht mit einer Analyse zur kulturellen Bildung im Lebenslauf. Bildung in Deutschland: Bd. 2012.* wbv. https://doi.org/10.3278/6001820cw

Ay, I., Mahler, N. & Greefrath, G. (2021). Family Background and Mathematical Modelling – Results from the German National Assessment Study. In M. Inprasitha, N. Changsri & N. Boonsena (Hrsg.), *Proceedings of the 44th Conference of the International Group for the Psychology of Mathematics Education* (2. Aufl., S. 25–32). PME. https://pme44.kku.ac.th/home/uploads/volumn/pme44_vol2.pdf

Ay, I. & Ostkirchen, F. (2021). Influence of Social Background on Mathematical Modelling – The DiMo+ Project. In F. K. S. Leung, G. A. Stillman, G. Kaiser & K. L. Wong (Hrsg.),

Mathematical Modelling Education in East and West (S. 93–102). Springer. https://doi. org/10.1007/978-3-030-66996-6_8

Ay, I. & Tobschall, J. (2022). Die Riesenpizza – Produktiv üben und natürlich differenzieren am Kreis (ab Jahrgangsstufe 8). In U. Schürmann & G. Greefrath (Hrsg.), *Beiträge zur Schulentwicklung: Bd. 4. Modellieren im Mathematikunterricht: Fachdidaktische Erkenntnisse und Handlungsempfehlungen für die Sekundarstufe I und II* (S. 89–109). wbv. https:// doi.org/10.3278/600-4907w

Ball, D. L. (1995). Transforming pedagogy: Classrooms as mathematical communities: A response to Timothy Lensmire and John Pryor. *Harvard Educational Review*, *65*(4), 670–677. hepg.org/her-home/issues/harvard-educational-review-volume-65-issue-4/herarticle/_301

Barth, B., Flaig, B. B., Schäuble, N. & Tautscher, M. (Hrsg.). (2018). *Praxis der Sinus-Milieus®: Gegenwart und Zukunft eines modernen Gesellschafts- und Zielgruppenmodells*. Springer VS. https://doi.org/10.1007/978-3-658-19335-5

Barthel, A. (2019). Soziale Ungleichheit in der Wortschatzentwicklung von der ersten zur dritten Jahrgangsstufe. *Zeitschrift für Grundschulforschung*, *12*(1), 213–228. https://doi. org/10.1007/s42278-019-00041-y

Bauer, S. & Doktor, J. (2018). *Modellieren im Zentralabitur NRW – Eine Untersuchung der Analysisaufgaben aus den Jahren 2007–2016*.

Bauer, U., Bittlingmayer, U. H., Keller, C. & Schultheis, F. (2014). Einleitung. Rezeption, Wirkung und gegenseitige (Fehl-)Wahrnehmung. In U. Bauer, U. H. Bittlingmayer, C. Keller & F. Schultheis (Hrsg.), *Bourdieu und die Frankfurter Schule: Kritische Gesellschaftstheorie im Zeitalter des Neoliberalismus* (S. 7–28). transcript.

Bauer, U. & Vester, M. (2015). Soziale Milieus als Sozialisationskontexte. In K. Hurrelmann, U. Bauer, M. Grundmann & S. Walper (Hrsg.), *Pädagogik. Handbuch Sozialisationsforschung* (8. Aufl., S. 557–586). Beltz.

Baumert, J. & Maaz, K. (2006). Das theoretische und methodische Konzept von PISA zur Erfassung sozialer Herkunft und kultureller Ressourcen der Herkunftsfamilie: Internationale und nationale Rahmenkonzeption. In J. Baumert, P. Stanat & R. Watermann (Hrsg.), *Herkunftsbedingte Disparitäten im Bildungswesen: Vertiefende Analysen im Rahmen von PISA 2000* (S. 11–29). VS.

Becker, R. & Hadjar, A. (2017). Meritokratie – Zur gesellschaftlichen Legitimation ungleicher Bildungs-, Erwerbs- und Einkommenschancen in modernen Gesellschaften. In R. Becker (Hrsg.), *Lehrbuch der Bildungssoziologie* (3. Aufl., S. 33–62). Springer.

Becker, R. & Lauterbach, W. (2007). Bildung als Privileg – Ursachen, Mechanismen, Prozesse und Wirkungen. In R. Becker & W. Lauterbach (Hrsg.), *Bildung als Privileg: Erklärungen und Befunde zu den Ursachen der Bildungsungleichheit* (2. Aufl., S. 9–42). VS Verlag für Sozialwissenschaften. https://doi.org/10.1007/978-3-531-90339-2

Becker-Mrotzek, M., Schramm, K., Thürmann, E. & Vollmer, H. J. (Hrsg.). (2013). *Fachdidaktische Forschungen: Band 3. Sprache im Fach: Sprachlichkeit und fachliches Lernen*. Waxmann.

Beckschulte, C. (2019). *Mathematisches Modellieren mit Lösungsplan: Eine empirische Untersuchung zur Entwicklung von Modellierungskompetenzen. Studien zur theoretischen und empirischen Forschung in der Mathematikdidaktik*. Springer Spektrum. https://doi. org/10.1007/978-3-658-27832-8

Beer, R. & Bittlingmayer, U. H. (2014). Karl Marx. In G. Fröhlich & B. Rehbein (Hrsg.), *Bourdieu Handbuch: Leben – Werk- Wirkung. Sonderausgabe* (S. 46–53). Springer.

Behner, H. (2020). *Sprachgebrauch und mathematisches Modellieren: Ein Vergleich von Lernenden beim Bearbeiten einer mathematischen Modellierungsaufgabe vor dem Hintergrund ihres Sprachgebrauchs mithilfe einer qualitativen Videoanalyse* [Masterarbeit zur Erlangung des akademischen Grades Master of Education]. Universität Münster.

Berger, P. A. & Kahlert, H. (Hrsg.). (2013). *Bildungssoziologische Beiträge. Institutionalisierte Ungleichheiten: Wie das Bildungswesen Chancen blockiert* (3. Aufl.). Beltz Juventa.

Bernstein, B. (2000). *Pedagogy, Symbolic Control and Identity: Theory, Research, Critique.* Revised Edition. Rowman & Littlefield.

Bernstein, B. (2005). Social Class and Sociolinguistic Codes/Sozialschicht und soziolinguistische Kodes. In U. Ammon, N. Dittmar, K. J. Mattheier & P. Trudgill (Hrsg.), *Sociolinguistics. Soziolinguistik: An International Handbook of the Science of Language and Society. Ein internationales Handbuch zur Wissenschaft von Sprache und Gesellschaft. Volume 2* (2. Aufl., S. 1287–1303). de Gruyter.

Biedinger, N. & Klein, O. (2010). Der Einfluss der sozialen Herkunft und des kulturellen Kapitals auf die Häufigkeit entwicklungsfördernder Eltern-Kind-Aktivitäten. *Diskurs Kindheits- und Jugendforschung, 2,* 195–208.

Bittlingmayer, U. H. & Bauer, U. (2007). Aspirationen ohne Konsequenzen. *Zeitschrift für Soziologie der Erziehung und Sozialisation, 27*(2), 160–180.

Blasius, J. & Friedrichs, J. (2008). Lifestyles in distressed neighborhoods. A test of Bourdieu's "taste of necessity" hypothesis. *Poetics, 36*(1), 24–44. https://doi.org/10.1016/j.poetic.2007.12.001

Blomhøj, M. & Jensen, T. H. (2003). Developing mathematical modelling competence: conceptual clarification and educational planning. *Teaching Mathematics and its Applications, 22*(3), 123–139. https://doi.org/10.1093/teamat/22.3.123

Blomhøj, M. & Jensen, T. H. (2007). What's all the Fuss about Competencies? In W. Blum, P. L. Galbraith, H.-W. Henn & M. Niss (Hrsg.), *New ICMI Study Series: Bd. 10. Modelling and Applications in Mathematics Education: The 14th ICMI Study* (Bd. 10, S. 45–56). Springer. https://doi.org/10.1007/978-0-387-29822-1_3

Blum, W. (1985). Anwendungsorientierter Mathematikunterricht in der didaktischen Diskussion. *Mathematische Semesterberichte, 32*(2), 195–232.

Blum, W. (2011). Can Modelling Be Taught and Learnt? Some Answers from Empirical Research. In G. Kaiser, W. Blum, R. Borromeo Ferri & G. A. Stillman (Hrsg.), *International Perspectives on the Teaching and Learning of Mathematical Modelling: Bd. 1. Trends in Teaching and Learning of Mathematical Modelling: ICTMA 14* (S. 15–30). Springer.

Blum, W. (2015). Quality Teaching of Mathematical Modelling: What Do We Know, What Can We Do? In S. J. Cho (Hrsg.), *The Proceedings of the 12th International Congress on Mathematical Education: Intellectual and attitudinal challenges* (S. 73–96). Springer. https://doi.org/10.1007/978-3-319-12688-3_9

Blum, W. & Borromeo Ferri, R. (2009). Mathematical Modelling: Can It Be Taught And Learnt? *Journal of Mathematical Modelling and Application, 1*(1), 45–58.

Blum, W. & Leiss, D. (2007). How do students and teachers deal with modelling problems? In C. Haines, P. L. Galbraith, W. Blum & S. Khan (Hrsg.), *Mathematical Modelling (ICTMA 12): Education, Engineering and Economics* (S. 222–231). Horwood.

Blum, W. & Niss, M. (1991). Applied mathematical problem solving, modelling, applications, and links to other subjects – State, trends and issues in mathematics instruction. *Educational Studies in Mathematics, 22,* 37–68.

Blum, W. & Schukajlow, S. (2018). Selbständiges Lernen mit Modellierungsaufgaben – Untersuchung von Lernumgebungen zum Modellieren im Projekt DISUM. In S. Schukajlow & W. Blum (Hrsg.), *Evaluierte Lernumgebungen zum Modellieren* (S. 51–72). Springer Spektrum.

BMBF (Hrsg.). (2016). *Chancengerechtigkeit und Teilhabe: Ergebnisse aus der Forschung.* BMBF.

Boaler, J. (1994). When Do Girls Prefer Football to Fashion? An Analysis of Female Underachievement in Relation to 'Realistic' Mathematic Contexts. *British Educational Research Journal, 20*(5), 551–564.

Boaler, J. (2009). Can Mathematics Problems Help with the Inequalities in the World? In L. Verschaffel, B. Greer, W. van Dooren & S. Mukhopadhyay (Hrsg.), *Words and Worlds: Modelling Verbal Descriptions of Situations* (S. 131–139). Sense.

Böckmann, M. & Schukajlow, S. (2018). Value of Pictures in Modelling Problems from the Student's Perspective. In E. Bergqvist, M. Österholm, C. Granberg & L. Sumpter (Hrsg.), *Proceedings of the 42nd Conference of the International Group for the Psychology of Mathematics Education: Vol. 2* (S. 163–170). PME.

Bodenmann, G. (2006). Beobachtungsmethoden. In F. Petermann & M. Eid (Hrsg.), *Handbuch der Psychologischen Diagnostik* (S. 151–159). Hogrefe.

Bofah, E. A. & Hannula, M. S. (2017). Home resources as a measure of socio-economic status in Ghana. *Large-scale Assessments in Education, 5*(1). https://doi.org/10.1186/s40536-017-0039-5

Bongaerts, G. (2014). Max Weber. In G. Fröhlich & B. Rehbein (Hrsg.), *Bourdieu Handbuch: Leben – Werk- Wirkung. Sonderausgabe* (S. 57–60). Springer.

Borromeo Ferri, R. (2006). Theoretical and empirical differentiations of phases in the modelling process. *ZDM, 38*(2), 86–95.

Borromeo Ferri, R. (2011). *Wege zur Innenwelt des mathematischen Modellierens: Kognitive Analysen zu Modellierungsprozessen im Mathematikunterricht* (1. Aufl.). Vieweg+Teubner. http://gbv.eblib.com/patron/FullRecord.aspx?p=748488

Borromeo Ferri, R. & Blum, W. (Hrsg.). (2018). *Realitätsbezüge im Mathematikunterricht. Lehrerkompetenzen zum Unterrichten mathematischer Modellierung: Konzepte und Transfer.* Springer Spektrum. https://doi.org/10.1007/978-3-658-22616-9

Borromeo Ferri, R. & Kaiser, G. (2008). Aktuelle Ansätze und Perspektiven zum Modellieren in der nationalen und internationalen Diskussion. In A. Eichler & F. Förster (Hrsg.), *Schriftenreihe der ISTRON-Gruppe: Bd. 12. Materialien für einen realitätsbezogenen Mathematikunterricht: Die Kompetenz Modellierung: konkret oder kürzer* (S. 1–10). Franzbecker.

Bourdieu, P. (1979/1982). *Die feinen Unterschiede: Kritik der gesellschaftlichen Urteilskraft* (B. Schwibs & A. Russer, Übers.). Suhrkamp. (Erstveröffentlichung 1979)

Bourdieu, P. (1983). Ökonomisches Kapital, kulturelles Kapital, soziales Kapital. In R. Kreckel (Hrsg.), *Soziale Welt: Sonderband 2. Soziale Ungleichheiten* (S. 183–198). Schwartz.

Bourdieu, P. (1980/1987). *Sozialer Sinn: Kritik der theoretischen Vernunft* (G. Seib, Übers.). Suhrkamp. (Erstveröffentlichung 1980)

Bourdieu, P. (1982/1989). *Satz und Gegensatz: Über die Verantwortung des Intellektuellen* (U. Raulff & B. Schwibs, Übers.). Wagenbach. (Erstveröffentlichung 1982)

Bourdieu, P. (1989/1991). Das Feld der Macht und die technokratische Herrschaft. In P. Bourdieu (Hrsg.), *Die Intellektuellen und die Macht. Herausgegeben von Irene Dölling* (S. 67–100). VSA. (Erstveröffentlichung 1989)

Bourdieu, P. (1987/1992). *Rede und Antwort* (B. Schwibs, Übers.). Suhrkamp. (Erstveröffentlichung 1987)

Bourdieu, P. (1980/1993). *Soziologische Fragen* (H. Beister & B. Schwibs, Übers.). Suhrkamp. (Erstveröffentlichung 1980)

Bourdieu, P. (1994/1998). *Praktische Vernunft: Zur Theorie des Handelns* (H. Beister, Übers.). Suhrkamp. (Erstveröffentlichung 1994)

Bourdieu, P. (1997/2001). *Mediationen: Zur Kritik der scholastischen Vernunft* (A. Russer, Übers.). Suhrkamp. (Erstveröffentlichung 1997)

Bourdieu, P. (2001). *Wie die Kultur zum Bauern kommt: Über Bildung, Schule und Politik.* Schriften zu Politik & Kultur 4. VSA.

Bourdieu, P. (1972/2015). *Entwurf einer Theorie der Praxis: auf der ethnologischen Grundlage der kabylischen Gesellschaft* (C. Pialoux & B. Schwibs, Übers.) (4. Aufl.). Suhrkamp. (Erstveröffentlichung 1972)

Bourdieu, P. & Wacquant, L. J. D. (1996). Die Ziele der reflexiven Soziologie. In P. Bourdieu & L. J. D. Wacquant (Hrsg.), *Reflexive Anthropologie* (S. 95–249). Suhrkamp. Chicago-Seminar, Winter 1987.

Brake, A., Bremer, H. & Lange-Vester, A. (2013). Empirisch Arbeiten mit Bourdieu: Eine Einleitung. In A. Brake, H. Bremer & A. Lange-Vester (Hrsg.), *Bildungssoziologische Beiträge. Empirisch Arbeiten mit Bourdieu: Theoretische und methodische Überlegungen, Konzeptionen und Erfahrungen* (S. 7–19). Beltz.

Bremer, H. & Lange-Vester, A. (Hrsg.). (2014). *Soziale Milieus und Wandel der Sozialstruktur: Die gesellschaftlichen Herausforderungen und die Strategien der sozialen Gruppen.* VS. https://doi.org/10.1007/978-3-531-19947-4

Bremer, H. & Teiweis-Kügler, C. (2013). Zur Theorie und Praxis der „Habitus-Hermeneutik". In A. Brake, H. Bremer & A. Lange-Vester (Hrsg.), *Bildungssoziologische Beiträge. Empirisch Arbeiten mit Bourdieu: Theoretische und methodische Überlegungen, Konzeptionen und Erfahrungen* (S. 93–129). Beltz.

Brennan, R. L. & Prediger, D. J. (1981). Coefficient Kappa: Some Uses, Misuses, and Alternatives. *Educational and Psychological Measurement, 41*(3), 687–699.

Broer, M., Bai, Y. & Fonseca, F. (2019). *Socioeconomic Inequality and Educational Outcomes: Evidence from Twenty Years of TIMSS* (Bd. 5). Springer. https://doi.org/10.1007/978-3-030-11991-1

Brousseau, G. (1980). L'échec et le contrat. *Recherches, 41*, 177–182.

Brousseau, G. (2002). *Theory of didactical situations in mathematics* (N. Balacheff, M. Cooper, R. Sutherland & V. Warfield, Übers.). Kluwer.

Brückmann, M. & Duit, R. (2014). Videobasierte Analyse unterrichtlicher Sachstrukturen. In D. Krüger, I. Parchmann & H. Schecker (Hrsg.), *Methoden in der naturwissenschaftsdidaktischen Forschung* (S. 189–201). Springer Spektrum.

Bruder, R. (2003). *Methoden und Techniken des Problemlösenlernens.* TU Darmstadt.

Bruder, R., Büchter, A. & Leuders, T. (2005). Die „gute" Mathematikaufgabe – ein Thema für die Aus- und Weiterbildung von Lehrerinnen und Lehrern. In *Beiträge zum Mathematikunterricht 2005: Vorträge auf der 39. Tagung für Didaktik der Mathematik vom 28.2. bis 4.3.2005 in Bielefeld* (S. 139–146). Franzbecker.

Bruner, J. S. (1975). Poverty and Childhood. *Oxford Review of Education, 1*(1), 31–50.

Buber, R. (2009). Denke-Laut-Protokolle. In R. Buber & H. H. Holzmüller (Hrsg.), *Qualitative Marktforschung: Konzepte – Methoden – Analysen* (2. Aufl., S. 555–568). Gabler.

Buchholtz, N. (2018). Wie können Lehrkräfte Mathematisierungskompetenzen bei Schülerinnen und Schülern fördern und diagnostizieren? Über den produktiven Einsatz von Grundvorstellungen bei Modellierungsprozessen in außerschulischen Lernumgebungen. In R. Borromeo Ferri & W. Blum (Hrsg.), *Realitätsbezüge im Mathematikunterricht. Lehrerkompetenzen zum Unterrichten mathematischer Modellierung: Konzepte und Transfer* (S. 57–80). Springer Spektrum. https://doi.org/10.1007/978-3-658-22616-9_3

Buchholtz, N. (2021). Students' modelling processes when working with math trails. *Quadrante, 30*(1), 140–157. https://doi.org/10.48489/QUADRANTE.23699

Buchholtz, N., Orey, D. C. & Rosa, M. (2020). Mobile learning of mathematical modelling with math trails in Actionbound. In International Association for Mobile Learning (Hrsg.), *Proceedings of the 19th World Conference on Mobile and Contextual Learning* (S. 81–84).

Buchholtz, N., Stuart, A. & Frønes, T. S. (2020). Equity, Equality and Diversity – Putting Educational Justice in the Nordic Model to a Test. In T. S. Frønes, A. Pettersen, J. Radišić & N. Buchholtz (Hrsg.), *Equity, Equality and Diversity in the Nordic Model of Education* (S. 13–41). Springer.

Büchner, P. & Brake, A. (2007). Die Familie als Bildungsort: Strategien der Weitergabe und Aneignung von Bildung und Kultur im Alltag von Mehrgenerationenfamilien. Forschungsbericht über ein abgeschlossenes DFG-Projekt. *Zeitschrift für Soziologie der Erziehung und Sozialisation, 27*(2), 197–213.

Büchter, A. & Henn, H.-W. (2015). Schulmathematik und Realität – Verstehen durch Anwenden. In R. Bruder, L. Hefendehl-Hebeker, B. Schmidt-Thieme & H.-G. Weigand (Hrsg.), *Handbuch der Mathematikdidaktik* (S. 19–50). Springer Spektrum.

Büchter, A. & Leuders, T. (2005). *Mathematikaufgaben selbst entwickeln: Lernen fördern – Leistung überprüfen*. Cornelsen Scriptor.

Burrill, G. (1993). Daily-life Applications in the Maths Class. In J. de Lange, C. Keitel, I. Huntley & M. Niss (Hrsg.), *Innovation in Maths Education by Modelling and Applications* (S. 165–176). Ellis Horwood.

Burzan, N. (2007). *Soziale Ungleichheit: Eine Einführung in die zentralen Theorien* (3. Aufl.). *Hagener Studientexte zur Soziologie*. VS Verlag für Sozialwissenschaften.

Busse, A. (2013). Umgang mit realitätsbezogenen Kontexten in der Sekundarstufe II. In R. Borromeo Ferri, G. Greefrath & G. Kaiser (Hrsg.), *Mathematisches Modellieren für Schule und Hochschule: Theoretische und didaktische Hintergründe* (S. 57–70). Springer.

Busse, A. & Borromeo Ferri, R. (2003). Methodological reflections on a three-step-design combining observation, stimulated recall and interview. *Zentralblatt für Didaktik der Mathematik, 35*(6), 257–264. https://doi.org/10.1007/BF02656690

Calarco, J. M. (2011). "I Need Help!" Social Class and Children's Help-Seeking in Elementary School. *American Sociological Review*, *76*(6), 862–882. https://doi.org/10.1177/000 3122411427177

Calarco, J. M. (2014). Help-Seekers and Silent Strugglers: Student Problem-Solving in Elementary Classrooms. *American Educator*, *38*(4), 24–44.

Certeau, M. de. (1980/1988). *Kunst des Handelns* (Ronald Voullié, Übers.). Merve. (Erstveröffentlichung 1980)

Chin, T. & Phillips, M. (2004). Social Reproduction and Child-Rearing Practices: Social Class, Children's Agency, and the Summer Activity Gap. *Sociology of Education*, *77*(3), 185–210.

Christiansen, I. M. (2001). The Effect of Task Organisation on Classroom Modelling Activities. In J. F. Matos, W. Blum, K. Houston & S. P. Carreira (Hrsg.), *Modelling and Mathematics Education: ICTMA 9: Applications in Science and Technology* (S. 311–320). Horwood.

Civil, M. (2007). Building on Community Knowledge: An Avenue to Equity in Mathematics Education. In N. S. Nasir & P. Cobb (Hrsg.), *Improving Access to Mathematics: Diversity and Equity in the Classroom* (S. 105–117). Teachers College.

Cohen, J. (1960). A Coefficient of Agreement for Nominal Scales. *Educational and Psychological Measurement*, *20*(1), 37–46. https://doi.org/10.1177/001316446002000104

Coleman, J. S. (1988). Social Capital in the Creation of Human Capital. *American Journal of Sociology*, *94*, 95–120.

Cooper, B. (2007). Dilemmas in Designing Problems in 'Realistic' School Mathematics: A Sociological Overview and some Research Findings. *Philosophy of Mathematics Education Journal*, *20*(Special Issue on Social Justice, Part 1). http://socialsciences.exeter.ac.uk/education/research/centres/stem/publications/pmej/

Cooper, B. & Dunne, M. (1998). Anyone for tennis? Social class differences in children's responses to national curriculum mathematics testing. *The Sociological Review*, *46*(1), 115–148.

Cooper, B. & Dunne, M. (2000). *Assessing Children's Mathematical Knowledge: Social class, sex and problem-solving*. Open University Press.

Cooper, H., Nye, B., Charlton, K., Lindsay, J. & Greathouse, S. (1996). The Effects of Summer Vacation on Achievement Test Scores: A Narrative and Meta-Analytic Review. *Review of Educational Research*, *66*(3), 227–268.

Coreth, E. (1969). *Grundfragen der Hermeneutik: Ein philosophischer Beitrag*. Herder.

Deseniss, A. (2015). *Schulmathematik im Kontext von Migration: Mathematikbezogene Vorstellungen und Umgangswissen mit Aufgaben unter sprachlich-kultureller Perspektive*. *Perspektiven der Mathematikdidaktik*. Springer Spektrum. https://doi.org/10.1007/978-3-658-09203-0

Dewolf, T., van Dooren, W., Ev Cimen, E. & Verschaffel, L. (2014). The Impact of Illustrations and Warnings on Solving Mathematical Word Problems Realistically. *The Journal of Experimental Education*, *82*(1), 103–120. https://doi.org/10.1080/00220973.2012.745468

Dexel, T. & Witte, A. (2021). Mathematische Problemaufgaben ohne Sprachbarriere: Problemlösen für alle Schüler*innen. *Die Materialwerkstatt*, *3*(1), 55–61. https://doi.org/10.11576/DIMAWE-4808

Dittmar, N. (2004). *Transkription: Ein Leitfaden mit Aufgaben für Studenten, Forscher und Laien.* VS.

Ditton, H. (Hrsg.). (2007). *Kompetenzaufbau und Laufbahnen im Schulsystem: Ergebnisse einer Längsschnittuntersuchung an Grundschulen.* Waxmann.

Ditton, H. (2013). Kontexteffekte und Bildungsungleichheit: Mechanismen und Erklärungsmuster. In R. Becker & A. Schulze (Hrsg.), *Bildungskontexte: Strukturelle Voraussetzungen und Ursachen ungleicher Bildungschancen* (S. 173–206). Springer VS.

Ditton, H. & Krüsken, J. (2009). Denn wer hat, dem wird gegeben werden? Eine Längsschnittstudie zur Entwicklung schulischer Leistungen und den Effekten der sozialen Herkunft in der Grundschulzeit. *Journal for Educational Research Online, 1*(1), 33–61.

Ditton, H. & Maaz, K. (2011). Sozioökonomischer Status und soziale Ungleichheit. In H. Reinders, H. Ditton, C. Gräsel & B. Gniewosz (Hrsg.), *Empirische Bildungsforschung: Gegenstandsbereiche* (1. Aufl., S. 193–208). VS Verlag. https://doi.org/10.1007/978-3-531-93021-3_17

Domina, T. (2005). Leveling the Home Advantage: Assessing the Effectiveness of Parental Involvement in Elementary School. *Sociology of Education, 78*, 233–249.

Döring, N. & Bortz, J. (Hrsg.). (2016). *Forschungsmethoden und Evaluation in den Sozial- und Humanwissenschaften* (5. Aufl.). Springer. https://doi.org/10.1007/978-3-642-410 89-5

Dresing, T. & Pehl, T. (2015). *Praxisbuch Interview, Transkription & Analyse: Anleitungen und Regelsysteme für qualitativ Forschende* (6. Aufl.). Eigenverlag.

Dresing, T. & Pehl, T. (2020). Transkription. In G. Mey & K. Mruck (Hrsg.), *Handbuch Qualitative Forschung in der Psychologie: Band 2: Designs und Verfahren* (2. Aufl., S. 835–854). Springer.

Edelstein, W. (2006). Bildung und Armut. Der Beitrag des Bildungssystems zur Vererbung und zur Bekämpfung von Armut. *Zeitschrift für Soziologie der Erziehung und Sozialisation, 26*(2), 120–134.

Ehmke, T. (2013). Soziale Disparitäten im Lesen und in Mathematik innerhalb von Schulklassen. In N. Jude & E. Klieme (Hrsg.), *PISA 2009 – Impulse für die Schul- und Unterrichtsforschung. Zeitschrift für Pädagogik. 59. Beiheft* (S. 63–83). Beltz Juventa.

Ehmke, T. & Siegle, T. (2005). ISEI, ISCED, HOMEPOS, ESCS: Indikatoren der sozialen Herkunft bei der Quantifizierung von sozialen Disparitäten. *Zeitschrift für Erziehungswissenschaft*(8), 521–539.

Ehmke, T. & Siegle, T. (2008). Einfluss elterlicher Mathematikkompetenz und familialer Prozesse auf den Kompetenzerwerb von Kindern in Mathematik. *Psychologie in Erziehung und Unterricht, 55*, 253–264.

Elia, I. & Philippou, G. (2004). The Functions of Pictures in Problem Solving. In M. J. Hoines & A. B. Fuglestad (Hrsg.), *Proceedings of the 28th Conference of the International Group for the Psychology of Mathematics Education: Vol. 2* (S. 327–334). PME.

El-Mafaalani, A. (2012). *BildungsaufsteigerInnen aus benachteiligten Milieus.* Springer VS. https://doi.org/10.1007/978-3-531-19320-5

Engler, S. (2013). Habitus und sozialer Raum: Zur Nutzung der Konzepte Pierre Bourdieus in der Frauen- und Geschlechterforschung. In A. Lenger, C. Schneickert & F. Schumacher (Hrsg.), *Pierre Bourdieus Konzeption des Habitus: Grundlagen, Zugänge, Forschungsperspektiven* (S. 247–260). Springer VS. https://doi.org/10.1007/978-3-531-18669-6_13

English, L. D. (2006). Mathematical Modeling in the Primary School: Children's Construction of a Consumer Guide. *Educational Studies in Mathematics, 63*(3), 303–323. https://doi.org/10.1007/s10649-005-9013-1

Erikson, R., Goldthorpe, J. H. & Portocarero, L. (1979). Intergenerational Class Mobility in Three Western European Societies: England, France and Sweden. *The British Journal of Sociology, 30*(4), 415–441.

Evans, M. D. R., Kelley, J., Sikora, J. & Treiman, D. J. (2010). Family scholarly culture and educational success: Books and schooling in 27 nations. *Research in Social Stratification and Mobility, 28*(2), 171–197. https://doi.org/10.1016/j.rssm.2010.01.002

Fischer, R. & Malle, G. (1985). *Mensch und Mathematik: Eine Einführung in didaktisches Denken und Handeln. Lehrbücher und Monographien zur Didaktik der Mathematik: Bd. 1.* Bibliographisches Institut.

Flaig, B. B. & Barth, B. (2018). Hoher Nutzwert und vielfältige Anwendung: Entstehung und Entfaltung des Informationssystems Sinus-Milieus. In B. Barth, B. B. Flaig, N. Schäuble & M. Tautscher (Hrsg.), *Praxis der Sinus-Milieus®: Gegenwart und Zukunft eines modernen Gesellschafts- und Zielgruppenmodells* (S. 3–22). Springer VS.

Flick, U. (2007). *Qualitative Sozialforschung: Eine Einführung.* Rowohlt.

Flick, U. (2009). *Sozialforschung: Methoden und Anwendungen.* Ein Überblick für die BA-Studiengänge. Rowohlt.

Flick, U. (2020). Gütekriterien qualitativer Forschung. In G. Mey & K. Mruck (Hrsg.), *Handbuch Qualitative Forschung in der Psychologie: Band 2: Designs und Verfahren* (2. Aufl., S. 247–264). Springer.

Franke, M. & Ruwisch, S. (2010). *Didaktik des Sachrechnens in der Grundschule* (2. Aufl.). *Mathematik Primarstufe und Sekundarstufe I + II.* Spektrum. https://doi.org/10.1007/978-3-8274-2695-6

Frenzel, L. & Grund, K.-H. (1991). Wie „groß" sind Größen? *mathematik lehren, 45,* 15–34.

Freudenthal & Hans. (1973). *Mathematics as an Educational Task.* Reidel. https://doi.org/10.1007/978-94-010-2903-2

Frick, T. & Semmel, M. I. (1978). Observer Agreement and Reliabilities of Classroom Observational Measures. *Review of Educational Research, 48*(1), 157–184.

Friedrich, H. F. & Mandl, H. (2006). Lernstrategien: Zur Strukturierung des Forschungsfeldes. In H. Mandl & H. F. Friedrich (Hrsg.), *Handbuch Lernstrategien* (S. 1–25). Hogrefe.

Fröhlich, G., Rehbein, B. & Schneickert, C. (2014). Kritik und blinde Flecken. In G. Fröhlich & B. Rehbein (Hrsg.), *Bourdieu Handbuch: Leben – Werk- Wirkung. Sonderausgabe* (S. 401–407). Springer.

Fuchs, K. J. & Blum, W. (2008). Selbständiges Lernen im Mathematikunterricht mit ,beziehungsreichen' Aufgaben. In J. Thonhauser (Hrsg.), *Aufgaben als Katalysatoren von Lernprozessen: Eine zentrale Komponente organisierten Lehrens und Lernens aus der Sicht von Lernforschung, allgemeiner Didaktik und Fachdidaktik* (S. 135–148). Waxmann.

Fuchs-Heinritz, W. & König, A. (2014). *Pierre Bourdieu: Eine Einführung* (3. Aufl.). UVK.

Galbraith, P. L. & Stillman, G. A. (2001). Assumptions and context: Pursuing their role in modelling activity. In J. F. Matos, W. Blum, K. S. Houston & S. P. Carreira (Hrsg.), *Horwood publishing series Mathematics and applications. Modelling and mathematics education: ICTMA 9: Applications in Science and Technology* (S. 300–310). Horwood. https://doi.org/10.1533/9780857099655.frontmatter

Galbraith, P. L. & Stillman, G. A. (2006). A Framework for Identifying Student Blockages during Transitions in the Modelling Process. *ZDM, 38*(2), 143–162.

Ganzeboom, H. B. G., Graaf, P. M. de & Treiman, D. J. (1992). A Standard International Socio-Economic Index of Occupational Status. *Social Science Research*(21), Artikel 1, 1–56. https://doi.org/10.1016/0049-089X(92)90017-B

Ganzeboom, H. B. G. & Treiman, D. J. (2003). Three Internationally Standardised Measures for Comparative Research on Occupational Status. In J. H. P. Hoffmeyer-Zlotnik & C. Wolf (Hrsg.), *Advances in Cross-National Comparison: A European Working Book for Demographic and Socio-Economic Variables* (S. 159–193). Springer.

Gebesmair, A. (2004). Renditen der Grenzüberschreitung. Zur Relevanz der Bourdieuschen Kapitaltheorie für die Analyse sozialer Ungleichheiten. *Soziale Welt, 55*(2), 181–203.

Geiger, T. (1949). *Die Klassengesellschaft im Schmelztiegel*. Gustav Kiepenheuer.

Glaser, B. G. & Strauss, A. L. (1979). Die Entdeckung gegenstandsbezogener Theorie: Eine Grundstrategie qualitativer Sozialforschung. In C. Hopf & E. Weingarten (Hrsg.), *Qualitative Sozialforschung* (S. 91–111). Klett.

Glaser, B. G. & Strauss, A. L. (1967/1999). *The Discovery of Grounded Theory: Strategies for Qualitative Research*. Aldine Transaction. (Erstveröffentlichung 1967)

Gniewosz, B. & Walper, S. (2017). Bildungsungleichheit – Alles eine Frage der Familie?! In T. Eckert & B. Gniewosz (Hrsg.), *Bildungsgerechtigkeit* (S. 187–200). Springer VS.

Goos, M. (1994). Metacognitive decision making and social interactions during paired problem solving. *Mathematics Education Research Journal, 6*(2), 144–165. https://doi.org/10.1007/BF03217269

Goos, M. & Galbraith, P. L. (1996). Do it this way! Metacognitive strategies in collaborative mathematical problem solving. *Educational Studies in Mathematics, 30*(3), 229–260. https://doi.org/10.1007/BF00304567

Greefrath, G. (2010). *Didaktik des Sachrechnens in der Sekundarstufe. Mathematik Primar- und Sekundarstufe*. Spektrum. https://doi.org/10.1007/978-3-8274-2679-6

Greefrath, G. (2015a). Eine Fallstudie zu Modellierungsprozessen. In G. Kaiser & H.-W. Henn (Hrsg.), *Werner Blum und seine Beiträge zum Modellieren im Mathematikunterricht: Festschrift zum 70. Geburtstag von Werner Blum* (S. 171–186). Springer Spektrum.

Greefrath, G. (2015b). Lösungshilfen für Modellierungsaufgaben. In I. Bausch, G. Pinkernell & O. Schmitt (Hrsg.), *Festschriften der Mathematikdidaktik: Bd. 1. Unterrichtsentwicklung und Kompetenzorientierung: Festschrift für Regina Bruder* (S. 131–140). WTM.

Greefrath, G. (2018). *Anwendungen und Modellieren im Mathematikunterricht: Didaktische Perspektiven zum Sachrechnen in der Sekundarstufe* (2. Aufl.). *Mathematik Primar- und Sekundarstufe*. Springer Spektrum. https://doi.org/10.1007/978-3-662-57680-9

Greefrath, G., Kaiser, G., Blum, W. & Borromeo Ferri, R. (2013). Mathematisches Modellieren – Eine Einführung in theoretische und didaktische Hintergründe. In R. Borromeo Ferri, G. Greefrath & G. Kaiser (Hrsg.), *Mathematisches Modellieren für Schule und Hochschule: Theoretische und didaktische Hintergründe* (S. 11–37). Springer.

Greefrath, G. & Leuders, T. (2009). Nicht von ungefähr: Runden – Schätzen – Nähern. *Praxis der Mathematik in der Schule, 51*(28), 1–6.

Greefrath, G. & Maaß, K. (Hrsg.). (2020). *Modellierungskompetenzen – Diagnose und Bewertung*. Springer Spektrum. https://doi.org/10.1007/978-3-662-60815-9

Greefrath, G., Siller, H.-S. & Ludwig, M. (2017). Modelling problems in German grammar school leaving examinations (Abitur)-Theory and practice. In T. Dooley & G. Gueudet (Hrsg.), *CERME 10: Proceedings of the Tenth Congress of the European Society for Research in Mathematics Education* (S. 932–939). DCU Institute of Education and ERME.

Greefrath, G. & Vorhölter, K. (2016). *Teaching and Learning Mathematical Modelling: Approaches and Developments from German Speaking Countries*. Springer. https://doi.org/10.1007/978-3-319-45004-9

Greefrath, G. & Vos, P. (2021). Video-based Word Problems or Modelling Projects — Classifying ICT-based Modelling Tasks. In F. K. S. Leung, G. A. Stillman, G. Kaiser & K. L. Wong (Hrsg.), *Mathematical Modelling Education in East and West* (S. 489–499). Springer. https://doi.org/10.1007/978-3-030-66996-6_41

Groh-Samberg, O. & Hertel, F. R. (2011). Laufbahnklassen. Zur empirischen Umsetzung eines dynamisierten Klassenbegriffs mithilfe von Sequenzanalysen. *Berliner Journal für Soziologie, 21*(1), 115–145. https://doi.org/10.1007/s11609-011-0145-0

Grundmann, M., Dravenau, D. & Bittlingmayer, U. H. (2006). Milieuspezifische Handlungsbefähigung an der Schnittstelle zwischen Sozialisation, Ungleichheit und Lebensführung? In M. Grundmann, D. Dravenau, U. H. Bittlingmayer & W. Edelstein (Hrsg.), *Individuum und Gesellschaft: Bd. 2. Handlungsbefähigung und Milieu: Zur Analyse mileuspezifischer Alltagspraktiken und ihrer Ungleichheitsrelevanz* (S. 237–251). LIT.

Grundmann, M., Groh-Samberg, O., Bittlingmayer, U. H. & Bauer, U. (2003). Milieuspezifische Bildungsstrategien in Familie und Gleichaltrigengruppe. *Zeitschrift für Erziehungswissenschaft, 6*(1), 25–45.

Gwet, K. L. (2010). *Handbook of Inter-rater Reliability: The Definitive Guide to Measuring the Extent of Agreement Among Raters* (2. Aufl.). Advances Analytics.

Haag, N., Böhme, K., Rjosk, C. & Stanat, P. (2016). Zuwanderungsbezogene Disparitäten. In P. Stanat, K. Böhme, S. Schipolowski & N. Haag (Hrsg.), *IQB-Bildungstrend 2015: Sprachliche Kompetenzen am Ende der 9. Jahrgangsstufe im zweiten Ländervergleich* (S. 431–480). Waxmann.

Hagena, M., Rossack, S. & Feld, I. (2018). Sprach(en)- und Fachlernen: Förderung und Evaluation im Rahmen der Studie FaSaF. In A. Krüger, F. Radisch, A. S. Willems, T. H. Häcker & M. Walm (Hrsg.), *Empirische Bildungsforschung im Kontext von Schule und Lehrer*innenbildung* (S. 106–123). Julius Klinkhardt.

Hart, B. & Risley, T. R. (2003). The Early Catastrophe: The 30 Million Word Gap by Age 3. *American Educator, 27*, 4–9.

Hasemann, K. (2005). Word problems and mathematical understanding: Results of a teaching experiment in grade 2. *ZDM, 37*(3), 208–211.

Heidenreich, M. (1998). Die Gesellschaft im Individuum. In H. Schwaetzer & J. Stahl-Schwaetzer (Hrsg.), *L'homme machine? Anthropologie im Umbruch* (S. 229–248). Georg-Olms.

Helsper, W. (2018). Lehrerhabitus: Lehrer zwischen Herkunft, Milieu und Profession. In A. Paseka, M. Keller-Schneider & A. Combe (Hrsg.), *Ungewissheit als Herausforderung für pädagogisches Handeln* (S. 105–140). Springer VS. https://doi.org/10.1007/978-3-658-17102-5_6

Helsper, W. (2019). Vom Schüler- zum Lehrerhabitus – Reproduktion- und Transformationspfade. In R.-T. Kramer & H. Pallesen (Hrsg.), *Lehrerhabitus: Theoretische und empirische Beiträge zu einer Praxeologie des Lehrerberufs* (S. 49–72). Klinkhardt.

Helsper, W., Kramer, R.-T. & Thiersch, S. (Hrsg.). (2014). *Schülerhabitus: Theoretische und empirische Analysen zum Bourdieuschen Theorem der kulturellen Passung.* Springer VS. https://doi.org/10.1007/978-3-658-00495-8

Hengartner, E. (1992). Für ein Recht der Kinder auf eigenes Denken. *Die neue Schulpraxis, 7*(8), 15–27.

Henn, H.-W. (2002). Mathematik und der Rest der Welt. *mathematik lehren, 113,* 4–7.

Henschel, S., Heppt, B., Weirich, S., Edele, A., Schipolowski, S. & Stanat, P. (2019). Zuwanderungsbezogene Disparitäten. In P. Stanat, S. Schipolowski, N. Mahler, S. Weireich & S. Henschel (Hrsg.), *IQB-Bildungstrend 2018: Mathematische und naturwissenschaftliche Kompetenzen am Ende der Sekundarstufe I im zweiten Ländervergleich* (S. 295–336). Waxmann.

Herget, W., Jahnke, T. & Kroll, W. (2001). *Produktive Aufgaben für den Mathematikunterricht in der Sekundarstufe I.* Cornelsen.

Hiebert, J., Gallimore, R., Garnier, H., Givvin, K. B., Hollingsworth, H., Jacobs, J., Chui, A. M.-Y., Wearne, D., Smith, M., Kersting, N., Manaster, A., Tseng, E., Etterbeek, W., Manaster, C., Gonzales, P. & Stigler, J. (2003). *Teaching Mathematics in Seven Countries: Results From the TIMSS 1999 Video Study.* 013 Revised. National Center for Education Statistics.

Hill, N. E., Castellino, D. R., Lansford, J. E., Nowlin, P., Dodge, K. A., Bates, J. E. & Pettit, G. S. (2004). Parent Academic Involvement as Related to School Behavior, Achievement, and Aspirations: Demographic Variations Across Adolescence. *Child development, 75*(5), 1491–1509. 10.1111/j.1467-8624.2004.00753.x

Hill, N. E. & Tyson, D. F. (2009). Parental Involvement in Middle School: A Meta-Analytic Assessment of the Strategies That Promote Achievement. *Developmental psychology, 45*(3), 740–763. https://doi.org/10.1037/a0015362

Hillebrandt, F. (1999). *Die Habitus-Feld Theorie als Beitrag zur Mikro-Makro-Problematik in der Soziologie – aus Sicht des Feldbegriffs* (Working Papers zur Modellierung sozialer Organisationsformen in der Sozionik Nr. 2). Hamburg. Technische Universität Hamburg-Harburg. https://www.tuhh.de/tbg/Deutsch/Projekte/Sozionik2/WP2.pdf

Hodgson, T. (1997). On the Use of Open-ended, Real-world Problems. In K. Houston, W. Blum, I. Huntley & N. T. Neill (Hrsg.), *Teaching and Learning Mathematical Modelling: Innovation, Investigation and Applications* (S. 211–218). Albion.

Hoffmeyer-Zlotnik, J. H. P. & Geis, A. J. (2003). Berufsklassifikation und Messung des beruflichen Status/Prestige. *ZUMA Nachrichten, 27*(52), 125–138.

Holland, J. (1981). Social Class And Changes In Orientation To Meaning. *Sociology, 15*(1), 1–18.

Hopf, C. & Schmidt, C. (1993). *Zum Verhältnis von innerfamilialen sozialen Erfahrungen, Persönlichkeitsentwicklung und politischen Orientierungen: Dokumentation und Erörterung des methodischen Vorgehens in einer Studie zu diesem Thema.* Hildesheim. https://nbn-resolving.org/urn:nbn:de:0168-ssoar-456148

Hormel, U. & Scherr, A. (2016). Ungleichheiten und Diskriminierung. In A. Scherr (Hrsg.), *Soziologische Basics: Eine Einführung für pädagogische und soziale Berufe* (3. Aufl., S. 299–308). Springer Fachmedien.

Hradil, S. (2005). *Soziale Ungleichheit in Deutschland* (8. Aufl.) [Lehrbuch]. Springer.

Hradil, S. (2016). Soziale Ungleichheit, soziale Schichtung und Mobilität. In H. Korte & B. Schäfers (Hrsg.), *Einführung in Hauptbegriffe der Soziologie* (9. Aufl., S. 247–276). Springer VS.

Hucke, L. (1999). *Handlungsregulation und Wissenserwerb in traditionellen und computergestützten Experimenten des physikalischen Praktikums* [Dissertation]. Universität Dortmund, Dortmund. https://eldorado.tu-dortmund.de/bitstream/2003/2324/2/Huckegessig.pdf

Hugener, I. (2006). Sozialformen und Lektionsdauer. In I. Hugener, C. Pauli & K. Reusser (Hrsg.), *Dokumentation der Erhebungs- und Auswertungsinstrumente zur schweizerisch-deutschen Videostudie „Unterrichtsqualität, Lernverhalten und mathematisches Verständnis": Teil 3. Videoanalysen* (S. 55–61). GFPF.

Hußmann, A., Stubbe, T. C. & Kasper, D. (2017). Soziale Herkunft und Lesekompetenz von Schülerinnen und Schülern. In A. Hußmann, H. Wendt, W. Bos, A. Bremerich-Vos, D. Kasper, E.-M. Lankes, N. McElvany, T. C. Stubbe & R. Valtin (Hrsg.), *IGLU 2016: Lesekompetenz von Grundschulkindern in Deutschland im internationalen Vergleich* (S. 195–217). Waxmann.

Hußmann, A., Wendt, H., Bos, W., Bremerich-Vos, A., Kasper, D., Lankes, E.-M., McElvany, N., Stubbe, T. C. & Valtin, R. (Hrsg.). (2017). *IGLU 2016: Lesekompetenz von Grundschulkindern in Deutschland im internationalen Vergleich.* Waxmann.

Hußmann, S. & Prediger, S. (2007). Mit Unterschieden rechnen – Differenzieren und Individualisieren. *Praxis der Mathematik in der Schule, 49*(17), 1–8.

ILO. (2016). *ISCO-08: Part 1: Introductory and methodological notes.* ILO. https://www.ilo.org/public/english/bureau/stat/isco/isco08/

IQB. (2020). *Kompetenzen in der Bildung: Tätigkeitsbericht 2014 - 2020.* IQB.

Jablonka, E. & Gellert, U. (2011). Equity Concerns About Mathematical Modelling. In B. Atweh, M. Graven, W. Secada & P. Valero (Hrsg.), *Mapping Equity and Quality in Mathematics Education* (S. 223–236). Springer. https://doi.org/10.1007/978-90-481-9803-0

Janík, T., Seidel, T. & Najvar, P. (2009). Introduction: On the Power of Video Studies in Investigating Teaching and Learning. In T. Janík & T. Seidel (Hrsg.), *The power of Video Studies in Investigating Teaching and Learning in the Classroom* (1. Aufl., S. 7–22). Waxmann.

Janning, F. (1991). *Pierre Bourdieus Theorie der Praxis: Analyse und Kritik der konzeptionellen Grundlegung einer praxeologischen Soziologie. Studien zur Sozialwissenschaft: Bd. 105.* Westdeutscher Verlag.

Jordan, W. J. & Plank, S. B. (1998). *Sources of talent loss among high-achieving poor students.* Baltimore.

Jünger, R. (2008). *Bildung für alle? Die schulischen Logiken von ressourcenprivilegierten und -nichtprivilegierten Kindern als Ursache der bestehenden Bildungsungleichheit.* VS.

Jürgenmeyer, C. & Rösel, J. (2009). Hierarchie und Differenz – Die indische Kastengesellschaft. *Der Bürger im Staat, 59*(3–4), 206–214.

Jussim, L., Eccles, J. & Madon, S. (1996). Social Perception, Social Stereotypes, and Teacher Expectations: Accuracy and the Quest for the Powerful Self-Fulfilling Prophecy. *Advances in Experimental Social Psychology, 28*, 281–388. https://doi.org/10.1016/S0065-2601(08)60240-3

Jussim, L. & Harber, K. D. (2005). Teacher Expectations and Self-Fulfilling Prophecies: Knowns and Unknowns, Resolved and Unresolved Controversies. *Personality and Social Psychology Review, 9*(2), 131–155.

Kaiser, G. (2007). Modelling and modelling competencies in school. In C. Haines, P. L. Galbraith, W. Blum & S. Khan (Hrsg.), *Mathematical Modelling (ICTMA 12): Education, Engineering and Economics* (S. 110–119). Horwood.

Kaiser, G., Blum, W., Borromeo Ferri, R. & Greefrath, G. (2015). Anwendungen und Modellieren. In R. Bruder, L. Hefendehl-Hebeker, B. Schmidt-Thieme & H.-G. Weigand (Hrsg.), *Handbuch der Mathematikdidaktik* (S. 357–384). Springer Spektrum.

Kaiser, G. & Stender, P. (2013). Complex Modelling Problems in Co-operative, Self-Directed Learning Environments. In G. A. Stillman, G. Kaiser, W. Blum & J. P. Brown (Hrsg.), *International Perspectives on the Teaching and Learning of Mathematical Modelling. Teaching Mathematical Modelling: Connecting to Research and Practice* (S. 277–293). Springer.

Kaiser-Meßmer, G. (1986). *Anwendungen im Mathematikunterricht: Band 2 – Empirische Untersuchungen. Texte zur mathematisch-naturwissenschaftlich-technischen Forschung und Lehre: Bd. 21.* Franzbecker.

Kampa, N., Kunter, M., Maaz, K. & Baumert, J. (2011). Die soziale Herkunft von Mathematik-Lehrkräften in Deutschland. Der Zusammenhang mit Berufsausübung und berufsbezogenen Überzeugungen bei Sekundarstufenlehrkräften. *Zeitschrift für Pädagogik, 57*(1), 70–92. https://doi.org/10.25656/01:8703

Kardorff, E. von. (1995). Qualitative Sozialforschung – Versuch einer Standortbestimmung. In U. Flick, E. von Kardorff, H. Keupp, L. von Rosenstiel & S. Wolff (Hrsg.), *Handbuch Qualitative Sozialforschung: Grundlagen, Konzepte, Methoden und Anwendungen* (2. Aufl., S. 3–8). Beltz.

Kiemer, K., Haag, N., Müller, K. & Ehmke, T. (2017). Einfluss sozialer und zuwanderungsbezogener Disparitäten, sowie der Klassenkomposition auf die Veränderung der mathematischen Kompetenz von der neunten zur zehnten Klassenstufe. *Zeitschrift für Erziehungswissenschaft, 20*(S2), 125–149. https://doi.org/10.1007/s11618-017-0753-3

Kirsten, K. (2021). *Beweisprozesse von Studierenden: Ergebnisse einer empirischen Untersuchung zu Prozessverläufen und phasenspezifischen Aktivitäten.* Springer Spektrum. https://doi.org/10.1007/978-3-658-32242-7

Klieme, E., Avenarius, H., Blum, W., Döbrich, P., Gruber, H., Prenzel, M., Reiss, K., Riquarts, K., Rost, J., Tenorth, H.-E. & Vollmer, H. J. (2003). Zur Entwicklung nationaler Bildungsstandards. In BMBF (Hrsg.), *Bildungsreform: Bd. 1. Zur Entwicklung nationaler Bildungsstandards: Eine Expertise* (S. 7–174).

KMK. (2004). *Bildungsstandards im Fach Mathematik für den Mittleren Schulabschluss: Beschluss vom 4.12.2003.* Luchterhand.

KMK. (2005). *Bildungsstandards im Fach Mathematik für den Hauptschulabschluss: Beschluss vom 15.10.2004.* Luchterhand.

KMK. (2022). *Bildungsstandards für das Fach Mathematik: Erster Schulabschluss (ESA) und Mittlerer Schulabschluss (MSA).* Beschluss der KMK vom 15.10.2004 und vom 04.12.2003, i.d.F. vom 23.06.2022.

Kniedler, F. & Lalla, I. (2017). *So versteh ich Mathe: ZP Niedersachsen.* Books on Demand.

Kocyba, H. (2002). Habitus. In G. Endruweit & G. Trommsdorff (Hrsg.), *Wörterbuch der Soziologie* (2. Aufl., S. 211). Lucius & Lucius.

Kohn, M. L. (1977). *Class and Conformity: A Study in Values* (2. Aufl.). The University of Chicago.

Konrad, K. (2010). Lautes Denken. In G. Mey & K. Mruck (Hrsg.), *Handbuch qualitative Forschung in der Psychologie* (1. Aufl., S. 476–490). VS Verlag.

Körner, Robert, Betz & Tanja. (2012). *Die empirische Bestimmung der sozialen Herkunft und des Migrationshintergrunds von Kindern. Das Erhebungsinstrument der standardisierten Elternbefragung. Ergebnisbericht aus dem Projekt EMiL: Working Paper.* Frankfurt am Main. Goethe-Institut. https://doi.org/10.25656/01:11834

Kowal, S. & O'Connell, D. C. (2005). Zur Transkription von Gesprächen. In U. Flick, E. von Kardorff & I. Steinke (Hrsg.), *Qualitative Forschung: Ein Handbuch* (4. Aufl., S. 437–447). Rowohlt.

Kracke, N., Buck, D. & Middendorff, E. (2018). Beteiligung an Hochschulbildung: Chancen(un)gleichheit in Deutschland. *DZHW Brief*, *03*. https://doi.org/10.34878/2018.03.dzhw_brief

Krais, B. (1983). Bildung als Kapital: Neue Perspektiven für die Analyse der Sozialstruktur? In R. Kreckel (Hrsg.), *Soziale Welt: Sonderband 2. Soziale Ungleichheiten* (S. 199–220). Schwartz.

Krais, B. & Gebauer, G. (2014). *Habitus* (6. Aufl.). transcript.

Kramer, R.-T. (2014). Kulturelle Passung und Schülerhabitus – Zur Bedeutung der Schule für Transformationsprozesse des Habitus. In W. Helsper, R.-T. Kramer & S. Thiersch (Hrsg.), *Schülerhabitus: Theoretische und empirische Analysen zum Bourdieuschen Theorem der kulturellen Passung* (S. 183–202). Springer VS.

Kramer, R.-T. & Helsper, W. (2010). Kulturelle Passung und Bildungsungleichheit – Potenziale einer an Bourdieu orientierten Analyse der Bildungsungleichheit. In H.-H. Krüger, U. Rabe-Kleberg, R.-T. Kramer & J. Budde (Hrsg.), *Bildungsungleichheit revisted: Bildung und soziale Ungleichheit vom Kindergarten bis zur Hochschule* (S. 103–125). VS.

Kramer, R.-T. & Pallesen, H. (Hrsg.). (2019). *Lehrerhabitus: Theoretische und empirische Beiträge zu einer Praxeologie des Lehrerberufs.* Klinkhardt.

Krapp, A. (1993). Lernstrategien: Konzepte, Methoden und Befunde. *Unterrichtswissenschaft*, *21*(4), 291–311.

Krause, D. (2007). Soziale Ungleichheit. In W. Fuchs-Heinritz, R. Lautmann, O. Rammstedt & H. Wienold (Hrsg.), *Lexikon zur Soziologie* (4. Aufl., S. 686). VS.

Krauthausen, G. (2018). *Einführung in die Mathematikdidaktik – Grundschule* (4. Aufl.). *Mathematik Primarstufe und Sekundarstufe I + II.* Springer Spektrum. https://doi.org/10.1007/978-3-662-54692-5

Krauthausen, G. & Scherer, P. (2016). *Natürliche Differenzierung im Mathematikunterricht: Konzepte und Praxisbeispiele aus der Grundschule* (2. Aufl.). Klett.

Krawitz, J. (2020). *Vorwissen als nötige Voraussetzung und potentieller Störfaktor beim mathematischen Modellieren.* Springer Spektrum. https://doi.org/10.1007/978-3-658-29715-2

Krawitz, J., Schukajlow, S. & van Dooren, W. (2018). Unrealistic responses to realistic problems with missing information: what are important barriers? *Educational Psychology*, *38*(10), 1221–1238. https://doi.org/10.1080/01443410.2018.1502413

Krug, A. & Schukajlow, S. (2015). Augen auf beim Modellieren: Fehler als Katalysatoren für das Modellierenlernen. *mathematik lehren*, *191*, 33–36.

Krüger, H.-H. & Pfaff, N. (2008). Peerbeziehungen und schulische Bildungsbiografien – Einleitung. In H.-H. Krüger, S.-M. Köhler, M. Zschach & N. Pfaff (Hrsg.), *Kinder und ihre Peers: Freundschaftsbeziehungen und schulische Bildungsbiographien* (S. 11–31). Barbare Budrich.

Kuckartz, U. (2007). *Einführung in die computergestützte Analyse qualitativer Daten* (2. Aufl.). VS.

Kuckartz, U. (2016). *Qualitative Inhaltsanalyse. Methoden, Praxis, Computerunterstützung* (3. Aufl.). Beltz Juventa.

Kuckartz, U., Dresing, T., Rädiker, S. & Stefer, C. (2007). *Qualitative Evaluation: Der Einstieg in die Praxis* (1. Aufl.). VS.

Kunter, M. & Voss, T. (2011). Das Modell der Unterrichtsqualität in COACTIV: Eine multikriteriale Analyse. In M. Kunter, J. Baumert, W. Blum, U. Klusmann, S. Krauss & M. Neubrand (Hrsg.), *Professionelle Kompetenz von Lehrkräften: Ergebnisse des Forschungsprogramms COACTIV* (S. 85–113). Waxmann.

Ladson-Billings, G. (1997). It Doesn't Add up: African American Students' Mathematics Achievement. *Journal für Research in Mathematics Education, 28*(6), 697–708.

Lamnek, S. & Krell, C. (2016). *Qualitative Sozialforschung* (6. Aufl.). Beltz.

Lange, D. (2014). Kooperationsarten in mathematischen Problemlöseprozessen. *Journal für Mathematik-Didaktik, 35*(2), 173–204. https://doi.org/10.1007/s13138-014-0063-8

Lange-Vester, A. (2015). Habitusmuster von Lehrpersonen – auf Distanz zur Kultur der unteren sozialen Klassen. *Zeitschrift für Soziologie der Erziehung und Sozialisation, 35*(4), 360–376.

Lange-Vester, A., Teiweis-Kügler, C. & Bremer, H. (2019). Habitus von Lehrpersonen aus milieuspezifischer Perspektive. In R.-T. Kramer & H. Pallesen (Hrsg.), *Lehrerhabitus: Theoretische und empirische Beiträge zu einer Praxeologie des Lehrerberufs* (S. 27–48). Klinkhardt.

Lange-Vester, A. & Vester, M. (2018). Lehrpersonen, Habitus und soziale Ungleichheit in schulischen Bildungsprozessen. In K.-H. Braun, F. Stübig & H. Stübig (Hrsg.), *Erziehungswissenschaftliche Reflexion und pädagogisch-politisches Engagement: Wolfgang Klafki weiterdenken* (S. 159–184). Springer.

Lareau, A. (1987). Social Class Differences in Family-School Relationships: The Importance of Cultural Capital. *Sociology of Education, 60*(2), 73–85. https://doi.org/10.2307/2112583

Lareau, A. (2002). Invisible Inequality: Social Class and Childrearing in Black Families and White Families. *American Sociological Review, 67*(5), 747–776. https://doi.org/10.2307/3088916

Leikin, R. & Levav-Waynberg, A. (2007). Exploring mathematics teacher knowledge to explain the gap between theory-based recommendations and school practice in the use of connecting tasks. *Educational Studies in Mathematics, 66*(3), 349–371. https://doi.org/10.1007/s10649-006-9071-z

Leiss, D. (2007). *„Hilf mir es selbst zu tun": Lehrerinterventionen beim mathematischen Modellieren. Texte zur mathematischen forschung und lehre: Bd. 57.* Franzbecker.

Leiss, D. & Blum, W. (2010). Beschreibung zentraler mathematischer Kompetenzen. In W. Blum, C. Drüke-Noe, R. Hartung & O. Köller (Hrsg.), *Bildungsstandards Mathematik: konkret: Sekundarstufe I: Aufgabenbeispiele, Unterrichtsanregungen, Fortbildungsideen* (4. Aufl., S. 33–50). Cornelsen.

Leiss, D., Hagena, M., Neumann, A. & Schwippert, K. (Hrsg.). (2017). *Mathematik und Sprache: Empirischer Forschungsstand und unterrichtliche Herausforderungen*. Waxmann.

Leiss, D., Schukajlow, S., Blum, W., Messner, R. & Pekrun, R. (2010). The Role of the Situation Model in Mathematical Modelling – Task Analyses, Student Competencies, and Teacher Interventions. *Journal für Mathematik-Didaktik, 31*, 119–141. https://doi.org/10.1007/s13138-010-0006-y

Leiss, D. & Tropper, N. (2014). *Umgang mit Heterogenität im Mathematikunterricht: Adaptives Lehrerhandeln beim Modellieren. Mathematik im Fokus*. Springer Spektrum. https://doi.org/10.1007/978-3-642-45109-6

Leuders, T. (2001). *Qualität im Mathematikunterricht der Sekundarstufe I und II*. Cornelsen.

Leufer, N. (2016). *Kontextwechsel als implizite Hürden realitätsbezogener Aufgaben: Eine soziologische Perspektive auf Texte und Kontexte nach Basil Bernstein*. Springer.

Levin, H. M. (2007). On the Relationship between Poverty and Curriculum. *North Carolina Law Review, 85*(5), 1381–1418.

Liebsch, K. (2016). Identität und Habitus. In H. Korte & B. Schäfers (Hrsg.), *Einführung in Hauptbegriffe der Soziologie* (9. Aufl., S. 79–100). Springer VS.

Lubienski, S. T. (2000). Problem Solving as a Means toward Mathematics for All: An Exploratory Look through a Class Lens. *Journal for Research in Mathematics Education, 31*(4), 454–482. https://doi.org/10.2307/749653

Lubienski, S. T. (2007). Research, Reform, and Equity in U.S. Mathematics Education. In N. S. Nasir & P. Cobb (Hrsg.), *Improving Access to Mathematics: Diversity and Equity in the Classroom* (S. 10–23). Teachers College.

Lyle, J. (2003). Stimulated Recall: a report on its use in naturalistic research. *British Educational Research Journal, 29*(6), 861–878.

Maaß, K. (2004). *Mathematisches Modellieren im Unterricht: Ergebnisse einer empirischen Studie*. Franzbecker.

Maaß, K. (2005). Modellieren im Mathematikunterricht der Sekundarstufe I. *Journal für Mathematik-Didaktik, 26*(2), 114–142. https://doi.org/10.1007/BF03339013

Maaß, K. (2006). What are modelling competencies? *ZDM, 38*(2), 113–142. https://doi.org/10.1007/BF02655885

Maaß, K. (2007). *Mathematisches Modellieren: Aufgaben für die Sekundarstufe I*. Cornelsen.

Maaz, K., Baumert, J. & Trautwein, U. (2009). Genese sozialer Ungleichheit im institutionellen Kontext der Schule: Wo entsteht und vergrößert sich soziale Ungleichheit? *Zeitschrift für Erziehungswissenschaft, 12*(12), 11–46.

Maaz, K. & Dumont, H. (2019). Bildungserwerb nach sozialer Herkunft, Migrationshintergrund und Geschlecht. In O. Köller, M. Hasselhorn, F. W. Hesse, K. Maaz, J. Schrader, H. Solga, C. K. Spieß & K. Zimmer (Hrsg.), *Das Bildungswesen in Deutschland: Bestand und Potenziale* (S. 299–332). Julius Klinkhardt.

Mahler, N. & Kölm, J. (2019). Soziale Disparitäten. In P. Stanat, S. Schipolowski, N. Mahler, S. Weireich & S. Henschel (Hrsg.), *IQB-Bildungstrend 2018: Mathematische und naturwissenschaftliche Kompetenzen am Ende der Sekundarstufe I im zweiten Ländervergleich* (S. 265–294). Waxmann.

Mandl, H. & Friedrich, H. F. (Hrsg.). (2006). *Handbuch Lernstrategien*. Hogrefe.

Mang, J., Ustjanzew, N., Schiepe-Tiska, A., Prenzel, M., Sälzer, C., Müller, K. & Gonzaléz Rodríguez, E. (2018). *PISA 2012 Skalenhandbuch: Dokumentation der Erhebungsinstrumente*. Waxmann.

Marks, G. N. (2017). Is SES really that important for educational outcomes in Australia? A review and some recent evidence. *The Australian Educational Researcher, 44*(2), 191–211. https://doi.org/10.1007/s13384-016-0219-2

Marx, K. (1852/1953). *Der achtzehnte Brumaire des Louis Bonaparte* (2. Aufl.). *Bücherei des Marxismus-Leninismus: Bd. 39*. Dietz. (Erstveröffentlichung 1852)

Marx, K. (1852/1963). Brief von Marx and Joseph Weydemeyer in New York. In K. Marx & F. Engels (Hrsg.), *Briefe: Januar 1852 – Dezember 1855* (S. 503–509). Dietz. (Erstveröffentlichung 1852)

Marx, K. & Engels, F. (1848/1953). *Manifest der kommunistischen Partei*. Alfred Kröner. (Erstveröffentlichung 1848)

MAXQDA. (o. D.). *Codelandkarte: Codes nach Ähnlichkeit verorten*. https://www.maxqda.de/hilfe-mx20/visual-tools/codelandkarte-codes-nach-aehnlichkeit-verorten

Mayntz, R., Holm, K. & Hübner, P. (1974). *Einführung in die Methoden der empirischen Soziologie* (4. Aufl.). Westdeutscher.

Mayring, P. (2010). *Qualitative Inhaltsanalyse: Grundlagen und Techniken* (11. Aufl.). Beltz.

Mayring, P. (2016). *Einführung in die qualitative Sozialforschung: Eine Anleitung zu qualitativem Denken* (6. Aufl.). Beltz.

Mayring, P. (2020). Qualitative Inhaltsanalyse. In G. Mey & K. Mruck (Hrsg.), *Handbuch Qualitative Forschung in der Psychologie: Band 2: Designs und Verfahren* (2. Aufl., S. 495–512). Springer.

Mayring, P., Gläser-Zikuda, M. & Ziegelbauer, S. (2005). *Auswertung von Videoaufnahmen mit Hilfe der Qualitativen Inhaltsanalyse – ein Beispiel aus der Unterrichtsforschung*.

McClelland, M. M., Acock, A. C. & Morrison, F. J. (2006). The impact of kindergarten learning-related skills on academic trajectories at the end of elementary school. *Early childhood research quarterly, 21*(4), 471–490. https://doi.org/10.1016/j.ecresq.2006.09.003

McNeal, R. B., JR. (1999). Parental Involvement as Social Capital: Differential Effectiveness on Science Achievement, Truancy, and Dropping Out. *Social Forces, 78*(1), 117–144.

Merkens, H. (2005). Auswahlverfahren, Sampling, Fallkonstruktion. In U. Flick, E. von Kardorff & I. Steinke (Hrsg.), *Qualitative Forschung: Ein Handbuch* (4. Aufl., S. 286–299). Rowohlt.

Mey, G. & Mruck, K. (2010). Interviews. In G. Mey & K. Mruck (Hrsg.), *Handbuch qualitative Forschung in der Psychologie* (1. Aufl., S. 423–435). VS Verlag.

Meyer, M. & Tiedemann, K. (2017). *Sprache im Fach Mathematik*. Springer Spektrum. https://doi.org/10.1007/978-3-662-49487-5

Morais, A., Fontinhas, F. & Neves, I. (1992). Recognition and Realisation Rules in Acquiring School Science – the contribution of pedagogy and social background of students. *British Journal of Sociology of Education, 13*(2), 247–270. https://doi.org/10.1080/0142569920130206

Moser, U. (2005). Lernvoraussetzungen in Schulklassen zu Beginn der 1. Klasse. In U. Moser, M. Stamm & J. Hollenweger (Hrsg.), *Für die Schule bereit? Lesen, Wortschatz und soziale Kompetenzen beim Schuleintritt* (S. 167–186). Sauerländer.

Moser, U., Berweger, S. & Stamm, M. (2005). Mathematische Kompetenzen bei Schulein-tritt. In U. Moser, M. Stamm & J. Hollenweger (Hrsg.), *Für die Schule bereit? Lesen, Wortschatz und soziale Kompetenzen beim Schuleintritt* (S. 77–98). Sauerländer.

Mostafa, T. & Schwabe, M. (2019). *PISA 2018 Ergebnisse: Ländernotiz Deutschland.* https://www.oecd.org/pisa/publications/PISA2018_CN_DEU_German.pdf

Möwes-Butschko, G. (2010). *Offene Aufgaben aus der Lebensumwelt Zoo: Problemlöse-und Modellierungsprozesse von Grundschülerinnen und Grundschülern bei offenen realitätsnahen Aufgaben.* WTM.

MSB NRW. (2019). *Kernlehrplan für die Sekundarstufe I. Gymnasium in Nordrhein-Westfalen. Mathematik.* Düsseldorf.

Schulgesetz für das Land Nordrhein-Westfalen (2021). https://bass.schul-welt.de/6043.htm#1-1p1

Gesetz über die Ausbildung für Lehrämter an öffentlichen Schulen (Lehrerausbildungsgesetz – LABG) (2022). https://bass.schul-welt.de/9767.htm

MSB NRW. (2022). *Kernlehrplan für die Sekundarstufe I Gesamtschule/Sekundarschule in Nordrhein-Westfalen: Mathematik.* Düsseldorf.

MSJK NRW. (2004). *Kernlehrplan für die Gesamtschule – Sekundarstufe I in Nordrhein-Westfalen: Mathematik.* Frechen.

Müller, H.-P. (1992). *Sozialstruktur und Lebensstile: Der neuere theoretische Diskurs über soziale Ungleichheit.* Suhrkamp.

Müller, K. & Ehmke, T. (2013). Soziale Herkunft als Bedingung der Kompetenzentwicklung. In M. Prenzel, C. Sälzer, E. Klieme & O. Köller (Hrsg.), *PISA 2012: Fortschritte und Herausforderungen in Deutschland* (S. 245–275). Waxmann.

Müller, K. & Ehmke, T. (2016). Soziale Herkunft und Kompetenzerwerb. In K. Reiss, C. Sälzer, A. Schiepe-Tiska, E. Klieme & O. Köller (Hrsg.), *PISA 2015: Eine Studie zwischen Kontinuität und Innovation* (S. 285–316). Waxmann.

Müller, W. & Haun, D. (1997). Bildungsungleichheit im sozialen Wandel. In J. Friedrichs, K. U. Mayer & W. Schluchter (Hrsg.), *Kölner Zeitschrift für Soziologie und Sozialpsychologie. Soziologische Theorie und Empirie* (S. 333–374). Westdeutscher.

Nasir, N. S. & Cobb, P. (Hrsg.). (2007a). *Improving Access to Mathematics: Diversity and Equity in the Classroom.* Teachers College.

Nasir, N. S. & Cobb, P. (2007b). Introduction. In N. S. Nasir & P. Cobb (Hrsg.), *Improving Access to Mathematics: Diversity and Equity in the Classroom* (S. 1–9). Teachers College.

Neubrand, J. & Neubrand, M. (1999). Effekte multipler Lösungsmöglichkeiten: Beispiele aus einer japanischen Mathematikstunde. In C. Selter & G. Walther (Hrsg.), *Mathematikdidaktik als design science: Festschrift für Erich Christian Wittmann* (S. 148–158). Klett.

Neubrand, M., Biehler, R., Blum, W., Cohors-Fresenborg, E., Flade, L., Knoche, N., Lind, D., Löding, W., Möller, G. & Wynands, A. (2001). Grundlagen der Ergänzung des internationalen PISA-Mathematik-Tests in der deutschen Zusatzerhebung. *ZDM, 33*(2).

NGA Center and CCSSO. (2010). *Common Core State Standards for Mathematics.* Washington DC. http://www.corestandards.org/wp-content/uploads/Math_Standards1.pdf

Niklas, F. & Schneider, W. (2012). Einfluss von „Home Numeracy Environment" auf die mathematische Kompetenzentwicklung vom Vorschulalter bis Ende des 1. Schuljahres. *Zeitschrift für Familienforschung, 24*(2), 134–147.

Niss, M. (1996). Goals of Mathematics Teaching. In A. J. Bishop, K. Clements, C. Keitel, J. Kilpatrick & C. Laborde (Hrsg.), *International Handbook of Mathematics Education: Part 1* (S. 11–47). Springer.

Niss, M. & Blum, W. (2020). *The learning and teaching of mathematical modelling. Impact*. Routledge.

Niss, M., Blum, W. & Galbraith, P. L. (2007). Introduction. In W. Blum, P. L. Galbraith, H.-W. Henn & M. Niss (Hrsg.), *New ICMI Study Series: Bd. 10. Modelling and Applications in Mathematics Education: The 14th ICMI Study* (S. 3–32). Springer.

OECD. (2005). *PISA 2003: Technical Report*. OECD.

OECD. (2013). *PISA 2012 Assessment and Analytical Framework: Mathematics, Reading, Science, Problem Solving and Financial Literacy*. OECD. https://doi.org/10.1787/978926 4190511-en

OECD. (2014). *PISA 2012 Ergebnisse: Exzellenz durch Chancengerechtigkeit (Band II)*. OECD. https://doi.org/10.1787/9789264207486-de

OECD. (2016). *PISA 2015 Results (Volume I): Excellence and Equity in Education*. OECD. https://doi.org/10.1787/9789264266490-en

OECD. (2017). *PISA 2015: Technical Report*. OECD.

OECD. (2018). *Equity in Education: Breaking Down Barriers to Social Mobility*. OECD. https://doi.org/10.1787/9789264073234-en

OECD. (2019). *PISA 2018 Results (Volume II): Where All Students Can Succeed*. OECD. https://doi.org/10.1787/b5fd1b8f-en

OECD, European Union & UNESCO-UIS. (2015). *ISCED 2011 Operational Manual: Guidelines for classifying national education programmes and related qualifications*. OECD. https://www.oecd.org/education/isced-2011-operational-manual-978926422 8368-en.htm https://doi.org/10.1787/9789264228368-en

Ostkirchen, F. & Greefrath, G. (2022). Case Study on Students' Mathematical Modelling Processes considering the Achievement Level. *Modelling in Science Education and Learning*, *15*(1), 137–150. https://doi.org/10.4995/msel.2022.16506

Oswald, H. & Krappmann, L. (2004). Soziale Ungleichheit in der Schulklasse und Schulerfolg: Eine Untersuchung in dritten und fünften Klassen Berliner Grundschulen. *Zeitschrift für Erziehungswissenschaft*, *7*(4), 479–496.

Palm, T. (2007). Features and impact of the authenticity of applied mathematical school tasks. In W. Blum, P. L. Galbraith, H.-W. Henn & M. Niss (Hrsg.), *New ICMI Study Series: Bd. 10. Modelling and Applications in Mathematics Education: The 14th ICMI Study* (S. 201–208). Springer.

Pant, H. A., Stanat, P., Schroeders, U., Roppelt, A., Siegle, T. & Pöhlmann, C. (Hrsg.). (2013). *IQB-Ländervergleich 2012: Mathematische und naturwissenschaftliche Kompetenzen am Ende der Sekundarstufe I*. Waxmann. https://www.iqb.hu-berlin.de/bt/lv2012/ Bericht/Bericht.pdf

Papilloud, C. (2003). *Bourdieu lesen: Einführung in eine Soziologie des Unterschieds*. Mit einem Nachwort von Loïc Wacquant. transcript.

Parsons, T. (1949/1964). Soziale Klassen und Klassenkampf im Lichte der neueren soziologischen Theorie (Brigitta Mitchell, Übers.). In T. Parsons (Hrsg.), *Beiträge zur soziologischen Theorie: Herausgegeben und eingeleitet von Dietrich Rüschemeyer* (S. 206–222). Luchterhand. (Erstveröffentlichung 1949)

Patrick, H., Anderman, L. H., Ryan, A. M., Edelin, K. C. & Midgley, C. (2001). Teachers' Communication of Goal Orientations in Four Fifth-Grade Classrooms. *The Elementary School Journal, 102*(1), 35–58.

Patton, M. Q. (2002). *Qualitative research and evaluation methods* (3. Aufl.). SAGE.

Perrenet, J. & Zwaneveld, B. (2012). The Many Faces of the Mathematical Modeling Cycle. *Journal of Mathematical Modelling and Application, 1*(6), 3–21.

Piel, S. & Schuchart, C. (2014). Social origin and success in answering mathematical word problems: The role of everyday knowledge. *International Journal of Educational Research, 66*, 22–34. https://doi.org/10.1016/j.ijer.2014.02.003

Pintrich, P. R. (1999). The role of motivation in promoting and sustaining self-regulated learning. *International Journal of Educational Research, 31*, 459–470.

Pollak, H. O. (1979). The interaction between mathematics and other school subjects. In UNESCO (Hrsg.), *New trends in mathematics teaching (Vol. IV)* (232–248). UNESCO.

Postupa, J. (2019). Comparing Mathematics Textbooks – An Instrument For Quantitative Analysis. In S. Rezat, L. Fan, M. Hattermann, J. Schumacher & H. Wuschke (Hrsg.), *Proceedings of the Third International Conference on Mathematics Textbook Research and Development* (S. 293–298). Universitätsbibliothek Paderborn.

Potari, D. (1993). Mathematisation in a Real-life Investigation. In J. de Lange, C. Keitel, I. Huntley & M. Niss (Hrsg.), *Innovation in Maths Education by Modelling and Applications* (S. 235–243). Ellis Horwood.

Prediger, S., Wilhelm, N., Büchter, A., Gürsoy, E. & Benholz, C. (2015). Sprachkompetenz und Mathematikleistung – Empirische Untersuchung sprachlich bedingter Hürden in den Zentralen Prüfungen 10. *Journal für Mathematik-Didaktik, 36*(1), 77–104. https://doi.org/10.1007/s13138-015-0074-0

Prinz, S. (2014). Geschmack. In G. Fröhlich & B. Rehbein (Hrsg.), *Bourdieu Handbuch: Leben – Werk- Wirkung. Sonderausgabe* (S. 104–110). Springer.

Radatz, H. & Schipper, W. (1983). *Handbuch für den Mathematikunterricht an Grundschulen*. Schroedel.

Rademacher, S. & Wernet, A. (2014). „One Size Fits All" – Eine Kritik des Habitusbegriffs. In W. Helsper, R.-T. Kramer & S. Thiersch (Hrsg.), *Schülerhabitus: Theoretische und empirische Analysen zum Bourdieuschen Theorem der kulturellen Passung* (S. 159–182). Springer VS.

Rehbein, B. & Saalmann, G. (2014). Feld. In G. Fröhlich & B. Rehbein (Hrsg.), *Bourdieu Handbuch: Leben – Werk- Wirkung. Sonderausgabe* (S. 99–103). Springer.

Rehbein, B., Schneickert, C. & Weiß, A. (2014). Klasse (classe). In G. Fröhlich & B. Rehbein (Hrsg.), *Bourdieu Handbuch: Leben – Werk- Wirkung. Sonderausgabe* (S. 140–147). Springer.

Reiss, K., Reinhold, F. & Stohmaier, A. (2020). Mathematikdidaktik: Bestandsaufnahme und Forschungsperspektiven. In M. Rothnagel, U. Abraham, H. Bayrhuber, V. Frederking, W. Jank & H. J. Vollmer (Hrsg.), *Fachdidaktische Forschungen: Bd. 12. Lernen im Fach und über das Fach hinaus: Bestandsaufnahmen und Forschungsperspektiven aus 17 Fachdidaktiken im Vergleich. Allgemeine Fachdidaktik, Band 2* (S. 236–261). Waxmann.

Reiss, K., Weis, M., Klieme, E. & Köller, O. (Hrsg.). (2019). *PISA 2018: Grundbildung im internationalen Vergleich*. Waxmann.

Rellensmann, J. (2019). *Selbst erstellte Skizzen beim mathematischen Modellieren: Ergebnisse einer empirischen Untersuchung. Studien zur theoretischen und empirischen Forschung in der Mathematikdidaktik.* Springer Spektrum. https://doi.org/10.1007/978-3-658-24917-5

Reusser, K. (1989). *Vom Text zur Situation zur Gleichung: Kognitive Simulation von Sprachverständnis und Mathematisierung beim Lösen von Textaufgaben* [Habilitationsschrift]. Universität Zürich, Zürich.

Reusser, K. & Stebler, R. (1997). Every Word Problem has a Soultion – The Social Rationality of Mathematical Modeling in Schools. *Learning and Instruction, 7*(4), 309–327.

Reynolds, A. J. & Walberg, H. J. (1992). A Process Model of Mathematics Achievement and Attitude. *Journal for Research in Mathematics Education, 23*(4), 306–328.

Rist, R. C. (1970). Student Social Class and Teacher Expectations: The Self-Fulfilling Prophecy in Ghetto Education. *Harvard Educational Review, 40*(3), 411–451.

Rjosk, C., Haag, N., Heppt, B. & Stanat, P. (2017). Zuwanderungsbezogene Disparitäten. In P. Stanat, S. Schipolowski, C. Rjosk, S. Weirich & N. Haag (Hrsg.), *IQB-Bildungstrend 2016: Kompetenzen in den Fächern Deutsch und Mathematik am Ende der 4. Jahrgangsstufe im zweiten Ländervergleich* (S. 237–276). Waxmann.

Rolff, H.-G. (1997). *Sozialisation und Auslese durch die Schule.* Juventa.

Roslon, M. (2016). Der Spielbegriff als Feinjustierung des Habituskonzept bei Bourdieu. *Soziologieblog.* https://soziologieblog.hypotheses.org/9781

Roslon, M. (2017). *Spielerische Rituale oder rituelle Spiele: Überlegungen zum Wandel zweier zentraler Begriffe der Sozialforschung.* Springer VS. https://doi.org/10.1007/978-3-658-18060-7

Rutter, S. (2021). Soziale Ungleichheit im Bildungssystem. In S. Rutter (Hrsg.), *Bildung und Gesellschaft. Sozioanalyse in der pädagogischen Arbeit: Ansätze und Möglichkeiten zur Bearbeitung von Bildungsungleichheit* (S. 1–66). Springer VS. https://doi.org/10.1007/978-3-658-32065-2_1

Saalmann, G. (2014). Émile Durkheim. In G. Fröhlich & B. Rehbein (Hrsg.), *Bourdieu Handbuch: Leben – Werk- Wirkung. Sonderausgabe* (S. 32–36). Springer.

Sandefur, J., Lockwood, E., Hart, E. & Greefrath, G. (2022). Teaching and Learning Discrete Mathematics. *ZDM.* Vorab-Onlinepublikation. https://doi.org/10.1007/s11858-022-01399-7

Sandmann, A. (2014). Lautes Denken – die Analyse von Denk-, Lern- und Problemlöseprozessen. In D. Krüger, I. Parchmann & H. Schecker (Hrsg.), *Methoden in der naturwissenschaftsdidaktischen Forschung* (S. 179–188). Springer Spektrum. https://doi.org/10.1007/978-3-642-37827-0_15

Schellhas, B., Grundmann, M. & Edelstein, W. (2012). Kontrollüberzeugungen und Schulleistungen im Kontext familialer Sozialisation: Ergebnisse einer Längsschnittstudie. *Psychologie in Erziehung und Unterricht, 59*(2), 93–108. https://doi.org/10.2378/peu2012.art10d

Scherr, A. (2016). Pierre Bourdieu: La distinction. In S. Salzborn (Hrsg.), *Klassiker der Sozialwissenschaften: 100 Schlüsselwerke im Portait* (2. Aufl., S. 313–316). Springer VS.

Scherres, C. (2013). *Niveauangemessenes Arbeiten in selbstdifferenzierenden Lernumgebungen: Eine qualitative Fallstudie am Beispiel einer Würfelnetz-Lernumgebung. Dortmunder Beiträge zur Entwicklung und Erforschung des Mathematikunterrichts: Bd. 12.* Springer Spektrum. https://doi.org/10.1007/978-3-658-02083-5

Schipolowski, S., Haag, N., Milles, F., Pietz, S. & Stanat, P. (2018). *IQB-Bildungstrend 2015: Skalenhandbuch zur Dokumentation der Erhebungsinstrumente in den Fächern Deutsch und Englisch.* Berlin. IQB.

Schipper, W. (2009). *Handbuch für den Mathematikunterricht an Grundschulen.* Schroedel.

Schmidt, S., Ennemoser, M. & Krajewski, K. (2013). *DEMAT 9: Deutscher Mathematiktest für neunte Klassen.* mit Ergänzungstest Konventions- und Regelwissen. Hogrefe.

Schmidt, W. H., Burroughs, N. A., Zoido, P. & Houang, R. T. (2015). The Role of Schooling in Perpetuating Educational Inequality: An International Perspective. *Educational Researcher, 44*(7), 371–386.

Schnotz, W. (2002). Towards an Integrated View of Learning from Text and Visual Displays. *Educational Psychology Review, 14*(1), 101–120. https://doi.org/10.1023/A:101313672 7916

Schoenfeld, A. H. (1985). Making Sense of "Out Loud" Problem-Solving Protocols. *Journal of Mathematical Behavior, 4,* 171–191.

Schreier, M. (2012). *Qualitative Content Analysis in Practice.* SAGE.

Schreier, M. (2014). Varianten qualitativer Inhaltsanalyse: Ein Wegweise im Dickicht der Begrifflichkeiten. *Forum Qualitative Sozialforschung, 15*(1), Artikel 18. http://nbn-resolv ing.de/urn:nbn:de:0114-fqs1401185

Schuchart, C., Buch, S. & Piel, S. (2015). Characteristics of mathematical tasks and social class-related achievement differences among primary school children. *International Journal of Educational Research, 70,* 1–15. https://doi.org/10.1016/j.ijer.2014.12.002

Schukajlow, S. (2011). *Mathematisches Modellieren: Schwierigkeiten und Strategien von Lernenden als Bausteine einer lernprozessorientierten Didaktik der neuen Aufgabenkultur. Empirische Studien zur Didaktik der Mathematik: Bd. 6.* Waxmann.

Schukajlow, S., Blomberg, J., Rellensmann, J. & Leopold, C. (2021). Do emotions and prior performance facilitate the use of the learner-generated drawing strategy? Effects of enjoyment, anxiety, and intramathematical performance on the use of the drawing strategy and modelling performance. *Contemporary Educational Psychology, 65,* 101967. https://doi.org/10.1016/j.cedpsych.2021.101967

Schukajlow, S., Blum, W. & Krämer, J. (2011). Förderung der Modellierungskompetenz durch selbständiges Arbeiten im Unterricht mit und ohne Lösungsplan. *Praxis der Mathematik in der Schule, 53*(38), 40–46.

Schukajlow, S., Kolter, J. & Blum, W. (2015). Scaffolding mathematical modelling with a solution plan. *ZDM, 47*(7), 1241–1254. https://doi.org/10.1007/s11858-015-0707-2

Schukajlow, S., Krämer, J., Blum, W., Besser, M., Leiss, D. & Messner, R. (2010). Lösungsplan in Schülerhand: zusätzlich Hürde oder Schlüssel zum Erfolg? In A. M. Lindmeier & S. Ufer (Hrsg.), *Beiträge zum Mathematikunterricht 2010: Beiträge zur 44. Jahrestagung der Gesellschaft für Didaktik der Mathematik vom 08. bis 12. März 2010 in München* (S. 771–774). https://doi.org/10.17877/DE290R-796

Schukajlow, S. & Krug, A. (2013). Considering Multiple Solutions for Modelling Problems – Design and First Results from the MultiMa-Project. In G. A. Stillman, G. Kaiser, W. Blum & J. P. Brown (Hrsg.), *International Perspectives on the Teaching and Learning of Mathematical Modelling. Teaching Mathematical Modelling: Connecting to Research and Practice* (S. 207–216). Springer.

Schukajlow, S. & Krug, A. (2014). Do Multiple Solutions Matter? Prompting Multiple Solutions, Interest, Competence, and Autonomy. *Journal for Research in Mathematics Education*, *45*(4), 497–533. https://doi.org/10.5951/jresematheduc.45.4.0497

Schukajlow, S. & Leiss, D. (2011). Selbstberichtete Strategienutzung und mathematische Modellierungskompetenz. *Journal für Mathematik-Didaktik*, *32*, 53–77.

Schupp, H. (1988). Anwendungsorientierter Mathematikunterricht in der Sekundarstufe I zwischen Tradition und neuen Impulsen. *Der Mathematikunterricht*, *34*(6), 5–16.

Schürmann, U. & Greefrath, G. (Hrsg.). (2022). *Beiträge zur Schulentwicklung: Bd. 4. Modellieren im Mathematikunterricht: Fachdidaktische Erkenntnisse und Handlungsempfehlungen für die Sekundarstufe I und II*. wbv. https://doi.org/10.3278/6004907w

Schwingel, M. (1995). *Pierre Bourdieu zur Einführung*. Junius.

Schwippert, K., Kasper, D., Köller, O., McElvany, N., Selter, C., Steffensky, M. & Wendt, H. (Hrsg.). (2020). *TIMSS 2019: Mathematische und naturwissenschaftliche Kompetenzen von Grundschulkindern in Deutschland im internationalen Vergleich*. Waxmann. https://doi.org/10.31244/9783830993193

Seale, C. (1999). *The quality of qualitative research*. SAGE.

Seidel, T., Prenzel, M., Duit, R. & Lehrke, M. (Hrsg.). (2003). *IPN-Materialien. Technischer Bericht zur Videostudie „Lehr-Lern-Prozesse im Physikunterricht"*. IPN.

Sektnan, M., McClelland, M. M., Acock, A. & Morrison, F. J. (2010). Relations between early family risk, children's behavioral regulation, and academic achievement. *Early childhood research quarterly*, *25*(4), 464–479. https://doi.org/10.1016/j.ecresq.2010.02.005

Selting, M., Auer, P., Barth-Weingarten, D., Bergmann, J., Bergmann, P., Birkner, K., Couper-Kuhlen, E., Deppermann, A., Gilles, P., Günthner, S., Hartung, M., Kern, F., Mertzlufft, C., Meyer, C., Morek, M., Oberzaucher, F., Peters, J., Quasthoff, U., Schütte, W., . . . Uhmann, S. (2009). Gesprächsanalytisches Transkriptionssystem 2 (GAT 2). *Gesprächsforschung – Online-Zeitschrift zur verbalen Interaktion*, *10*, 353–402.

Sertl, M. & Leufer, N. (2012). Bernsteins Theorie der pädagogischen Codes und des pädagogischen Diskurses. Eine Zusammenschau. In U. Gellert & M. Sertl (Hrsg.), *Bildungssoziologische Beiträge. Zur Soziologie des Unterrichts: Arbeiten mit Basil Bernsteins Theorie des pädagogischen Diskurses* (S. 15–62). Beltz Juventa.

Siller, H.-S. (2015). Realitätsbezug im Mathematikunterricht. *Der Mathematikunterricht*, *61*(5), 2–6.

Silver, E. A., Smith, M. & Nelson, B. S. (1995). The QUASAR Project: Equity concerns meet mathematics education reform in the middle school. In W. Secada, E. Fennema & L. B. Adajian (Hrsg.), *New directions for equity in mathematics education* (S. 9–56). Cambridge University Press.

Sirin, S. R. (2005). Socioeconomic Status and Academic Achievement: A Meta-Analytic Review of Research. *Review of Educational Research*, *75*(3), 417–453.

Sol, M., Giménez, J. & Rosich, N. (2011). Project Modelling Routes in 12 to 16-Year-Old Pupils. In G. Kaiser, W. Blum, R. Borromeo Ferri & G. A. Stillman (Hrsg.), *International Perspectives on the Teaching and Learning of Mathematical Modelling: Bd. 1. Trends in Teaching and Learning of Mathematical Modelling: ICTMA 14* (S. 231–240). Springer.

Stanat, P., Schipolowski, S., Mahler, N., Weireich, S. & Henschel, S. (Hrsg.). (2019). *IQB-Bildungstrend 2018: Mathematische und naturwissenschaftliche Kompetenzen am Ende der Sekundarstufe I im zweiten Ländervergleich*. Waxmann.

Statistik Austria. (2011). *ISCO 08: gemeinsame deutschsprachige Titel und Erläuterungen.* auf Basis der englischsprachigen Version 1.5a von Aprill 2011. Statistik Austria. http://statistik.at/web_de/klassifikationen/oeisco_08/informationen_zur_isco08/index.html

Stein, P. (2005). Soziale Mobilität und Lebensstile: Anwendung eines Modells zur Analyse von Effekten sozialer Mobilität in der Lebensstilforschung. *Kölner Zeitschrift für Soziologie und Sozialpsychologie, 57*(2), 205–229.

Steinberg, L. (2001). We Know Some Things: Parent-Adolescent Relationships in Retrospect and Prospect. *Journal of Research on Adolescence, 11*(1), 1–19. https://doi.org/10.1111/1532-7795.00001

Steinig, W. (2020). Bildungssprache in Elternhaus und Schule. *Zeitschrift für Literaturwissenschaft und Linguistik, 50*(1), 47–70. https://doi.org/10.1007/s41244-020-00161-4

Steinkamp, G. (1993). Soziale Ungleichheit, Erkrankungsrisiko und Lebenserwartung: Kritik der sozialepidemiologischen Ungleichheitsforschung. *Sozial- und Präventivmedizin, 38,* 111–122. https://doi.org/10.1007/BF01324344

Steinke, I. (2005). Gütekriterien qualitativer Forschung. In U. Flick, E. von Kardorff & I. Steinke (Hrsg.), *Qualitative Forschung: Ein Handbuch* (4. Aufl., S. 319–331). Rowohlt.

Stender, P. (2018). The use of heuristic strategies in modelling activities. *ZDM, 50*(1–2), 315–326. https://doi.org/10.1007/s11858-017-0901-5

Stillman, G. A., Brown, J. P. & Galbraith, P. L. (2010). Identifying Challanges within Transition Phases of Mathematical Modeling Activities at Year 9. In R. Lesh, P. L. Galbraith, C. R. Haines & A. Hurford (Hrsg.), *Modeling Students' Mathematical Modeling Competencies: ICTMA 13* (S. 385–398). Springer.

Stocké, V. (2010). Adaptivität oder Konformität? Die Bedeutung der Bezugsgruppe und der Leistungsdisparität der Kinder für die Entwicklung elterlicher Bildungsaspirationen am Ende der Grundschulzeit. In J. Baumert, K. Maaz & U. Trautwein (Hrsg.), *Bildungsentscheidungen: Zeitschrift für Erziehungswissenschaften. Sonderheft 12 | 2009* (S. 257–281). VS.

Størksen, I., Ellingsen, I. T., Wanless, S. B. & McClelland, M. M. (2015). The Influence of Parental Socioeconomic Background and Gender on Self-Regulation Among 5-Year-Old Children in Norway. *Early Education and Development, 26*(5–6), 663–684. https://doi.org/10.1080/10409289.2014.932238

Stubbe, T. C., Krieg, M., Beese, C. & Jusufi, D. (2020). Soziale Disparitäten in den mathematischen und naturwissenschaftlichen Kompetenzen von Viertklässlerinnen und Viertklässlern. In K. Schwippert, D. Kasper, O. Köller, N. McElvany, C. Selter, M. Steffensky & H. Wendt (Hrsg.), *TIMSS 2019: Mathematische und naturwissenschaftliche Kompetenzen von Grundschulkindern in Deutschland im internationalen Vergleich* (S. 263–289). Waxmann.

Suderland, M. (2009). Sozialer Raum (espace social). In G. Fröhlich & B. Rehbein (Hrsg.), *Bourdieu Handbuch: Leben – Werk – Wirkung* (S. 219–225). J. B. Metzler.

Thompson, A. G. (1979). Estimating and Approximating. *School Science and Mathematics, 79*(7), 575–580.

Thomson, P. (2013). Romancing the market: narrativising equity in globalising times. *Discourse: Studies in the Cultural Politics of Education, 34*(2), 170–184. https://doi.org/10.1080/01596306.2013.770245

Thomson, S. (2018). Achievement at school and socioeconomic background – an educational perspective. *Science of Learning, 3*(5). https://doi.org/10.1016/j.rssm.2010.01.002

Tsamir, P., Tirosh, D., Tabach, M. & Levenson, E. (2010). Multiple solution methods and multiple outcomes – is it a task for kindergarten children? *Educational Studies in Mathematics, 73*(3), 217–231. https://doi.org/10.1007/s10649-009-9215-z

Ufer, S., Reiss, K. & Mehringer, V. (2013). Sprachstand, soziale Herkunft und Bilingualität: Effekte auf Facetten mathematischer Kompetenz. In M. Becker-Mrotzek, K. Schramm, E. Thürmann & H. J. Vollmer (Hrsg.), *Fachdidaktische Forschungen: Band 3. Sprache im Fach: Sprachlichkeit und fachliches Lernen* (S. 185–202). Waxmann.

Verschaffel, L., Greer, B. & Corte, E. de. (2000). *Making Sense of Word Problems.* Swets & Zeitlinger.

Viesel-Nordmeyer, N., Ritterfeld, U. & Bos, W. (2020). Welche Entwicklungszusammenhänge zwischen Sprache, Mathematik und Arbeitsgedächtnis modulieren den Einfluss sprachlicher Kompetenzen auf mathematisches Lernen im (Vor-)Schulalter? *Journal für Mathematik-Didaktik, 38*(6), 552. https://doi.org/10.1007/s13138-020-00165-0

Vorhölter, K. (2018). Conceptualization and measuring of metacognitive modelling competencies: empirical verification of theoretical assumptions. *ZDM, 50*(1–2), 343–354. https://doi.org/10.1007/s11858-017-0909-x

Vos, P. (2011). What Is 'Authentic' in the Teaching and Learning of Mathematical Modelling? In G. Kaiser, W. Blum, R. Borromeo Ferri & G. A. Stillman (Hrsg.), *International Perspectives on the Teaching and Learning of Mathematical Modelling: Bd. 1. Trends in Teaching and Learning of Mathematical Modelling: ICTMA 14* (S. 713–722). Springer.

Vos, P. (2015). Authenticity in Extra-curricular Mathematics Activities: Researching Authenticity as a Social Construct. In G. A. Stillman, W. Blum & M. Salett Biembengut (Hrsg.), *International Perspectives on the Teaching and Learning of Mathematical Modelling. Mathematical Modelling in Education Research and Practice: Cultural, Social and Cognitive Influences* (S. 105–114). Springer.

Wacquant, L. J. D. (1996). Auf dem Weg zu einer Sozialpraxeologie. In P. Bourdieu & L. J. D. Wacquant (Hrsg.), *Reflexive Anthropologie* (S. 17–93). Suhrkamp.

Wagner, D., Herbel-Eisenmann, B. & Choppin, J. (2012). Inherent Connections Between Discourse and Equity in Mathematics Classroom. In B. Herbel-Eisenmann, J. Choppin, D. Wagner & D. Pimm (Hrsg.), *Equity in Discourse for Mathematics Education: Theories, Practices, and Policies* (S. 1–16). Springer.

Waldis, M. (2010). Methode. In K. Reusser, C. Pauli & M. Waldis (Hrsg.), *Unterrichtsgestaltung und Unterrichtsqualität: Ergebnisse einer internationalen und schweizerischen Videostudie zum Mathematikunterricht* (S. 33–56). Waxmann.

Walper, S. & Wild, E. (2014). Lernumwelten in der Familie. In T. Seidel & A. Krapp (Hrsg.), *Pädagogische Psychologie* (6. Aufl., S. 359–385). Beltz.

Warm, T. A. (1989). Weighted likelihood estimation of ability in item response theory. *Psychometrika, 54*(3), 427–450. https://doi.org/10.1007/BF02294627

Wegener, B. (1997). Vom Nutzen entfernter Bekannter. In J. Friedrichs, K. U. Mayer & W. Schluchter (Hrsg.), *Kölner Zeitschrift für Soziologie und Sozialpsychologie. Soziologische Theorie und Empirie* (S. 427–450). Westdeutscher.

Weidle, R. & Wagner, A. C. (1994). Die Methode des Lauten Denkens. In G. L. Huber & H. Mandl (Hrsg.), *Verbale Daten: Eine Einführung in die Grundlagen und Methoden der Erhebung und Auswertung* (2. Aufl., S. 81–103). Beltz.

Weininger, E. B. & Lareau, A. (2009). Paradoxical Pathways: An Ethnographic Extension of Kohn's Findings on Class and Childrearing. *Journal of Marriage and Family, 71*, 680–695. https://doi.org/10.1111/j.1741-3737.2009.00626.x

Weinstein, C. E. & Mayer, R. E. (1986). The Teaching of Learning Strategies. In M. C. Wittrock (Hrsg.), *Handbook of Research on Teaching* (3. Aufl., S. 315–327). Macmillan.

Weis, M., Müller, K., Mang, J., Heine, J.-H., Mahler, N. & Reiss, K. (2019). Soziale Herkunft, Zuwanderungshintergrund und Lesekompetenz. In K. Reiss, M. Weis, E. Klieme & O. Köller (Hrsg.), *PISA 2018: Grundbildung im internationalen Vergleich* (S. 129–162). Waxmann.

Weitendorf, J. & Busse, A. (2012). Realitätsbezogene Optimierungsaufgaben im praktischen Unterricht. In W. Blum, R. Borromeo Ferri & K. Maaß (Hrsg.), *Mathematikunterricht im Kontext von Realität, Kultur und Lehrerprofessionalität: Festschrift für Gabriele Kaiser* (S. 71–79). Vieweg+Teubner.

Wendt, H., Kasper, D., Bos, W., Vennemann, M. & Goy, M. (2016). Wie viele Punkte auf der TIMSS-Metrik entsprechen einem Lernjahr? Leistungszuwächse in Mathematik und Naturwissenschaften am Ende der Grundschulzeit. In T. Eckert & B. Gniewosz (Hrsg.), *Bildungsgerechtigkeit* (S. 121–152). Springer VS. https://doi.org/10.1007/978-3-658-150 03-7_8

Wess, R. (2020). *Professionelle Kompetenz zum Lehren mathematischen Modellierens: Konzeptualisierung, Operationalisierung und Förderung von Aufgaben- und Diagnosekompetenz. Studien zur theoretischen und empirischen Forschung in der Mathematikdidaktik.* Springer Spektrum.

Winkeler, R. (1977). *Differenzierung: Funktionen, Formen und Probleme* (3. Aufl.). Otto Maier.

Winter, H. (1995). Mathematikunterricht und Allgemeinbildung. *Mitteilungen der Gesellschaft für Didaktik der Mathematik, 61*, 37–46.

Wirtz, M. & Caspar, F. (2002). *Beurteilungsübereinstimmung und Beurteilerreliabilität: Methoden zur Bestimmung und Verbesserung der Zuverlässigkeit von Einschätzungen mittels Kategoriensystemen und Ratingskalen.* Hogrefe.

Wittmann, E. C. (1990). Wider die Flut der „bunten Hunde" und der „grauen Päckchen": Die Konzeption des aktiv-entdeckenden Lernens und des produktiven Übens. In E. C. Wittmann & G. N. Müller (Hrsg.), *Handbuch produktiver Rechenübungen: Band 1. Vom Einspluseins zum Einmaleins* (1. Aufl., S. 152–166). Klett.

Wright, P., Fejzo, A. & Carvalho, T. (2021). Progressive pedagogies made visible: Implications for equitable mathematics teaching. *The Curriculum Journal, 33*(1), 25–41. https://doi.org/10.1002/curj.122

Yackel, E. & Cobb, P. (1996). Sociomathematical Norms, Argumentation, and Autonomy in Mathematics. *Journal for Research in Mathematics Education, 27*(4), 458–477. https://doi.org/10.2307/749877

Zech, F. (2002). *Grundkurs Mathematikdidaktik: Theoretische und praktische Anleitungen für das Lehren und Lernen von Mathematik* (10. Aufl.). Beltz.

Printed in the United States
by Baker & Taylor Publisher Services